New Relic 実践入門 第2版

オブザーバビリティの基礎と実現

松本大樹、会澤康二、松川晋士、古垣智裕、梅津寛子、章俊、
竹澤拡子、三井翔太、大森俊秀、大川嘉一、中島良樹、山口公浩、
齊藤雅幸、小林良太郎、髙木憲弥、板谷郷司、長島謙吾、伊藤基靖［著］

はじめに

オブザーバビリティを日本の方々にご理解いただくため、2021年9月に『New Relic実践入門』を刊行いたしましたが、おかげさまで非常に多くの方々に手にとっていただくことができました。

「オブザーバビリティ（可観測性）」とは、複雑にかつ流動的になっているデジタルサービスにおいて、従来のモニタリングやモダン監視という手法ではなく、次世代の運用監視のベースとなる新しい考え方です。当時はオブザーバビリティという用語は一般的に浸透しておらず「可観測性」という日本語で補足していましたが、それでもご存知のない方がほとんどでした。

あれから2年ほど経過し、オブザーバビリティを知った多くの皆さまにNew Relicを採用いただくようになり、企業規模や業界問わず数多くの事例も公開され、ユーザー主導で運用されるNRUG（New Relic User Group）も立ち上がって、多くのエンジニアの方々に参加いただけるようになりました。だんだんとオブザーバビリティという言葉が一般的になってきたのではないかと感じています。

これとあわせて、コロナ禍という未曾有の状況により加速したリモート化やデジタル化はさらに進み、本来デジタル企業ではなかった企業もデジタルを軸とした経営計画を打ち出すなど、デジタルサービスの重要性が高まると同時に、より一層オブザーバビリティへの注目度が増してきています。

これらの状況を支援すべく、呼応するようにNew Relicの製品自体も大きく進化し、新機能の追加による技術的なカバー範囲の拡大はもちろん、既存機能の改善も多く行われました。あまりにも多くのNew Relicのアップデートを受け、前作の内容を大きく更新した本書を刊行する運びとなりました。

本書を活用することで、最先端のデジタル技術を活用されるエンジニアの皆さまに、次世代運用監視に必須となるオブザーバビリティという考え方と、New Relicという新しくユニークなツールを使った手法の習得、また既存の知識をアップデートいただければ幸いです。

本書の内容は、次のような3部構成となっています。

第1部　New Relicを知る

従来の古典的な監視の問題点とオブザーバビリティを備えた次世代の運用監視の必要性を説明するとともに、それを実現するために強力な武器となり得るNew Relicと、それを支えるプラットフォームの概要を説明していきます。

第2部　New Relicを始める

実際にNew Relicを使うための基礎知識を身につけるために、システムのEnd to endのオブザーバビリティ特性を提供するための各種機能を解説していきます。また、New Relicの特徴の1つであるデータの可視化方法についても掘り下げていきます。

第3部　New Relic活用レシピ

応用となるユースケースとして17のレシピを紹介していきます。これらのユースケースは多くのエンジニアが必要となるであろう、すぐに応用できそうなものに絞ってリストアップし、さまざまな課題に対する実践的なアプローチを、読者の皆さまがより理解しやすく、活用しやすい形で具体的な利用方法としてまとめました。これらを現場で適用いただくことで、すぐに効果が得られるはずです。

本書を読んでいただき、次世代の運用監視の考え方を身につけることで、New Relicという新しいツールを使ってデジタルサービスを成功に導くためにご活躍されることを願っています。

New Relic 株式会社
執行役員 CTO　松本 大樹
シニアソリューションコンサルタント　会澤 康二

目次

付属データのダウンロード

本書の付録として、誌面の都合で収めきれなかった内容を集めた「New Relicをさらに深く知るための各種Tips集」となるPDFファイルをご用意しました。以下のサイトからダウンロードできます。

https://www.shoeisha.co.jp/book/download/9784798184500

Part 1

New Relicを知る

この部の内容

オブザーバビリティの重要性

デジタルトランスフォーメーション（Digital Transformation：DX）の時代を迎え、あらゆる企業はソフトウェア技術を活用することで業務プロセスの改善による競争力の獲得、ならびに製品やデジタルサービスの改革が実行されています。

しかし、その過程でITシステムは複雑化し、予測不能な状態に陥るリスクが常に伴います。そのため、提供するデジタルサービスの状態からその利用者である顧客体験まで、デジタル上の複雑な動作をリアルタイムに把握し、不測の事態に対処できる新しい技術、**オブザーバビリティ**が求められています。

本章では、オブザーバビリティの概要を技術観点から解説し、ソフトウェア時代にふさわしい技術として紹介します。

1.1　オブザーバビリティとは?

オブザーバビリティとは、デジタル上の複雑な動作をリアルタイムに把握して理解するための技術です。オブザーバビリティは「Observe（観察する）」+「ability（能力）」が組み合わされた単語で「可観測性」とも訳され、特にソフトウェアの世界ではデジタル上の複雑な動作をまさに観測可能な状態にする技術のことを指す用語です。

オブザーバビリティの登場以前、そして今もなお、ITシステムで中心的に採用されている**モニタリング（監視）**は、何かしらの形で事前に想定できた異常をアラートとして検知する技術です。言い換えればこれは、「事前に想定できる異常を想定し、それを検知するために任意に設定されたしきい値を活用することで異常を検出し通知する技術」ということです。しかし、そのようなモニタリングはいくつか課題があります。そもそも事前に想定できない異常をどうしたら把握できるのでしょうか？　そして、「しきい値に引っかからないならば異常がない」と本当に言えるのでしょうか？　複雑化し、予測不能な状態に陥るリスクが常に伴う現代のITシステムでは、従来の「モニタリング（監視）」はこれらの問いに答えられません。

オブザーバビリティ（可観測性）を実装したシステムならば、想定外の問題が生じたときにシステムがどのような動作をしたかをリアルタイムに把握し、理解できるようになります（**図1.1**）。システムを開発あるいは構築するエンジニア自身が想定していなかった異常を発見でき、些細な動きを捉えることができます。これにより、たとえ複雑なITシステムであってもどのような状態にあったかを推定可能となり、ITシステムおよび提供されるデジタルサービスに対して能動的に対処できるメリットが得られます。

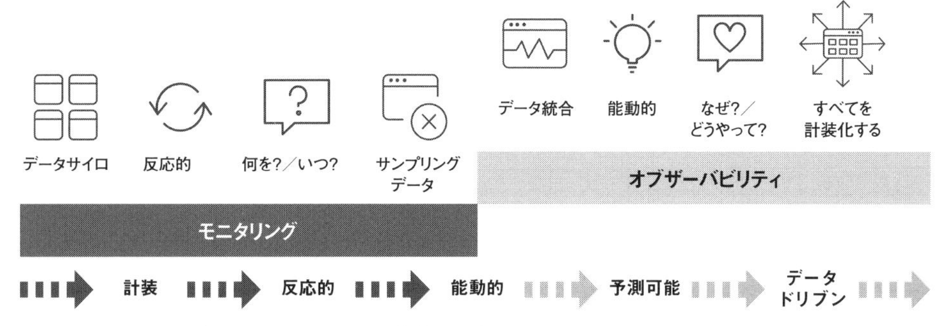

図1.1　モニタリングをはるかに超えるオブザーバビリティ

オブザーバビリティを実装すれば、組織やチームは緊急事態であっても迅速かつ効率的に対応できるようになり、システムの長期的な改善や品質の向上に取り組むことができますし、それを利用するユーザー体験の改善にまでつなげられます。オブザーバビリティを実装することで、システムおよびデジタルサービスにおける旧来の運用監視技法から新しいテクノロジーパラダイムへと進化させることができるのです。

理想的なオブザーバビリティを実現するためには、システム上のあらゆるコンポーネントからテレメトリデータ（システム状態を表すデータ。詳細は1.2節で後述）を収集・分析・可視化することで実現できます。ここからはテレメトリデータの収集・分析・可視化について解説します。

1.1.1 オブザーバビリティに必要不可欠な3要素

オブザーバビリティには、次の3つの必須要素を取り入れる必要があります（**図1.2**）。

- **テレメトリデータの収集**：包括的で高精度なテレメトリデータの収集能力

- **テレメトリデータの分析**：膨大なテレメトリデータの相関や意味付けなどの分析能力
- **テレメトリデータの可視化**：分析されたデータをわかりやすく理解させ、次のアクションを明確にする可視化能力

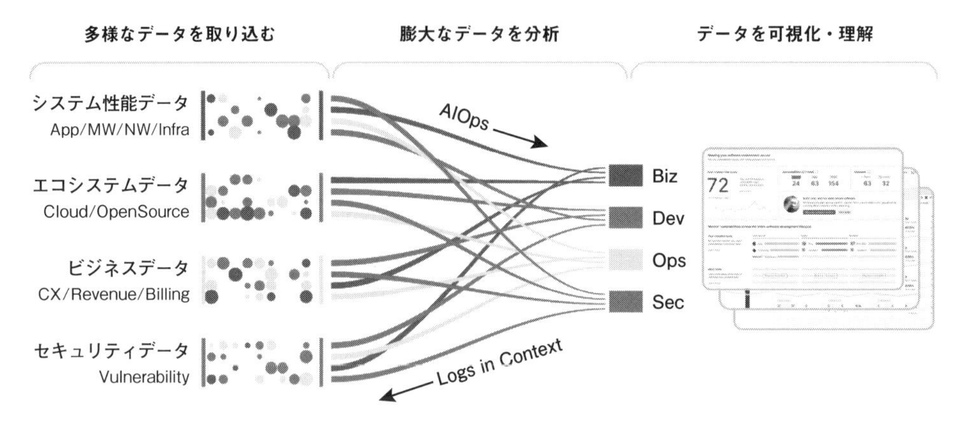

図1.2　多様なテレメトリデータを収集・分析・可視化する

1.1.2 テレメトリデータの収集

オブザーバビリティを実現するためには、複雑なマイクロサービスアーキテクチャ、増え続けるデプロイメント、そしてクラウド化やコンテナ化されたシステムにおいて、あらゆる**テレメトリデータ**を収集する必要があります。言い換えれば、自社インフラストラクチャ、仮想マシン、コンテナ、Kubernetesクラスターのほか、ホスト先がクラウドであれ自社内であれ、ミドルウェアやアプリケーションからのデータを収集する必要があるのです。またモバイルアプリケーションやブラウザを利用する場合には、それらのユーザー体験などの情報も含めてEnd-to-Endのデータを計装する仕組みも必要です（**図1.3**）。

これらのデータをより詳細かつ間断なく集めるために、計測用**エージェント**を活用します。オープンソースにおける計測用エージェントの例としては、メトリクス用のPrometheus、Telegraf、StatsD、DropWizard、Micrometer、トレース用のJaegerやZipkin、ログの収集／フィルタリング／エクスポート用のFluentd、Fluent Bit、Logstashなどが挙げられます。

これらで得られるテレメトリデータは膨大になるため、そのすべてを収集することは現実的ではありません。どのテレメトリデータを収集すべきか考慮し設計することも、オブザーバビリティ実現のために重要なポイントになります。

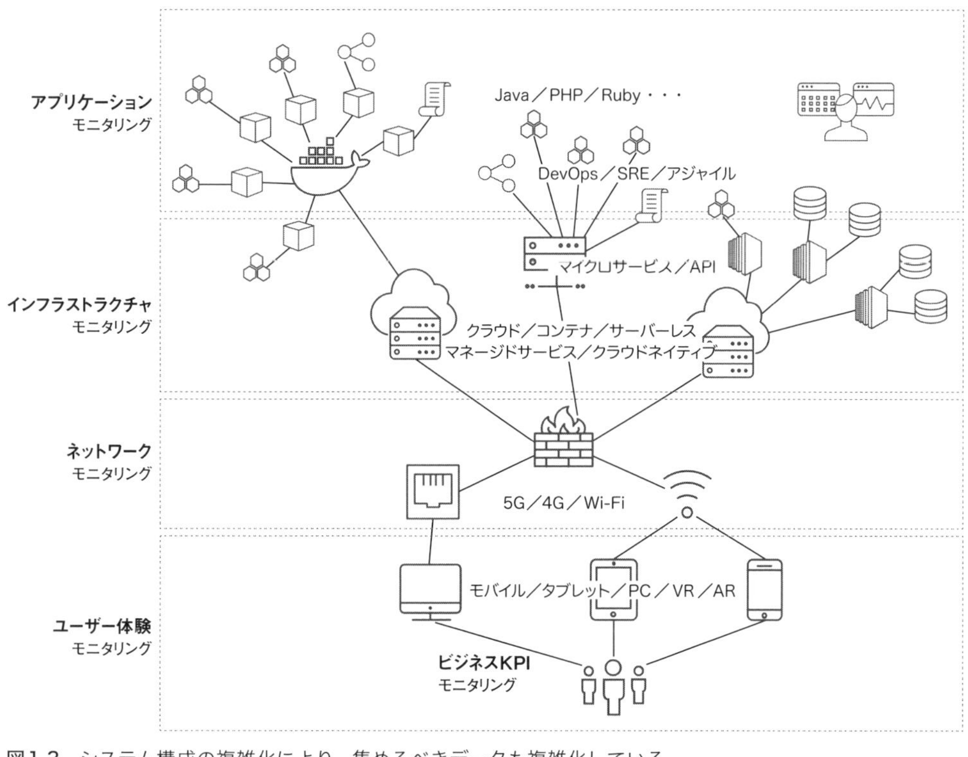

図1.3　システム構成の複雑化により、集めるべきデータも複雑化している

1.1.3 テレメトリデータの分析

次に、収集されたデータに対して分析を行います。

しかし、収集したデータからデジタルシステムの把握と理解のための洞察が得られないのであれば、収集されたデータの意味がありません。データをリアルタイムで解析して、そのデータに基づくシステムコンポーネント間の論理的関係のモデルを構築し、相関関係や結び付きを明らかにするなど、得られたデータを整理してデータの背後に潜む関連や要因を探りやすくするため加工する必要があります。これにより、例えばマイクロサービスの依存関係の動的なサービスマップやKubernetesクラスター（ノード、ポッド、コンテナ、アプリケーションを含む）を表示することが可能になり、複雑で動的なシステムを可視化して状態を把握し理解することができます。

また、計測用エージェントによって自動的に収集されたデータに追加のメタデータを挿入することで、データのコンテキストや次元性を豊かにすることもできます。例えば、アプリケーションの名前、バージョン、展開エリア、さらには顧客のロイヤルティクラス、製品名、取引場所などのビジネス属性などが把握できるようになるのです。

データを分析し、構造化することは、重要な情報を素早く効率的に明らかにするための鍵です。ベストプラクティスを生み出した数多くの指導者や世界クラスの専門家の経験・ノウハウをもとに、慎重に考案された視覚化と最適なワークフローを通じて達成されるものです。これらは、最も重要な健全性／パフォーマンスのシグナルを明確な方法で即座に明らかにします。また、SREやDevOps開発者は独自のシンプルかつ効果的な体験ができ、そこからデータの背後にある「理由」を把握して、より迅速に問題を特定し、解決できるようになります。

1つのプラットフォームにテレメトリデータを集約することで、人工知能アルゴリズムを大容量データに適用し、人間では検出できない動作パターンや異常、相関関係を把握できるようにもなります。このようなAI技術を利用することで、問題が発生しても早期に検出し、各インシデント（事象・できごと）間の相関関係を調べ、推定可能な根本原因を判別するだけでなく、背景情報や推奨事項を添えた診断結果を提供することができます。

この比較的新しい技術領域を、ガートナー社はAIOpsと名付けました。AIOpsによりシステムの運用部隊やSRE、DevOpsチームの能力は著しく向上し、問題を予見して早期に対応することができ、アラートノイズの削減や運用工数を大幅に軽減できるようになります。

1.1.4 テレメトリデータの可視化

オブザーバビリティを真に活用するためには、テレメトリデータを可視化し、デジタルシステムと提供されるサービスに対する洞察を得ることで、次にどのような一手を打つべきかを見定め、能動的なアクションに結び付けることにあります。

定義したアラートやAIOpsによるプロアクティブな異常検出のみならず、ダッシュボードを利用した可視化によって、アプリケーションの異常や問題が早期に発見されて状況把握できるようになるため、平均検出時間（MTTD）や平均修復時間（MTTR）が劇的に短縮されます。インシデントに基づいて行うワークフローを定義すれば、インシデント対応を自動化することもでき、平均解決時間をさらに短縮することも可能です（**図1.4**）。

ダッシュボードは、収集したさまざまなレイヤーのデータを高い自由度で可視化することができます。それはシステムのパフォーマンスデータだけでなく、取引やビジネスKPIに関する相関も可視化することができます。ダッシュボードにそれらを準備することで、正確なシステムとビジネスパフォーマンス管理をリアルタイムで実現できます。

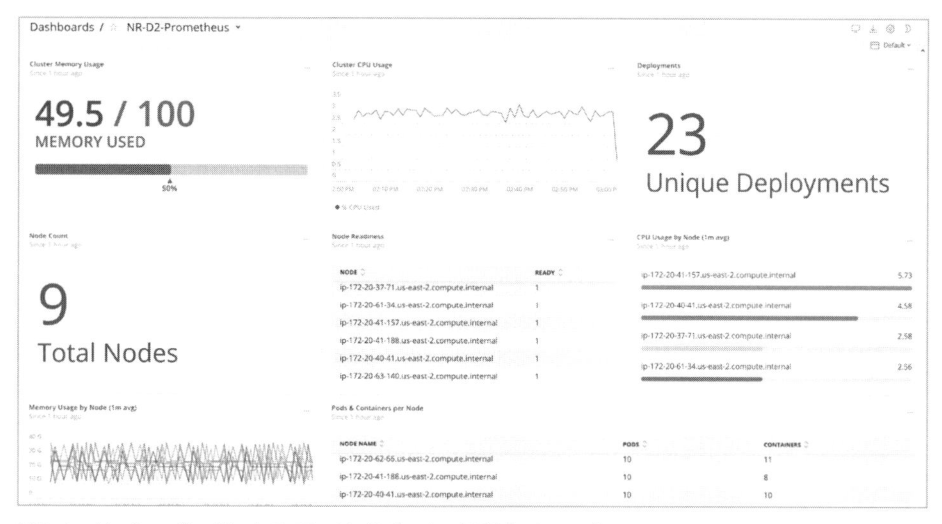

図1.4　ダッシュボードによるテレメトリデータの可視化イメージ

1.2　オブザーバビリティの実現に必要なテレメトリデータとは?

ここまで、**テレメトリデータ**という用語が多く出てきました。テレメトリデータとは、一般的に「メトリクス」「ログ」「トレース」といったシステムの状態を表すデータを意味しています。

テレメトリデータを理解することはオブザーバビリティを理解するうえで重要です。ここからは、テレメトリデータを形作るそれぞれのデータの特徴を見ていきましょう。

1.2.1　メトリクス

メトリクス（Metrics）とは、定期的にグループ化あるいは収集された測定値の集合であり、「特定の期間にわたるデータの集計」を表します。メトリクスを読み取ることで、以下のようなことがわかります。

「2023年1月21日の午前8時10分から8時11分まで、合計3回の購入があり、売上額の合計は$2.75だった」

このメトリクスは、一般的なデータベースでは単一行のデータとして表されます（**表1.1**）。

表1.1　一般的なデータベースでの行イメージ

Timestamp	Count	MetricName	Total	Average
1/21/2023 8:10:00	3	PurchaseValue	2.75	0.92

多くの場合、同じ名前（MetricName）、タイムスタンプ（Timestamp）、および集計値（Count）を共有するさまざまなメトリクスを表す複数の値が1行で示されます。この場合、Totalの購入金額とAverageの購入金額の両方を追跡しています。メトリクスを利用すると、データ保有に必要なストレージが大幅に少なくなりますし、「特定の1分間の総売上はいくらか？」といった情報も得られます。しかし、例えば「Countの3つの購入内容は何か？」などの情報はメトリクスではわかりません。また、個々の値にアクセスすることもできません。

メトリクスは非常にコンパクトかつ費用対効果の高い形式で情報を取得しますが、利用するデータの定義があらかじめ必要になります。例えば、キャプチャするメトリクスの50パーセンタイル（中央値）および95パーセンタイルを知りたい場合、計測・収集したすべての集計であればグラフ化できます。しかし、特定のアイテムのデータのみを取り出して95パーセンタイルを知りたい場合、メトリクスになってしまったデータを用いては計算できません。これには、すべてのサンプルデータが必要になるからです。そのため、メトリクスはデータの分析方法を事前に熟慮する必要があります。

1.2.2 ログ

ログ（Log）は、通常、特定のコードが実行されたときにシステムが生成する単なるテキスト行です。開発者や運用・保守担当者は、コードのトラブルシューティングや実行の検証・調査に際して、ログを重要な情報源として利用しています。

実際、ログはトラブルシューティングに非常に役立ちます。ログデータはメトリクスと異なり集約されず、不規則な時間間隔で発生する可能性があります。ログの例を見てみましょう。

「2023年2月21日午後3時34分に、[B-4] のボタンが押され、「BBQチップのバッグ」が1ドルで購入された」

上記を意味するログデータは例えば**リスト1.1**のようなものになります。

リスト1.1　ログデータの例

```
2/21/2023 15:33:14: User pressed the button ‘B’
2/21/2023 15:33:17: User pressed the button ‘4’
2/21/2023 15:33:17: ‘Tasty BBQ Chips’ were selected
2/21/2023 15:33:17: Prompted user to pay $1.00
```

```
2/21/2023 15:33:21: User inserted $0.25 remaining balance is $0.75
2/21/2023 15:33:33: User inserted $0.25 remaining balance is $0.50
2/21/2023 15:33:46: User inserted $0.25 remaining balance is $0.25
2/21/2023 15:34:01: User inserted $0.25 remaining balance is $0.00
2/21/2023 15:34:03: Dispensing item 'Tasty BBQ Chips'
2/21/2023 15:34:03: Dispensing change: $0.00
```

ログデータは構造化されていない場合があり、その場合は体系的な方法で解析するのが困難ですが、最近では特別にフォーマットされた**構造化ログデータ**に加工されることも多くなってきています。構造化されたログデータにより、データの検索とデータからのメトリクスの取得がより簡単かつ迅速になり始めています。

構造化ログデータの例として、

```
2/21/2023 15:34:03: Dispensing item 'Tasty BBQ Chips'
```

の1行に対応する内容を**リスト1.2**に示します。このようなログでpurchaseCompletedを検索すれば、アイテムの名前と値をその場で解析できます。

リスト1.2　構造化ログデータの例

```
2/21/2023 15:34:03: { actionType: purchaseCompleted, machineId: 2099, itemName: 'Tasty BBQ
Chips', itemValue: 1.00 }
```

ログの典型的な使用例は、特定の時間に何が起こったか、といった詳細な記録を取得することです（**表1.2**）。

表1.2　一般的な発生イベント例

Timestamp	EventType
2/21/2023 15:33:17	PurchaseFailedEvent

ここからは、2023年2月21日15時33分17秒に何らかの理由で購入が失敗したことがわかります。しかし、これだけでは購入が失敗した理由がわからないので、ログを確認してみましょう。**リスト1.3**が該当するログデータです。

リスト1.3　購入失敗に関するログ

```
2/21/2023 15:33:14: User pressed the button 'B'
2/21/2023 15:33:17: User pressed the button '9'
2/21/2023 15:33:17: ERROR: Invalid code 'B9' entered by user
2/21/2023 15:33:17: Failure to complete purchase, reverting to ready state
```

このログを確認することで、ユーザーが間違ったボタンを押し、無効なコードを入力していたことが原因だということまでわかります。

1.2.3 トレース

トレース（Trace）は、マイクロサービス間、もしくは異なるコンポーネント間における、イベントやトランザクションの連携する状態を表します。また、トレースは、ログのようにそれぞれのマイクロサービスやコンポーネントから不規則に発生します。

例として、ある自動販売機が現金とクレジットカードを受け入れるとしましょう。ユーザーがクレジットカードで購入する場合、トランザクションはバックエンド接続を介して自動販売機を通過し、クレジットカード会社に連絡してからカードを発行した銀行に連絡する必要があります。こうした自動販売機の監視では、**表1.3**に示すようなイベントを簡単に設定できます。

表1.3　一般的な発生イベント例

Timestamp	EventType	Duration
2/21/2023 15:34:00	CreditCardPurchaseEvent	23

このイベントは、特定の時間にアイテムがクレジットカード経由で購入されたことを示しており、トランザクションを完了するのに23秒かかったことを示しています。

しかしここで、「23秒では長すぎる」と判断された場合を考えましょう。バックエンドサービス、クレジットカード会社のサービス、またはカード発行元の銀行のサービスのうち、どれが購入完了までの時間を遅くしていたのでしょうか。このような問題の特定にトレースが利用できます。

トレースは、**スパン**と呼ばれる特別なイベントを形成します。スパンは、複数のマイクロサービスにまたがって実行される単一トランザクションの相互連鎖を追跡するのに役立ちます。

これを実現するために各サービスは相互に**トレースコンテキスト**と呼ばれる相関識別子を渡します。このトレースコンテキストはスパンに属性を追加するために使用されます。例えば、クレジットカードトランザクションのスパンで構成される分散トレースは、**表1.4**のようになります。

表1.4　一般的なトレース例

Timestamp	EventType	TraceID	SpanID	ParentID	ServiceID	Duration
2/21/2023 15:34:23	Span	2ec68b32	aaa111		Vending Machine	23
2/21/2023 15:34:22	Span	2ec68b32	bbb111	aaa111	Vending Machine Backend	18

Timestamp	EventType	TraceID	SpanID	ParentID	ServiceID	Duration
2/21/2023 15:34:20	Span	2ec68b32	ccc111	bbb111	Credit Card Company	15
2/21/2023 15:34:19	Span	2ec68b32	ddd111	ccc111	Issuing Bank	3

表1.4のトレースは、SpanIDとParentID（親ID）に着目することで、

1. 自動販売機の処理（Vending Machine）が開始された
2. 子スパンとして自動販売機のバックエンド（Vending Machine Backend）処理が行われた
3. クレジットカード会社（Credit Card Company）での処理が行われた
4. 発行銀行（Issuing Bank）での処理が行われた

という、子スパンが順番に呼び出され、処理された内容を示しています。

処理時間であるDurationには、子スパンも含めた処理時間が記録されます。まず、末端にあたるIssuing Bankの処理は3秒だとわかります。一方、Credit Card Companyの処理は子スパンであるIssuing Bankの3秒も含めて、15秒かかっています。ここから、クレジットカード会社だけの処理は15－3＝12秒であることがわかります。

同様に、Vending Machine Backendのみの処理は18－15＝3秒、Vending Machineのみの処理は23－18＝5秒だとわかります。これは非常に単純化した例ですが、一連の処理の中で最も時間がかかったサービスはクレジットカード会社の処理（12秒）であることがわかります。

マイクロサービスやコンポーネント間の関係を調査する場合は、このようなトレースデータが必要です。各サービスのデータを個別に収集していた場合、これらをまたいで実行されるトランザクションについてサービス間の単一チェーンを再構築する方法はありませんが、多くのモダンなアプリケーションでは、実行するタスクに応じて複数のマイクロサービスを呼び出します。また、多くの場合データを並行して処理するため、実行される処理の追跡はより困難になります。複雑な連携を伴うトランザクションの一貫した処理の追跡を実施する唯一の方法は、各サービス間でトレース情報を渡し連結していくことで、処理全体で単一のトランザクションを一意に識別することです。

新しい技術をシステムへ採用しつつ、より高度な運用体制を実現するためには、オブザーバビリティを実装することがますます重要になっていきます。そして、New Relicはあらゆるエンジニアがオブザーバビリティを実現することを支援するために創業されました。

次章では、New Relicが提供しているオブザーバビリティを実現するためにサービスや機能を俯瞰的に解説し、New Relicをオブザーバビリティプラットフォームとして活用するメリットを紹介します。

第2章 New Relicの全体像

現在、New Relic社から提供されるプラットフォームはまとめて**New Relic**と呼ばれており、次の3つの要素から構成されています。

1. Telemetry Data Platform

Telemetry Data Platformは、テレメトリデータの保持と可視化を担います。New Relic Agentあるいは、オープンソースソフトウェア（Open Source Software：OSS）などの計測ツールを活用することでテレメトリデータを取得し、Telemetry Data Platform上でそれらを保管して、可視化する環境を提供します。

また、可視化の際には専用のクエリ言語を実行することで、チャートやダッシュボードを作成できます。

2. Full-Stack Observability

New Relicは、長年の知見に基づいて、計測されたテレメトリデータを分析・可視化した専用のユーザーインターフェイスを提供しています。エンジニアが事前準備をすることなくテレメトリデータを即座に活用し、業務に生かすことができます。

3. Alerts & Applied Intelligence（AI）

従来のしきい値ベースのアラートに加えて、AIOps（機械学習やビックデータを用いてIT運用の効率化を図るための技術）のコンセプトに基づき、システムの異常を自動検知します。

上記のTelemetry Data Platform、Full-Stack Observability、Alerts & AIの3要素は、互いに関連しあって動作しています。その様子を**図2.1**に示します。

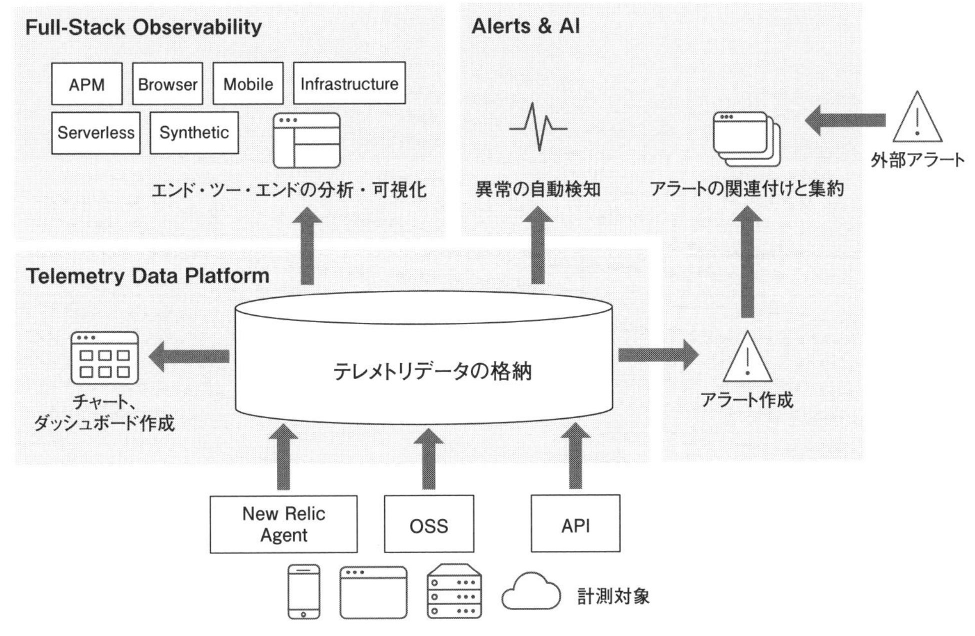

図2.1　New Relicの構成要素

2.1　Telemetry Data Platform：テレメトリデータの保持

プラットフォームとしてのNew Relicの基礎となる**Telemetry Data Platform**は、計測対象となるシステム（モバイルアプリ／ブラウザアプリ／サーバーサイドアプリ／クラウド環境など）のテレメトリデータを保持し、可視化します。

もちろん、その前段としてテレメトリデータを収集する必要があります。その方法としては、

- New Relic Agentを計測対象となるシステムへ導入する
- New Relic Agentの代わりにOpen TelemetryやPrometheusといったOSSの計測ツールなどを利用する
- 自身で取得したデータをNew Relic APIに直接送信する

という3つがありますが、これらから送られたテレメトリデータはすべてTelemetry Data Platform上で保持されます。また、Telemetry Data Platformには可視化機能が提供されており、チャートや時系列データ、あるいはダッシュボードを作成する機能が用意されています（詳

細については13.2節を参照してください)。

なお、Telemetry Data Platform上で保持されたデータは、次に述べるFull-Stack Observability とAlerts & AIでさらに活用する際にも使われます。

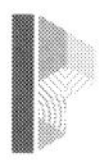

2.2　Full-Stack Observability：テレメトリデータの分析と可視化

Full-Stack Observabilityは、Telemetry Data Platform上で保持されたデータを分析し可視化します。データ種別ごとに最適化された専用のユーザーインターフェイス（New Relic APMやNew Relic Browserなど）が提供され、リアルタイムにシステムで何が起こっているのかを簡単かつ直感的に把握できます。

また、システムの個々のコンポーネントの状態に加えて、コンポーネント同士の関係性が自動的に可視化され、複雑なシステムであっても現状を正しく把握できます。詳細はPart 2で解説します。

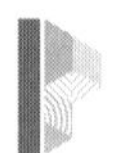

2.3　Alerts & Applied Intelligence：テレメトリデータの解釈と評価

Alerts & Applied Intelligence (AI)は、システムの問題を効率よく検知するための機能です。従来のような手動設定によるしきい値ベースのアラートを定義することでシステムの異常を検知できます。

また、Applied Intelligence（AI）ではAIOpsのコンセプトが実現されており、細かな設定をすることなしに、異常検知できます。これらは第11章で詳細に解説します。

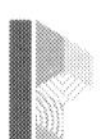

2.4　New Relicをプラットフォームとして活用する意義と課金体系

2.4.1　Telemetry Data Platformの意義

オブザーバビリティを実現するためには、可能な限りありとあらゆる種類のテレメトリデータを1カ所に収集し、分析可能な状態にすることが重要です。一方、収集したデータは複雑な課金体系と直結し、それゆえコスト抑制のために部分的にしか収集しない、という相反する事態が発生し得ます。

適切なコストを実現しつつ真なるオブザーバビリティを実現するために、New Relicは課金体系をシンプルにし、データ量に対する単価を低く抑えました。**Telemetry Data Platform**です。これにより、データ量とコストを一括して扱いやすくなり、かつ、データ量の単価が低く抑えられるため、データ量の急増がビジネスを逼迫するリスクを軽減することができます。

また、Telemetry Data Platformを利用する場合、月あたり100GBまで毎月無料で使える「フリープラン」も提供しており、導入の検証や個人開発におけるオブザーバビリティの提供にも努めています。なお、具体的な料金など、最新の情報についてはNew Relicサイト※1を参照してください。

2.4.2 Full-Stack Observabilityの意義

収集したテレメトリデータを意味のある情報として可視化することは、オブザーバビリティを実現するために重要なことです。言い換えると、あらゆるデータを収集し、意味のある情報を活用できて初めてオブザーバビリティの真価を発揮できるというわけです。

従来、データを意味のある情報として活用するためには熟達したエンジニアのスキルや経験が必要でしたが、それはある種の属人性であり、誰もがデータを使って効率的に問題解決できるとは限りませんでした。そこでNew Relicはオブザーバビリティの民主化を掲げ、すべてのエンジニアが専属のスキルや経験がなくとも、意味のある情報として分析でき、業務に活用できる形で提供しています。そして今なお、誰もがオブザーバビリティを実践できる世界を目指しており、これを**Full-Stack Observability**として提供しています。

Full-Stack Observabilityは収集されたテレメトリデータを分析、可視化し最大限に活用するための機能であり、利用ユーザーが課金対象となっております。

2.4.3 Alerts & AIの意義

近年のITシステムは多数の要素から構成され、複雑化しています。そんな中であらゆるデータを収集するとなると、異常時にエンジニアが目で見て確認するという行為自体が困難であり、エンジニアの確認作業を極力自動化することは今後避けられない命題です。そのため、近年では**AIOps**という言葉で着目されつつあるように、「可能な限りツールに任せる」という考え方がオブザーバビリティの実現にとって重要なステップとなります。

特にNew Relicの場合では、Applied Intelligence（AIエンジン）を使ってエンジニアによる解釈を代替し、普段の状態と異なる状態を検知したり、多数のアラートを意味のあるグループに集約したりする作業を自動的に行います。Alerts & Applied Intelligence（AI）はNew

※1　https://newrelic.com/jp/pricing

Relicの標準機能であり、課金モデルにかかわらず利用できます。

Data Plus

New Relicでは、課金モデルのオプションとしてNew Relic Data Plus（以下、Data Plus）を提供しています。Data Plusには、データ保持期間の拡張、高性能クエリ、FedRAMPおよびHIPAAコンプライアンス、履歴データエクスポート、脆弱性管理などが含まれており、今後のアップデートでさらに機能追加が予定されています。

Data Plusは、これまで大規模なエンタープライズ顧客しか利用できなかった最先端の機能をあらゆる規模のチームにシンプルで予測可能な価格で提供します。

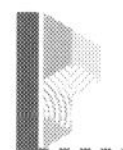

2.5　New Relicにおける重要な概念

New Relicでできることは第3章以降で解説していきますが、利用するにあたって前提となる、以下の2つの重要な概念を理解すれば、その内容をより理解できるようになります。

2.5.1　New Relicが収集するテレメトリデータ：MELT

一般的にテレメトリデータと言えば、先述の「メトリクス」「ログ」「トレース」の3種類を指します。しかし、New Relicにおいては、テレメトリデータとして、これらの3種類のデータに「イベント」を加えた4種類のデータを指します。

- **メトリクス（Metrics）**：集計可能なデータの粒
- **イベント（Event）**：ある時点で発生する個別のアクション
- **ログ（Log）**：個々のできごとの記録
- **トレース（Trace）**：単一トランザクションを構成する要素

New Relicが収集しているテレメトリデータを指す際は、これらのデータの種別の頭文字を取って**MELT**と呼びます。このうちイベント（Event）についてはNew Relic固有の概念のため、ここで少し詳しく解説しておきます。

イベントデータは、基本的に、JSON形式で表現したKey-Valueで構成され、詳細な粒度で情報を保持するデータです。一例として、New Relic Agentから送信されるイベントデータであるTransactionに関する情報を見てみましょう（**図2.2**）。

```
"events": [
  {
    "apdexPerfZone": "S",
    "appId": 43192210,
    "appName": "WebPortal",
    "duration": 0.000733802,
    "entityGuid": "MTYwNjg2MnxBUE18QVBQTElDQ
    "error": false,
    "host": "ip-172-31-16-141",
    "httpResponseCode": "200",
    "name": "WebTransaction/JSP/login.jsp",
    "port": 8080,
    "priority": 0.39472,
    "realAgentId": 658585408,
    "request.headers.accept": "text/html,app
    "request.headers.host": "webportal.telco
    "request.headers.referer": "http://webpo
    "request.headers.userAgent": "Mozilla/5.
    "request.method": "GET",
```

図2.2　New Relicが記録するイベントデータの例：Webアプリケーションのトランザクション

このように、詳細な状況を知るために、Key-Valueの形で重要な情報が付与されています。

- タイムスタンプ
- アプリケーション名
- トランザクション名
- ホスト名
- トランザクションの処理時間
- HTTPレスポンスコード

イベントデータにはこのようにさまざまなデータが含まれているため、同時にさまざまな切り口でチャートやダッシュボードを作成し、可視化することもできます。また、アプリケーションとインフラホスト名があることからどのサーバー上でアプリケーションが稼働しているのか、その関係性を把握することもできます。

2.5.2 エンティティ

エンティティ（Entity）とは、システムの構成要素一つ一つを指す言葉であり、テレメトリデータの送信元でもあります。実際に何がエンティティに相当するか、New Relicの画面（**図2.3**）を例にとって確認しましょう。

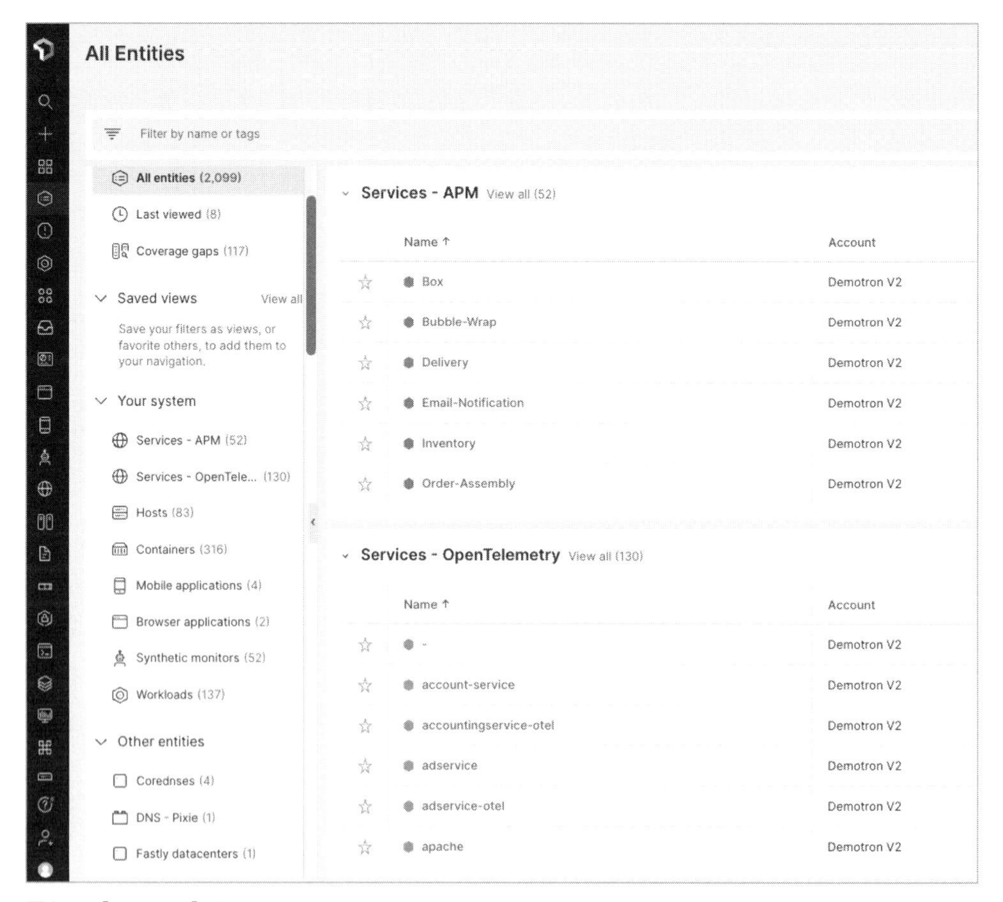

図2.3　[Explorer] 画面

New Relicの [All Entities] という画面では、登録されているエンティティの一覧を俯瞰できます。エンティティは種類ごとに表示されており、サーバーサイドアプリに相当するServices-APMや、ホスト、モバイル／ブラウザアプリ、外形監視のSynthetic Monitoring (Synthetic) などがあります。

New Relicがエンティティの概念的な定義を重視している理由として、システム構成の複雑化が背景にあります。デジタルサービス1つをとっても、ユーザーとの接点となるモバイル／ブラウザアプリ、それを支える個々のマイクロサービス、さらにそれを動かす各種クラウドサービスやオンプレミス環境といった多数の構成要素からなります。さらに、それから送信されるテレメトリデータの種類もさまざまです。関連性を欠いた形でこれらのデータが送信されてきても、それを解釈するのに膨大な労力がかかります。

New Relicはそのような事態を防ぐために、データの送信元をエンティティとして簡単に識別できるようになっています。さらにエンティティ間の関連性（コンテキスト）を理解し、画面上で確認することも可能です。**図2.4**に示すサービスの詳細画面では、［Related entities］というメニューがあり、関連するエンティティ一覧やそのステータスを確認できます。

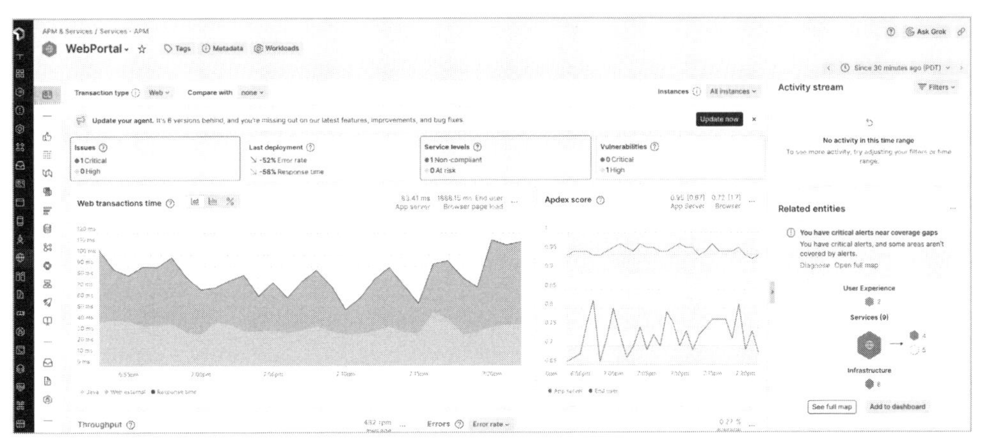

図2.4　サービス（サーバーサイドアプリケーション）と関連しているエンティティを表示

2.6　New Relicを支えるシステム基盤とセキュリティ

本節では、New Relicの利用者が安心してNew Relicサービスを利用するために、New Relicがどのようなセキュリティ対応を行っているか、利用者が考慮すべき観点からその考え方を解説します。

2.6.1　考慮するべきセキュリティ

利用者環境のパフォーマンス情報は、APM、Infrastructure、Browser、Mobile、Syntheticなどの各種New Relicエージェントや、Prometheusをはじめとした OSSツール／各種APIを経由してNew Relicプラットフォームに送信され、Telemetry Data Platform上で保持されます。利用者はNew Relic Web Portalを利用して、New RelicプラットフォームにWebブラウザやREST APIで接続し、詳細な分析・可視化を行うことができます。

ここで、利用者が考慮すべきセキュリティのポイントは、以下の4つに分けることができます（**図2.5**）。

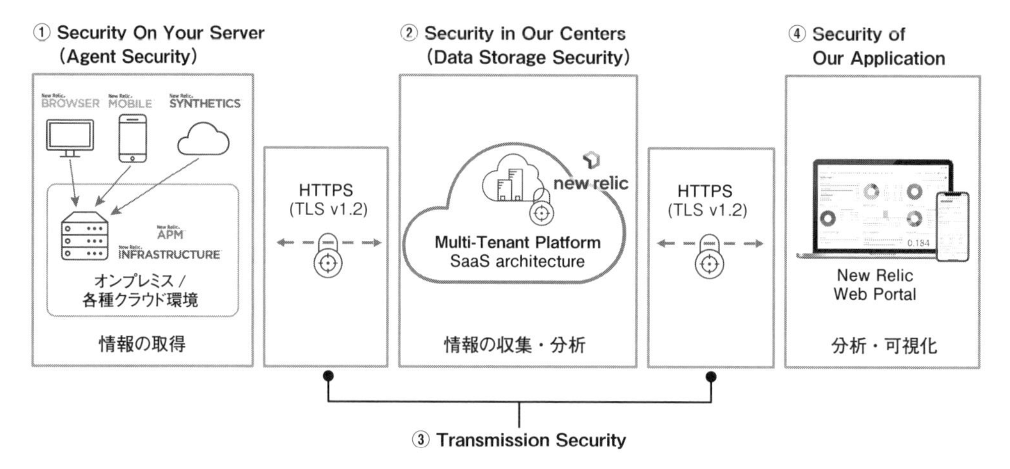

図2.5　考慮すべきセキュリティの4つのポイント

- Security On Your Server (Agent Security)：エージェント経由で収集する情報に関するセキュリティ
- Security in Our Centers (Data Storage Security)：収集されたデータが保管されるNew Relicのデータセンターに関するセキュリティ
- Transmission Security：ネットワークの安全対策
- Security of Our Application：New Relic Web Portalの安全性

以下、それぞれについて解説していきます。

Security On Your Server (Agent Security)

まず1つ目は、New Relicの各エージェントがどのようなデータを収集しているかという点です。New Relicエージェントを経由して、利用者の環境からインフラストラクチャ、アプリ、ブラウザ、モバイルに関するさまざまな情報（MELT）を収集します。New Relicではより安全に透明性高く利用できるように各種エージェントのオープンソース化を進めており、すでにAPMのJava、PHP、C、Go、.NET、Node、Python 、Ruby用のAPM Agent、およびInfrastructure Agent、MySQLやApache、Redisなどのサービス情報を収集する各種オンホストインテグレーション、Telemetry SDKがオープンソースとしてGitHub上で公開されています（Browserエージェント、Mobileエージェントも公開される予定です）。

各種エージェントのデフォルトのセキュリティ設定は、データのプライバシーを確保し、より安全に利用できるように、自動的に送信する情報の種類が制限されています。利用者のニーズに応じてこれらの設定を変更したり、カスタムイベント、カスタムアトリビュートを利用して、利用者独自の情報を送信したりすることも可能です。

各種エージェント経由でどのような情報が取得されているかは、すべて公式ドキュメント※2で公開されています。例えばAPM Agentの場合、ControllerやDispatch、Viewのアクティビティ、データベースアクティビティ、外部Webアクセスコール、エクセプション、ランタイムスタックトレース、トランザクショントレース、プロセスメモリやCPU利用量、カスタムパラメーターなどが取得されます。セキュリティを考慮し、デフォルトではHTTPリクエストパラメーターはキャプチャされず、またSQLクエリ内のセンシティブ情報は自動的に削除されます（**図2.6**）。

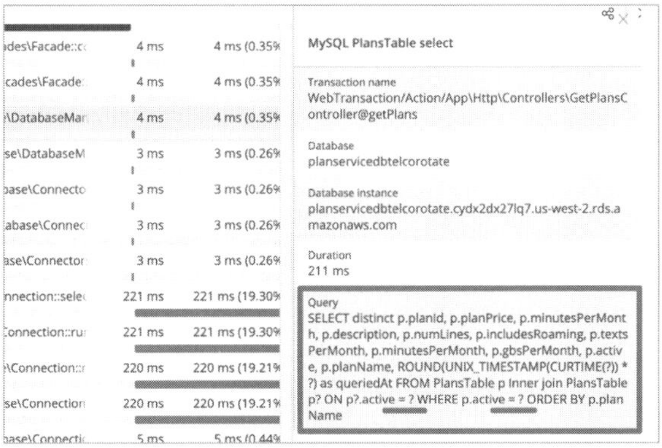

図2.6 SQLクエリがマスクされている例

Security in Our Centers (Data Storage Security)

次は、New Relicエージェント経由や各種OSSツール経由で収集したデータをNew Relicがどこにどう保管しているかという点です。

New Relicは米国リージョンとヨーロッパリージョンという2つのリージョンを提供しており、New Relic利用開始時にアカウントごとに選択できます。米国リージョンはイリノイ州とバージニア州に、ヨーロッパリージョンはドイツに存在し、ディザスターリカバリーを考慮した構成となっています。パフォーマンスデータは選択したリージョンのTier III、SOC2に認定されたデータセンターに保管されます。

※2
- APM agent data security
  https://docs.newrelic.co.jp/docs/apm/new-relic-apm/getting-started/apm-agent-data-security
- Infrastructure agent security
  https://docs.newrelic.com/docs/infrastructure/infrastructure-monitoring/infrastructure-security/infrastructure-security
- Security for mobile apps
  https://docs.newrelic.com/docs/mobile-monitoring/new-relic-mobile/get-started/security-mobile-apps

利用者のデータは、機密性、完全性、可用性を確保するためにさまざまな対策を実施しています。SOC2 Type2やFedRAMPなどの業界標準のセキュリティ監査を毎年受けており、毎年更新しています。またデータセンターやエージェントだけでなく、社内のセキュリティポリシー、プロセス、従業員についても最高レベルの検証を受けています。

機能・運用面では「プライバシー・バイ・デザイン」の原則に従い、EU一般データ保護規則GDPRやカリフォルニア州消費者プライバシー法CCPAの対応、データの削除・暗号化等の技術対応、従業員のトレーニング、内部プロセスの整備などを行っています。セキュリティポリシーや資格・監査情報、その他のリソースについてはセキュリティに関するドキュメント※3を参照してください。

Transmission Security

SaaSでプラットフォームを提供しており、インターネットを経由してデータを送受信するため、ネットワークのセキュリティも重要となります。New Relicでは利用者のデータの機密性、完全性、可用性を確保するために、トランスポートレイヤー（ネットワーク層）は暗号化プロトコルTLS 1.2を使用し、データを保護しています。

また各エージェント経由の通信は、すべて利用者環境からアウトバウンドの通信のみ行います。各エージェントが通信するエンドポイントはすべてIP、ポートが公開されているため、よりセキュリティ高い設定が必要な場合は、アウトバウンドの通信を必要なエンドポイントに制限することも可能です※4。

Security of Our Application

先述のとおり、利用者はWebブラウザを利用してNew Relicプラットフォームに接続し、分析・可視化を行います。New Relicが提供するこのアプリケーションは継続的に脆弱性対策やウイルススキャン等のセキュリティ対策を実施しています。またアプリケーションのセキュリティを強化するために、シングルサインオン（SSO）機能※5も提供しています。

このように、New Relicはセキュリティ対策に万全を期すとともに、利用者が考慮すべき点やそのポイントも明確にしています。構造をしっかり理解したうえで安全に利用を開始しましょう。

※3　Security and privacy　https://docs.newrelic.co.jp/docs/security

※4　New Relic network traffic
https://docs.newrelic.co.jp/docs/new-relic-solutions/get-started/networks/

※5　New Relic One User Management
https://docs.newrelic.com/docs/accounts/accounts-billing/new-relic-one-pricing-users/configure-authentication-domains

Part 2

New Relicを始める

この部の内容

第3章 New Relic Synthetic Monitoring

New RelicはNew Relic APMやNew Relic Infrastructureのエージェントを利用してシステムを内部から監視するだけではなく、システムに対して実際に外側からアクセスして稼働状況を確認する「外形監視」も可能です。外形監視を行うサービスが**New Relic Synthetic Monitoring**（以下、Synthetic）であり、次のような処理を実施できます。

- Webサービスの死活監視
- 世界中からのアクセス速度測定
- クリティカルユーザージャーニーを確認するシナリオ監視
- APIエンドポイントの応答監視
- SSL証明書の期限監視
- リンク切れのチェック

3.1　外形監視が必要な理由

外形監視が必要な理由は、すべての問題を包括的に監視するためです。たとえサーバーサイドが健全に稼働していたとしても、CDN（Contents Delivery Network）やDNS（Domain Name System）などの外部要因でエンドユーザーがサービスを利用できない場合は内部の監視だけでは検知できません。ユーザーのアクセス（利用）と同じ状況を再現して、確認を行う外形監視があって初めて検知できます。エンドユーザーの問い合わせで発覚する前に、サービスの異常に気づくことが外形監視が必要な最たる理由です。

3.2 Syntheticのモニターの種類と設定方法

Syntheticでは、監視のための設定を**モニター**と呼びます。本書執筆時点では、7種類のモニターがあり、このモニターを使い分けて各種モニタリングを実現します。**表3.1**では、それぞれの特徴を紹介しています。

表3.1 Syntheticのモニターの種類

モニタータイプ	説明
Ping	● 最も単純なタイプのモニター。アプリケーションがオンラインかどうかを確認する ● 単純なJava HTTPクライアントを使用してサイトにリクエストを送信する ● アクセスログで他のモニタータイプと互換性を持たせるためにユーザーエージェントはGoogle Chromeとして識別される ● Pingモニターはフルブラウザではないため、JavaScriptを実行しない。URLの死活監視に利用することができる
Simple browser	● Google Chromeのインスタンスを使用してサイトにリクエストする ● 実際の顧客訪問について、単純なPingモニターより正確なエミュレーションを行う ● ユーザーエージェントはGoogle Chromeとして識別される。ランディングページなど簡単なページの性能監視を行うことができる
Scripted browser	● シナリオ監視に利用される ● Webサイトで操作を実行し、挙動を確認するカスタムスクリプトを作成できる ● モニターはGoogle Chromeブラウザを使用する。さまざまなサードパーティモジュールを使用して、シナリオScriptを作成することもできる。Webサービスのログイン確認などユーザーの操作をシミュレートした稼働監視、性能監視を行うことができる
Scripted API	● APIエンドポイントを監視するために使用される。Webサイトだけでなく、アプリサーバーやAPIサービスを監視することが可能になる ● HTTP requestライブラリを使用しエンドポイントへのHTTP呼び出しを行い、結果を検証する。APIサービスの正常性監視を行うことができる
Certificate Check	● チェック対象となるドメインに対して、SSL証明書の期限切れまでの日数をしきい値として設定することで、SSL証明書の期限切れが近づいていることを監視することができる
Step Monitor	● コードを記述することなく、Scripted browserのように、高度なシナリオ監視を実現する ● 10以上のアクションを組み合わせてシナリオを作成することができる ● 例えば、URLに移動、テキストを入力、要素をクリック、要素をダブルクリック、クレデンシャルを入力、などのアクションを設定できる
Broken Links Monitor	● URLを指定すると、ページ上のすべてのリンクがリンク切れを起こしてないかを監視することができる。リンク切れが検出されると、個々のチェックが失敗したリンクを表示できる

3.3 共通設定

各モニターの設定方法を見ていく前に、各モニターで共通となる設定について紹介します。

3.3.1 モニターの実行場所

Syntheticは、モニターを実行したいロケーションにチェックを付けることで、世界中のロケーションからモニタリングを実施することができます（**図3.1**）。また、イントラネット内の社内サービスなどインターネットからアクセスできないWebサービスに対してはプライベートロケーション（3.10節を参照）を利用することでチェックを実行することができます。

Public locations (0)

North America (0)	Europe (0)	Asia (0)
Columbus, OH, USA	Dublin, IE	Hong Kong, HK
Montreal, Québec, CA	Frankfurt, DE	Manama, BH
Portland, OR, USA	London, England, UK	Mumbai, IN
San Francisco, CA, USA	Milan, IT	Seoul, KR
Washington, DC, USA	Paris, FR	Singapore, SG
	Stockholm, SE	Tokyo, JP
South America (0)	**Australia (0)**	**Africa (0)**
São Paulo, BR	Sydney, AU	Cape Town, ZA

Private locations (0)

office

図3.1　モニターの実行場所を選択

3.3.2 Secure credentials

Scripted BrowserやScripted APIのモニターで利用する、パスワードやAPIキーなどの認証情報をSecure credentialsとして不可視の変数とすることができます。

Secure credentialsは［Secure credentials］タブを選択し、［Create secure credential］をクリックすることで作成できます（**図3.2**）。

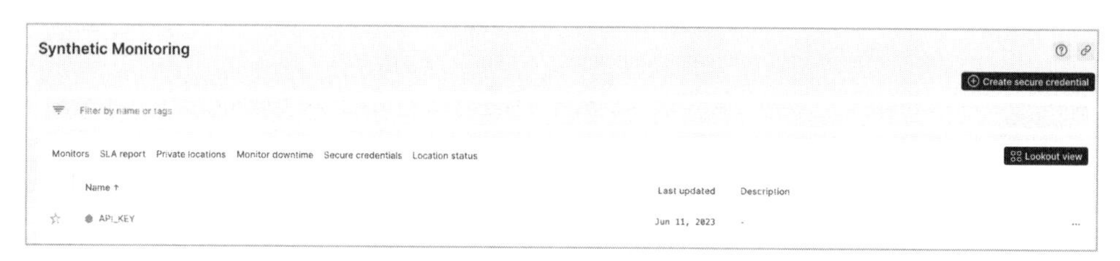

図3.2　Secure credentialsの設定

Secure credentialsとして登録した情報をスクリプト編集画面で呼び出すことにより、スクリプト自体をセキュアに保つことが可能です。さらに定期的な認証情報の変更などにも、スクリプトそのものを変更せずにSecure credentialsの値を変更するだけで対応できます。

```
const request = require('request');

var headers = {
    'Content-Type': 'json/application',
    'X-Api-Key': $secure.API_KEY
};
```

3.4 Pingモニター

続いて、それぞれのモニターの設定方法について見ていきましょう。まず、[Synthetic Monitoring] を選択し、[Create monitor] をクリックします（**図3.3**）。

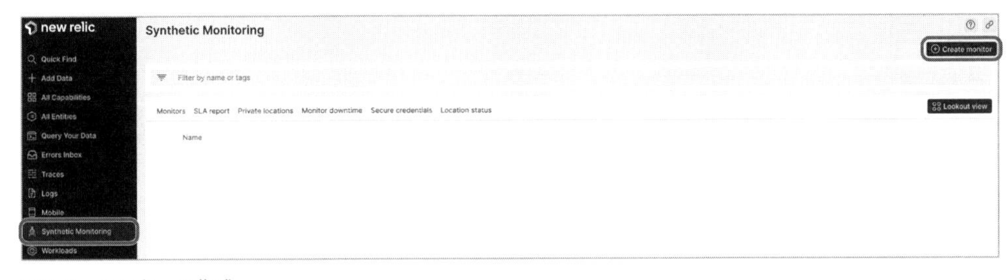

図3.3　モニターの作成

SyntheticのPingモニターはICMP Pingではありません。HTTPクライアントとしてWebページのHTMLソースを取得します。

3.4.1 基本設定項目

Pingモニターの設定は、モニター名とURLとチェック周期を指定するだけです（**図3.4**）。

3.4.2 オプション設定

オプション設定として、成功と見なす条件を設定することができます（**図3.5**）。Pingモニターのオプション項目の設定内容を**表3.2**に示します。

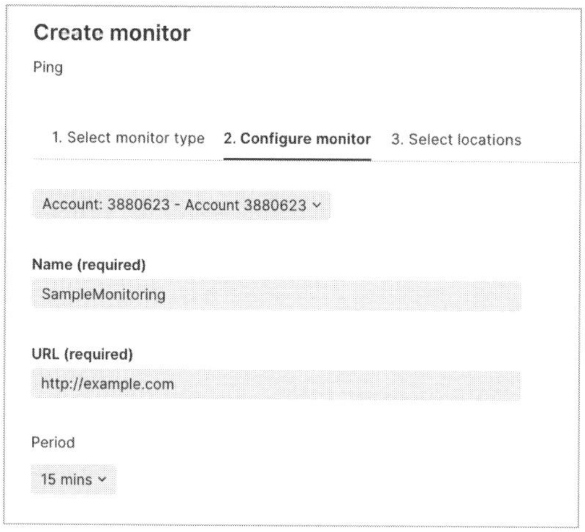

図3.4　Pingモニターの設定画面

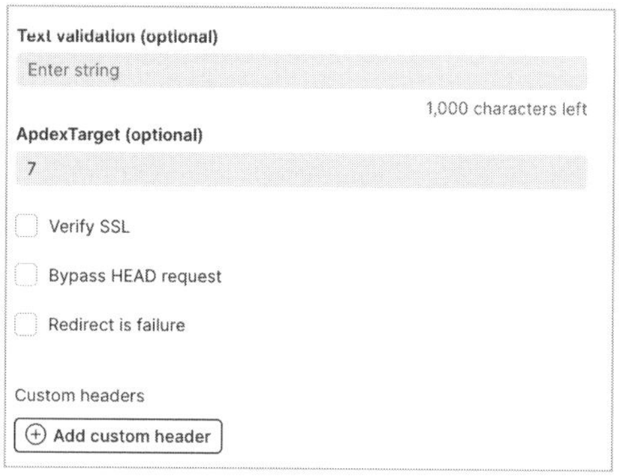

図3.5　Pingモニターのオプション項目

表3.2　Pingモニターのオプション項目

オプション	説明
Text validation	読み込んだサイト上に指定した文字列があるかどうか判定する。指定した文字列が存在しない場合はエラーになる
ApdexTarget	モニターの許容レスポンスタイムを指定。デフォルト値は7秒
Verify SSL	チェックを付けた場合、SSL証明書チェーンの有効性を検証する※
Bypass HEAD request	チェックを付けた場合、HEADリクエストをスキップしてGETリクエストを行う
Redirect is Failure	チェックを付けた場合、リダイレクト先を追跡せずリダイレクトが発生した場合はエラーとする
Custom headers	モニターのリクエストに任意のカスタムヘッダーを追加する

※SSL証明書チェーンの判定内容は次のコマンドの結果と一致する。コマンドの結果が0以外の場合はエラーになる。

```
$ openssl s_client -servername {YOUR_HOSTNAME} -connect {YOUR_HOSTNAME}:443 -CApath /etc/ssl/ce➡
rts > /dev/null
```

※➡は行の折り返しを表す

3.5 Simple Browserモニター

3.5.1 基本設定項目

Simple Browserモニターの設定項目はPingモニターの設定項目とほぼ同じです。ただし、Simple Browserモニターでは［Bypass HEAD request］と［Redirect is failure］の設定はありません。モニターのランタイムであるGoogle Chromeのバージョンを選ぶこともできます。

3.5.2 消費チェック

Pingモニター以外のモニタリング設定では、チェックカウントが表示されます（**図3.6**）。利用可能なチェック数は契約プランによって異なります。契約件数と現在の設定（ロケーション数とチェック周期）で消費するチェック数を見ながら設定を行うことができます。

なお、Pingモニターではチェック数を消費しません。

Your included checks	1,000,000
Checks scheduled this month	8,640
Est. monthly checks for this monitor	2,880

図3.6 消費チェック数の表示

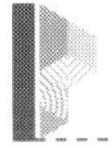

3.6 Scripted Browserモニター

Scripted Browserモニターの基本設定では、モニターの名前、モニタリング周期を設定します。また、Simple Browserと同じく、モニターのランタイムであるGoogle Chromeのバージョンを選ぶことができます。

3.6.1 スクリプト

Script Browserモニターで利用するスクリプトはSelenium WebDriverJSによって動作します。スクリプト例を**リスト3.1**に示します。具体的なスクリプト関数については公式ドキュメント[※1]を確認してください。

リスト3.1 サンプルスクリプト

```
$browser.get("https://my-website.com").then(function(){
    return $browser.findElement($driver.By.linkText("Configuration Panel"));
}).then(function(){
    return $browser.findElement($driver.By.partialLinkText("Configuration Pa"));
});
```

Script BrowserモニターのスクリプトはSelenium IDEを利用してGUIで作成することもできます。ベースとなるスクリプトを作成し、細かな変更はコード修正で行うなどの柔軟な編集を

※1 https://docs.newrelic.com/docs/synthetics/synthetic-monitoring/scripting-monitors/introduction-scripted-browser-monitors/

行うことができます。

3.7　Scripted APIモニター

3.7.1 基本設定項目

Scripted APIモニターの設定項目はScript Browserモニターとほぼ同じです。ただし、Scripted APIモニターのオプション設定は［ApdexTarget］のみになります。モニターのランタイムであるNode.jsのバージョンを選ぶこともできます。

3.7.2 スクリプト

Scripted APIモニターは、`$http`オブジェクトで使用できるgotというHTTP requestライブラリを利用してAPIエンドポイントに対してリクエストを送信します。GETリクエストやPOSTリクエストを送り、その戻り値の評価を行います。その際、想定した戻り値でない場合エラーになります。スクリプト例を**リスト3.2**に示します。

リスト3.2　サンプルスクリプト

```
var assert = require('assert');

$http.post('http://httpbin.org/post',
  // Post data
  {
    json: {
      widgetType: 'gear',
      widgetCount: 10
    }
  },
  // Callback
  function (err, response, body) {
    assert.equal(response.statusCode, 200, 'Expected a 200 OK response');

    console.log('Response:', body.json);
    assert.equal(body.json.widgetType, 'gear', 'Expected a gear widget type');
    assert.equal(body.json.widgetCount, 10, 'Expected 10 widgets');
  }
);
```

3.8 Certificate Checkモニター

3.8.1 基本設定項目

Certificate Checkモニターの設定項目では、

- モニターの名前
- モニター対象のドメイン
- SSL証明書の有効期限の何日前をしきい値にするか
- モニター周期

を指定します（**図3.7**）。オプション設定で、他のモニターと同様［ApdexTarget］を設定することができます。

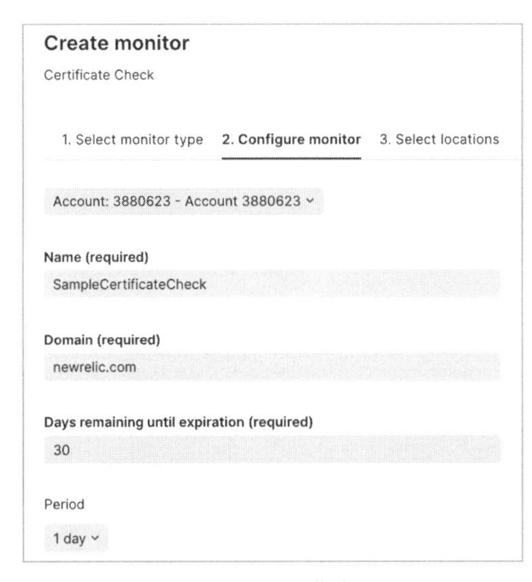

図3.7　Certificate Check の作成

3.9 Syntheticのモニター結果

Syntheticのモニター結果を**図3.8**に示します。主な項目について解説します。

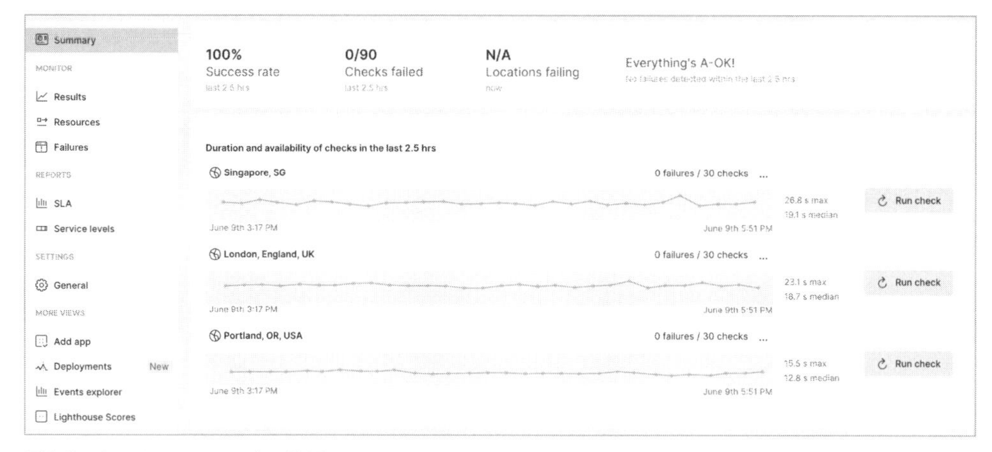

図3.8　Syntheticのモニター結果

- Summary：各モニターからの応答時間が可視化されます。複数の実行場所からモニターしている場合、どの地域からのリクエストが速いのか、遅いのかといった地域ごとのユーザー体験が可視化されます
- Results：それぞれのモニタリングの情報が可視化されます。遅いロケーションや失敗したリクエストなどの確認ができます。また、応答時間だけでなく、DNS名前解決時間、TCPコネクション確立時間、コンテンツ受信時間などが可視化されます
- Resources：JavaScriptやイメージファイルなど、各ページ要素のサイズや所要時間が可視化されます。外部リソースの応答が悪い場合などサイト構成の問題点を把握することもできます。Pingモニターでは、対象URLのHTMLファイルのみを取得します
- Failures：失敗したリクエストが表示されます。失敗したリクエストの日時、失敗したロケーション、失敗時のエラーメッセージを確認することができます
- SLA：Service Level Agreementのことです。日次、週次、月次のモニターのSLAを表示することができます。[Public SLA] をオンにすると共有URLを取得できます。このURLを公開することでサービスSLAをユーザーに示すこともできます

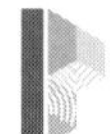

3.10　プライベートロケーション

インターネットからはアクセスができないイントラネット内のWebサービスや、New Relicが用意している地域以外からアクセスを測定したい場合には、プライベートロケーションとして、利用者が実行環境を追加することができます。

プライベートロケーションは [Private locations] タブを選択し、[Create private location]

をクリックし、作成することができます（**図3.9**）。

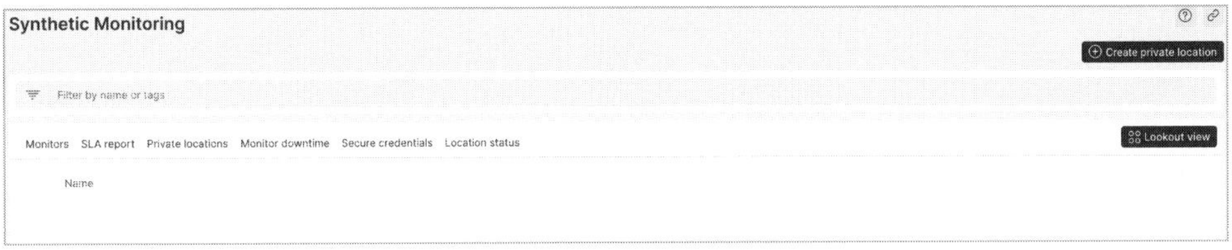

図3.9　プライベートロケーションの作成

画面上でプライベートロケーションを作成すると、コンテナを作成するためのコマンドが表示されます。表示されたコマンドを実行することで利用者が管理するKubernetes上、あるいはDockerコンテナとしてSyntheticの実行環境を起動することができます。

第4章 New Relic Mobile

2008年にApp Store（Apple）とAndroid Market（Google）が登場して以来、スマートフォンやタブレットのアプリ市場は拡大を続けています。今やあらゆるビジネスにおいて、ブランド価値の創出から収益の柱になるものまで、さまざまなアプリが作られています。アプリは多くのビジネスにおいてユーザーとのタッチポイントになっているため、その信頼性やパフォーマンスは大変重要です。繰り返しクラッシュするアプリや遅いパフォーマンスのアプリはどちらもユーザーにとって悪いユーザー体験を与えてしまいます。これらが長い間続くとコンシューマー向けのアプリであればそのアプリはデバイスから削除されてしまい、競合のサービスやアプリを使われてしまいます。

B2B（Business to Business）や社内向けのアプリであれば、その不満はサービス提供者や開発者に対する不満やクレームという結果になりかねません。クラッシュやパフォーマンスを統合的に観測し、改善していくことが大切です。しかしアプリをリリースする前にあらゆる通信やデバイス環境において完全なテストを実施したり、パフォーマンスが快適であるか検証したりすることは非常に困難です。現実には、リリース後にアプリストアのレビューやサポートへの問い合わせをもとにクラッシュの原因を調査し、パフォーマンスを改善していきます。

4.1　New Relic Mobileとは

リリースされたアプリが正常に動いているか、新しいリリースで新しいクラッシュ要因が発生していないか、パフォーマンスは想定どおりかを効率的に観測するために有用なのがNew Relic Mobileです。すべてのアプリに組み込まれるため、ユーザーの利用している国、キャリア、OS、デバイスメーカーやデバイス種類から、利用したHTTPリクエストまで、リアルタイムに把握できるようになります。さらに、組み込んだSDKに用意されているメソッドを利用すればより詳細な操作履歴やユーザーIDや課金状況などのユーザー属性、そしてビジネスに直接結び付く独自なデータも同時に収集することができます。これによりアプリのクラッシュ、パフォーマンス管理という世界からアプリのパフォーマンスとビジネスのパフォーマンスを並行して把握できる、高いレベルのオブザーバビリティを手に入れることができます。

New Relic Mobileでは、発生している課題がアプリにあるのか、通信先のシステムにあるのかを統合的に見通すためのオブザーバビリティを提供します。これにより問題が顕在化した段階で原因を突き止め、改善の着手に優先順位を付けて対応することが可能になります。

リアクティブな対応からプロアクティブな改善へ、アプリおよびサービスの運用を進化させるプラットフォームを提供します。

4.1.1 動作すること：クラッシュの観測

多くのテストをすり抜けてクラッシュしてしまうアプリは残念ながら存在します。クラッシュする理由はさまざまであり、「変数の取り扱い不備」や「通信結果の例外処理に不具合がある」などのわかりやすいものから、特定のOSバージョン、一部のメーカーデバイスにのみ発生するものなどもあります。

毎年新しいデバイスが数十～数百種類発売され、数カ月に1回のペースでOSのアップデートが行われる現代では、すべての組み合わせをテストすることは事実上不可能です。そのためターゲットとなる市場やユーザー層を最大限カバーできるようなテストを実施することが多いのですが、残念なことにそれでも不測のクラッシュというものは発生してしまいます。

世に出たアプリのクラッシュを管理するうえで大事なことは、発生頻度や条件、それにより実現できなかったユーザー体験が何かを正しく観測し、改修の優先付けを行うことです。複数のクラッシュ原因がある中で限られた開発リソースをどの修正に投入するかの正しい判断をするインサイトを得るのは大切です。より広範囲に影響がある、ビジネスに直接影響がある、あるいはユーザー体験を下げてしまうようなクラッシュの優先付けをするには、状況の全貌を把握する必要があります。

通常のクラッシュレポートを見ればスタックトレースから大体の現象を推測することができますが、根本原因を突き止めるのは困難なケースが多数を占めます。クラッシュの再現性、再現手順というのは開発者にとって重要な情報です。それらを正確に得られることは改修における効率性を向上する手助けとなります。

New Relic Mobileでは、Agentをアプリに組み込むことによりすべてのユーザーの利用環境、通信環境、クラッシュ発生状況を詳細に把握できます。全数をチェックすることによりクラッシュ数の統計、発生箇所を観測でき、例えば特定メーカーの特定デバイスで起きるクラッシュを把握するようなことも可能になります。

4.1.2 快適に動作すること：パフォーマンスの観測

現代のほとんどのアプリは通信を行います。あなたがアプリを起動したときや、ログインをした際に表示されるインジケーターがくるくると回っている裏では多くの通信処理が行われます。そして、通信した結果を表示できるデータに変換したり、最初の画面に出すべきコンテンツを新たに取得してきたりしています。そのインジケーターの多くは一瞬で終わりますが環境によっては数秒、あるいは十秒以上かかるようなケースもあるでしょう。一度や二度であればよいですが、それがアプリ利用中に頻繁に起きるとユーザーの不満は蓄積され、やがてクラッシュするアプリと同様使われなくなってしまう可能性があります。

ユーザーインターフェイス上、操作を待たせてしまうパフォーマンス問題の多くはこの通信パフォーマンスが悪いことが原因です。スマートフォンの登場以降、内部パフォーマンスは初期の数十倍から数百倍になっています。そのためネイティブコードで記述された内部的な処理にかかる時間は十分に高速になっていますが、携帯通信ネットワークのターンアラウンドタイムは環境によって十分高速とはいえない状況がいまだにあります。

アプリをリリースする前にパフォーマンスのテストが行われますが、クラッシュと同様にさまざまなキャリア、電波環境、デバイス環境を完全に網羅するのは不可能です。例えば、電波環境が悪い山奥でのテストはオフィスではできませんし、そういった環境でアプリが使われた場合にどのようなパフォーマンスであるかを把握することは困難です。

パフォーマンスが悪い通信の原因がサーバー側にあった場合、アプリ開発者がその根本原因、例えばAPIの内部処理まで把握していることはまれです。アプリ側で対応できない問題がある場合は適切な改善を依頼するため、適切な情報を連携する必要があります。

アプリにNew Relic Mobileを組み込むと、多くの通信処理を自動的に計測し、通信の成否やレスポンス時間を計測することができます。複数の通信が発生する画面があるとして、ユーザーの操作が可能になるまでの時間が長い原因がどのサーバーなのか、外部サービスなのか切り分けて改善に結び付けることも可能になります。

4.2 New Relic Mobileの導入

モバイルアプリを観測するためには、リリースするアプリにNew RelicのSDKを導入する必要があります。New RelicではiOS用とAndroid用にクロスプラットフォーム用（React Native、Capacitor、Cordova、Flutterなど）のSDKを準備しています。観測したいモバイルアプリにNew Relicを導入する前に、互換性や要件について確認しておきましょう。また、これらのSDKは定期的にアップデートされ問題の修正や新機能の追加がされているので、最新バージョンの導入を検討するようにしてください。

互換性と要件のガイドラインは以下のURLで確認できます。

- Android：Android agent compatibility and requirements
  https://docs.newrelic.com/docs/mobile-monitoring/new-relic-mobile-android/get-started/new-relic-android-compatibility-requirements
- iOS：iOS agent compatibility and requirements
  https://docs.newrelic.com/docs/mobile-monitoring/new-relic-mobile-ios/get-started/new-relic-ios-compatibility-requirements/
- React Native：Monitor your React Native application
  https://docs.newrelic.com/docs/mobile-monitoring/new-relic-monitoring-react-native/monitor-your-react-native-application/#requirements
- Capacitor：Monitor your Ionic Capacitor application
  https://docs.newrelic.com/docs/mobile-monitoring/new-relic-mobile-ionic-capacitor/get-started/introduction-new-relic-ionic-capacitor/#requirements
- Cordova：Monitor your Cordova mobile application
  https://docs.newrelic.com/docs/mobile-monitoring/new-relic-mobile-cordova-phonegap/get-started-with-cordova-monitoring/#prerequisites
- Flutter：Monitor your Flutter application
  https://docs.newrelic.com/docs/mobile-monitoring/new-relic-mobile-flutter/monitor-your-flutter-application/

新しくNew Relic SDKを導入するには、New Relicトップページの［Add more data］を選択し、対象のモバイルOSをクリックします（**図4.1**）。

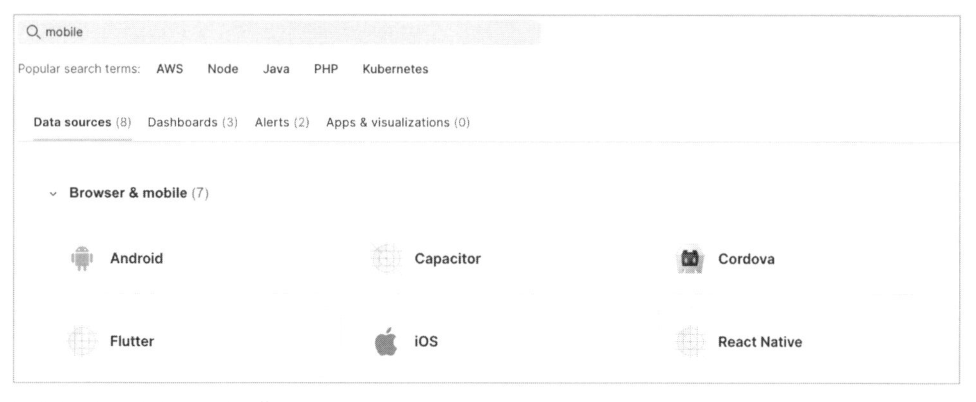

図4.1 New Relic SDKの導入

アプリ名を設定したあとは、画面の手順に従ってプロジェクトに組み込みビルドします。アプリをビルドし実行すると、すぐにNew Relicへデータが連携するようになります。

4.3　機能概要

4.3.1　全体像の確認（Summary）

早速、New Relic上でクラッシュとパフォーマンスがどのように観測できるかを見てみましょう。New Relic Mobileは、AndroidやiOSアプリケーションのパフォーマンスを分析し、クラッシュのトラブルシューティングを行う際により深い観測性を取得できます。New Relic Mobileインターフェイスを開くには、New Relic画面の左部にある［Mobile］をクリックします（**図4.2**）。

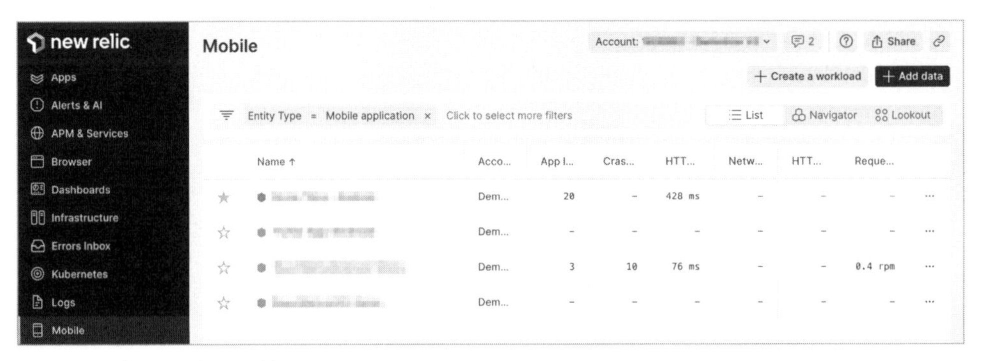

図4.2　モバイルアプリの一覧

Mobileのトップ画面を表示すると、まずアプリの全体像を確認できます。ここではNew Relicにデータを送信している各アプリの起動回数、クラッシュ率、HTTPレスポンス時間などを総合的に見ることができます。［Name］列からアプリを選択すると各アプリにフォーカスした情報を表示します（**図4.3**）。

図4.3　アプリの詳細情報を表示

New Relic APMなどと同様に、New Relic Mobileの［Summary］画面では最も大切な指標が表示されています。New Relic Mobileの場合は

- ［Crash rate by app version］：アプリバージョンごとのクラッシュ数
- ［Crash-free users by app version］：アプリバージョンごとのクラッシュフリーユーザー率
- ［HTTP errors and network failure rate］：HTTP通信エラーとネットワークエラー率
- ［HTTP response time］：通信ドメイン別HTTP通信のレスポンス時間

が項目として表示されます。これらの指標はタイトルをクリックするとより詳細な情報を見ることができます。

4.3.2 クラッシュと例外を観測（Exceptions）

Crash analysis

New Relic Mobileを導入したアプリでクラッシュが発生すると、クラッシュに関するデータが自動で計測されます。特に新バージョンをリリースしたあとは、クラッシュ数に変化がないかに着目する必要があります。［Summary］画面に表示されているリリース前後のクラッシュ数を確認してみましょう。1つ古いバージョンのクラッシュ傾向と異なる場合は注意が必要です。以前よりクラッシュが減っている場合は最新バージョンで改善に成功したかもしれませんが、反対にクラッシュが増加している場合は最新バージョンで別の要因でクラッシュが起きている可能性があります。

［Crash rate by app version］をクリックするか、画面左側のメニューから［ERRORS］→［Crash analysis］を選択すると、クラッシュの詳細を観測することができます（**図4.4**）。

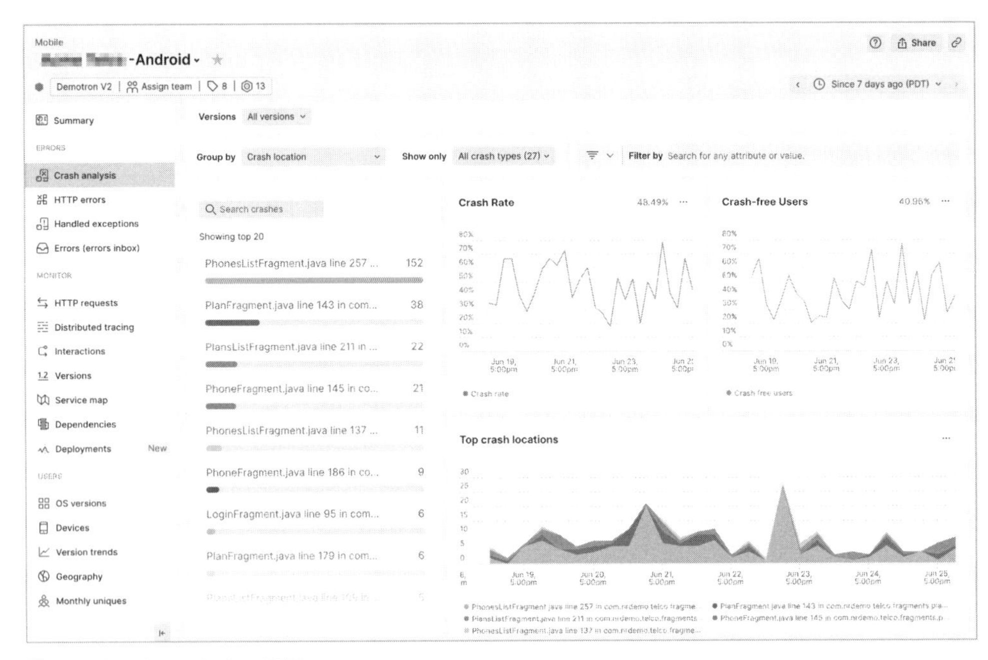

図4.4　Crash analysisの画面

上部の［Versions］からは、アプリバージョン別の情報を得られます。さらに［Filter by］を使えば、さまざまな条件でクラッシュ発生のフィルタリングも可能です。これらを使えば、例えば最新バージョンの特定通信キャリアのみで起こっているクラッシュ数などを絞り込めます。また［Group by］で、クラッシュを発生させたソースファイル、クラス、メソッドごとなどで集計を分類することができます。そのように分析したい視点を絞り込んだ状態で［Showing top 20］に表示されるクラッシュ数の上位を確認しましょう（**図4.5**）。

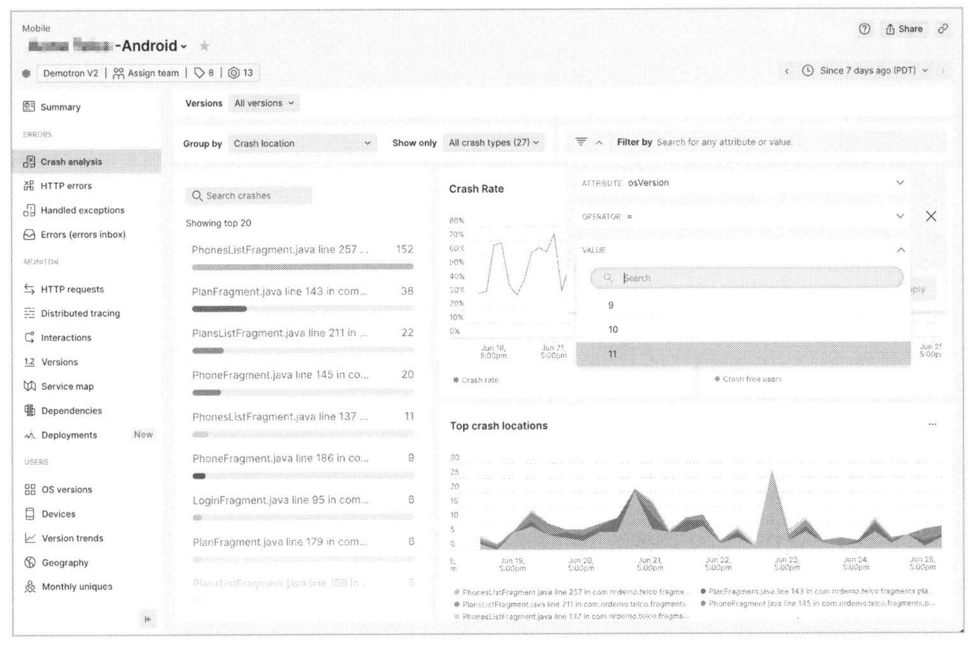

図4.5　クラッシュ情報をさまざまに分類・解析

最新のOSがリリースされたので改修の優先順位を付けたいのであれば［Versions］を［All versions］にして、［Filter by］の［osVersion］から対象のバージョンを選択し、右上の時間軸選択で適切な期間を選択します。これでフィルタリングされた結果から対応すべき対象のクラッシュに目星を付けることができます。

対応すべきクラッシュが決まれば左上の［Crash type summary］から個々のクラッシュ原因の詳細を見ることもできます。この表ではクラッシュした位置、例外、発生し始めた日付と最後に発生した日付、発生数などを確認することができます。表の中から詳細を確認したいクラッシュを選択すると、そのクラッシュにまつわる各種情報を確認できます（**図4.6**）。

図4.6　クラッシュにまつわる詳細を確認

ここでは標準的なクラッシュレポートツールと同様に、スタックトレースやデバイスの詳細情報を見ることができます。New Relic Mobileの特徴的な機能として、Interactions※1を観測しているためクラッシュに至るまでにユーザーがたどった画面遷移を確認できます。クラッシュまでの大まかなユーザー画面遷移を追うことで、ユーザーがどのような操作をしたのかをイメージすることが可能になります。

また、New Relic Mobileでは自動で画面遷移のほかHTTPリクエストを取得しており、さらにクラッシュしては困るような処理については、独自にBreadcrumbs※2をコード内に埋め込むことでより詳細なクラッシュに至るアプリの挙動を記録できます（**図4.7**）。

※1　New Relic Mobile SDKは、iOS／Androidの画面描画までにかかった時間（ViewController／Activities）やデータアクセス（CoreData／Database）、イメージ描画（UIImage／image loadings）やJSONパース（NSJSON／JS parsing）などのパフォーマンスを自動集計します。
https://docs.newrelic.com/docs/mobile-monitoring/mobile-monitoring-ui/mobile-app-pages/interactions-page

※2　New Relic Mobile SDKに用意されているCustom Breadcrumbs APIを利用することで、クラッシュ分析に役立つ「パンくず」をソースコード上から記録できます。InteractionsやHTTPリクエストなどでは追いきれないアプリ特有のタイミングを記録することにより、クラッシュ再現手順をより詳細に把握できるようになります。
https://docs.newrelic.com/docs/mobile-monitoring/new-relic-mobile/maintenance/add-custom-data-new-relic-mobile#custom-breadcrumbs

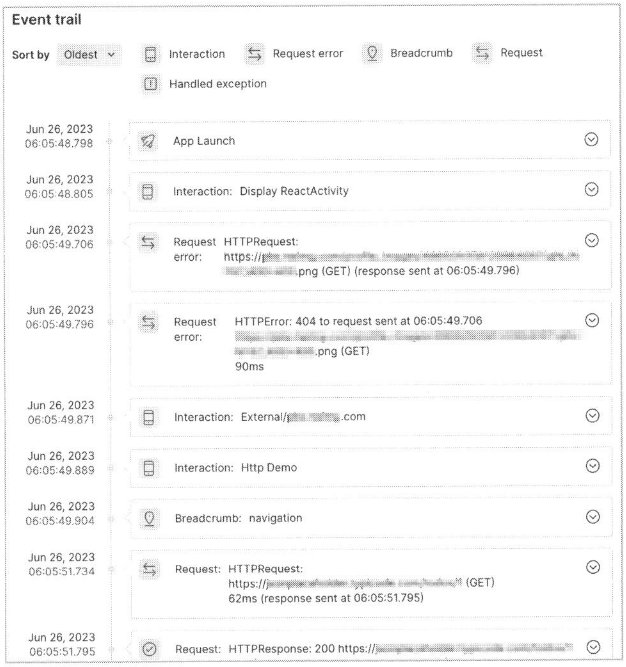

図4.7 Event trail

このように、クラッシュまでのユーザー操作やモバイルアプリの挙動を記録することで、実際にエンドユーザーの手元で発生したクラッシュを再現できます。

Breadcrumbsを画面上での操作やアプリ内のステータス変化などのタイミングで記録して詳細なクラッシュ情報を取得できます。アプリが起動してからクラッシュするまでの間に起きたHTTPリクエスト、画面遷移や仕込んだBreadcrumbsを時系列に把握できます。この高度なクラッシュ解析機能と、デバイス情報との組み合わせを利用して、ビジネス上インパクトの大きいクラッシュ原因の迅速な発見と改善が可能になります。

Handled exceptions

致命的ではないけれども記録しておきたい例外処理がある場合には、SDKに用意されたメソッドを使ってNew Relicに送信することもできます。

[ERRORS]→[Crash analysis]には集められた例外が集計されています。クラッシュと同じように発生回数や全体のうちどの程度のユーザーが影響を受けているのかなどを総合的に評価できます。

4.3.3 ネットワークパフォーマンスの観測（Network）

HTTP通信や他のネットワークパフォーマンスも観測してみましょう。予期せぬ通信遅延がないかどうかを調べて、バックエンドチームとの連携を効率的に実施していきましょう。

HTTP requests／HTTP errors

アプリがHTTPリクエストを送信したとき、その結果は多種多様です。高いパフォーマンスでリクエストが戻る場合もあれば、エラーが戻ることや、そもそもネットワーク通信に失敗することもあります。偶然にも悪い結果がすべて通信環境の原因であればよいのですが、原因がバックエンドや、ネットワーク通信周りの設計不備である可能性も考慮しなければなりません。

［HTTP requests］画面では、通信先ドメインやURLはもちろん、デバイス、通信キャリアやOSバージョン別など、さまざまな観点でメトリクスを時系列に観測することができます（**図4.8**）。これにより、例えば通信キャリアごとの平均レスポンス時間から遅い環境に合わせてレスポンス目標時間を再設計したり、ドメインごとに観測し遅い外部APIやサービスの利用を再検討したりすることも可能です。

すべてのアプリユーザーの結果から観測できるので、「レスポンスが悪い」というユーザーフィードバックを全体から比較し可視化したり、問題が端末やOS、回線環境などどこにあるのかを発見したりするのを強力にサポートします。

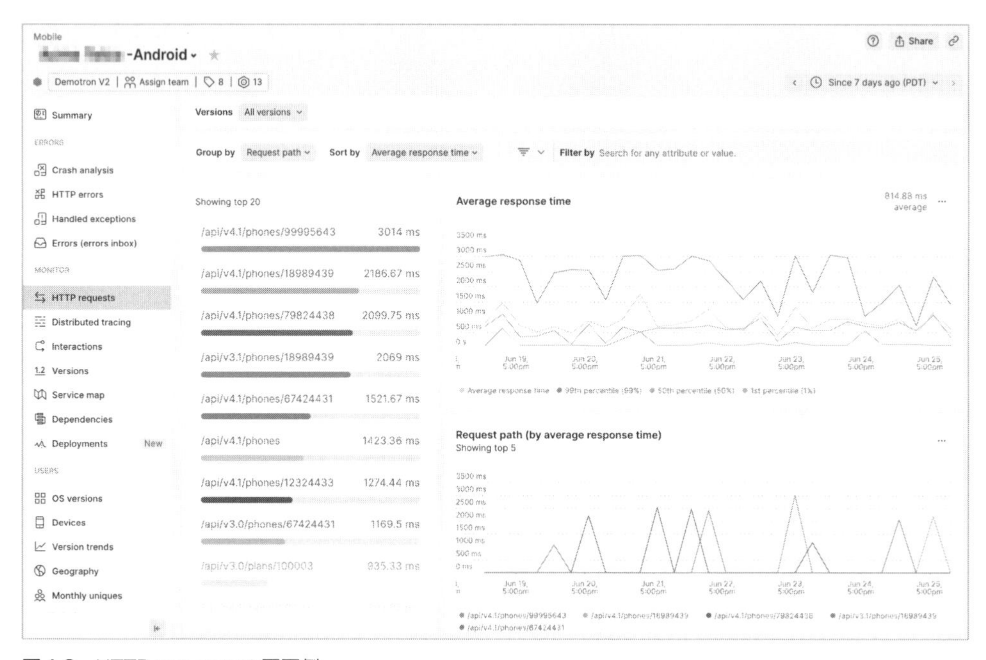

図4.8　HTTP requestsの画面例

［HTTP errors］画面でも、エラーと通信失敗という観点から［HTTP requests］画面と同様の分析ができます（**図4.9**）。通信エラーは、エンドユーザーに必要のない情報であるエラーコードや原因を画面に表示せずに発生します。偶然に悪い通信環境で1、2回起きる程度であればよいのですが、エラー頻度が高くなると、その理由がわからないためユーザーの不満が大きくなってしまいます。このため、［HTTP errors］画面で状況を確認することは大切です。

［Errors and failures］からは実際に何が原因だったかを確認できます。通信キャンセルなどであれば問題ありませんが、400系や500系エラーが多く出ている場合はバックエンドチームと会話する必要があるでしょう。その際には、実際に影響が出ている回数や具体的なレスポンス内容、起きているユーザーの詳細な環境まですべて情報がそろっているため、同一の情報を見ながらチーム横断的に問題解決を進めることができます。

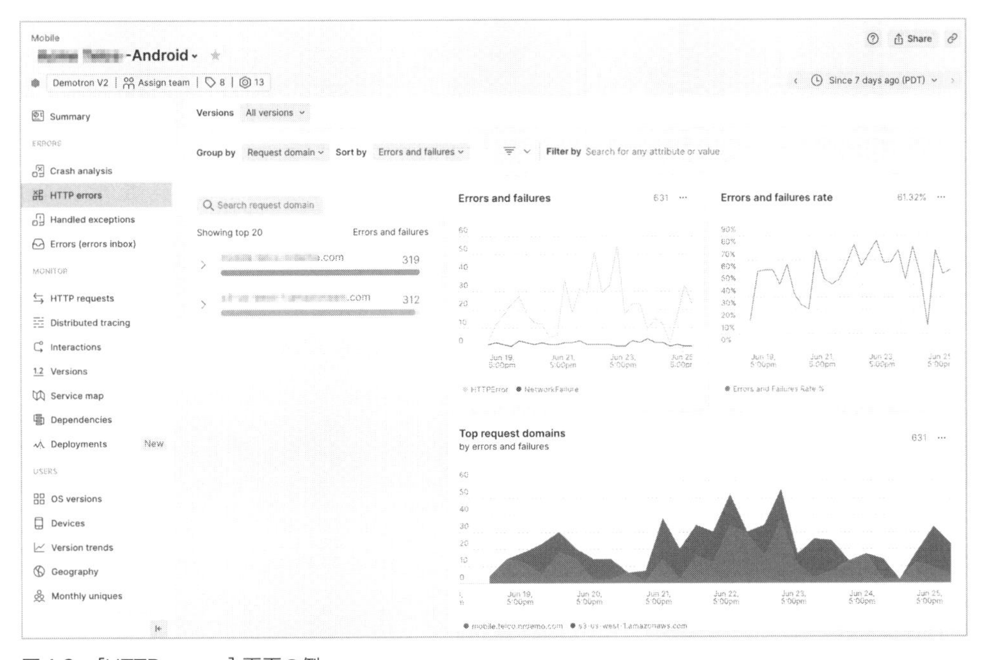

図4.9 ［HTTP errors］画面の例

4.4 New Relic Mobileをもっと使いこなそう

4.4.1 アプリとバックエンドのパフォーマンス改善

クラッシュ解析のためだけのツールではなく、New Relic MobileとNew Relic APMや

New Relic Infrastructureなどを組み合わせれば、モバイル環境で起きているHTTPパフォーマンスの悪化やサーバーエラーからバックエンドのパフォーマンス、インフラの障害情報まで一気通貫でシステムの品質を観測し改善していくことができます。その際はダッシュボードを作成してパフォーマンス、サービス提供状態のデータを可視化し、チームに共有することをおすすめします。

アプリが通信する先のシステムは常に変化することがあります。そのためバックエンドアプリのデプロイやエンドポイントの変更、ネットワーク経路の変更などでアプリのパフォーマンス全体に影響がないかを継続的に観測していくことが重要になります。

4.4.2 ユーザーの実際の体験を高める

New Relic Mobileを使えば、ユーザーが体験していることをリアルタイムに観測できるようになります。実際のエンドユーザーの行動や環境を分析して、ロード時間、可用性、エラーなどのメトリクスを正確に把握すると同時に、これらのデジタル体験を最大限高めていくことができます。

4.4.3 デジタル体験向上をビジネス向上につなげる

クラッシュを改善し、パフォーマンスをチューニングする、その目的はアプリによってもたらされるビジネス価値を高めることです。アプリの中でそれらのビジネス指標を取得できるのであればメトリクスと一緒にNew Relicに送り込みましょう。アプリの起動セッションごとに標準的に取得されるデータ以外にアプリ独自のカスタム属性をCustom Attribute※3として、またアプリ内の変数などを利用して複数のKey-Valueセットを独自のCustom Event※4としてNew Relicで計測できます。

ビジネスデータをNew Relicに送ることで、New Relic MobileやNew Relic APMなどから収集したデータと一緒にダッシュボード上で可視化できるようになります。改善方針として、ビジネス視点も踏まえて判断を行うことが可能になります。

※3　標準で登録されるアプリ起動セッション単位のMobile Sessionイベントに、独自のKey-Valueペアを追加します。ログインが可能なアプリであればUser-IDなどを登録すると、特定のユーザーに発生している問題などを特定することも可能になります。
https://docs.newrelic.com/docs/mobile-monitoring/new-relic-mobile/mobile-sdk/create-attribute/

※4　アプリの中で発生するさまざまなユーザーのアクティビティを複数の独自Key-Valueにセットするとともに記録できます。また、標準で送信される情報以上にアプリ特有のデータセットを登録することで、より詳細なユーザーの状況を観測できるようになります。
https://docs.newrelic.com/docs/mobile-monitoring/new-relic-mobile/mobile-sdk/record-custom-events/

New Relic Browser

New Relic Browserは、Webサイトにおけるエンドユーザー視点でのモニタリングを可能とします。Webサイトの初期描画までの時間、Webサイトからどのようなリクエストを発行しているか、JavaScriptの処理実行時間など、Webサイトがどのようにエンドユーザーに使われているのかを可視化します。快適に利用できているか、エラーが発生していないかを把握することで、ユーザー体験の向上に向けた改善指針をスムーズに決定できます。

5.1 New Relic Browserによる可観測性が必要な理由

5.1.1 エンドユーザーモニタリングの重要性

2000年代以前、Webサイトは簡単なフォームを持っているだけのものが多く、動的なコンテンツでもページ遷移しなければならず、サーバーサイドでHTMLを生成するものがほとんどでした。2005年頃からJavaScriptへの注目が急速に高まり、エンドユーザーが利用するPC・モバイル端末の性能も飛躍的に高まったことにより、現代ではAjaxを利用して非同期でサーバーサイドと通信したり、Canvas要素を使ってJavaScriptのみでアニメーションを作ったりと、より高速でリッチなコンテンツを提供するようになりました（**図5.1**）。

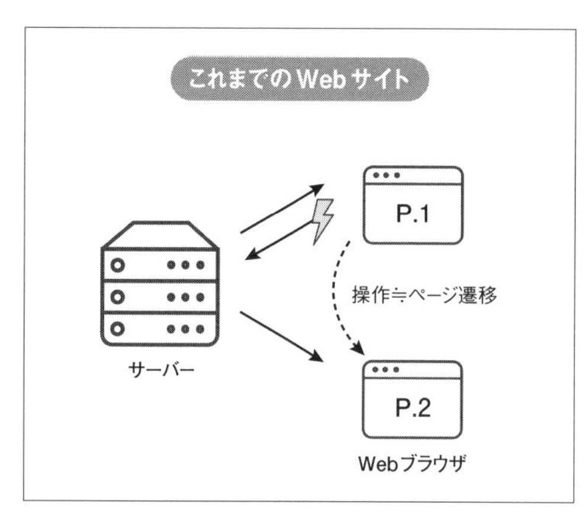

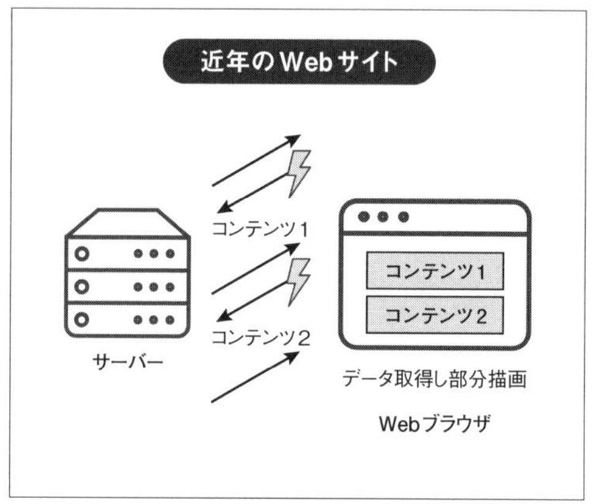

図5.1　サーバーとの通信の違い

ブラウザ上でJavaScriptを用いてデータ操作・画面操作を行うことで、ユーザーに高速にリアクションを返せるようになり使い勝手がよくなった反面、サーバーサイドで取得できるログやメトリクスだけではユーザー体験がどうなっているのか、全貌を見ることができなくなってしまいました。

そんな中、Webサイトに「タグ」を組み込んで情報を収集するサービス（Google Analyticsなど）が出てきたことで、どのように画面を遷移したか、どの機能を使ったのかといったユーザーの行動分析ができるようになりました。ユーザーの行動の傾向が見られるので、Webマーケティング分野において、キャンペーン企画は成功したかどうか、コンバージョンレートが高いのかなど分析にも活用されるようになりました。

しかし、タグ情報からキャンペーンがうまくいっていないと分析できる場合、果たして打ち切ればいいのでしょうか。それともそのまま継続してよいのでしょうか。このときパフォーマンスなどのシステム情報があると、適切に判断してゆくことができます。例えばキャンペーン中でもアクセスの伸びが悪いのはキャンペーン企画に問題があったのではなく、ちょうどそのときにシステム障害が発生し、ユーザーがアクセスできない状況にあった可能性もあります。コンバージョンレートが落ちてきたのは、顧客のニーズが落ちたのではなくバージョンアップ後に前よりもWebサイトのパフォーマンスが落ちたことがユーザーの離脱の原因かもしれません。

ユーザーの行動分析とシステム管理を融合し、双方の因果関係を分析し、情報をこれまでよりも正確に把握したうえで次の一手を打つ。システムの安定稼働に加え、Webサイトでのビジネスチャンスを適切に判断するために、リアルタイムユーザーモニタリングの導入は非常に重要です（**図5.2**）。

図5.2　トレンド降下の原因分析（企画のせい／システムのせい？）

5.1.2 Webサイトの運用保守の難しさ

Webサイトに動的なコンテンツが増えてきたことで、バックエンドのサーバーのログやインフラではなく、フロントエンドだけで問題が発生することも増えてきました。フロントエンドで起こった問題を調べる際には、バックエンドと同様にエラーログや利用している端末のOSの種類など、ユーザー側の情報が重要となってきます。しかし、問い合わせをしてくるユーザーも、その問い合わせを受けるコールセンターの担当者も詳しい情報は知りません。また、技術者同士であっても実際に画面を見たり、ログを確認したりしないと正確な判断は難しいのが現実です。

Webサイトにアクセスできる OS やブラウザの種類やバージョンなどを考えると、組み合わせは非常に多岐にわたります。フロントエンドで発生するエラーには、特定のブラウザの特定バージョンで、ある操作を行ったときにしか起こらないような問題もあります。一方、いくら品質を上げたいからといって、リリース前にすべての組み合わせでテストを行うのは時間もコストも現実的ではありません。

それゆえ、構築後十分にテストを行ったとしても、Webサイトが継続的にサービスを提供できているのかどうか、リリース後も継続的にチェックしていくことが運用保守では重要な課題となっています。

5.2 New Relic Browserの機能概要

エンドユーザーモニタリングやWebサイトの運用保守における課題に対して、New Relic Browserは非常に強力な武器となります。ユーザーが操作した際のOS、ブラウザの種類とバージョン、どんな処理がどれぐらいの時間実行されていたのかを把握できるようになります。これまで苦労していた「問題発生時のヒアリング」をすることなく情報を手に入れることができ、ユーザーからクレームを受ける前にプロアクティブに問題に対処できるようになります。

さらに、ユーザーの操作や購入した商品数などの付加情報（Custom Attribute）を追加することもできます。ビジネスとシステムがどう結び付いているのかを可視化するなど、サービスを戦略的に管理していくための武器になるでしょう。

5.2.1 New Relic Browserがテレメトリデータを送信する仕組み

New Relic Browserは、Webページからテレメトリデータを収集してNew Relicに送信します。Webページのテレメトリデータは実ユーザーのブラウザ上で収集（あるいは計測）されます。そのため、他のJavaScriptライブラリ同様、New Relic Browser Agentもインターネット経由でライブラリをブラウザに読み込ませます。このため、New Relic Browserを有効化するためのコードをHTMLソースに追加しておく必要があります。

5.2.2 フロントエンドのサービスの提供レベルの可視化

New Relic BrowserはWebサイトを簡単に観測できます。以下では、観測されたデータの詳細を見ていきます。

ユーザー視点でのサービスの提供レベルに関わる指標（応答性能、スループット、エラー率など）を計測、可視化することで、アプリケーションの提供レベルを把握し、サービスの安定・維持に活用できるようになります。また、当該指標に対してアラートを設定することにより、ユーザーからの問い合わせなどを受ける前に問題を把握し、対応することができます。

それではサマリ情報を表示している画面でサービスの提供レベルに関連する情報を確認しましょう。**図5.3**は［Summary］画面の例です。［Summary］画面は、画面上部の［Browser］をクリックし、確認したいアプリケーションをクリックすると表示されます。

画面上部には、ユーザーがブラウザ上で実際に遭遇しているエラーに関する「エラー発生率」や「エラーメッセージ」がまとめられています。2段目ではWeb 運用でエンジニアが重要視している、「Web の主要指標」があります。一度きりの計測数値ではなく、継続的でリアルタイムな計測数値を確認できます。［Summary］画面をスクロールしていくと、フロントエンドとバックエンドのどちらに処理時間がかかっていたのかを確認できるチャートや、直近で変な動きがなかったかを確認できる描画までの時間に関するチャート、処理ごとのパフォーマンスがユーザー目線でどう映っているのかを確認できるチャート、その他にもスループットなど、Webアプリケーション全体のパフォーマンスがどうなっているのか、始めに何を見ればよいのかを把握するための指標が準備されています。

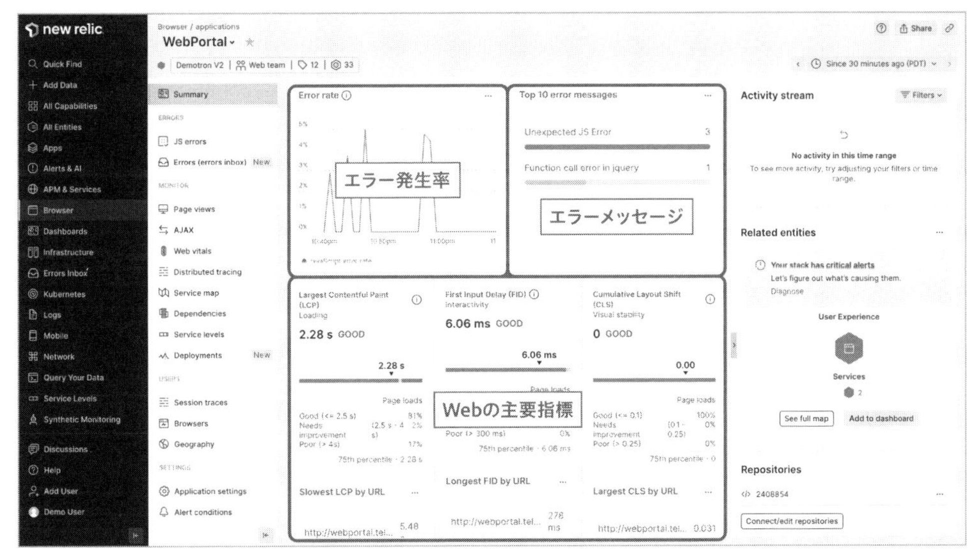

図5.3 ［Summary］画面の例

5.2.3 フロントエンドのパフォーマンスの可視化と分析

Webサイトにアクセスして画面が描画されるまでにどれだけ時間がかかったか、バックエンドの処理時間、HTMLのDOM（Document Object Model）の処理時間、JavaScriptの処理時間などフロントエンドのパフォーマンスを把握するうえで欠かせない処理時間を把握することができます。Webサイトが遅いときにどこから手を付ければよいのか、フロントエンドの情報も含めて対策を考えることができます。

Session tracesの機能を使えば、各セッションの処理時間や、各画面でどのような処理がされているのかを確認できます。Session tracesを使うには、画面の左のメニューから［Session traces］を選択します（**図5.4**）。

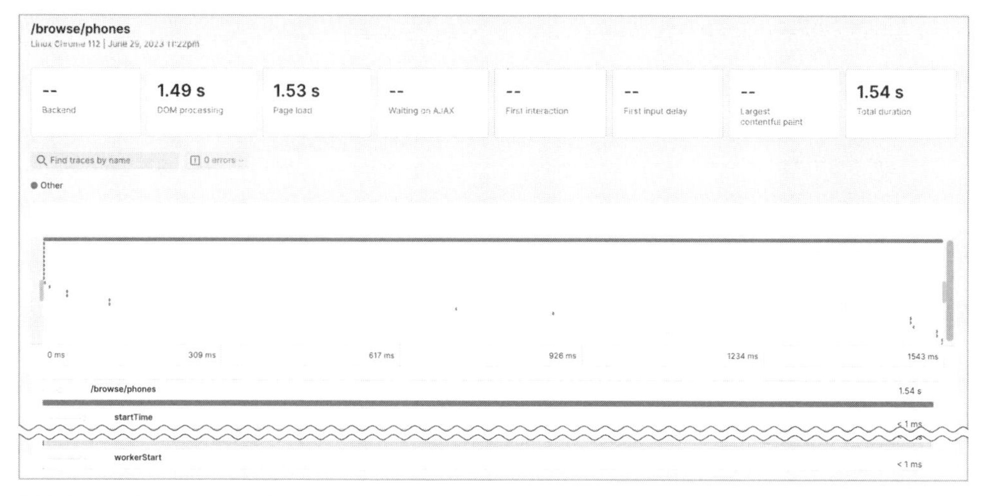

図5.4　Session tracesの例

Session tracesでは、以下のような指標を利用できます。

- Backend：リクエストが開始されてから、バックエンドのアクティビティが終了し、DOMの読み込みが開始されるまでの時間
- DOM processing：リクエストが始まってからDOM処理が終了するまでの時間
- Page load：リクエストが始まってからページロードイベントが発生するまでの時間
- Waiting on AJAX：リクエストが始まってからAjax処理が終了するまでの時間
- First interaction：リクエストが始まってから、マウスクリックやスクロールのような最初のユーザー活動が記録されるまでの時間
- First input delay：ユーザーが最初にページを操作してから処理が開始するまでの時間
- Largest contentful paint：最も大きい画像、動画、テキストなどが描画されるまでの時間
- Total duration：セッションの維持時間

これらの指標を利用すると、フロントエンドでの速度についての問題を見ていくことができます。例えばBackendが2.3秒、DOM processingが6.4秒だったとします。バックエンドの処理も速くはありませんが、4秒以上（DOM processing - Backend）もDOM処理だけに費やしています。DOMのデータ量が大きいことや複雑なDOM構造となっていることなどが原因だと考えられるので、初期描画に必要十分な情報のみになっているかなど、フロントエンドの最適化を行う必要があるということがわかります。

5.2.4 フロントエンドから見たバックエンドのパフォーマンスの可視化

動的コンテンツを提供している場合、Ajaxなどの非同期通信は欠かせません。また、そのパフォーマンスもユーザー体験を測るための非常に重要な指標となります。Webサイトから複数のAPI提供サイトにアクセスすることもあります。問題の切り分けとして、運用保守が対処できるものなのかそうでないのか、正しく状況を把握したうえで対応できるようになります。

サーバーサイドを監視して通常に動いている場合でも、利用しているユーザーからすると不満がたまってしまうことがあります。例えば、たくさんの画像情報を読み込んでしまうようなページ構成になっていたとします。サーバーサイドで見ている限りでは、1画像あたりの応答時間は悪くないかもしれませんが、ユーザーは何枚もの画像の取得の処理で長時間待たされているかもしれません。スループットが上がって利用者数が上がったと思いきや、アクティブユーザー数は増えておらず、バージョンアップ後フロントエンドからの通信回数が増えただけだったということもあるかもしれません。

Ajax通信を分析するには、画面の左のメニューから［AJAX］を選択します（**図5.5**）。この画面では、バックエンドと通信したときの統計情報を確認することができます。どのAPIでどれくらい通信しているのか、パフォーマンスは問題ないのか、フロントエンドからの視点で見ることができます。

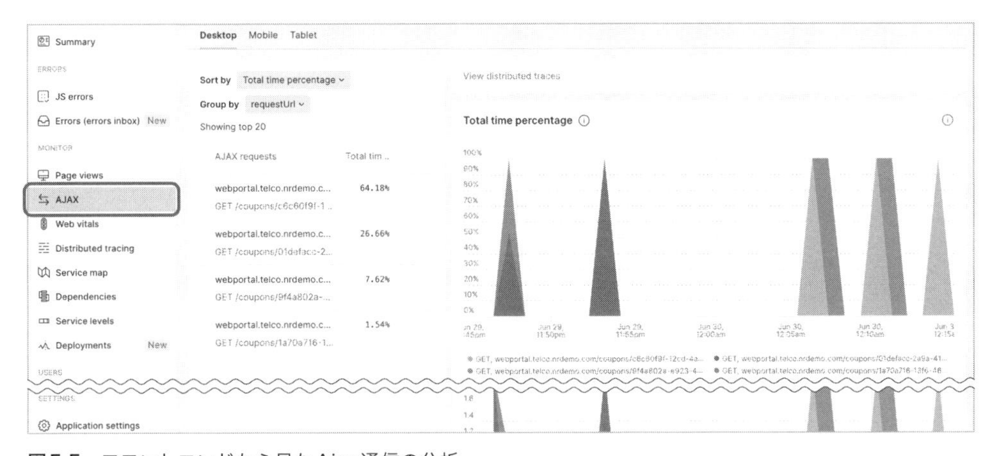

図5.5 フロントエンドから見たAjax通信の分析

Ajaxページ以外に、呼び出しているAPIをドメインやURLごとに確認することもできるため、問題が起こったといわれた場合に外部サービスが原因なのかそうでないのかの判断にも使えます。便利なAPIを安心して利用するためにも、ユーザーの満足度をコントロールしていくためにも、Ajaxを観測していきましょう。

5.2.5 JavaScriptのエラーの可視化

New Relic BrowserではWebサイトで発生したエラーが自動で収集されるので、原因の分析を容易にします。どのエラーが多いのか、エラーは一部のページで発生しているのかそれともサイト全体でエラーが発生しているのかなど、エラーの傾向を確認することができます。このため、エンドユーザーの問い合わせを待つことなく、そしてインパクトの大きいエラーの優先度を判断し、プロアクティブで迅速な対応を実現できます。

JavaScriptの実行状況を分析するには、画面の左のメニューから［Errors (errors inbox)］を選んで［Group errors］タブを選択します（**図5.6**）。

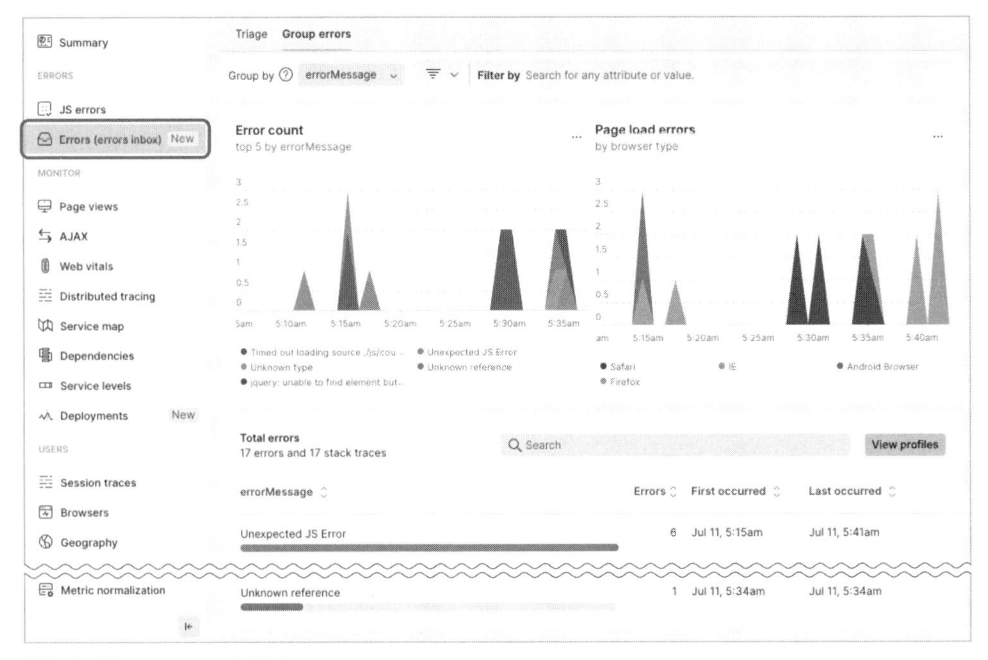

図5.6　［Group errors］画面

エラー対応を行う場合、New Relic Browserではそのエラーが発生する直前でどのようなイベントが発生していたか、その手がかりがわかります。エラーとなったJavaScriptはどこのファイルであり、そしてそのファイルの何行目に起因したエラーなのか詳細を確認できます（**図5.7**）。

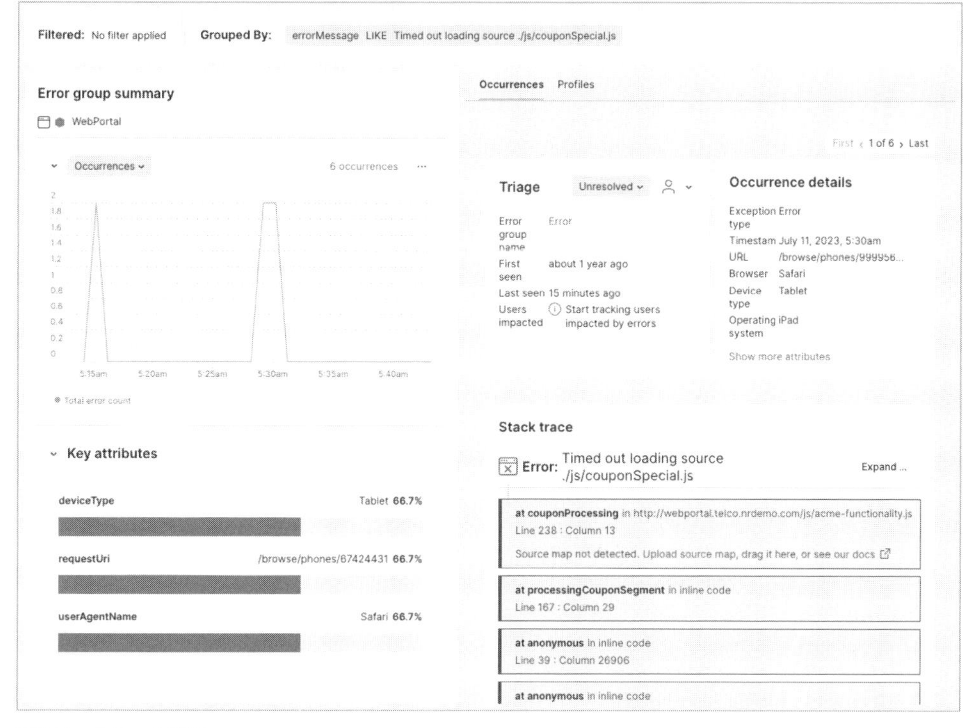

図5.7　エラーの詳細

5.2.6 エンドユーザーの行動の可視化

フロントエンドの観測として特徴的なことの1つが、エンドユーザーの行動の可視化です。New Relic BrowserのPage Actionイベントを使うと、エンドユーザーの行動をトラッキングすることができます。どのボタンを押したのか、どのくらいの時間アイコン上をホバーしていたのかなど、ユーザーの操作を記録し、New Relic上で確認できます。タグを埋め込むタイプのサービスに似ていますが、ページ全体の速度やバックエンドと統合できるため、システムの状態との因果関係までを深掘りできます。

可視化を行うためには、New Relic BrowserのJavaScript APIを利用します。例えば**リスト5.1**はEC（E-Commerce：電子商取引）サイトのドロップダウンメニューが開かれたということをPage Actionとして記録する例です。

リスト5.1　Page Actionの追加例

```
// Add Hover effect to menus
jQuery('ul.nav li.dropdown').hover(function () {
    jQuery(this).find('.dropdown-menu').stop(true, true).delay(100).fadeIn();
```

```
    newrelic.addPageAction("showCatalogueInNavbar", {
        numInCart: numItemsInCart
    });
}, function () {
    jQuery(this).find('.dropdown-menu').stop(true, true).delay(200).fadeOut();
});
```

ここで使われているaddPageActionメソッドの定義は以下のとおりです。

> newrelic.addPageAction(PageAction名, [付加情報])
>
> - **PageAction名**：ここで指定した名称でPageActionが記録される
> - **付加情報**：JSON形式で情報を追加する

なお、**リスト5.1**ではカートに入っている商品点数を付加情報として記録しています。

このPage ActionはNRQLを使ってデータを確認することができます（**図5.8**）。ダッシュボードとしてPage Actionのパネルを組み込むことで、ユーザーの行動をシステムとともに把握できるようになります。

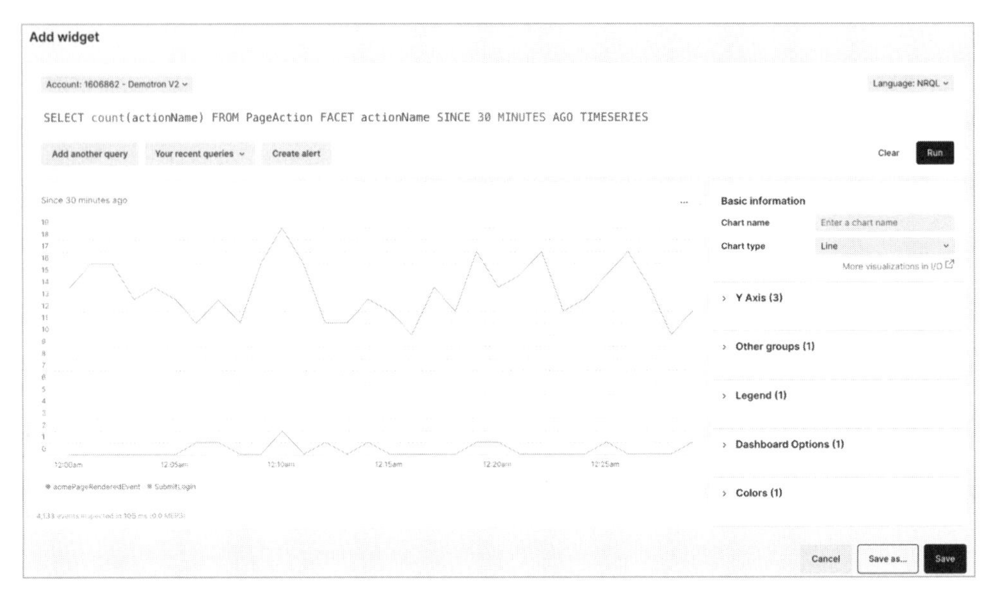

図5.8　Page Actionの確認

例えば、ユーザーがある商品ページにアクセスした場合、そのユーザーの行動はキャンペーンのトップページからアクセスしたのか、あるいは、わざわざ検索してアクセスしたのかでは、ユーザーは異なる行動をしていたといえるでしょう。ユーザーがスムーズに目的のページにたどり着いているのか、どの機能を利用しているのかを把握することで、ユーザー体験が向上したかどうかなどの把握に役立てられます。

本節では、Webサイト上のユーザーの動向観測を活用するNew Relic Browserでどのようなことが具体的に実現できるのかについて説明してきました。Webの世界は新しい技術が絶えず登場します。そして、顧客満足度を維持し続けていくのは容易ではありません。運用保守しているWebサイトからユーザー体験を観測し、改善し続けるためにも、New Relic Browserを用いたWebサイトのエンドユーザーのモニタリングは必須の取り組みです。

5.2.7 Webの主要指標によるユーザー体験の可視化

Webの主要指標であるLargest Contentful Paint (LCP)、First Input Delay (FID)、Cumulative Layout Shift (CLS) は、Web Vitals※1と呼ばれており、Webサイトの開発運用をする際にエンジニアがユーザーの体験を可視化するための重要な指標となっています。

New Relic BrowserでWebサイトをモニタリングすると、実際にユーザーがブラウザで体験したデータをもとにして、Webサイト全体でのWeb Vitalsはもちろん、ページごとのWeb Vitalsもあわせて算出されます（**図5.9**）。Webサイト全体で見た場合には問題ないと思われる場合でも、個別のページでユーザー体験が損なわれているということも考えられるので、例えば、ビジネスに直結するログイン／カート／決済などのページのユーザー体験をWebサイト全体とあわせて定常的にチェックしましょう。

※1 https://docs.newrelic.com/docs/tutorial-improve-site-performance/guide-to-monitoring-core-web-vitals/

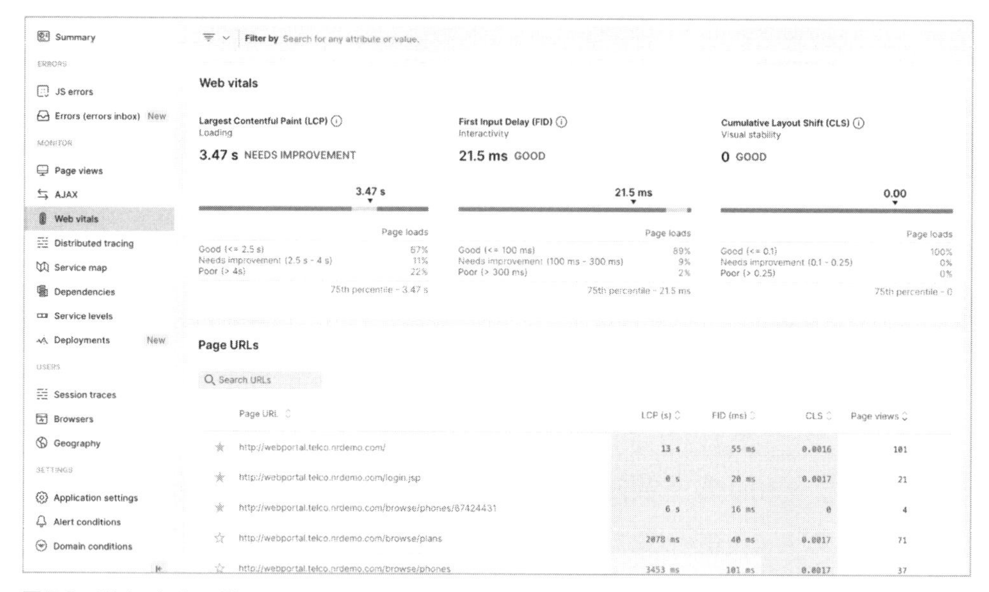

図5.9　Web vitalsの例

第6章

New Relic APM

APM（Application Performance Management：アプリケーションパフォーマンス管理）とは、Webサイトや社内システムなどのアプリケーションの稼働状況をユーザー視点で可視化し、ユーザーに影響を与える可能性のある問題を解決したり、パフォーマンスを改善したりすることです。アプリケーションの稼働率や利用時の応答性能、スループット、エラーの発生率など、ユーザーに対して提供するサービスの品質に直結する指標を基本とし、各アクセス（トランザクション）の詳細までも把握できるようにデータを収集します。

6.1　APMが必要な理由

6.1.1　問題検知の迅速化

APMはなぜ必要なのでしょうか？　ここで、ユーザー視点でアプリケーションのパフォーマンスを把握していないと何が起きるかを想像してみましょう。例えば、Webサイトのユーザー数が急激に増加したものの、システムが増加するリクエストをさばききれずに処理が遅延しているとします。システムの応答性能が悪いのでWebページにアクセスしたユーザーが必要以上に待たされてしまうことになりますが、ユーザー視点で監視していないためWebサイトの提供側はそれに気づくことができません。結果、ユーザーからの連絡やクレームを受けるというインシデントが発生して初めて問題を把握し、あわてて原因の調査や対策を講じることになります。このように問題の検知が遅れ、対応が後手になると、結果としてユーザー満足度が低下し、ビジネス機会の損失につながります。ユーザーに影響を与えている問題をいち早く検出して対策を講じるためには、ユーザー視点でアプリケーションを監視することが重要になってくるわけです。

もちろん、ユーザー視点でアプリケーションを監視することなく、アプリケーションが稼働しているインフラのメトリクス、例えばホストのCPUやメモリの使用率などを監視することでユーザーに影響を及ぼし得る問題を発見することは不可能ではないかもしれません。しかし、監視対象の候補となり得るメトリクスの数は膨大であり、それらすべてを監視することは現実的ではありません。仮にCPU使用率が増えたとしても、ユーザーに影響がなければむしろ効率的にリソース活用できているといえるため、実は対策が必要な状況ではない、という可能性もあります。

また、ユーザーに影響を及ぼしている直接的な原因であるかどうかが明らかでないため、どうしても対症療法的な対応にならざるを得ず、最悪の場合、別の対策を繰り返し実行して問題を収束させなければならなくなり、解決に時間がかかってしまうことになります。そのような点からもユーザーの影響を適切に把握できるAPMは必要なのです。

6.1.2 問題の原因特定の迅速化

ところで、ユーザーに影響を及ぼし得る問題が検知できたとして、それで十分なのでしょうか。その問題の分析や原因の特定が遅れてしまった場合、ビジネスへの悪影響は避けられません。問題を発生させている原因の特定を迅速に行えることもまた非常に重要です。

APMはすでに説明したとおり、ユーザー視点での問題の有無を明らかにするだけでなく、ユーザーからのリクエストを処理しているシステムの構成要素やその依存関係、内部ビジネスロジックを詳細に掘り下げ、問題の原因箇所に迅速に到達することを可能にします。例えば、性能のボトルネックとなっているビジネスロジックやデータベースクエリを特定したり、エラーが発生している箇所をソースコードレベルで特定したりすることが簡単にできます。

APMがない場合は、ソフトウェアごとの個別のツールを使い分け、それらから得られる情報をつなぎ合わせて原因を特定する必要があるため、相当な労力がかかります。さらに、運用コストがかさんで利益率が下がるだけでなく、問題解決に時間がかかることでビジネス上の損失を生むことになります。加えて、ツール間や管理者間での情報伝達による人的ミスの誘発や情報の不透明性による異なる管理者間（よくあるのはアプリケーション管理者とインフラ管理者間）の不健全なコミュニケーションの原因にもなり得ます（**図6.1**）。

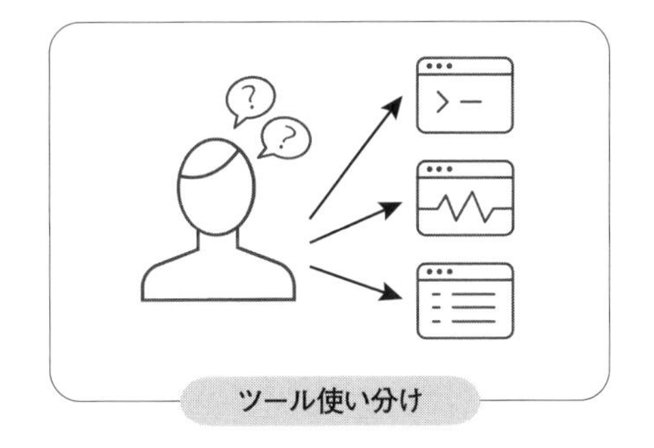

図6.1　APMがない場合

APMは、ユーザー視点での監視によってユーザーに影響のある問題を検出し、その問題の原因となっているアプリケーション内の構成要素や処理を迅速に特定して、問題の解決までの時間を短縮化します。これを一般的な用語で言い換えると、システムの可用性を表す重要な指標であるMTTD※1やMTTR※2の短縮を実現するために必要不可欠なピースだというわけです。

6.2　APMがさらに重要になりつつある背景

APMの重要性はこれまで説明したとおりです。加えて、昨今の技術革新や開発プラクティスの変化など、システムを取り巻く変化によってAPMの重要性は増しています（**図6.2**）。

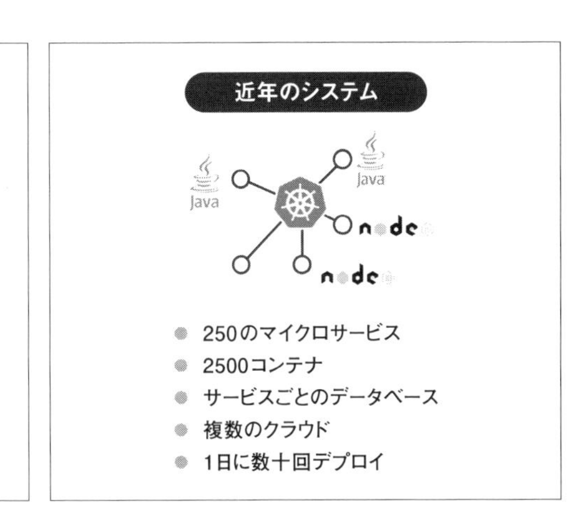

図6.2　システムを取り巻く変化

※1　MTTDは「Mean Time to Detect」の略であり、問題検知までの時間を表します。平均検出時間とも。

※2　MTTRは「Mean Time to Repair」の略であり、復旧までの時間を表します。平均修復時間とも。

6.2.1 アーキテクチャの変化

従来のようなモノリシックなシステムである場合、CPUやメモリの利用率など、インフラの個々のメトリクスを見ることにより、アプリケーションのパフォーマンスへの影響をある程度予測できたかもしれません。システムの構成が単純であるため、アプリケーションの問題を及ぼし得るシステム内の構成要素が局所化され、それらのメトリクスが性能に直接影響することが多いからです。しかし、昨今のシステムは技術革新によって構成が複雑になり、インフラのメトリクスを見ているだけではアプリケーションの問題を検知することは難しくなっています。

具体的な変化の1つは、マイクロサービスアーキテクチャの台頭です。モノリシックなアプリケーションとは異なり、マイクロサービスアーキテクチャでは、複数の小さな独立したサービスを組み合わせた分散システムとしてアプリケーションが構成されています。このためアプリケーションを監視するには、マイクロサービスごとの稼働状況とマイクロサービス間の依存関係を適切かつリアルタイムに把握する必要があります。しかし、インフラのメトリクスだけでは十分ではありません。管理対象となるマイクロサービスの数が膨大になる傾向があり、問題を特定するのがさらに難しくなるからです。

昨今では、サーバーレスなどインフラが隠蔽されているサービスや、クラウド事業者を含めた他社のサービスを活用してアプリケーションを構成するケースが増えています。そのため、それらも含めたアプリケーション全体像の把握が必要不可欠になっています。

6.2.2 開発プロセスの変化

今やアプリケーション開発プロセスの主流は、従来のウォーターフォール型開発からアジャイル型開発に変わっています。ウォーターフォール型開発が開発初期段階の設計や前提を是としていたプロセスであるのに対し、アジャイル型開発はリリース後にフィードバックサイクルを回して改善していくことを重視します。すなわち、いかに迅速に改善サイクルを回せるかがアジャイルでの生命線となります。

これはアプリケーションのパフォーマンスチューニングや問題対策においても同様であり、性能が悪化している箇所や障害箇所をいち早く検知し、原因へと導くソリューションなくして、アジャイル型開発の迅速なリサイクルの実現は不可能と言えるでしょう。また、アジャイル型開発は変化を前提としたプロセスであるため、アプリケーションの変更と性能の依存関係を適切に管理し、リリースが無事に行えているかを継続的に監視できることもアプリケーション管理に必要な要件になってきます。

前置きが長くなりましたが、ここまで、APMが必要である背景を説明してきました。次は、APMの機能を提供するNew Relic APMについて解説します。

6.3　New Relic APMとは

New Relic APM（Application Performance Monitoring：APM）は、New Relicが提供するコア機能の1つです。New Relic APMによって以下のようなことが実現できます。

サービス品質の可視化

ユーザー視点でのサービス品質（応答性能、スループット、エラー率など）を計測、可視化することで、アプリケーションのサービスレベルを把握し、サービスレベルを安定して維持することができます。また、当該指標に対してアラートを設定することにより、ユーザーに影響のある問題をプロアクティブに検知して対応することができます。

エンド・ツー・エンドでの構成の可視化（Service map）

外部のサービスを含めたアプリケーション全体の構成要素とそれらの依存関係を可視化し複雑化するシステム構成を把握することができます。また、トラブル発生時においても迅速に問題箇所を特定することができます。

トランザクションの詳細なトレースやエラーの可視化

Webトランザクションや、バッチなどの非Webトランザクションの内部処理を詳細にトレースし、ビジネスロジックやデータベースクエリ、外部サービス呼び出しなど、アプリケーションの処理において性能問題やエラーの原因となっている箇所やソースコードをピンポイントで容易に特定することができます。また、サーバーレスやコンテナ環境でも横断的にトレースやエラー情報を可視化することができるため、新しいプラクティスの必要なモダンなアーキテクチャを採用するアプリケーションでも問題箇所の特定を容易に行うことができます。

インフラ監視・フロントエンド監視との統合

アプリケーションが稼働しているOSやクラウドサービスなどのインフラストラクチャから、アプリケーションを利用するクライアントに至るまで、一気通貫でのシームレスな性能分析により、複数ツールの使い分けや管理者間でのコミュニケーションによるオーバーヘッド、ミスコミュニケーションがなくなり、問題解決をさらに迅速にできます。

アプリケーションのリリースや構成変更の記録

アプリケーションの修正やシステム構成の変更を記録し、アプリケーションの性能やエラー情報との関連付けをすることによって、リリース前後のサービス品質の変化を管理・可視化できるようになり、安定的にアジャイルなリリースサイクルを実現することができます。

脆弱性の検出と可視化

アプリケーションが利用するサードパーティライブラリの脆弱性をニアリアルタイムに識別します。最も緊急性の高い脆弱性に優先順位を付けて修正することが容易になり、チームが協力しリスクを管理できるようになります。

なおNew Relic APMは、本書執筆時点で、アプリケーション開発で使われる主要な7つのプログラミング言語（.NET、Go、Java、Node.js、PHP、Python、Ruby）とそれらの主要なフレームワークに対応しており、多種多様なアプリケーションに導入可能です。以降では、New Relic APMのそれぞれの特徴について説明していきます。

6.4　New Relic APM機能概要

6.4.1　サービスレベル指標の可視化

これまで説明してきたように、アプリケーションのサービスレベルを安心して維持するには、ユーザー視点でのサービスレベル指標（応答性能、スループット、エラー率など）を計測し、改善していく必要があります。これらのサービスレベル指標は、SRE※3のゴールデンシグナル※4としても扱われているものであり、非常に重要な指標です。SREの活用事例については、レシピ06を参照してください。

アプリケーション全体のサービスレベルの把握

アプリケーションの実行環境で稼働する**New Relic APM Agent**（APM Agent）は、アプリケーションで処理されるWebやバッチのトランザクションの情報を自動的に収集し、それをNew Relic APMが可視化します。**図6.3**は、New Relic APMのメイン画面です。New Relicによって監視されているアプリケーションの応答性能、スループット、エラー率といったサービスレベル指標が可視化され、現在の状況や過去からの変化を簡単に把握し、それらを踏まえて対応要否を迅速に判断できます。

※3　Site Reliability Engineering
https://ja.wikipedia.org/wiki/サイトリライアビリティエンジニアリング

※4　SREゴールデンシグナルは、モニタリングにおいて重要な指標と定義されています。レイテンシ、トラフィック（スループット）、エラー、サチュレーション（リソース利用率）の4つがあります。

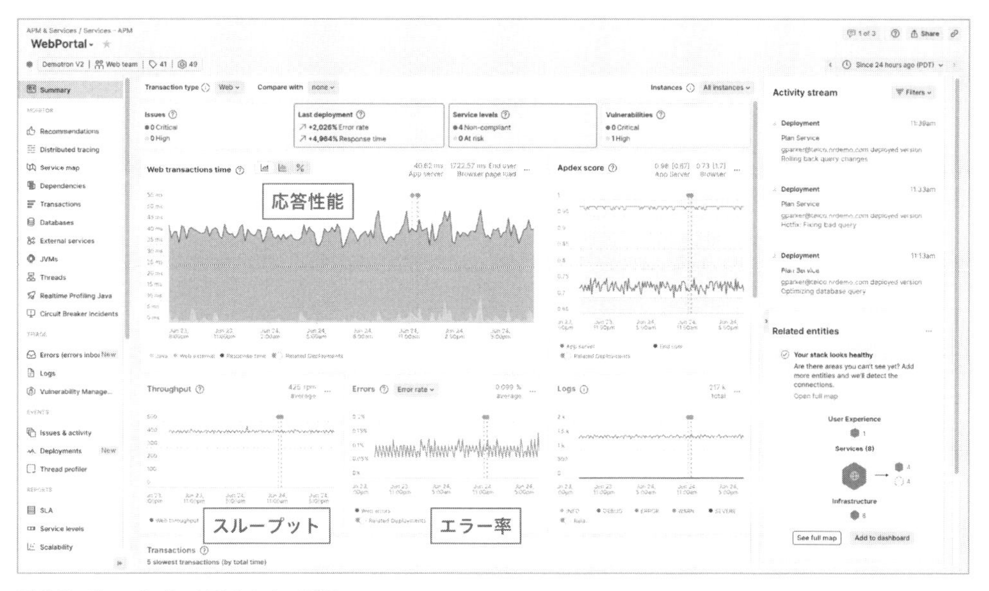

図6.3　New Relic APMメイン画面

どのような問題が発生しているのか明らかではない場合には、優先順位に基づいて、以下の流れで確認していきます。

1. **サービスが稼働しているか**：スループット
2. **正しく機能しているか**：エラー率
3. **満足のいくユーザー体験（UX：User Experience）を提供できているか**：応答性能、スループット

これらのサービス指標の監視は、New Relic APMだけでも十分可能ですが、外形監視やクライアントサイドの監視と組み合わせると、より確実に問題を補足することができます。また、これらの指標に対して、アラートを設定することによって目的値（しきい値）を下回る場合や平常時と異なる振る舞いをする場合に通知を受け取ることができます。アラート設定に関しては第10章を参照してください。

トランザクションごとのサービスレベルの把握

アプリケーション全体のサービスレベルに何らかの問題がある場合、アプリケーションの機能（トランザクションの種類）ごとにサービスレベルを細分化して確認することにより、どこに問題があるかを特定できます。**図6.4**は、トランザクションごとのサービスレベル指標を表している

画面です。アプリケーションのサービスレベルに問題がある時間帯において、レスポンスが悪化しているトランザクションや呼び出し頻度が高いトランザクションなどが簡単に特定できるようになっています。

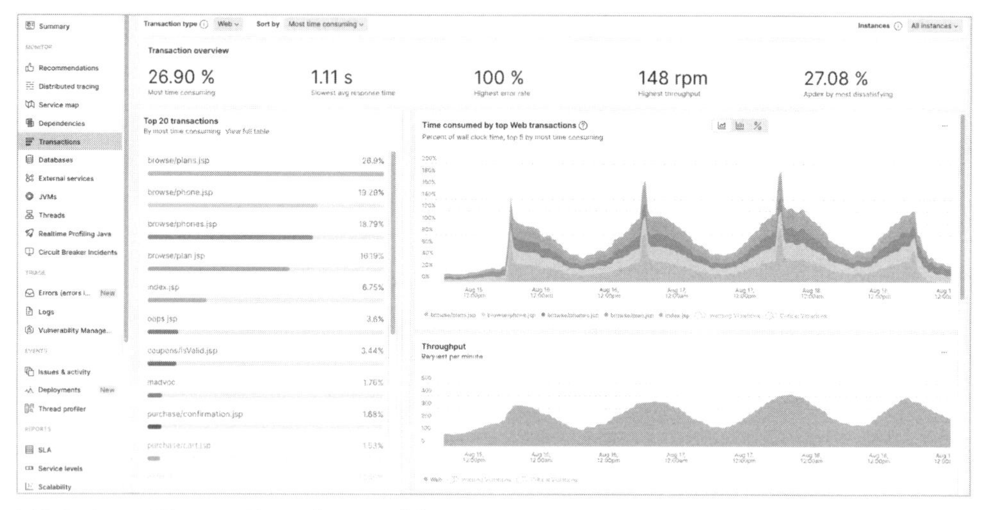

図6.4 トランザクション別サービスレベル指標

なお、New Relic APMでは、トランザクションごとにサービスレベルが確認できることに加え、特に重要なトランザクション（キートランザクション）に対して個別にサービスレベルの目標値を設定したり、アラートによる監視を行ったりできます。例えば、エンドユーザー向けの画面と管理者用の画面では求められる品質は異なるでしょうし、ビジネスKPIであるコンバージョン率の達成に重要な「ログイン」や「決済の処理」などは特に注視すべきものでしょう。そのような要件が厳しい（もしくは緩い）トランザクションには、その特性に応じて監視の条件を設定することをおすすめします。

Apdexによるユーザー満足度の計測

Apdex（Application Performance Index）※5とは、Webアプリケーションやサービスの応答性能について、ユーザー満足度を計測するための業界標準の客観的かつ定量的な指標です。Apdexはトランザクションの応答性能とその目標値、エラーの発生状況をもとに次の計算式で算出します。

※5 Apdex（Application Performance Index）
https://en.wikipedia.org/wiki/Apdex

$$Apdex = \frac{\left(\text{〈満足〉レベルのリクエスト数} + \left(\frac{\text{〈許容可能〉レベルのリクエスト数}}{2}\right)\right)}{\text{全リクエスト数}}$$

Apdexを使えば、応答性能やエラー率などのサービスレベル指標をまとめてユーザー満足度として評価できます。さらに、トランザクションによって要件（応答性能の目標値）が異なる場合でも、同じ尺度（最小0～最大1）で扱えます。

図6.5はApdexの値の推移を表すグラフです。サーバーサイド、クライアントサイドそれぞれ応答性能の目標値を設定することによりApdexを定義および監視することができます。

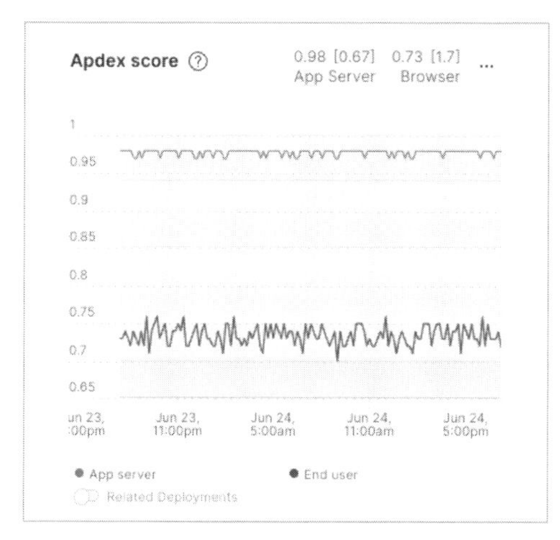

図6.5　Apdexの値の推移

ここまでは、サービスレベル指標の可視化とそれを活用した性能の分析について説明しました。実際は、時系列データとして収集されるそれらの値に問題があるかは、周期性や分布などいろいろな観点で判断します。

6.4.2 エンド・ツー・エンドでの構成の可視化

サービスレベル指標の可視化によってアプリケーションに問題があることがわかったとしても、その問題の原因を特定することは容易ではありません。大規模なシステムや、従来のようにレイヤーごとに管理者が分かれている場合はもちろんのこと、昨今のマイクロサービス化による分散システムではさらに難しくなり、MTTRを短縮するときの阻害要因となり得ます。

New Relic APMは、アプリケーションの実行環境にAPM Agentを導入するだけで、システムを構成するコンポーネントのつながりを自動的に抽出し、性能情報とあわせてサービスマップとして可視化することができます。**図6.6**はサービスマップの例です。アプリケーションが稼働するサーバーだけでなく、そのアプリケーションが利用する他のアプリケーションやデータベース、外部のサービスなど、システムに関連するコンポーネントを可視化することによってシステム全体を俯瞰し、容易に問題箇所を特定できるようになります。

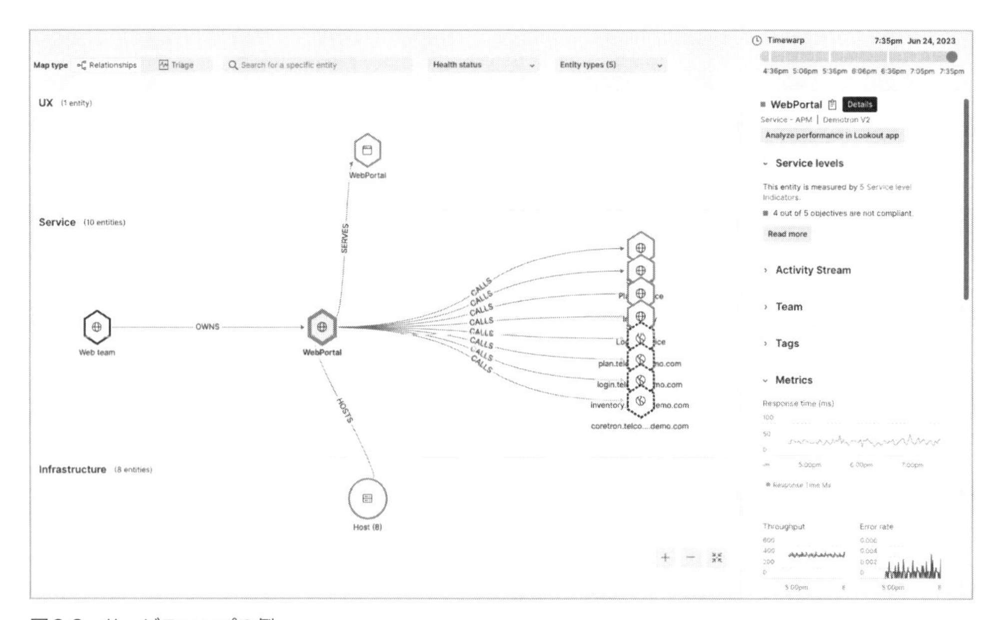

図6.6　サービスマップの例

なお、New Relic Mobile（第4章）やNew Relic Browser（第5章）を導入している場合は、ブラウザやモバイルアプリケーションなどのクライアントサイドについても同様にサービスマップを構成するコンポーネントとして可視化されるため、エンドユーザーに影響が出ているか否かも把握することができます。

6.4.3 トランザクショントレースの可視化

これまで説明した内容で、アプリケーションに発生している問題の検知、および問題が発生しているトランザクションやコンポーネントの特定が容易に行えることがわかりました。残すは、MTTRの削減にとって重要な根本原因の特定です。

New Relic APMでは、問題が発生しているトランザクションの内部処理を詳細にトレースし、アプリケーションロジックやデータベースのクエリの分解能で性能ボトルネックを特定します。また、マイクロサービスによって構成されるアプリケーションである場合でも、連携先のマイクロサービスにシームレスにドリルダウンしてボトルネックを特定できます。

このような解決手段がない場合、各アプリケーションのログレベルを上げ、アプリケーションが稼働するホストからログをそれぞれ取得し、アプリケーションの処理と経過時間をそのつど計測して問題箇所を特定する必要があります。あるいは、異なるツールを使い分けて情報を組み合わせなければなりません。それがNew Relic APMでは数クリックで原因の特定が可能になるため、MTTRの大幅な削減に寄与します。

図6.7は、あるトランザクションの応答性能と内部の処理時間の内訳を表しています。トランザクション全体処理における内部の処理時間の占める割合から、どの箇所に時間がかかっているかを容易に判別できます。単純に時間がかかっているか否かだけでなく、処理の実行回数によって冗長に（非効率に）実行されている処理がわかるため、パフォーマンスのチューニングが容易になります。

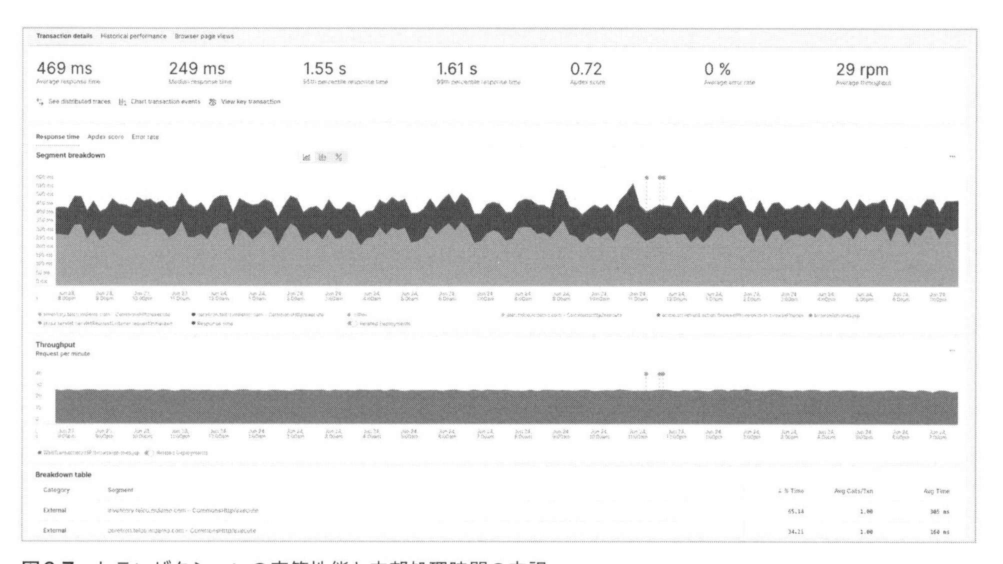

図6.7　トランザクションの応答性能と内部処理時間の内訳

Apdex低下の原因になる応答性能の遅いトランザクションについては、トランザクショントレースを確認することで、アプリケーションロジックやデータベースのクエリレベルで問題の特定が可能になります。

図6.8は、トランザクショントレースの例です。アプリケーションロジックの呼び出し階層とともに全体の処理時間に対する割合が把握できるため問題箇所を容易に特定することができます。

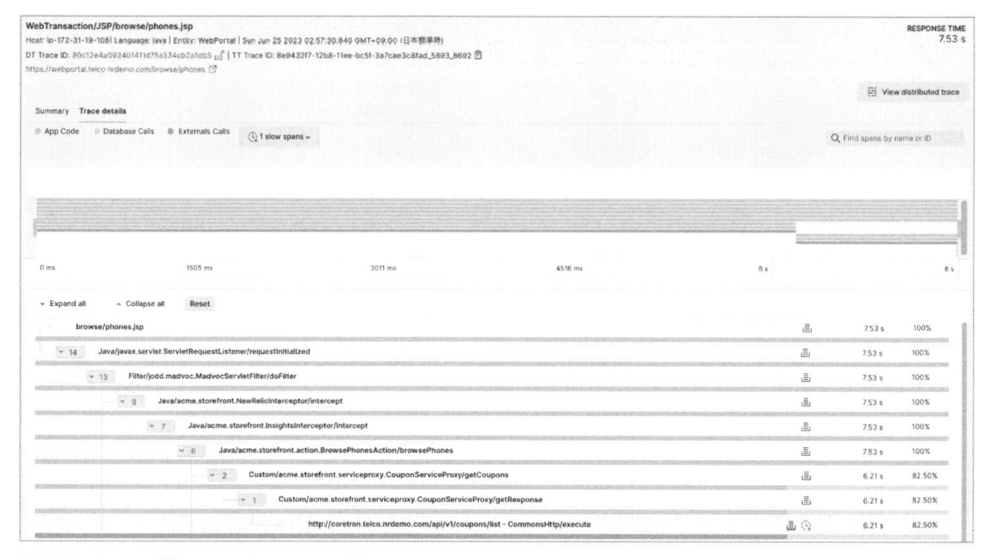

図6.8　トランザクショントレースの例

トランザクショントレースを使えば、トランザクション内でのデータベースアクセスに時間がかかっている場合、どのクエリの処理が問題なのか容易に検出できます。インデックスのない列に対するクエリや、インデックスの効かないクエリ、非効率に発行されたクエリなどは性能を悪化させる原因になります。

図6.9はデータベースクエリの例です。実際に発行されているデータベースクエリをもとに、アプリケーションパフォーマンス悪化の解決策を検討することができます。

WebTransaction/Action/App\Http\Controllers\GetPlansController@getPlans
Host: ip-172-31-24-88| Language: php | Entity: Plan Service | Sat Jun 24 2023 16:14:37:169 GMT+09:00 (日本標準時)
DT Trace ID: fc2efab1911adb960f36b90ea95091ee | TT Trace ID: c502b64f-125e-11ee-bc5f-3a7cae3c8fad_7122_10585
https://plan.telco.nrdemo.com/api/v1/plans

RESPONSE TIME 1.54 s　CPU BURN 0 ms (0%)

View distributed trace

Summary　Trace details　Database queries

search　Hide Fast calls

↓ Total du...	Average	Max	Call count	Data...	Data...	Query
112.00 ms	112.00 ms	112.00 ms	1	MySQL	plans...	SELECT distinct p.planId, p.planPrice, p.minutesPerMonth, p.description, p...
2.00 ms	2.00 ms	2.00 ms	1	MySQL	plans...	use `planservicedbtelcoprod`;
1.00 ms	1.00 ms	1.00 ms	1	MySQL	plans...	set session sql_mode=?
1.00 ms	1.00 ms	1.00 ms	1	MySQL	plans...	set names ? collate ?

Show fewer

図6.9　データベースクエリの例

6.4.4 分散トレーシングによるマイクロサービスの分析

先ほど見たように、トランザクショントレースは問題の原因特定の迅速化に寄与します。一方、マイクロサービス化による分散アーキテクチャにおいては、トランザクションの処理をアプリケーション横断で解析できる必要があります。それを実現するのが分散トレーシングです。

New Relicはマイクロサービスアーキテクチャを採用したアプリケーションや、ブラウザなどのクライアントサイドを含めた分散トレーシングによる問題分析をサポートしています。分散トレーシングの詳細については、次項で後述します。

6.4.5 サーバーレスアプリケーションの監視

昨今、AWS Lambda※6に代表される**サーバーレス**技術が活用されています。サーバーレスとは、従来IaaS（Infrastructure as a Service）でユーザー側に委ねられていた計算機リソースの管理をクラウド事業者側が行うことにより、ユーザーがアプリケーション実装に専念することを可能にするマネージドサービスです。

New Relic APMは、サーバーレス技術を活用したアプリケーションの監視もサポートします。これまで説明したようにアプリケーション全体を計測することが最も重要なコンセプトであるにもかかわらず、サーバーレス部分だけ欠落してしまっては意味がありません。漏れなく計測し、一連のアプリケーションの挙動の詳細を把握することが大切になるのです。

サーバーレスモニタリングでできること

サーバーレスモニタリングは、単純なInfrastructureのクラウド連携で取得できるメトリクスだけでなく、APMと同じようにファンクション内のトランザクショントレースやログのコンテキスト化（Logs in context）、他のコンポーネントとの分散トレーシングに対応しており、マイクロサービスにおけるビジネストランザクションの1コンポーネントとして詳細な情報を取得し、可視化できます。ここではAWS Lambdaを例にサーバーレスモニタリングでできることを解説します。

AWS Lambda関数内の所要時間の計測・可視化

図6.10の例では、Lambda関数1実行あたりの全体実行時間（Duration）だけでなく、Lambda関数内のCall stackごとの実行時間が自動的に計測されています。パフォーマンスが悪い場合に、実際にLambda関数内のどの処理に時間がかかっているのかを一瞬で特定できます。

※6 AWS Lambda
https://aws.amazon.com/jp/lambda/

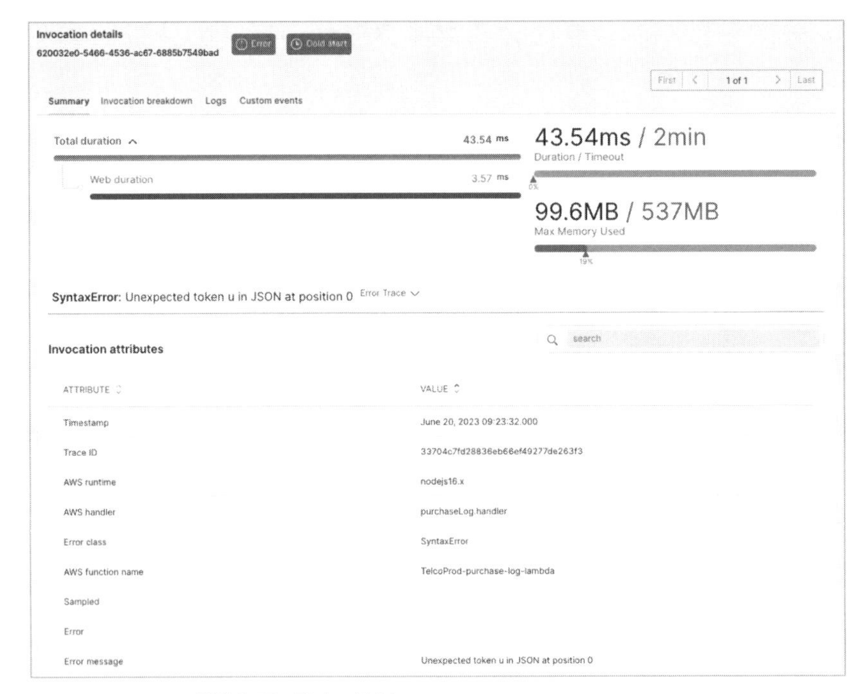

図6.10　Lambda関数処理に関する情報

分散トレーシング

　他コンポーネントと統合して一連のトランザクションを表現することができます。ただ単にLambda関数のパフォーマンスが悪いかどうか、という観点ではなく、一連のビジネストランザクションに要している時間との関連性を見ることができ、改善に向けた適切な優先順位を判断することが可能になります。

Logs in context

　分散トレーシングの画面右上の［See logs］リンクから、一連のトランザクションの1構成要素として実行されたLambda関数のログを確認することができます。これにより、問題となったトランザクションの全体のうち、Lambda関数がどのように影響しているかがわかりますし、Lambda関数に問題があった場合には、そのトランザクションに関連付けられたログに一瞬でたどり着くことができるので、トラブルシューティングの速度が劇的に速まります。

6.4.6 トランザクションエラーの可視化

　アプリケーションのパフォーマンスに関する問題と同様、アプリケーションでエラーが発生した場合もユーザーに影響を及ぼし、ひいてはビジネスに甚大な損失を与えかねません。そのため迅速な原因の特定と解決が必要です。

APM Agentはトランザクションの処理中に発生したエラーの情報を収集し、ソースコードレベルで分析や原因の特定を可能にします。New Relic APMはエラー分析をサポートするため、以下の機能を備えています。

- エラーの各種属性（クラス、メッセージ、ステータスコード）やホスト、リクエストの情報などの観点でのエラーの傾向分析
- 各エラーのソースコード（スタックトレース）レベルでの問題箇所の特定

図6.11は、エラー分析画面の例です。エラーのクラスやメッセージ、実行時のリクエストパラメーターなどの軸でそれぞれの発生タイミングや頻度を表示し、問題となっているスループット低下やエラー率の増加につながるエラーを発見できます。

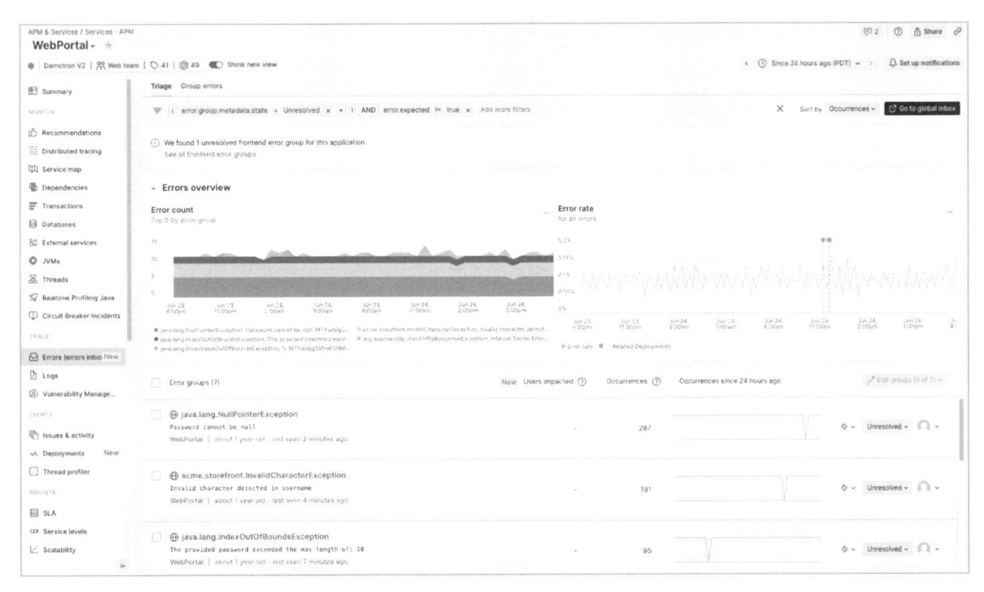

図6.11　エラー分析画面の例

図6.12は、エラーの詳細画面の例です。エラーの発生箇所をリクエストパラメーターとともにソースコードレベルで特定できます。

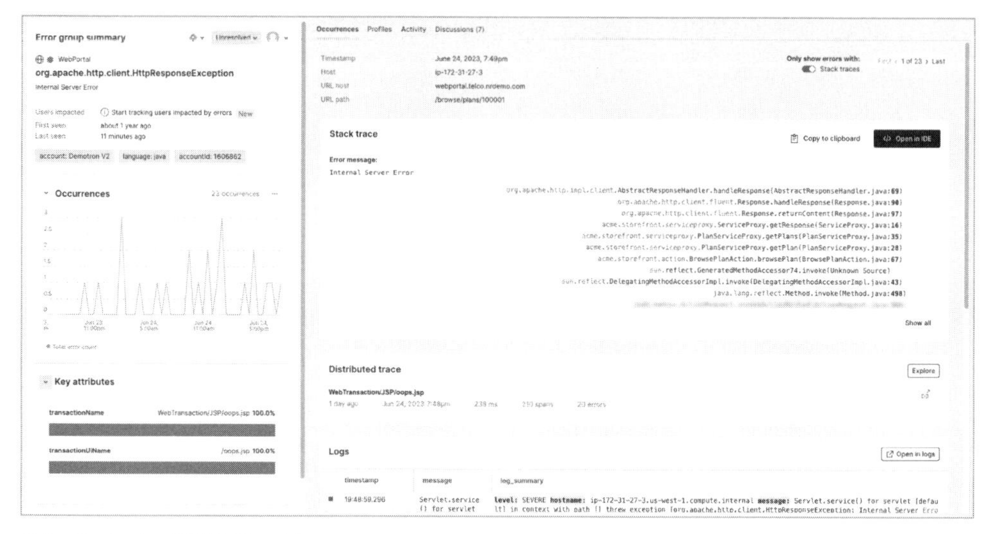

図6.12　エラーの詳細画面の例

New Relic CodeStream連携を行っていると、エラーの発生しているソースコードを自動的に特定してIDEで表示することができます。IDE上ではソースコードの確認に加え、コードに関するディスカッションを行ったり、応答時間、スループット、エラー率などの指標を確認したりすることもできます。それにより、コードレベルの問題解決速度の向上や開発チームと運用チームとのコミュニケーションコストを削減できるようになります。

CodeStreamの詳細は12.2節で解説します。

6.4.7 インフラ監視・フロントエンド監視との統合

これまで、New Relic APMによって、アプリケーションで発生している問題の検知や原因の特定が迅速に行えることを説明してきました。その問題がインフラで発生しているか、それともフロントエンドに起因するものなのかを把握することで、より正確に問題を補足し、適切な優先順位で的確な対策を講じることができます。

New Relic APMは、フロントエンド監視機能であるNew Relic BrowserやNew Relic Mobile、インフラ監視機能であるNew Relic Infrastructureとの連携によって、アプリケーションが稼働しているOSやクラウドサービスなどのインフラストラクチャから、アプリケーションを利用するクライアントに至るまで、シームレスな性能分析を可能にします。複数ツールの使い分けや管理者間でのコミュニケーションによるオーバーヘッドやミスコミュニケーションをなくし、問題解決をさらに迅速に行えるようになります。

インフラ監視との統合

APM Agentが導入されている環境に、第7章で説明するInfrastructure Agentが導入されている場合、New Relic APMページ内から当該アプリケーションのNew Relic Infrastructureの情報を参照することができます（**図6.13**）。アプリケーションに関連するホストが自動的に結び付けられ、当該ホストのCPU利用率など各種メトリックの分析が可能です。ホストだけでなく、コンテナやKubernetesに関しても同様です。

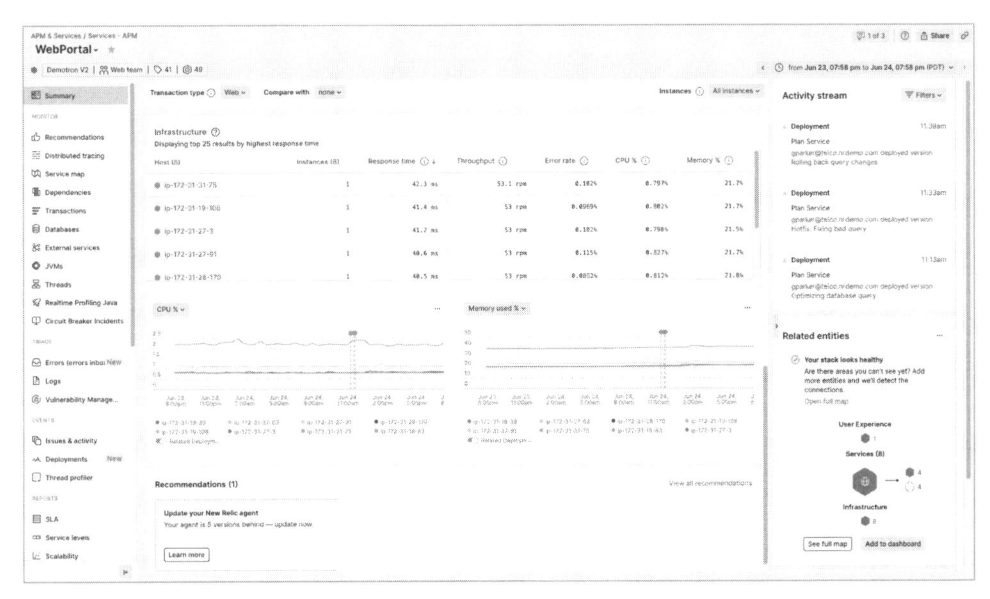

図6.13　Infrastructureの情報

フロントエンド監視との統合

New Relic APMで監視されているアプリケーションのサービスレベルが低下している場合、エンドユーザーにどのような影響を及ぼしているか、実際のブラウザやモバイルで体感している性能を確認することができます。

図6.14は、APM Agentが導入されている環境において、第5章で説明したNew Relic Browserによるフロントエンド監視が有効になっている場合の画面です。サーバーサイドの応答性能に加えて、ブラウザ側のページロードタイムやApdexが確認できるため、サービスレベルが低下している場合に実際にユーザーに及ぼしている影響を把握することができます。

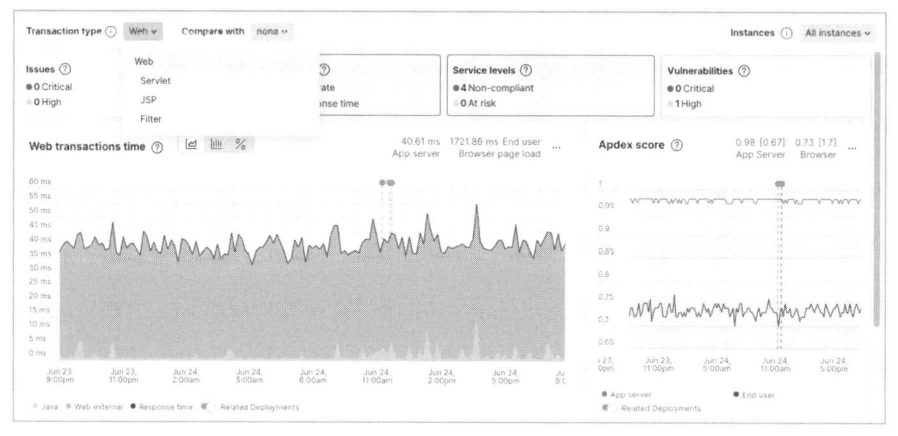

図6.14　New Relic Browserによるフロントエンド監視が有効になっている画面

図6.15は**図6.14**のNew Relic APMの画面からNew Relic Browserの画面にドリルダウンした際に表示される画面です。アプリケーションや分析の時間に関わる設定を維持したまま、ブラウザ側の性能分析や、フロントエンドとバックエンドの問題箇所の切り分けを効率的に行うことを可能にします。

図6.15　New Relic Browserの画面

6.4.8 アプリケーションのリリースや構成変更の記録

アプリケーションの修正やシステム構成の変更を記録し、アプリケーションのパフォーマンスやエラーの情報を関連付ければ、リリース前後のサービス品質の変化を管理・可視化できます。この結果、安定的にアジャイルなリリースサイクルを実現することができます。New Relicではこのような記録をChange Trackingと呼んでいます。

図6.16はChange Trackingがどう見えるかを示す画面の例です。Change Trackingは時系列グラフでは特定の時間に縦線で表示されます。これによりChange Trackingを境界として前後で応答性能やエラー率などのサービスレベル指標にどのような影響が起きているかを視覚的に把握できます。

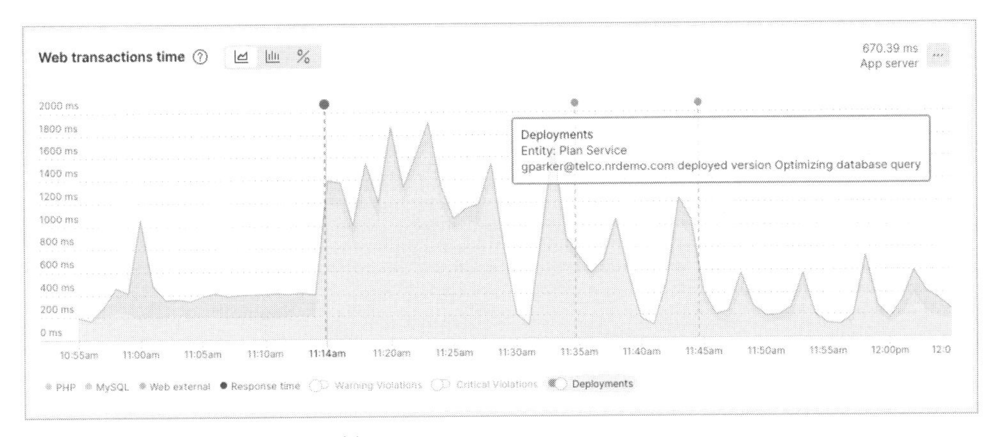

図6.16　Change Trackingの画面例

登録されたChange Trackingは、**図6.17**に示すように、それぞれの期間で取得されたサービスレベル指標（応答性能、スループット、Apdex）とともに一覧できます。この一覧を見ればリリースを安定的に継続できているかどうかを確認できます。

Deployments (3)　　　　Learn about deployments

We found a related browser entity. See how its metrics compare to this service's below or go to its summary page.

Time	Version	User	Description	Changelog	Type	Apdex	Response time (ms)	Throughput	Error rate
Jun 23, 2023 12:35pm	10	root	Deploy using mast...	-	-	Server: 0.88 0.7 User: 0.73 1.7	Server: 31,016.64 +514.25% User: 1,757.35 +8.25%	Server: 437 +425.24% User: 15.43 +414.44%	11.89% +411.75%
Jun 21, 2023 12:39pm	9	root	Deploy using mast...	-	-	Server: 0.86 0.7 User: 0.76 1.7	Server: 26,439.63 +25,220.8 User: 1,722.03 +5.31%	Server: 418.57 +707.01% User: 18.1 +805%	14.24% +10,978%
Jun 16, 2023 9:41am	8	root	Deploy using mast...	-	-	Server: 0.88 0.7 User: 0.76 1.7	Server: 34,953.44 +1,573.98 User: 2,212.87 +28.06%	Server: 428.03 +573.36% User: 18.47 +592.6%	13.39% +964.31%

図6.17　Change Trackingの一覧

6.4.9 脆弱性の検出と可視化

アプリケーションのパフォーマンスや可用性の問題に加えて、緊急性の高い脆弱性に優先順位を付けて対応することが容易になります。

New Relic APMではアプリケーションのランタイムソフトウェアの構成を継続的に分析し、サードパーティライブラリの脆弱性を自動識別します（**図6.18**）。識別された脆弱性はCVE（共通脆弱性識別子）に基づき、推奨されるライブラリアップグレードを確認できるようになります。潜在的なセキュリティインシデントを開発チーム、運用チーム、SRE、そして情報セキュリティの各チームで連携することにより、スタック全体のセキュリティリスクを低減します。

セキュリティ（Vulnerability Management）の詳細はレシピ05で解説します。

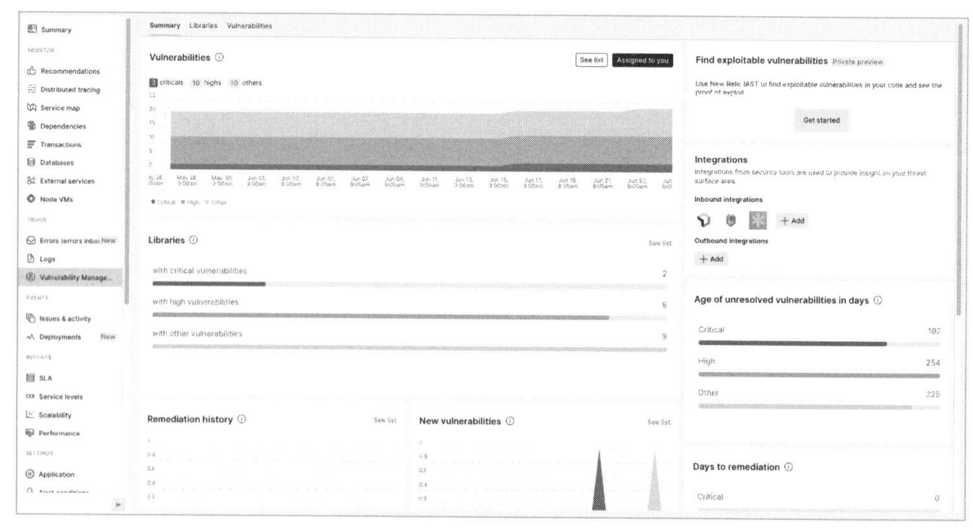

図6.18　自動識別されたサードパーティライブラリの脆弱性

6.5 New Relic APMの導入方法

6.5.1 APMがテレメトリデータを送信する仕組み

New Relic APMは、アプリケーションからテレメトリデータを収集します。データを収集する仕組みはアプリケーションの実装言語ごとの開発キット（SDK）やランタイムに依存していますが、たいていの場合APM Agentをサーバーにインストールし、アプリケーションプロセスの中で稼働させます。トランザクションが発生する（アプリケーションが稼働する）と、APM

Agentはプロセスのパフォーマンスデータを収集し、NRDBに送信します。

APM Agentはアプリケーションプロセス内で動くため、アプリケーションそのものへの影響が最小限になるように設計・実装されています。また、APM Agentは収集したデータを暗号化してNRDBに送信するので、アウトバウンド通信を制限されている場合は通信を許可する必要があります。

6.5.2 APM Agentのインストール・導入の流れ

APM Agentは、OSや言語、フレームワークで導入方法に多少の違いがありますが、基本的にはインストールランチャページの案内に沿って導入を行うことができます。

New Relicの[APM & Services]ページ上部にある[+Add data]または[Add Data]から[Application monitoring]を選択し、[Data sources]で対象言語の選択をします。選択した言語ごとの導入手順が表示されます(**図6.19**)。

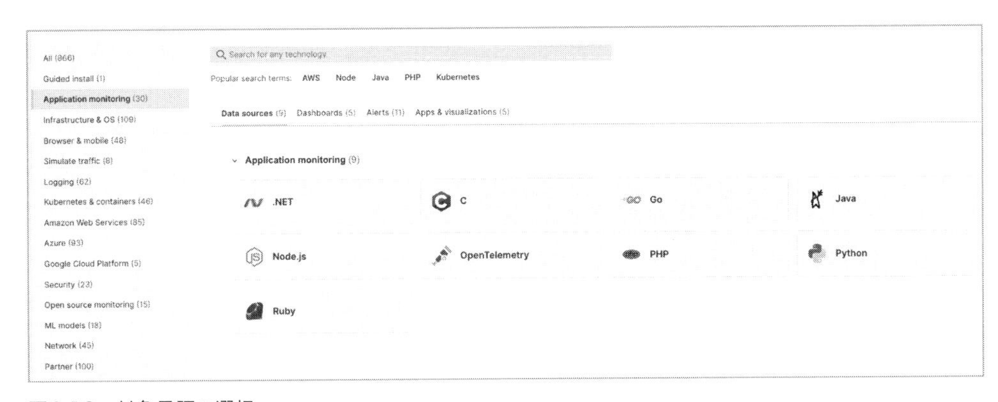

図6.19 対象言語の選択

OSやフレームワークなどの実装環境を選択することで、

- APM用の設定の自動作成
- インストールコマンド
- 追加設定の有無

などが表示されます。

また、言語やランタイムの更新や機能追加・改善のため、随時新バージョンのリリースが行われています。運用の許す範囲内で、APM Agentのバージョンアップをおすすめします。

New Relic Infrastructure

New Relic Infrastructureは、アプリケーションが稼働するインフラ基盤を観測できる機能を提供します。インフラ基盤には、サーバーOSやミドルウェア、さらにはコンテナやAWSなどのクラウドコンピューティングなどが該当し、広範囲かつ多様なコンポーネントから構成されるシステムの把握が求められています。

上記のような現代的なインフラ基盤を観測するために、New Relic InfrastructureはInfrastructure Agent、On Host Integrationプラグイン、クラウドインテグレーション、サードパーティ連携機能を提供します。これにより、インフラ基盤に関わる多様なデータを一元的に管理し、迅速な把握と分析を可能にします。

7.1　インフラストラクチャモニタリングが必要である理由

正常なアプリケーション動作には適切なコンピューティング環境が必要不可欠であり、さらに事業コストを改善するためには、インフラストラクチャリソースの最適化が求められます。New Relicのオブザーバビリティプラットフォームでは、**インフラストラクチャモニタリング**を活用することで、こうした要求に応えることができます。

この機能を利用することで、CPUやメモリ、ディスクI/O、ネットワークトラフィックなどの観測が可能となり、これによりインフラストラクチャのボトルネックを把握できます。APMにより、アプリケーションのロジックやコーディングに基づく性能の問題点は検知できますが、ハードウェア性能の上限やボトルネックは見逃されることがあります。インフラストラクチャモニタリングは、こうしたハードウェア性能に関する情報を観測し、全体像を把握することを可能にします。また、アプリケーション構成に合わせた適切なリソースサイズを設計するためにも、APM

だけではなくインフラストラクチャモニタリングが必要となります。

7.2 ホストモニタリング

New Relic Infrastructure（Infrastructure）は、主要なLinuxディストリビューション、Windowsや macOSなどのメジャーOS、そしてさまざまなアーキテクチャに対応しており、New Relic Infrastructure Agent（Infrastructure Agent）をインストールすることで標準的なメトリクスを定期的に収集します。

Infrastructureのインストール方法には、インストールスクリプトで行うガイドインストール※1や、手動で行う方法、Dockerコンテナとして稼働させる方法、またはAnsibleやChefなどの管理ツールを用いる方法があります。そのうち最も簡易的な方法はガイドインストールであり、コマンド1つでインストールすることが可能です。

また、Infrastructure Agentは収集したデータをNew Relicに送信するため、特定のドメインやポートへの送信アクセス権限が必要※2となります。使用しているシステムに制限がある場合は、設定変更やプロキシの利用により対応してください。

7.2.1 ホストのサマリ情報

Infrastructure Agentがインストールされたホスト情報は、[Infrastructure]→[Hosts]→[Overview]で確認できます。[Metrics]セクションでは、CPU稼働率やメモリ使用率、ネットワーク送受信量やエラーパケット数、ディスク使用量、読み取り／書き込み量など、必要なメトリクス情報を表示することができるため、何が起こっているかを一目で確認することができます（図7.1）。

※1 Install the infrastructure agent
https://docs.newrelic.com/docs/infrastructure/install-infrastructure-agent/get-started/install-infrastructure-agent/

※2 New Relic network traffic
https://docs.newrelic.com/docs/new-relic-solutions/get-started/networks/

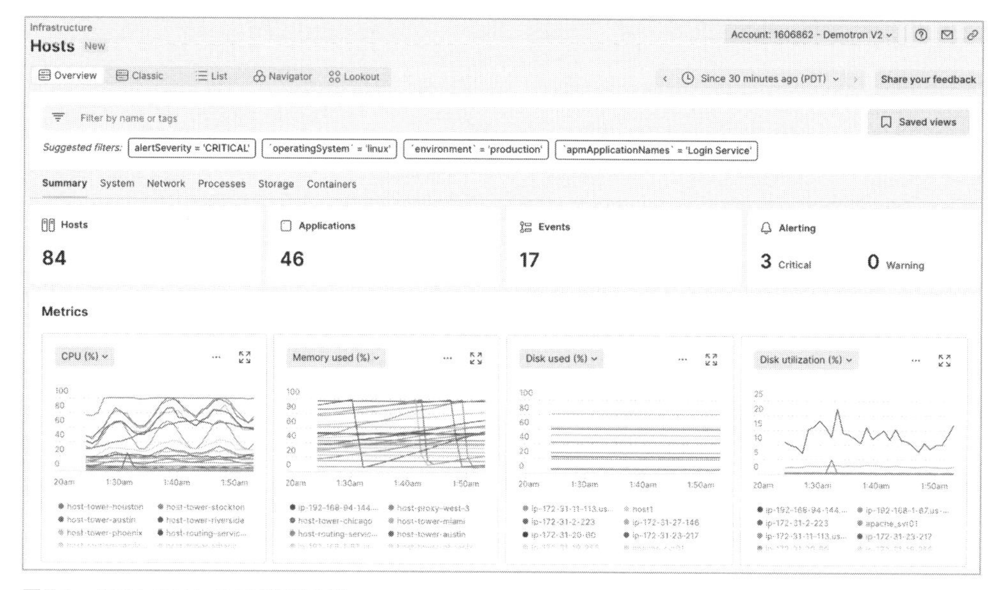

図7.1　ホストのメトリクス情報の例

また、[Metrics] セクションではホストのメトリクスだけでなく、アプリケーションのメトリクスもあわせて確認できるため、問題が発生した場合、1つの画面の中で同じ時間軸上に複数のメトリクスを複合的に分析し、関連性を把握することができます。さらには、第6章で解説しているChange Trackingの機能により、アプリケーションのデプロイメントが発生したタイミングでチャート上に縦の点線を描き、デプロイメントによるインフラストラクチャやアプリケーションのパフォーマンス、エラーなどの影響を把握できるようになります（**図7.2**）。

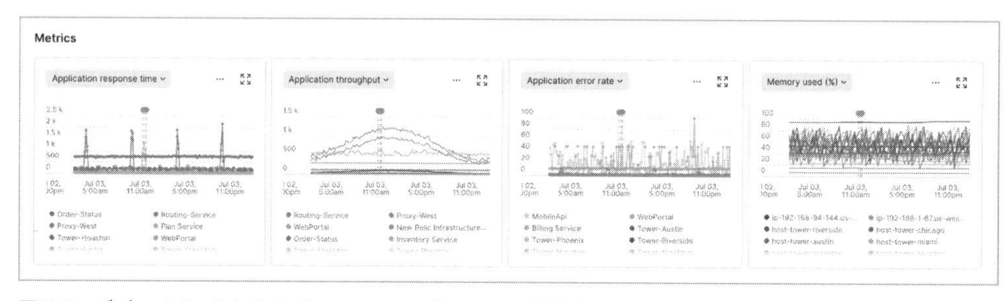

図7.2　デプロイメントによるパフォーマンスやエラーの影響確認

画面上部には、ホスト、アプリケーション、イベント、アラートの件数が4つのタイルで表示され、それぞれのタイルをクリックして詳細を表示したりフィルタリングを行ったりして、関連情報に素早くアクセスすることができます（**図7.3**）。

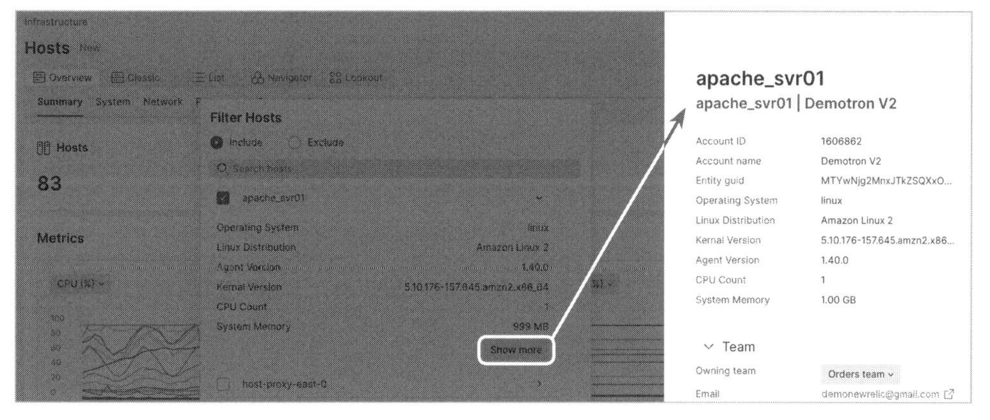

図7.3　ホスト情報の確認

［Hosts］では、関連性のあるリソース情報をまとめて表示するため、インスタンスサイズを増強するべきなのか、ストレージ容量やIOPSを増強するべきなのか、ネットワーク性能を増強するべきなのかが的確に判断できるようになります。

7.2.2 リソースサイズの設計

［Hosts］では、単純なインフラ監視ではなく、アプリケーションが動作する基盤をモニタリングします。特徴的な機能として、単にサーバーのリソースを可視化するのではなく、そのサーバー上で実際にどのプロセスがリソースを消費しているのかを可視化できます。［Processes］を選択すると、プロセスごとにCPU、ストレージI/O、メモリ利用量が表示されます（**図7.4**）。

図7.4　プロセス情報

これによって、単にサーバーのリソースの過不足だけではなく、目的のプログラムやミドルウェアがどれだけリソースを利用しているのかが可視化されます。例えば社内のセキュリティ規定によりアンチウイルスソフトやIPS（Intrusion Prevention System）／IDS（Intrusion Detection System）Agentを導入している場合、あまりにも小さいインスタンスを利用していると、スケールアウトによってインスタンス数をいくら増やしても、増やしたリソースの半分はこれらの目的外のリソースによって消費されているということになりかねません。

Infrastructureでプロセスのリソース使用量を把握することによって、アンチウイルスソフトなど必須ツールのリソース使用率が相対的に十分に小さくなるようにインスタンスサイズを選定し、スケールアウトできます（**図7.5**）。そうすることで、リソースへの投資効率がより高まります。

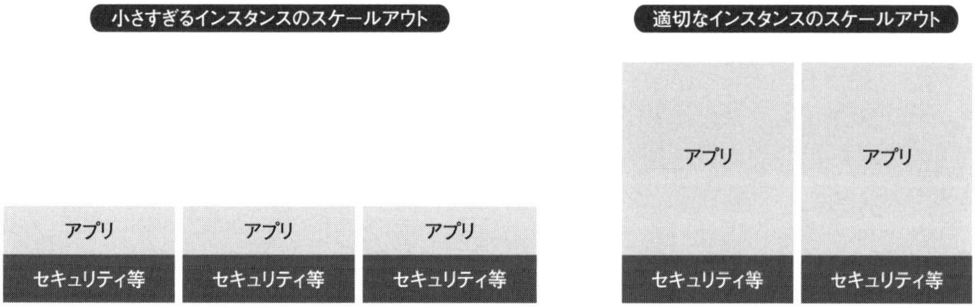

小さすぎるインスタンスのスケールアウト

アプリ	アプリ	アプリ
セキュリティ等	セキュリティ等	セキュリティ等

適切なインスタンスのスケールアウト

アプリ	アプリ
セキュリティ等	セキュリティ等

図7.5 インスタンスサイズとリソース効率の比較イメージ

7.2.3 ホストの詳細情報

［Summary］タブの［Summary］セクションから特定のホストを選択することで、ホストの詳細画面に遷移し、該当ホストに特化した詳細なメトリクス情報やログ情報を確認することができます（**図7.6**）。これによって、例えばシステムのリソースが逼迫している場合、あわせてログを確認することで何が起きているのかを理解することができます。

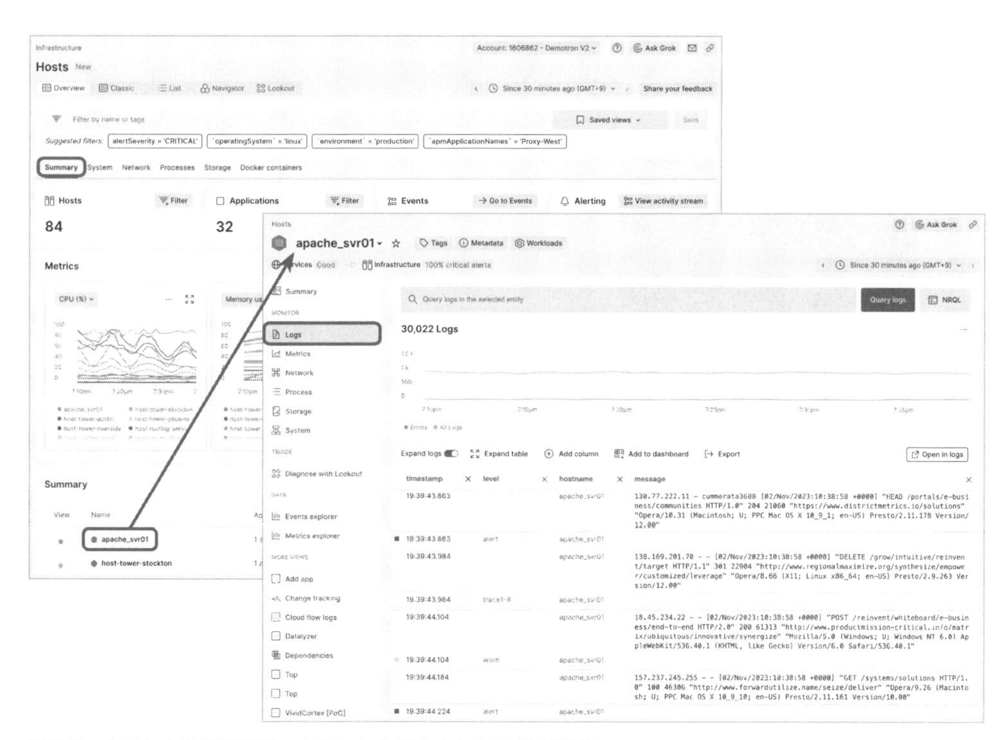

図7.6 ホストの詳細画面例：ホストから出力されたログの確認

7.3 クラウドモニタリング

Infrastructureでは、信頼関係を設定してパブリッククラウドのモニタリング情報を連携することができます。クラウドインテグレーションを行うために新たなエージェントの導入などは必要ありません。クラウドインテグレーションを行うことでIaaSだけではなく、PaaSやSaaSなどの情報もあわせて確認できるようになります。

7.3.1 AWS環境のモニタリング

AWS環境のデータを取得するには、CloudWatch Metric StreamとAPI Pollingという2種類の連携手法があります。

CloudWatch Metric Stream

CloudWatch Metric Stream※3は、最新かつ最も効率的な方法です。

AWSサービスのメトリクスは、CloudWatchで利用可能になってから2分以内にAWSからNew Relicへプッシュされ、New Relicのダッシュボードやアラートで活用できるようになります。カスタム名前空間を含むすべてのAWSサービスからNew Relicにメトリクスが送信されます（図7.7）。

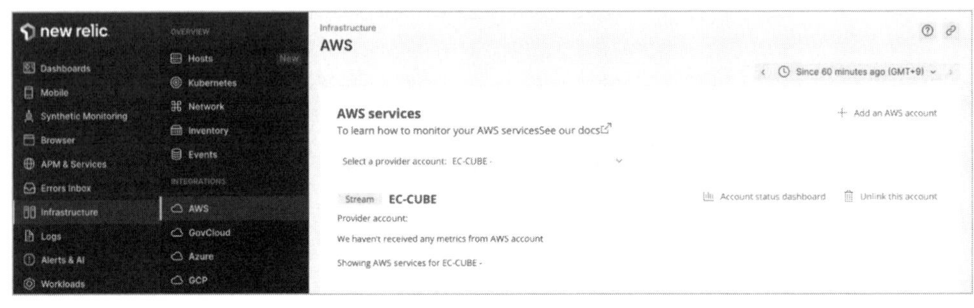

図7.7　CloudWatch Metric Streamによるインテグレーション

API Polling

AWSサービスからのメトリクスは、AWS APIを呼び出すことによって取得されます。API Polling※4は、New Relicがサポートするオリジナルの方法です（図7.8）。

※3　https://docs.newrelic.com/docs/infrastructure/amazon-integrations/connect/aws-metric-stream-setup/

※4　https://docs.newrelic.com/docs/infrastructure/amazon-integrations/connect/connect-aws-new-relic-infrastructure-monitoring/

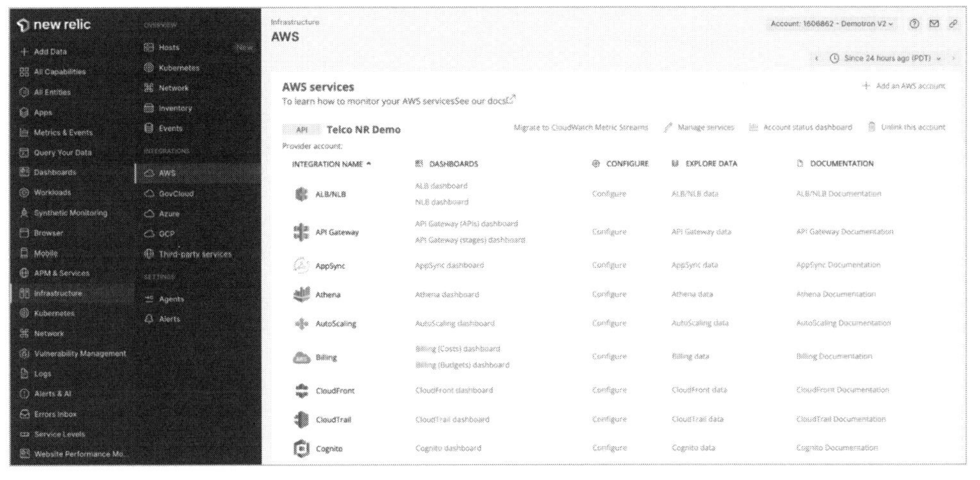

図7.8 API Pollingによるインテグレーション

CloudWatch Metric Streamは、New Relicへのデータ反映のレイテンシがオリジナルのAPI Pollingと比べて大幅に向上しており、推奨ソリューションとして提供されています。なお、CloudWatch Metric StreamはCloudWatchメトリクスに重点を置いているため、AWS BillingやAWS CloudTrail、AWS Health、AWS Trusted Advisor、AWS X-Rayといった情報を取得するためにはAPI Pollingが必要となります。また、2時間以上遅延して公開されるようなAWS DMSやAWS RDS、AWS DocDB、AWS S3、AWS DAXなどのメトリクスについては、CloudWatch Metric Streamの送信に含まれません。

クラウドインテグレーションによって取得されたAWSのデータは、[All Entities]→[Amazon Web Services]ツリー（**図7.9**）や[Query Your Data]画面（**図7.10**）からクエリを実行することで確認することができます。

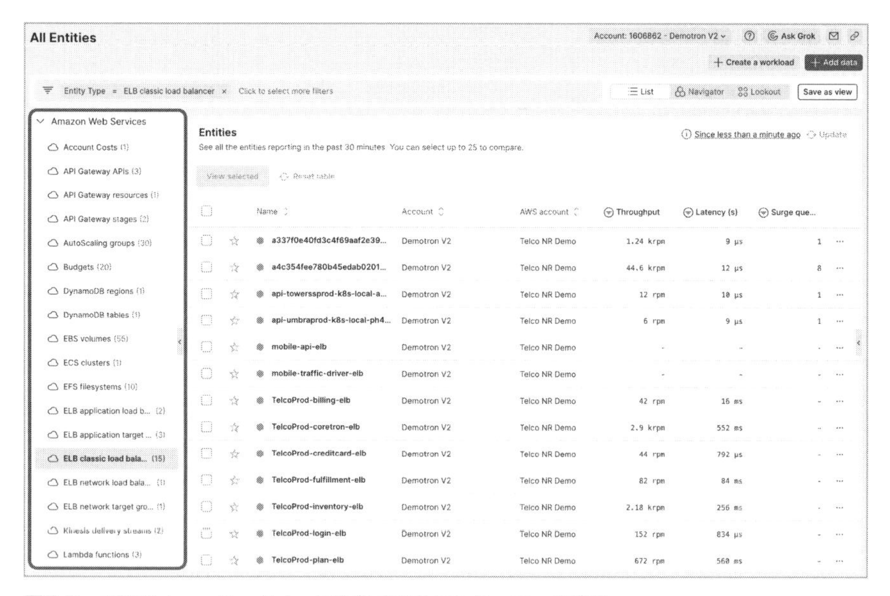

図7.9　AWS Integrationによって取得されたエンティティの確認

図7.10　Query Your DataによるAWSメトリクスのクエリ結果

7.3.2 Azure環境のモニタリング

Azure Active Directoryにアプリケーションを登録し、モニタリング対象のAzureサービスへの読み取り権限を許可すると、Azureのさまざまなサービスが持つデータをNew Relicで取得することができます。Azure連携には、従来のAzure Polling Integrationと改良版のAzure Monitor Integrationという2種類の手法が用意されており、いずれもPull型でデータを収集します。2種類の連携手法の違いや詳細については以下のドキュメントを参照してください。

- New Relic Azure Monitor integration
  https://docs.newrelic.com/docs/infrastructure/microsoft-azure-integrations/azure-integrations-list/azure-monitor/

新しい連携手法である**Azure Monitor Integration**では、統合を有効にすると、すべてのAzure MonitorでサポートされているメトリクスをInfrastructureに統合できます※5。New RelicはAzureサービスに対し、設定したポーリング間隔（最短1分）に従ってクエリを実行し、データを取得します。サブスクリプションを複数管理している場合、それらをNew Relicで一元管理することも可能です。Azureのモニタリングに関する詳細は以下のドキュメントを参照してください。

- Introduction to Azure monitoring solutions
  https://docs.newrelic.com/docs/infrastructure/microsoft-azure-integrations/get-started/introduction-azure-monitoring-integrations/

7.3.3 Google Cloud環境のモニタリング

Google Cloud（旧称Google Cloud Platform：GCP）のプロジェクトからメトリクス情報を収集する※6には、Infrastructureをサービスアカウントとして登録する方法、あるいは任意のユーザーアカウントの認証処理を行い、特定のユーザーとしてGCPにアクセスする方法があります。ユーザーアカウントを利用した場合、該当ユーザーの退職などによりアカウントが削除されると、連携できなくなる可能性があります。また、取得できる属性に制限があることから、サービスアカウントでの連携が推奨されています。

New RelicはGCPサービスに対し、設定したポーリング間隔（5分）に従ってクエリを実行し、データを取得します。複数のプロジェクトを管理している場合、それらをNew Relicで一元

※5 https://learn.microsoft.com/en-us/azure/azure-monitor/reference/supported-metrics/metrics-index
※6 https://docs.newrelic.com/docs/infrastructure/google-cloud-platform-integrations/get-started/gcp-integration-metrics/

管理することも可能です。GCPのモニタリングに関する詳細は以下のドキュメントを参照してください。

- Introduction to Google Cloud Platform integrations
  https://docs.newrelic.com/docs/infrastructure/google-cloud-platform-integrations/get-started/introduction-google-cloud-platform-integrations/

7.3.4 Kubernetesモニタリング

Kubernetes自体の仕組みが複雑なため、Kubernetesの運用は決して楽ではありません。Kubernetes標準のコマンド実行による断片的な情報取得の方法しか提供されていないため、クラスターやその上で動くアプリケーションがどのような状態なのかを直感的に把握し続けることが困難です。Infrastructureを使えば、Kubernetesクラスターのさまざまな情報が収集・可視化され、クラスター全体の状態を把握できるようになります。

［Kubernetes］→［Summary］では、ドロップダウンリストから表示するエンティティタイプや並び替えのためのメトリクス名、グループ化するためのグループ名を選択したり、［+］ボタンからフィルターを追加したりすることによって、多角的な視点でクラスターの健全性やリソースへの影響を直感的に把握することができます（**図7.11**）。

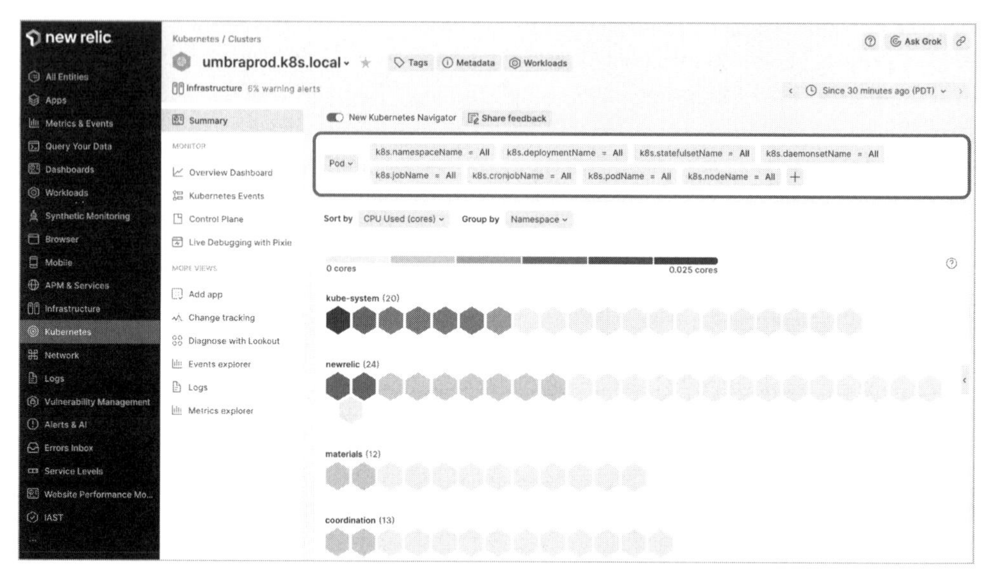

図7.11　Kubernetes Navigator experience

また、[Overview Dashboard] では、クラスター上で実行されているノードやポッドのステータスやパフォーマンスを時系列で可視化し、問題箇所を迅速に特定して改善アクションへつなげることができます（**図7.12**）。

図7.12　Overview Dashboard

さらに、Kubernetesアプリケーション用のオープンソース可観測性ツールである**Pixie**は、eBPFを使用してテレメトリデータを自動的にキャプチャし、クラスターの高レベルの状態（サービスマップ、クラスターリソース、アプリケーショントラフィック）を表示したり、より詳細なビューにドリルダウンしたりできます（**図7.13**）。Pixieインテグレーションにより以下の機能を利用できます。

- Pixieテレメトリデータの長期保存
- Pixieテレメトリデータを使用したアラート
- ログやその他のデータとあわせてPixieテレメトリデータを表示する機能
- 商用サポート

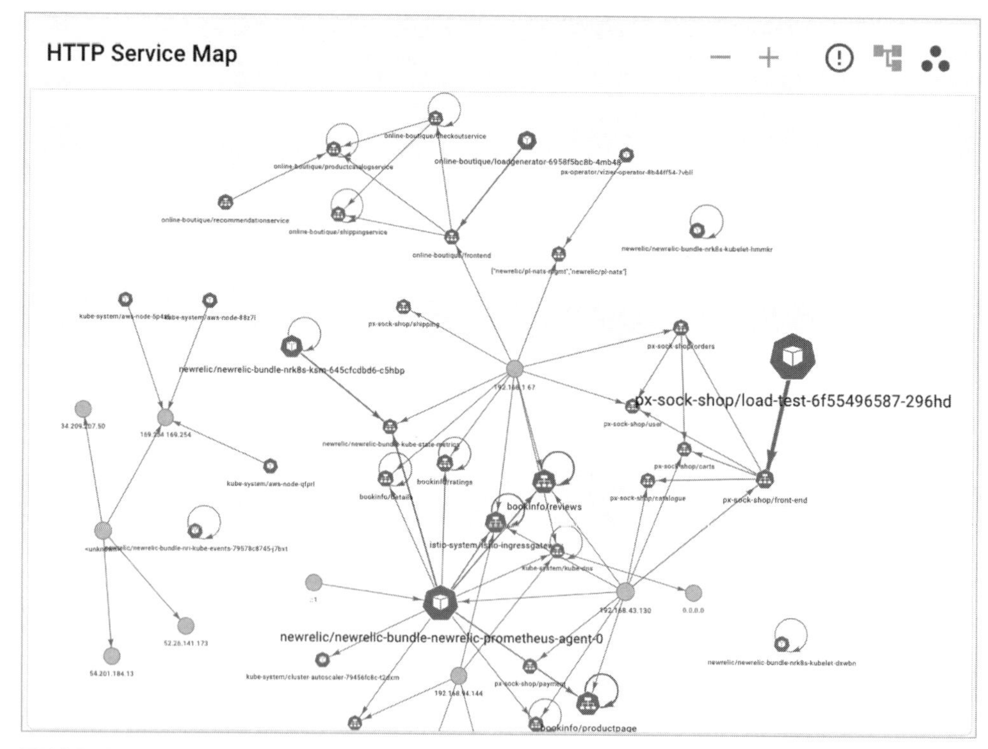

図7.13　Live Debugging with Pixie：HTTP Service Map

7.3.5 ミドルウェアモニタリング

ミドルウェアとして、データベースやWebサーバー、アプリケーションサーバーなど、各種ソフトウェアが利用されます。Infrastructureではこのようなミドルウェアの統計情報をOn Host Integration（OHI）として追加の設定を行うことで、各ミドルウェアにカスタマイズされた情報を収集できるようになります。利用可能なOHIリストやインストールの手順については、以下のドキュメントを参照してください。

- On Host Integration（OHI）List
  https://newrelic.com/instant-observability?category=infrastructure-and-os
- On-host integrations: Installation and configuration
  https://docs.newrelic.com/docs/infrastructure/host-integrations/installation/install-infrastructure-host-integrations/

OHIの統合機能を有効にすると、以下のことが可能になります。

- インフラストラクチャUIによるメトリクスと構成データをフィルタリングした分析
- 統合データのカスタムクエリとグラフの生成
- New Relicのアラートでサービスのパフォーマンス問題を監視するためのアラート条件の生成

ミドルウェアモニタリングの設定方法やOHIの内容を確認する場合は、［Third-party services］を選択し、目的のミドルウェアをクリックします（**図7.14**）。

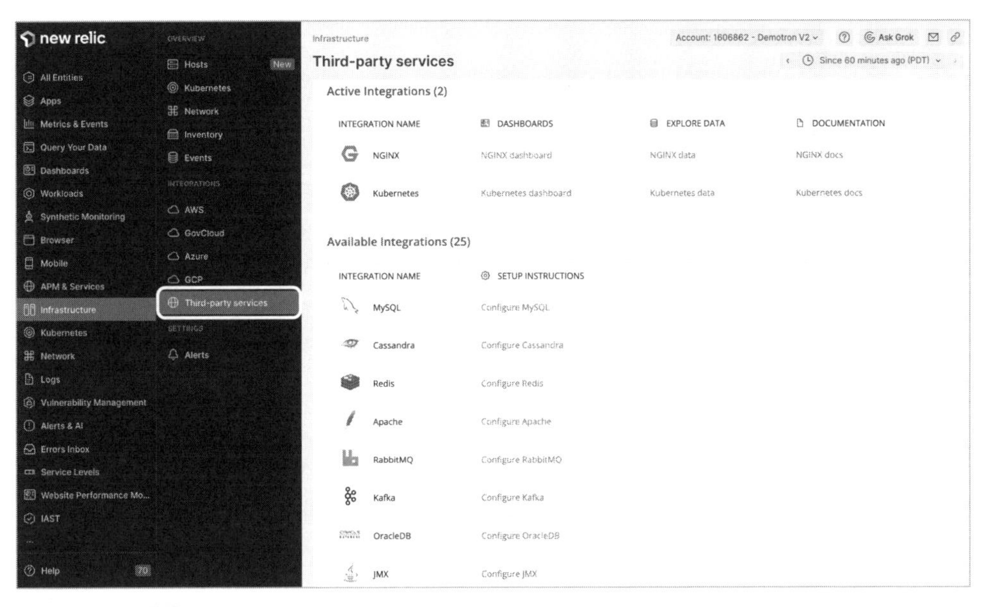

図7.14　OHI画面

OHIの設定が完了すると、［All Entities］→［On Host］に取得したデータが反映され、モニタリングを開始できます（**図7.15**）。

図7.15　OHIによって取得されたエンティティの確認

7.3.6 カスタムモニタリング

Infrastructure AgentにはFlexプラグインがパッケージ化されています。**New Relic Flex**は、アプリケーションにとらわれないオールインワンのツールで、さまざまなサービスからメトリクスデータを収集することができます。Flexのアプローチは、ソフトウェアやサービスと直接対話するのではなく、Infrastructure Agentを介して、ソフトウェアやサービスから構造化されたデータを抽出し、標準的なフォーマットでNew Relicに格納します（**図7.16**）。

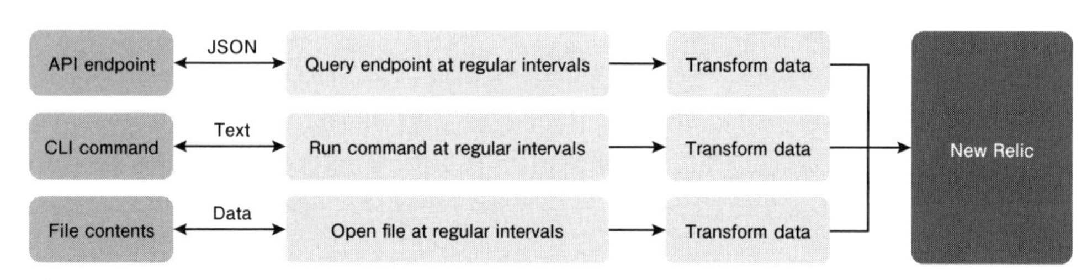

図7.16　New Relic Flex Integration

このアプローチによって、HTTP経由のJSONやシェルセッションの標準出力など、何らかの方法でメトリクスデータを公開しているアプリケーションを計装し、そのデータをNew Relicで他の重要なテレメトリデータと組み合わせることができます。サービスが外部にインターフェースを公開していれば、Flexによりデータを統合することが可能です。New Relic Flexを利用した独自のインテグレーションの構築手順については以下のドキュメントを参照してください。

- New Relic Flex: Build your own integration
  https://docs.newrelic.com/docs/infrastructure/host-integrations/host-integrations-list/flex-integration-tool-build-your-own-integration/

7.3.7 インベントリ管理

Infrastructureでは、システムモジュール、設定ファイル、メタデータ、パッケージ、サービス、ユーザーセッションなど、Infrastructure Agentがインストールされたホストごとにシステムの構成に関する詳細な情報を自動的に収集できます。[Infrastructure]→[Inventory]をクリックして確認します（**図7.17**）。

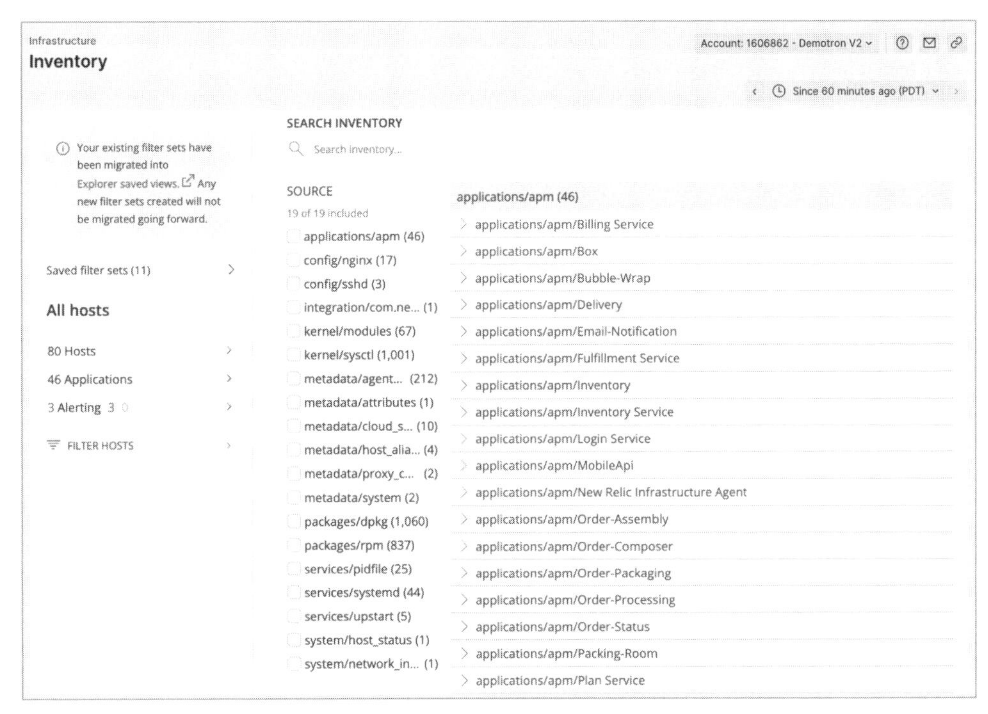

図7.17 [Inventory] 画面

Infrastructureは複数のサーバーの設定を横断的に把握でき、複数のミドルウェアバージョンや設定が混在している環境では同じバージョンごとにグルーピングを行い、特定のバージョンがインストールされているサーバーの一覧を表示することができます。

インフラ管理では変更管理や脆弱性管理などが重要な取り組みになりますが、例えばミドルウェアで脆弱性が発見された場合、［Inventory］画面から特定のバージョンのパッケージがインストールされているサーバーをすぐに把握でき、作業対象をスムーズに洗い出すことができます。**図7.18**は、特定のミドルウェアのどのバージョンが何台のホストにインストールされているかを確認した例です。

packages/rpm/curl　3 variants

variant hosts	architecture	epoch_tag	release	version
17 items >	x86_64	none	12.105.amzn1	7.61.1
1 item >	x86_64	none	6.amzn2.0.1	7.79.1
1 item >	x86_64	none	1.amzn2.0.1	7.88.1

図7.18　インベントリのバリエーション表示

また、アップデートなどの変更処理は日時情報を含めてイベントとして記録されます。これは［Events］画面で確認することができます（**図7.19**）。この記録は変更管理情報として利用することもできます。

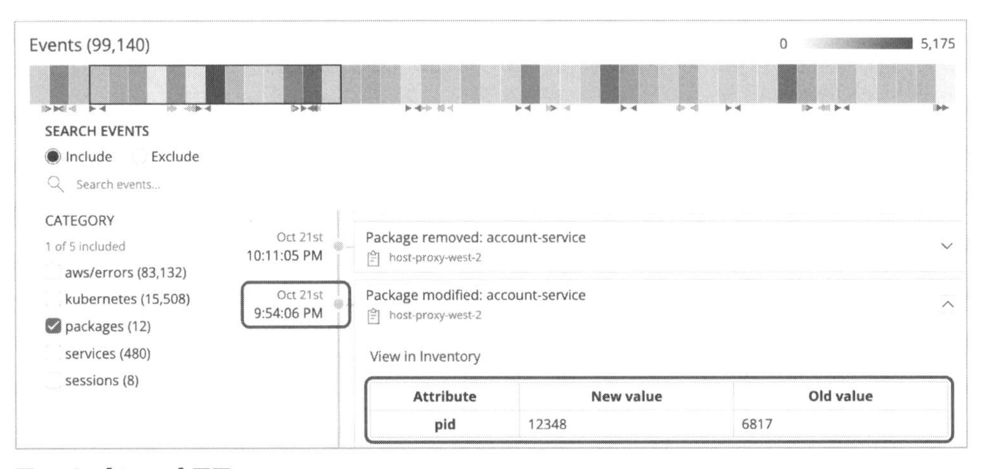

図7.19　［Events］画面

第8章 New Relic NPM

New Relic NPMは、ネットワークのパフォーマンス情報を可視化する機能を提供します。RUM、APM、Infrastructureと合わせることで、包括的なシステム情報の収集（オブザーバビリティ）の手段がそろいます。

New Relic NPMは2021年にKentik社とパートナーを組み、オブザーバビリティをネットワーク領域まで拡張する目的で導入されました。ネットワークのパフォーマンスデータを観測することで問題の原因がネットワークに関連するものかどうかを判断することができるようになり、解決に向けた取り組みをDevOpsチームとNetOpsチームとが協同して進めることができるようになります。ビジネス、運用、SRE、開発チームに、ネットワークに関するコンテキストを追加することができます（図8.1）。

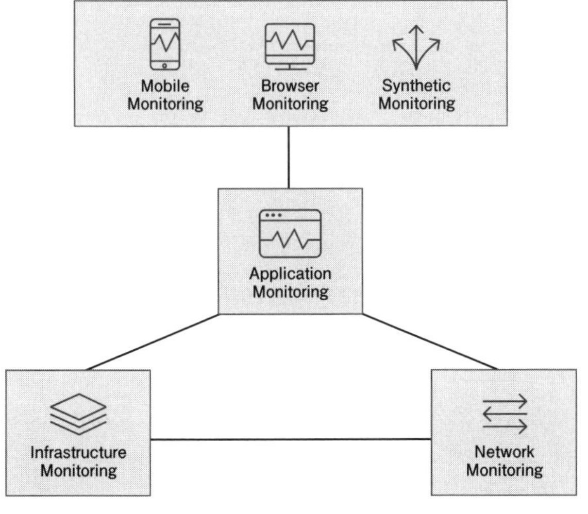

図8.1　システム観測性とNetworkの位置付け

Part 2

8

New Relic NPM

8.1　NPMが必要な理由

現代のアプリケーションには多くのネットワーク通信が関与しています。ユーザーはインターネットやイントラネットを介してアプリケーションにアクセスしています。通常、その通信経路上には、ルーター、ファイアウォール、スイッチなどの多くのネットワーク機器が存在します。またアプリケーションの内部でもWeb、アプリ、データベースが論理的あるいは物理的に分離されています。それらも冗長化されていたり、外部SaaSサービスが利用されていたり、サービスを組み合わせた部分ではそのつど通信が発生しています。

しかし、ネットワークの品質は完全ではありません。急なアクセス増加やネットワーク機器の劣化や経路上のどこかの設定変更などにより、さまざまな影響を受けます。そして、それらは大なり小なりサービス品質に影響を与えます。アプリケーションコードでいくら高速にしても、また計算機のスペックを上げても、通信品質によってサービスは使いものにならなくなってしまいます。ネットワークがサービスを提供するための構成要素の1つである以上、その状況を把握し、品質低下時には対応をする必要があります。

そういった点で、NPMはネットワークのサービス品質を測定・診断・最適化するプロセスであり、さまざまな種類のネットワークデータ（パケットデータ、ネットワークフローデータ、複数種類のネットワークインフラストラクチャデバイスのメトリクス、機器故障）を組み合わせて、パフォーマンスや可用性、およびその他の重要なメトリクスをリアルタイムで収集し、分析できる必要があります。

利用されるデータや技術

具体的には、従来のSNMPポーリング、フローログ、パケットキャプチャからのデータ、またはクラウドベースのシステムにおいてはプラットフォームにより作成されるクラウドフローログが利用されます。

SNMPは、インターフェイス単位での利用率やエラーを測定する最も一般的な方法であり、ポーリングベースのアプローチで利用されます。通常、ネットワークの負荷を避けるため、数分間隔でのポーリングを行いますが、短時間で発生するネットワークのバースト的な事象を見逃してしまうことがあります。

フローログは、SNMPのインターフェイス単位または特定時間間隔での収集を補う形で、送信元／宛先のIPアドレス、プロトコル（TCP／UDP／ICMP）、ポート間のパケットの方向に関する統計情報が生成され、コレクターサーバーに出力されたものです。フローデータには送信元と宛先情報が含まれているため、通信をマッピングすることが可能です。また、クラウドを利用している場合は、クラウドベースのアプリケーション、システム、VPNに関するネットワークフローデータを取得／転送することが可能です。

こうした技術を用い、個々の機器や環境におけるネットワーク情報を取得することが可能です。そしてそれらのデータを監視サーバーやネットワークオブザーバビリティツールに集めることで、ネットワークパフォーマンスモニタリングが実現されます。

トラブルやボトルネック調査を行う際に個別の機器の状態を1つずつ確認するのは非効率的です。定義設定・アラート通知ができる監視ツールや、傾向分析ができるツールを用いて、サービス全体を俯瞰的にモニタリングする必要があります。

8.2　NPMのオブザーバビリティ

ITシステムにおけるオブザーバビリティは、システムとアプリケーションの領域で広まった手法ですが、ネットワーク領域についてもオブザーバビリティは必要と言えるでしょう。ネットワークに関するあらゆる質問に答える能力で、追加設定なしで見える状況にしておくことを目指します。

ネットワークの診断や分析を行うために、下記のようなモニタリングデータを収集します。

- **帯域幅**：ネットワーク経路で情報を転送できる利用可能な最大速度を測定
- **スループット**：転送中または転送済みの情報量を測定
- **遅延**：クライアント、サーバー、アプリケーションの観点からネットワークの遅延を測定
- **ジッター**：データ、パケットの到着間隔の不一致や遅延の時間的変動を測定
- **エラー**：ビットエラー、TCP再送、パケット順序違反などエラー数と割合を測定

これらのデータはサービス提供システムにおいて、ネットワークに関する深い洞察や現状把握に重要な情報です。ネットワークに関するすべての情報を収集することが究極のオブザーバビリティですが、通信量や機器の負荷などの問題で現実的ではありません。質の高いサービスを開発し提供し続けるという目的のために、必要な情報を効率よく取得し、サービスレベルを意識してネットワーク外の情報とあわせて解釈できる可視性が重要です。

繰り返しの主張となりますが、現代のモダンなITシステムでは、多様な技術の組み合わせによりネットワークは非常に複雑化しています。個々のトラフィックのつながりや、ネットワーク品質がアプリケーションやシステムのパフォーマンスにどのように影響を及ぼしているのかという情報も必要になってきました。ネットワークオブザーバビリティは、提供するサービスの健全性や改善のために行うものです。収集したデータは、インフラ、アプリケーションのパフォーマンスやサービス指標とともに閲覧できる必要があります。

現代の視点で見直せば、ネットワークの問題とアプリ、インフラの問題を分けて対処する必要性は薄れました。サービスに関わるすべての情報を誰もが閲覧でき、それぞれの専門性の立場か

ら別の領域のデータを参照したうえで意見を出したほうが質のよいサービスを作ることができるはずです。NetOpsチームとDevOpsチームが同じデータ（コンテキスト）を見ながら対応できるようになることは大きなメリットです。

現代のサービスはさまざまな要素が組み合わされてできあがっています。サービスの開発・運用に携わるエンジニアは、関連のあるすべての技術を十分に学ぶ必要があります。学習コストを下げるために、情報収集や基礎的な相関情報の生成はオブザーバビリティツールに任せてしまいましょう。

8.3　New Relic NPM

New Relic NPMは、ユーザー環境でSNMPやフローログを収集する**デバイスモニタリング**と、クラウドプラットフォームが生成するフローログをNew Relicに取り込んで表示する**クラウドフローログ**を提供しています。デバイスモニタリングではktranslateと呼ばれるDockerコンテナを稼働させるかLinuxにサービスとして稼働させることで、対象機器のデータやログ情報を収集します。ktranslateには、用途ごとにSNMP、SyslogおよびNetworkFlowの3種類が存在します。New RelicのUIでは、各データが視覚的にわかりやすく表示されます。また、情報収集を行うktranslateホスト自身のステータスなども確認することができます。

Network Device Performance

SNMP用のktranslateにて、指定した機器からSNMPデータをポーリングで収集します。CIDRを指定することでネットワーク機器を検出し、自動的に機器の追加／削減を行うことができます。YAMLファイルとしてOIDを追加することで、標準MIB以外の値を収集することも可能です。また、デフォルトでSNMPTrapのリスナーとしても機能するので、ネットワーク機器にtrap hostとして設定することで、trap情報も収集することが可能です（**図8.2**）。

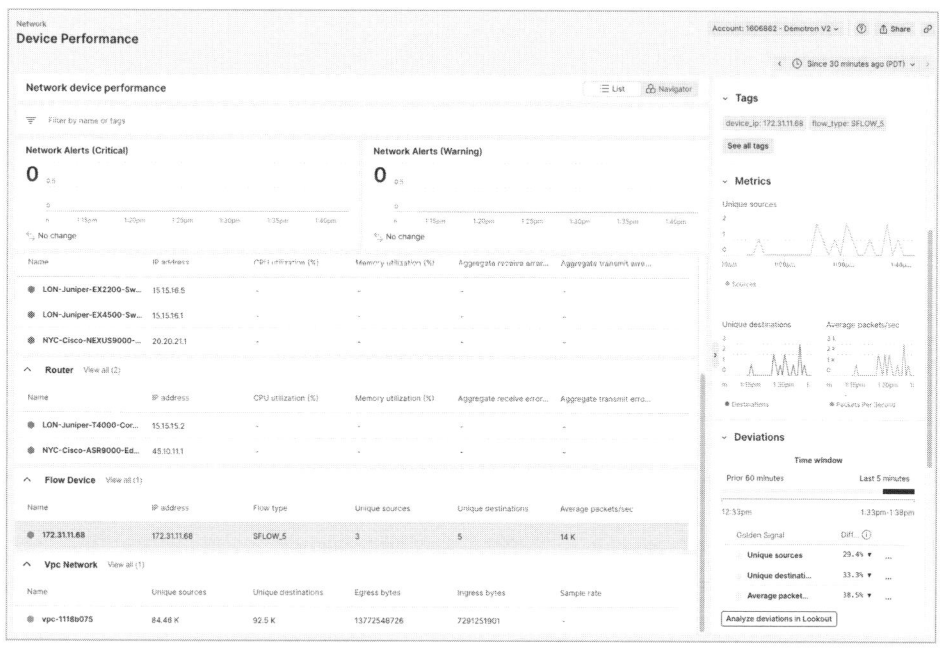

図8.2　Device Performanceの表示内容

Network Syslogs

Syslog用のktranslateを稼働させ、対象機器のsyslog hostとして設定することで、受信したSyslog情報をNew Relicで閲覧することができます。変更内容や発生したエラーなどのデバイスイベントをまとめて閲覧することが可能であり、柔軟なフィルターを用いて絞り込んだり、発生時にアラートを設定したりすることが可能です（**図8.3**）。

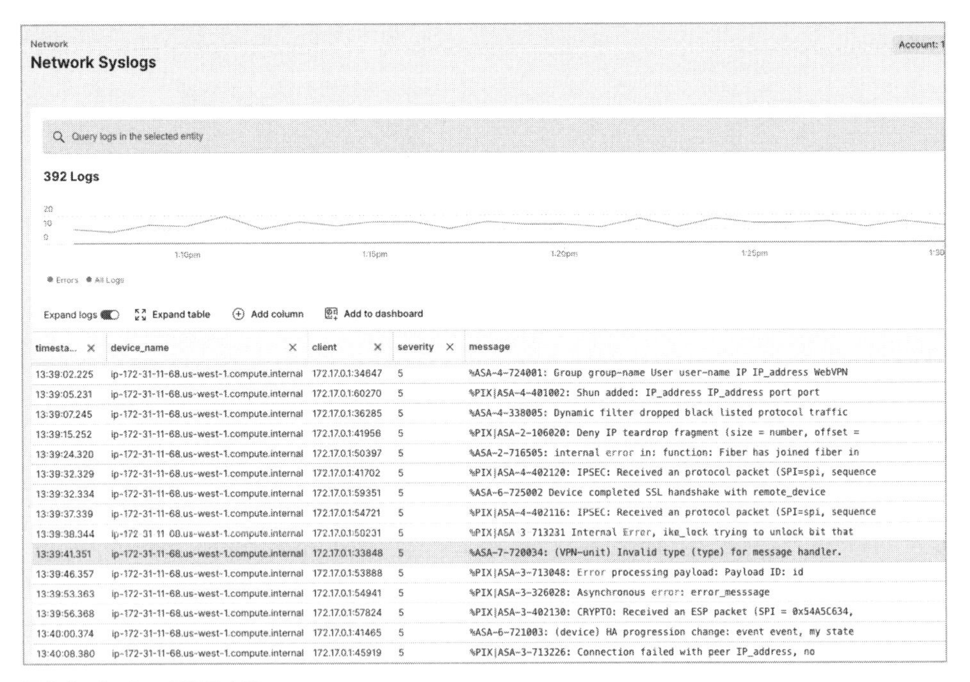

図8.3　Syslogの表示内容

Network Flow Logs

Network Flow用のktranslateを稼働させ、対象機器のフローログの出力先として設定することで、受信したフロー情報をNew Relicで閲覧することができます。[Flow overview] 画面では、送信先と宛先情報がサンキーダイアグラムで図示され、IPトラフィック情報がわかりやすく表示されます（**図8.4**）。

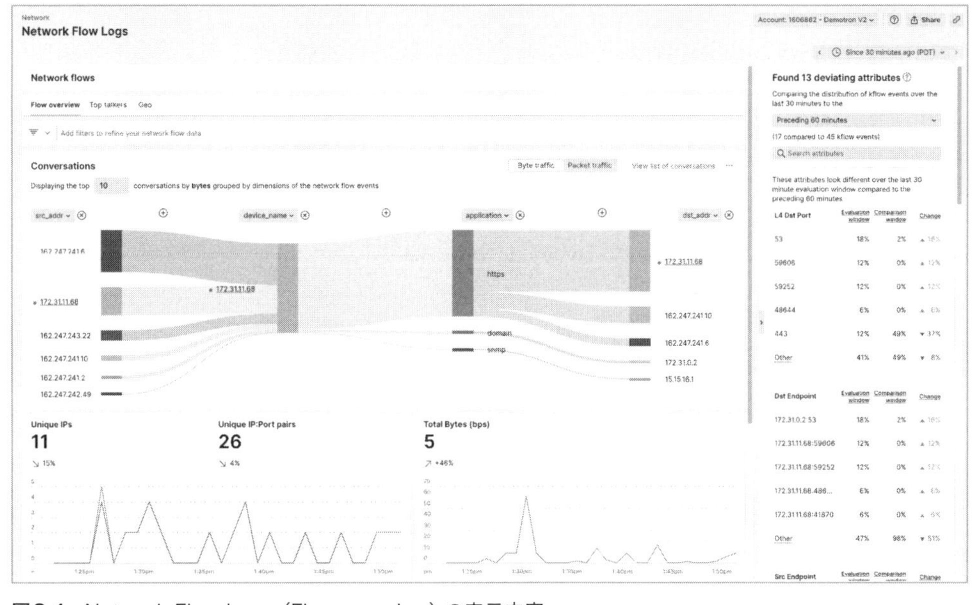

図8.4　Network Flow Logs（Flow overview）の表示内容

［Top talkers］では、アクセス元IPやアクセス先ポートなどの集計情報が表示されます（**図8.5**）。

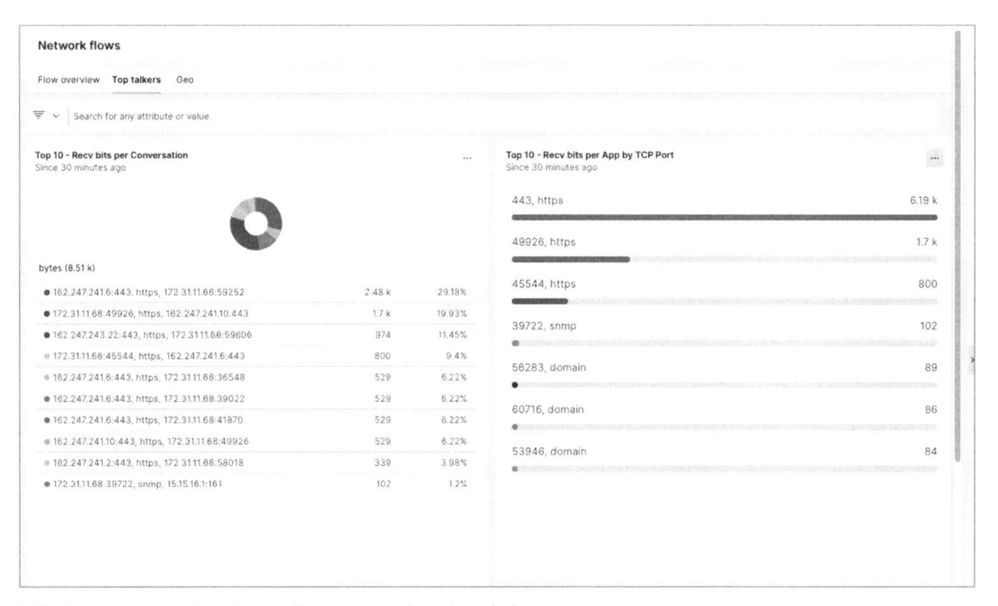

図8.5　Network Flow Logs（Top talkers）の表示内容

また、[Geo] では、アクセス元IPの地理情報が解析され表示できます。国別のアクセス比較や攻撃有無などの切り分けの手間を省くことが可能です（**図8.6**）。

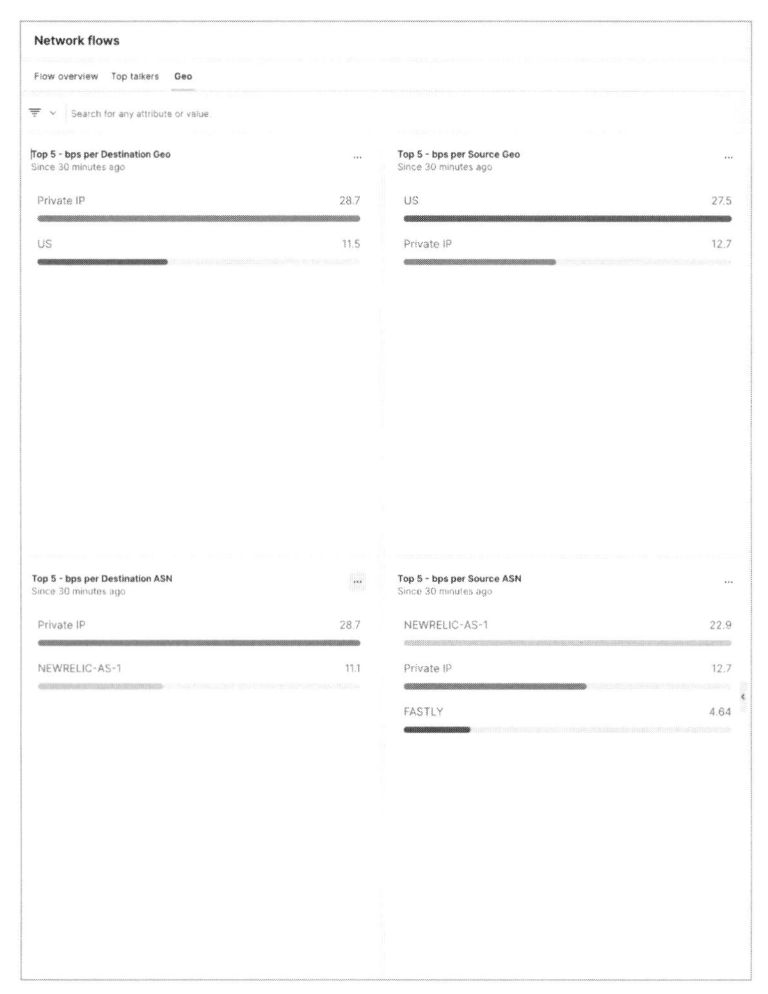

図8.6　Network Flow Logs（Geo）の表示内容

Agent Management

情報収集を行っているktranslate自身のヘルスステータスも確認することができます（**図8.7**）。

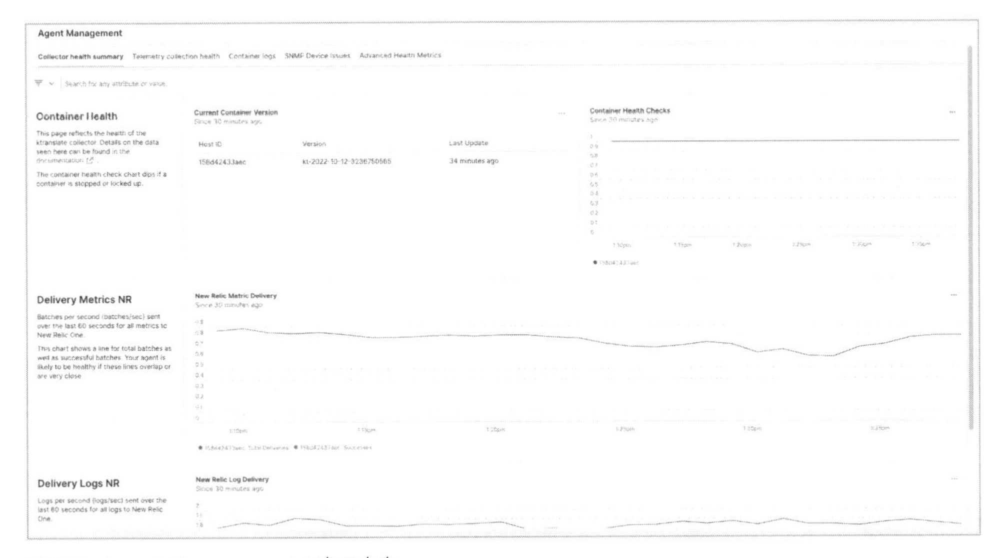

図8.7　Agent Managementの表示内容

Cloud Flow Logs

クラウドフローログインテグレーションを設定することで、VPCフローログをNew Relicに送信することができます。ネットワークフローログ同様、送信元と宛先のIPアドレスやポート情報などを視覚的にわかりやすく表示します。また、インフラストラクチャエージェントを介して収集されている既知のホストが自動的にリンクされ、トリガーされたアラートやイベント、ゴールデンメトリクス、その他の重要なデータポイントを含むホストの概要をワンクリックで表示でき、VPCネットワークとホストのパフォーマンス指標を関連付けて把握することができます（**図8.8**）。

AWS VPCフローログ連携では、リージョンやアベイラビリティゾーンまたはアカウントにまたがるVPCフローログを単一画面で表示することも可能であり、フローログの変化状況（deviations）やネットワークの健全性をメタデータによるグルーピングで表示することができます（Navigatorビュー）。

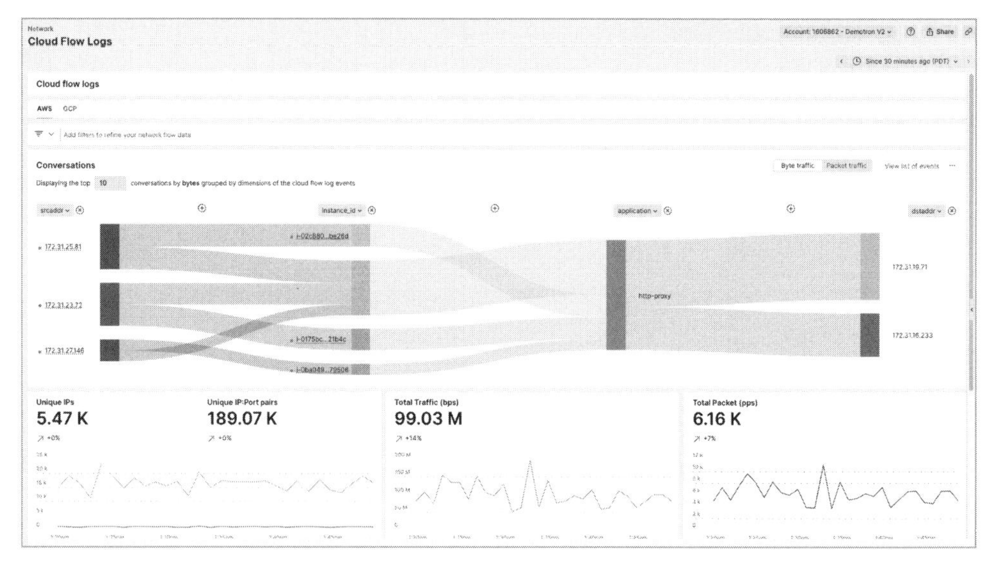

図8.8　Cloud Flow Logsの表示内容

8.4　New Relic NPMの導入方法

新しくNew Relic NPMを導入するには、New Relicトップページの［Add Data］を選択し、［Network］をクリックします（**図8.9**）。

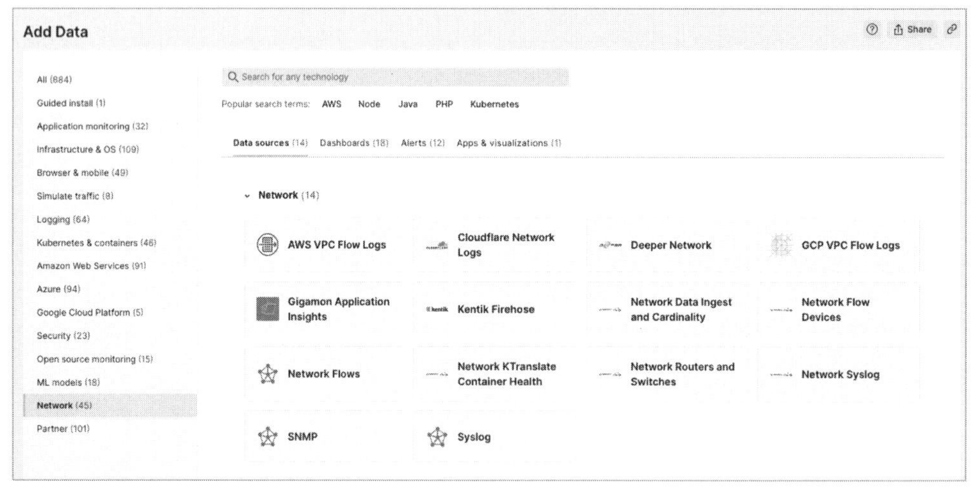

図8.9　New Relic NPMの導入用UIページ

8.4.1 ktranslateの場合

収集タイプに応じてNetwork Flows、SNMP、Syslogを選択します。その後、Dockerコンテナ／Linuxエージェントを選択後、各タイプに応じた項目を入力し、configを作成します。Dockerコンテナのデプロイまたは Linuxパッケージのインストールおよびサービスを起動すると、New Relicへデータが連携するようになります。

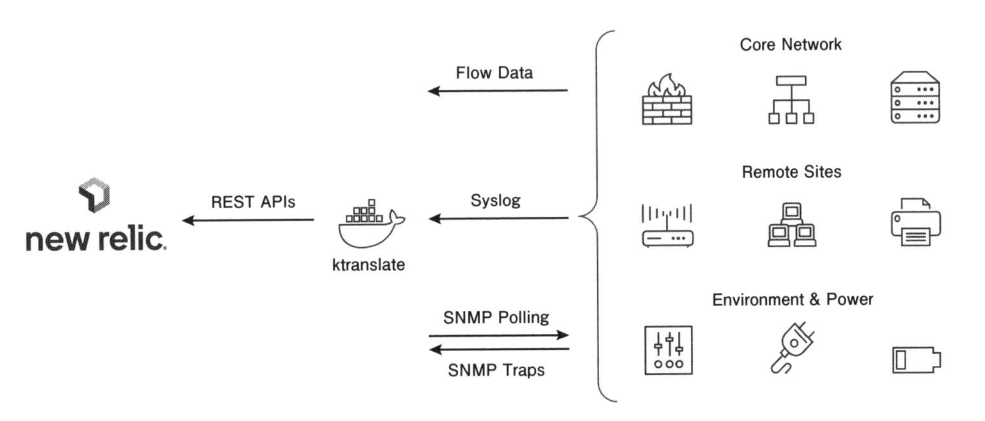

図8.10 ktranslateの3つのタイプ

SNMP（ktranslate）

Dockerまたは Linuxホスト上で稼働するktranslateにおいて、対象ネットワークにあるネットワーク機器をSNMPを用いて情報収集を行います。**図8.9**の画面より［SNMP］を選択し、作成フローに従ってSNMP型のktranslateを稼働させます。

SNMPバージョン／コミュニティ名、情報収集間隔、対象機器検出（Discovery）間隔、検出対象のネットワーク範囲（CIDR）を入力し、基本設定のconfigを作成します。SNMPプロファイルの追加やコンテナ動作の制御などのその他のオプションについては、ドキュメントを参照ください。

Dockerコンテナの起動では**リスト8.1**、Linuxサービスの場合は**リスト8.2**のように起動を行います。起動時および定期的に指定したCIDRの範囲で機器の検出が行われ、検出された機器に対し、SNMPでのデータ収集が開始されます。

リスト8.1 SNMP型ktranslate：Dockerコンテナ起動コマンド例

```
docker run -d --name ktranslate-snmp --restart unless-stopped --pull=always -p 162:1620/udp \
-v `pwd`/snmp-base.yaml:/snmp-base.yaml \
-e NEW_RELIC_API_KEY=$YOUR_NR_LICENSE_KEY \
kentik/ktranslate:v2 \
  -snmp /snmp-base.yaml \
```

```
  -nr_account_id=$YOUR_NR_ACCOUNT_ID \
  -metrics=jchf \
  -tee_logs=true \
  -service_name=snmp \
  -snmp_discovery_on_start=true \
  -snmp_discovery_min=$DISVOVERY_INTERVAL \
  nr1.snmp
```

リスト8.2　Linuxサービスの（再）起動コマンド

```
$ sudo systemctl restart ktranslate
```

Network Syslog（ktranslate）

DockerまたはLinuxホスト上で稼働するktranslateをネットワーク機器のSyslogホストとして設定し、ktranslateを介して、New Relicに収集したSyslogを送信します。**図8.9**の画面より［Syslog］を選択し、作成フローに従ってSyslog型のktranslateを稼働させます。

ktranslateのconfigにSyslogの情報を受け取るデバイス情報を入力し、configを作成します（**図8.11**）。

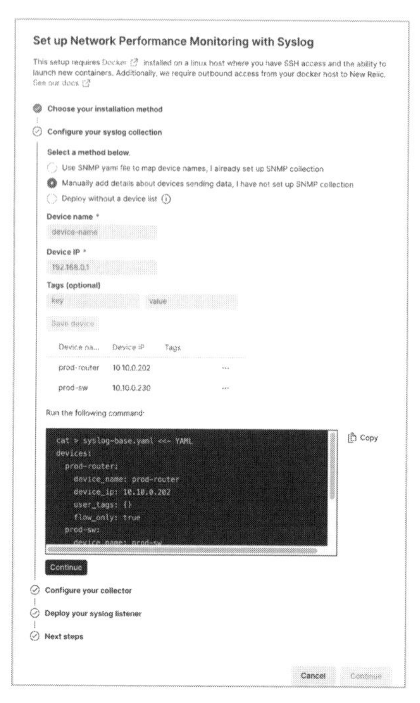

図8.11　Syslog型ktranslateのconfig作成UI

Dockerコンテナまたは Linuxサービスとして起動します（**リスト8.3**）。

リスト8.3　Syslog型ktranslate Dockerコンテナ起動コマンド例

```
docker run -d --name ktranslate-syslog --restart unless-stopped \
--pull=always -p 514:514 3/udp \
-v `pwd`/syslog-base.yaml:/snmp-base.yaml \
-e NEW_RELIC_API_KEY=$YOUR_NR_LICENSE_KEY \
kentik/ktranslate:v2 \
  -snmp /snmp-base.yaml \
  -nr_account_id=$YOUR_NR_ACCOUNT_ID \
  -metrics=jchf \
  -tee_logs=true \
  -dns=local \
  -service_name=syslog \
  nr1.syslog
```

Network Flows（ktranslate）

DockerまたはLinuxホスト上で稼働するktranslateをネットワーク機器のフローのエクスポート先として設定し、ktranslateを介して、New Relicに収集したネットワークフローを送信します。**図8.9**の画面より［Network Flows］を選択し、作成フローに従ってnetwork-flow型のktranslateを稼働させます。

フロータイプとして、IPFIX、NetFlow v5／v9、sFlow、jFlowなどから1つを選択し、Syslog同様にフロー情報を受け取るデバイス情報を入力し、configを作成して、デプロイを行います（**図8.12**）。1つのktranslateで設定できるフロータイプは1種類です。複数のフロータイプが必要な場合は、各ktranslateを作成する必要があります。

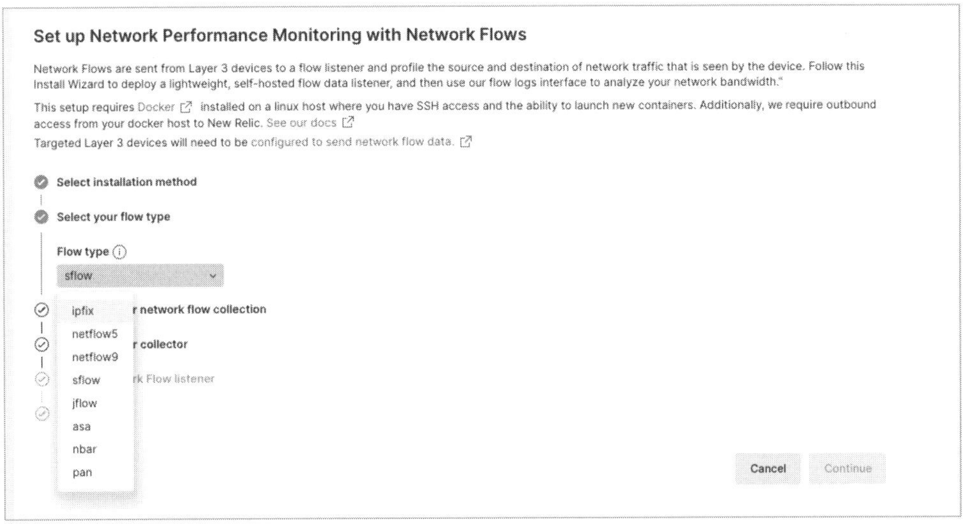

図8.12　Network Flow型ktranslateのconfig作成UI

リスト8.4　Network Flow型ktranslate：Dockerコンテナ起動コマンド例

```
docker run -d --name ktranslate-xflow --restart unless-stopped --pull=always --net=host \
-e NEW_RELIC_API_KEY=$YOUR_NR_LICENSE_KEY \
kentik/ktranslate:v2 \
  -snmp /etc/ktranslate/snmp-base.yaml \
  -nr_account_id=$YOUR_NR_ACCOUNT_ID \
  -metrics=jchf \
  -flow_only=true \
  -nf.source=$FLOW_TYPE \
  -tee_logs=true \
  -service_name=xflow \
  nr1.flow
```

8.4.2 クラウドフローログの場合

AWSおよびGCP環境のVPCフローログをNew Relicに転送することができます。

AWS VPC Flow logs

AWS環境のVPCフローログは、Amazon Kinesis Data Firehoseを介してログデータの送信を行います。

図8.9の画面より［AWS VPC Flow Logs］を選択し、AWS CLIまたはCloudFormationテンプレートを用いて設定を行うことができます。

CLIを用いる場合は、対象リージョン情報を入力し、Kinesis Firehoseを作成（または既存のFirehoseを利用）します。フローログの定義セクションにて、トラフィックタイプ、フローソースID／タイプを定義し、出力されたAWS CLIコマンドにてフローログの作成を行います。

GCP VPC Flow logs

GCP環境のVPCフローログは、Cloud Pub/SubおよびCloud Dataflowを介してログデータの送信を行います。

図8.9の画面より［GCP VPC Flow Logs］を選択し、GCloud CLIまたはTerraformを用いて設定を行うことができます。

CLIを用いる場合は、対象プロジェクト、リージョン情報を入力し、出力されたGCloud CLIコマンドでsubnetのフローログを有効化します。Logging Sinkの設定として、Flow Log Filter Templateと対象サブネットを設定し、出力されたGCloud CLIコマンドで、PubSub TopicおよびSubscriptionを作成します。次にLoggingからPub/Subへ転送するルールを作成します。そして最後にデータフロージョブを作成します（**図8.13**）。

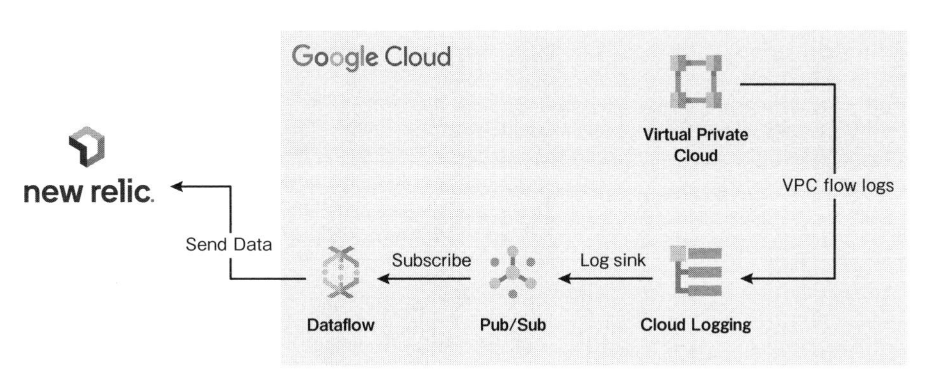

図8.13 GCP VPC Flow logs利用時のデータの流れ

第9章 New Relic Log Management

第1章では、オブザーバビリティの実現に必要なテレメトリデータについて解説しましたが、本章ではテレメトリデータとして使用されるログに焦点を当て、New Relic Log Managementの概要と機能について解説します。

New Relicでは、アプリケーションやサーバーが出力するログの収集や可視化が可能です。役立つ主なシーンとしては、例えばマイクロサービスなどの分散システムにおいて、トラブルシュートを行う際に必要なログが分散していることで調査に時間がかかったり、各種ログの関連性を分析するのが困難だったりするケースが挙げられます（図9.1）。

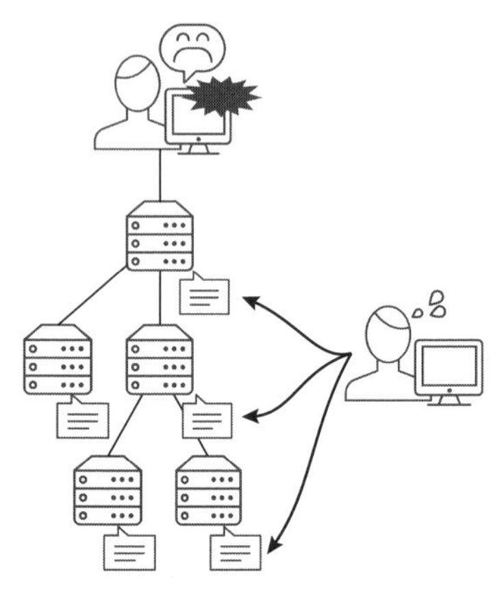

ssh等で各マシンにログインして分析

×セキュリティリスク　×ホストの選別

ログを各所からかき集めてgrep

×リアルタイム性の欠如　×データ量の限界

集約してメトリクス送付

×過去にさかのぼって分析できない

×マニュアル作業、ツール化のコスト大

×ローテーションによる重要ログの消失

図9.1　分散されたログの問題点

そこで、分散しているログデータをNew Relicに一元的に集約して横断的な分析ができれば、トラブルシューティングを迅速に行うことができ、解決までの時間短縮につながります（図9.2）。

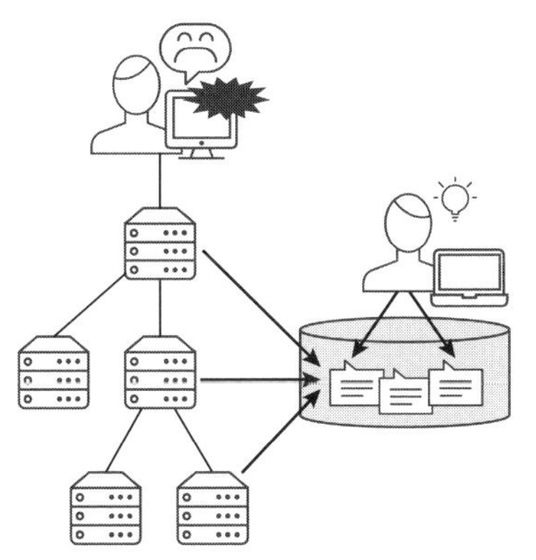

1カ所でのログ検索　可視化　アラート

- SaaSによるログの集中管理
- 高速なインターフェイス
- インデックス不要
- 平易な言語で簡単検索
- 多様なツールからのログ収集

図9.2　Log Managementを使ったログ管理

9.1　ログデータの取り込み方

New Relicでは、さまざまなログ転送オプションを用意しており、あらゆるログを一元的に集約することが可能です。**図9.3**に代表的なログ転送のためのオプションを示します。

インフラ／OS	クラウド	コンテナ	アプリケーション	その他
● Infrastructure agent ● Fluent Bit ● Fluentd ● Logstash ● Syslog I TCP	**Amazon：** ● AWS Kinesis Firehose ● AWS Lambda: CloudWatch ● AWS Lambda: SE ● AWS Firelens **Google Cloud Platform：** ● GCP Pub/Sub **Microsoft Azure：** ● Event Hub ● Blob storage **Heroku**	● Kubernetes ● New Relic Kubernetes integration ● Docker (via infrastructure agent)	● Go ● Java ● Ruby ● .NET ● Node.js ● PHP ● Python ● Infrastructure agent ● Fluent Bit ● Fluentd ● Logstash	● Log API ● Akamai Datastream 2 ● CircleCI webhook ● Cloudflare Logpush ● Fastly ● TCP endpoint ● Vector plugin

図9.3　New Relicへのログ転送オプション

本章では、最も使用されるInfrastructure Agentを使ったログ転送の設定について紹介します。なお、Infrastructure Agentのインストール方法やその他のログ転送の設定については公式ドキュメントを参照してください。

- Install the infrastructure agent
  https://docs.newrelic.com/docs/infrastructure/install-infrastructure-agent/get-started/install-infrastructure-agent/

● Forward your logs to New Relic
https://docs.newrelic.com/docs/logs/forward-logs/enable-log-management-new-relic/

9.2　構成ファイルの作成

Infrastructure Agentのログ転送機能は、Fluent Bitを利用しており、yaml形式で記述された構成ファイルを読み込むことができます。構成ファイルにログを転送する設定を追加することで、簡単にログ転送を実現できます。

構成ファイルの格納場所を**表9.1**に示します。これらのディレクトリに必要なパラメーターを設定した構成ファイルを配置すれば、Agentを再起動しなくてもログ転送を開始できます。

表9.1　Infrastructure Agentの構成ファイルの場所

OS	ディレクトリパス
Linux	/etc/newrelic-infra/logging.d/
Windows	C:¥Program Files¥New Relic¥newrelic-infra¥logging.d¥

9.2.1　ログ転送パラメーター

構成ファイルでは、パラメーターとしてさまざまな項目を設定できます。ここでは、簡単なサンプルをもとにその構造を解説します（**図9.4**）。

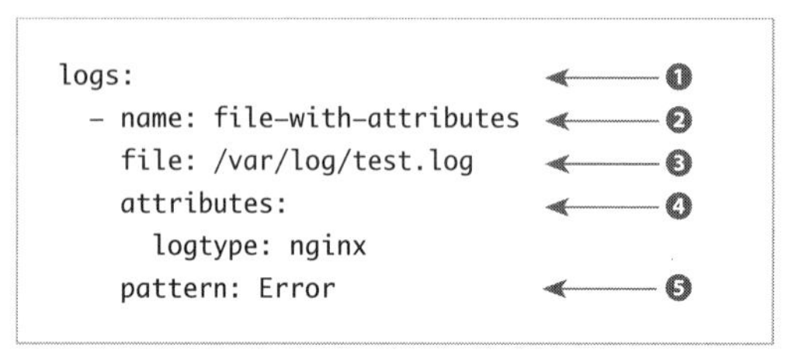

図9.4　ログ転送パラメーターサンプル

1. logs：ログ転送パラメーターとして認識させるために設定します
2. name：転送するログファイルの名前（シンボル）を設定します
3. file：実際に転送するログファイルのパスを設定します。ワイルドカード（*）を使えば複数のファイルを対象に含めることができます（例：`/var/log/*.log`）
4. attributes：ログの中身とは別に個別の属性をKey-Value形式で付与します。例えば「`Service: A Service`」と指定することで、このログがA Serviceのログであることを判別できるようになります。また、`logtype`属性を使えば、転送対象のログファイルのフォーマットを指定できます。`logtype`を指定すると、自動的にログの中身が属性として変換・認識されてNew Relicに取り込まれます。**図9.4**の例ではnginxのログフォーマットを指定していますが、New Relicでは、LinuxのSyslogやMySQLのエラーログ、AWS（Amazon Web Services）のApplication Load BalancerやRoute53のログなど、多くのログタイプがサポートされています※1

5. **pattern**：正規表現でログファイルの中身をフィルタリングし、該当した行だけを転送することができます。**図9.4**の例では「Error」という文字列が含まれる行のみを転送します

これ以外にも設定可能なパラメーターがあります。詳細については公式ドキュメントを参照してください。

- **ログ転送パラメーター**
  https://docs.newrelic.com/docs/logs/forward-logs/forward-your-logs-using-infrastructure-agent/#parameters

9.3 ログの確認方法

Log UIの画面から、以下のような順序でNew Relicに取り込んだログの参照と分析が可能です。

9.3.1 検索機能を使ってログを探す

［All Logs］画面から検索フィールドに文字列を入れて検索することで、全属性を対象にプレーンテキスト検索します（**図9.5**）。全属性を横断した広範な検索ができるため、特定の属性を知らない場合や、特定の属性に限定せずに検索する場合に有用です。

※1 https://docs.newrelic.com/docs/logs/ui-data/parsing/#type

図9.5　[All Logs] 画面のプレーンテキスト検索

9.3.2 ログパターンを探す

[Patterns] 画面では、ログの出力パターンをグルーピングし、出力頻度の高いログを自動で抽出します。機械学習により、高度なアルゴリズムを使用して類似したログメッセージを自動的にグルーピングするため、大量のログデータを分析する際に有用です。

例えば、障害対応時にログ調査を行うシーンでは、似たようなログが大量に発生した際、本当に欲しいログはほんの1、2行程度のことが多いです。このようなときにNew RelicのLog Patternsを活用すれば、大量のログはほとんど数行にグルーピングされ、かつ本当に欲しいログを簡単に抜き出すことができます (**図9.6**)。大量のログを分析する際に活用できます。

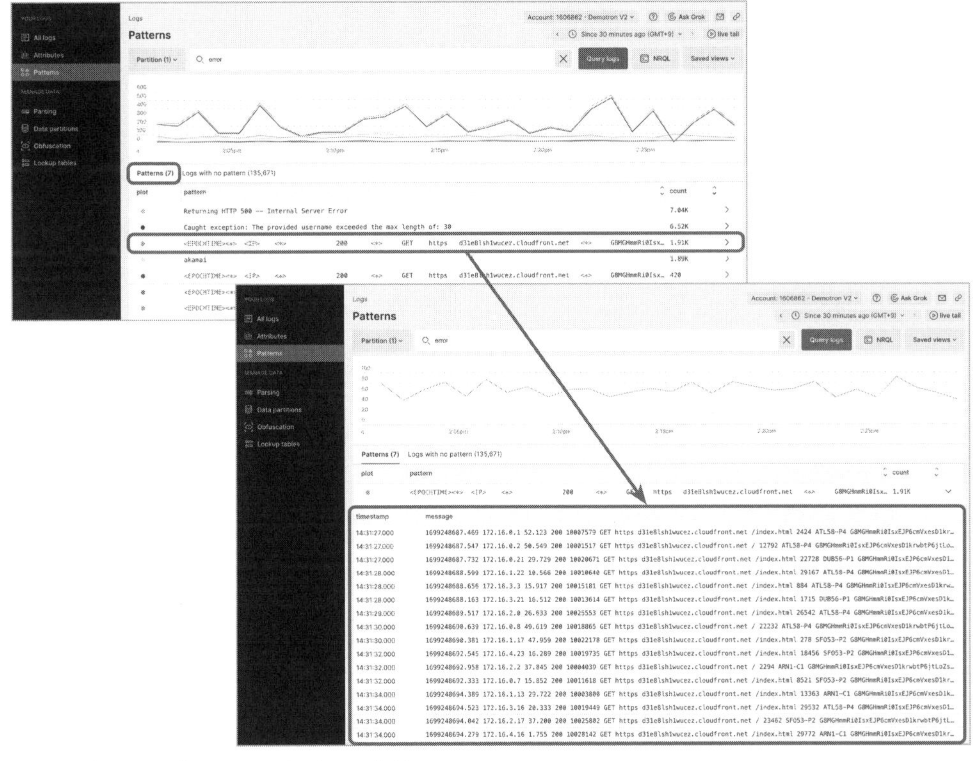

図9.6　[Patterns] 画面のログパターン分析

9.3.3 焦点を絞る

［Attributes］画面から、特定の属性を指定して検索します（**図9.7**）。属性を指定することで検索範囲が絞り込まれ、関連のある結果だけが返されるため、不要なログを除外することができます。

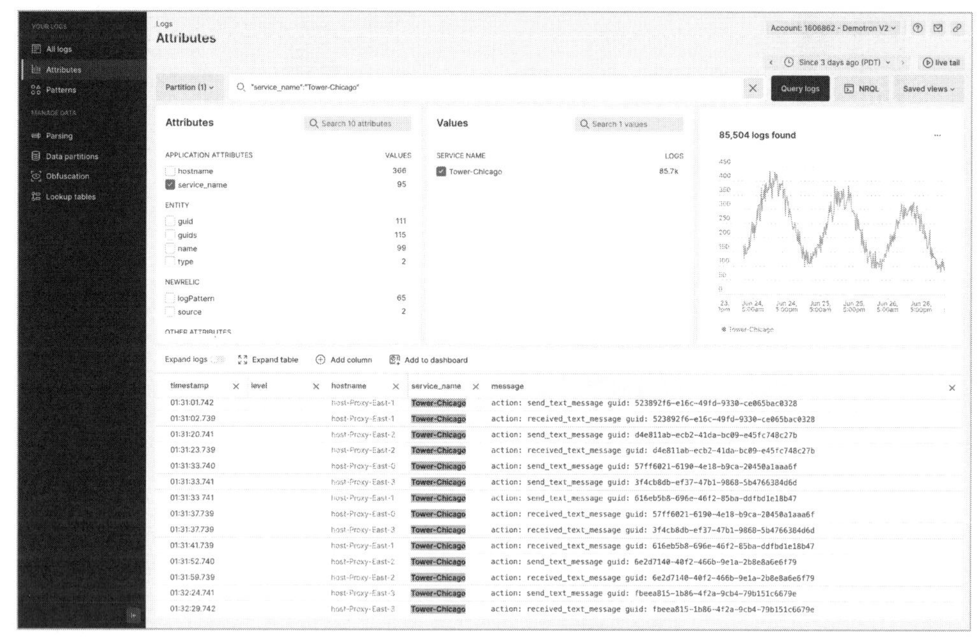

図9.7　[Attributes] 画面で属性を指定して検索

9.3.4 ログの詳細確認と関連ログの取得を行う

ログ行を選択して詳細画面を開き、ログに含まれる属性を確認します。特定の属性をクリックし、[Show surrounding logs] を選択することによって、その属性に一致する周囲のログを表示して関連性のあるログを取得することができます (**図9.8**)。

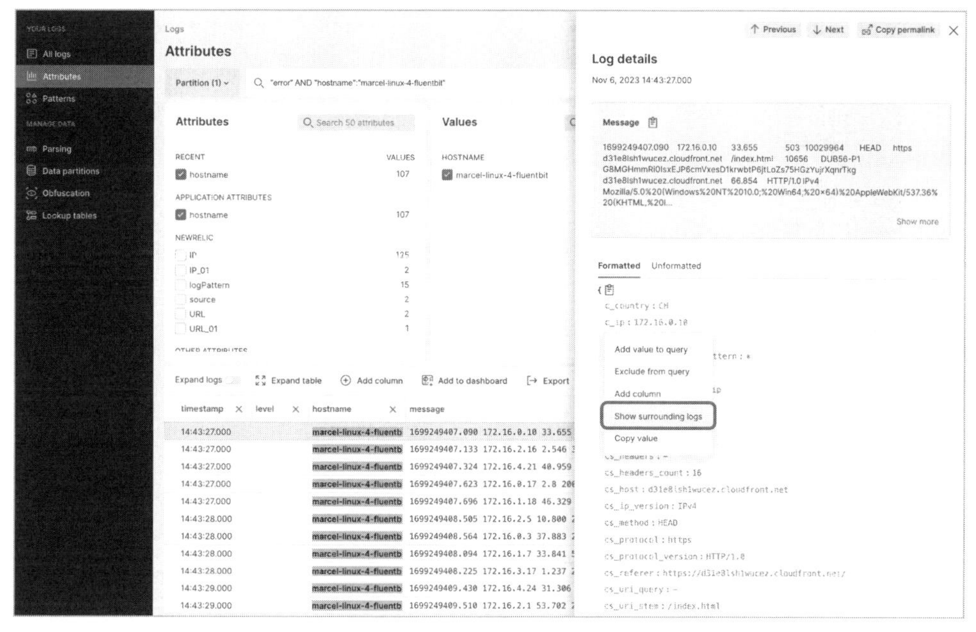

図9.8　ログの詳細確認と関連ログの取得

9.3.5 より高度なログ分析を行う

ログデータをさらに柔軟に検索・分析します。ログの検索画面で［NRQL］ボタンをクリックすることにより、検索条件を維持したまま、クエリビルダーによる高度な検索や分析を行うことができます（**図9.9**）。NRQLの詳細については公式ドキュメントを参照してください。

- Introduction to NRQL: the language of data
  https://docs.newrelic.com/docs/query-your-data/nrql-new-relic-query-language/get-started/introduction-nrql-new-relics-query-language/

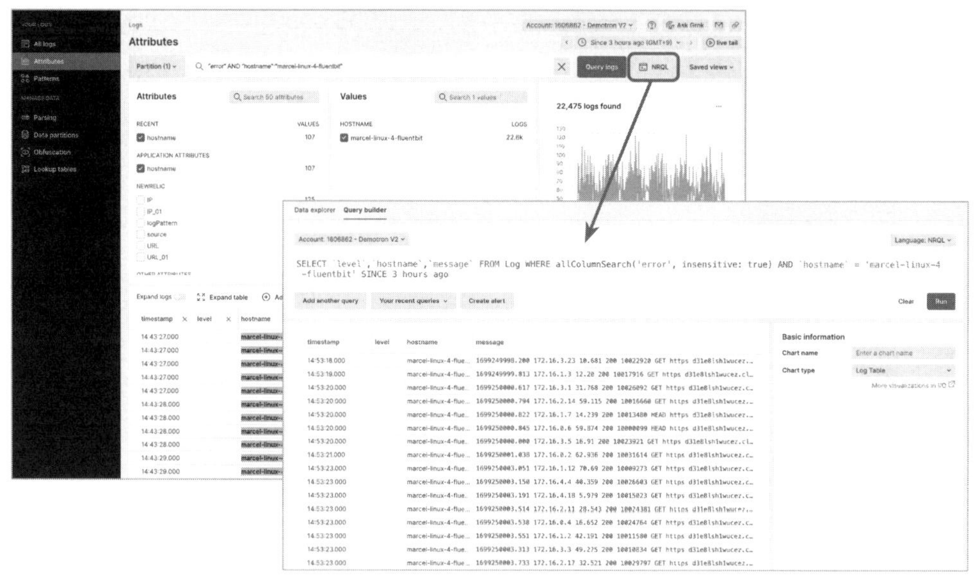

図9.9　NRQLによる高度なログ分析

このように、New Relic Log Managementは、一見すると単なるテキスト情報で溢れているログデータを実際のトラブルシューティングに役立つ強力なツールとして利用することができます。例えば、エラーや遅延のトラブルシューティングを行う際に、その時間帯でどのようなログが出力されていたのかを簡単に確認できたり、ログ内のパターンを特定したり、特定のログから周囲のコンテキストを深く探求したりすることで、システムやアプリケーションの深部に存在する問題を明らかにします。

さらにはログデータをもとにクエリビルダーを使ってグラフを生成し、高度な分析を行ったり、定常的な把握のためにダッシュボード化したりするなど、問題に対し素早く対策を講じることができるようになります。

9.4　Logs in Contextの活用

Logs in Contextは、New Relicが提供する新しいログ活用のための機能です。すでに前節でLog Managementについては解説しました。ただ実際のところ、本当にたどり着きたい問題に、ログだけを頼りにたどり着くのは難しいケースが多いのが現実です。New RelicでもLog Managementによって高速なログ分析を実現しているため、前述のLogs UIから対応すべき問題のログにたどり着くのは容易になっていますが、例えば、マイクロサービスなどの分散システムにおいて、パフォーマンスの問題やトランザクションエラーが発生した際、トラブルシュートの過程でログを関連付けて見ることは困難であり、またそれぞれのデータが分断しているケースも多く、人力で関連付けることがほとんどでした。

そこでNew Relicでは、アプリケーションで出力されるログをAPMのパフォーマンス情報やエラー情報とひも付けて参照できるようにする Logs in Context を提供しています。この機能を利用することで、例えばアプリケーションに問題が発生したときに、最初の対応としてログの調査から開始するのではなく、APMのErrors inbox内で検出されているエラーの詳細や、APMのDistributed Tracingから直接ログにたどり着くことができます。原因特定にログの情報が必要なとき、エラーデータやパフォーマンスデータに加えて、アプリケーションが出力したログを自動的に関連付けることにより、必要最小限の操作で確認することが可能になります（**図9.10**）。

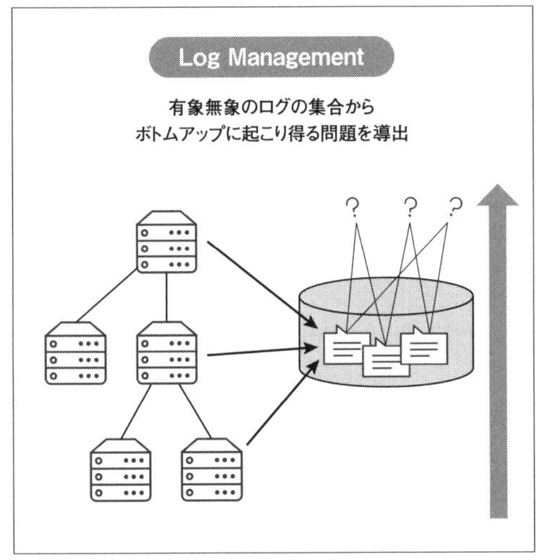

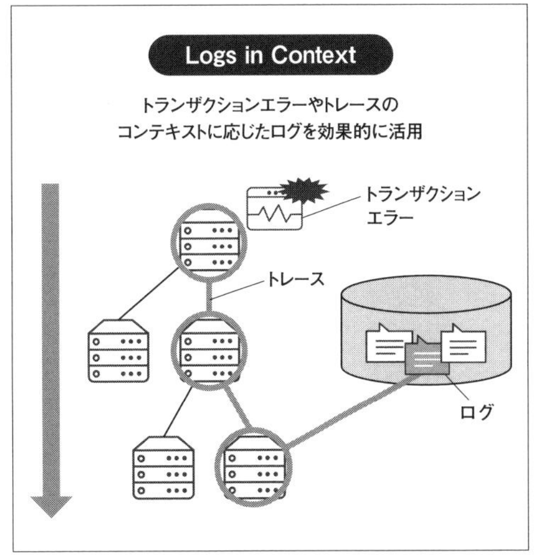

図9.10　Logs in Context概要

9.4.1　Logs in Contextの仕組み

Logs in Contextの仕組みをもう少し詳細に見てみましょう。まず、アプリケーションがログの出力処理を行う際に、New RelicのAPM Agentによってメタデータ（`span.id`、`trace.id`など）を装飾し、ログフォーマッターによってNew Relicに取り込める形式のログを出力します。これによって、ErrorやTraceとひも付いたログがNew Relicに取り込まれます（**図9.11**）。

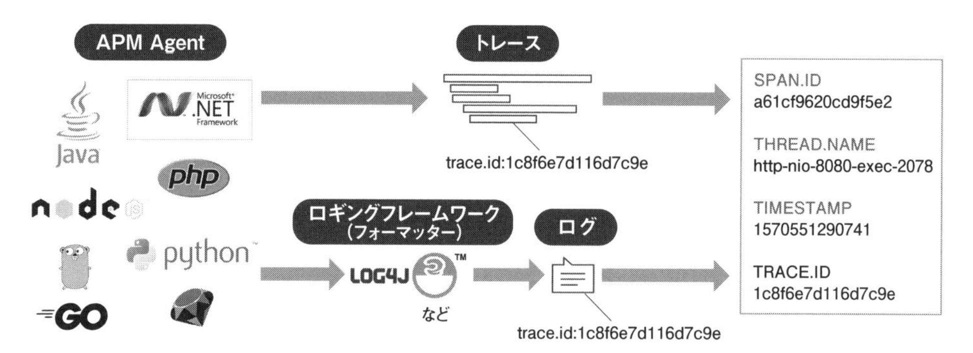

図9.11　Logs in Contextの仕組み

このような仕組みにより、APMのErrors inboxやDistributed Tracingなどから、直接該当のログにたどり着くことができるようになります（**図9.12**、**図9.13**）。

図9.12　APMのErrors inboxからのLogs in Context

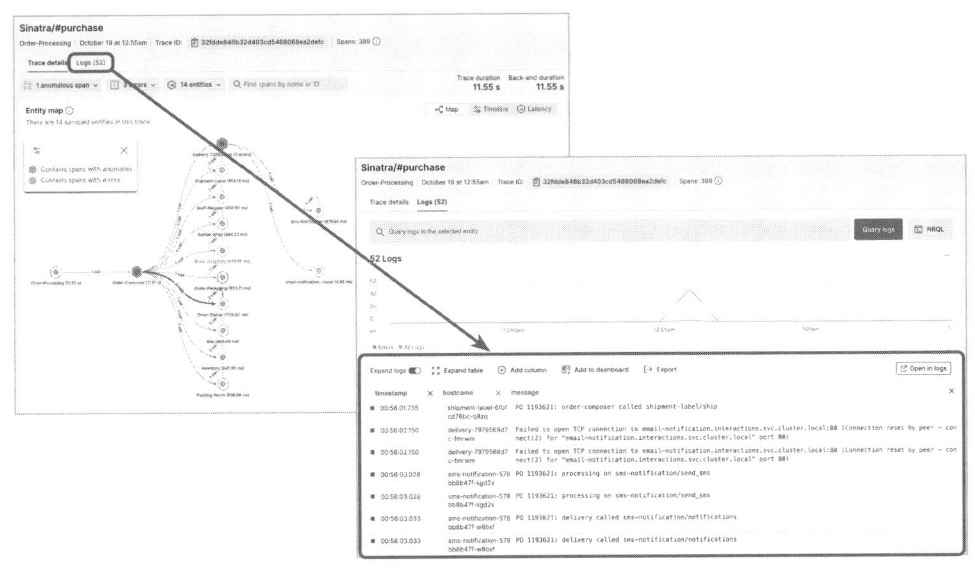

図9.13　APMPのDistributed TracingからのLogs in Context

9.4.2 Logs in Contextの有効化・無効化

最新のAPM Agentのバージョン※2では、APMがサポートするすべての言語において、Logs in Contextの機能がデフォルトで利用可能となっています。そのため、APM Agentをインストールするだけで、追加の設定は不要です。

ログ転送の有効化・無効化

古いAPM Agentバージョンの利用により、ログ転送が無効化されている可能性があります。そのような場合はあとから有効化の設定を行えます。また、データ量やパフォーマンスなどの問題により、ログ転送を無効化したい場合も同様に設定で制御することが可能です。ログ転送の有効化・無効化の設定については、公式ドキュメントを参照してください。

- **Option to manage automatic logging settings**
  https://docs.newrelic.com/docs/logs/logs-context/disable-automatic-logging/#solution

Logs in Contextは非常に強力なログ活用方法です。ぜひ一歩先を行くトラブルシューティング方法を習得しましょう。

※2　https://docs.newrelic.com/docs/logs/logs-context/get-started-logs-context/#agents

9.5　ログの管理

近年のデジタルシステムは、膨大な量のログを日々刻々と生成しています。例えば、マイクロサービスあるいはコンテナ化されたアプリケーションのログ、マネージドサービスに代表されるクラウドサービスから生成されたログ、オンプレ上のシステムやネットワークから生成されるログなどさまざまなものがあります。

このように現代のログは大量かつ多岐にわたります。加えて、セキュリティの観点でセンシティブな情報が含まれるログを取り扱うこともあります。そこでNew Relicでは、効果的なログ管理を実現する下記のツールセットを提供することで、これらの要求に対応することができます。

9.5.1　ドロップフィルター

ドロップフィルターは、特定の条件を満たすデータをログから除外するための機能です。これは、無関係なイベントや属性、個人を特定できる情報などを削除することで、ノイズを減らし、必要なデータだけに焦点を当てるために使用されます。ドロップフィルターを使えば、大量のログを扱う際に重要なデータのみにフォーカスし、効率的かつ費用対効果の高いログ活用が見込めます。

- Drop log data with drop filter rules
  https://docs.newrelic.com/docs/logs/ui-data/drop-data-drop-filter-rules/

9.5.2　パーシング

パーシングは、生成されたログデータを解析し、構造化する機能を指します。これにより、ログから取得したデータがより扱いやすくなり、検索や分析に利用しやすくなります。パーシングは通常、特定のパターンやキーワードを認識し、それに基づいてログエントリを分割するため、正規表現やその他の解析技術を使用します。

- Parsing log data
  https://docs.newrelic.com/docs/logs/ui-data/parsing/

9.5.3　データパーティション

データパーティションは、大量のデータを管理しやすい小さな単位（パーティション）に分割する機能です。これにより、検索やクエリのパフォーマンスが向上し、データの扱いが容易になります。特に大量のログデータを取り扱う場合、適切なパーティションの設定はデータの取り扱いを大幅に改善します。

- Organize data with partitions
  https://docs.newrelic.com/docs/logs/ui-data/data-partitions/

9.5.4 難読化

難読化は、データをマスク処理やハッシュ値に置き換えることで、人間が読めないようなデータにする機能を指します。ログデータに機密情報が含まれている場合、その情報を難読化することで、もしログデータが漏洩したとしても情報が読み取られるリスクを軽減できます。

- Log obfuscation: Hash or mask sensitive data in your logs
  https://docs.newrelic.com/docs/logs/ui-data/obfuscation-ui/

9.5.5 Lookup tables

Lookup tablesは、CSV形式のデータをLookupテーブルとしてアップロードすることで、NRQLのLookup関数を使って内容を確認することができます。例えば、ホストIDを人間が読めるホスト名にマッピングしたCSV形式のデータをアップロードすることで、人間が読めるホスト名が表示されたグラフを作成することなどができます。

- Upload CSV-format lookup tables
  https://docs.newrelic.com/docs/logs/ui-data/lookup-tables-ui/

第10章 New Relic Alerts & AI①：Alerts

New Relic Alerts & AIは、収集したデータをもとに異常を検出して、アラートとして通知する機能です。

「どのような状況をアラートとして検知するか」や「どのような形で通知するか」は、柔軟に設定することが可能です。ただ、アプリケーションの複雑化が進むにつれて、アラート設計の負荷も高くなります。アラートをさまざまな箇所に設定すること自体は悪いことではありませんが、アラートの本来の目的は、問題に気づき、その問題に対して何らかのアクションを行うことです。あまり意味のないアラートを多数受信し、本来の業務が滞ってしまっては本末転倒です。また、アラート条件として表現が困難な未知の問題を、どのように検出するかも課題となります。

そんな問題を改善するために、New RelicはAlerts機能にApplied Intelligence（AI）を統合しています。本章ではAlertsを使用してアラートを設定する方法を解説します。また、続く第11章ではAIを使用してアラートを高度に活用するための機能を紹介します。

10.1　New Relic Alerts & AIでアラート通知を設定する

New Relicでは、収集したさまざまなデータをダッシュボード上で可視化することで、システムの状態を素早く把握し、多くの洞察を得ることができます。しかし、常にダッシュボードを目視で確認していては、本来の目的である開発や問題解決に取り組むことができません。ダッシュボードを見ていないタイミングでもシステムの問題を見落とさないよう、違反の検出と通知を行う仕組みが、New Relic Alerts & AIの主な機能です。

10.1.1 New Relicのアラートシステム概要

New Relicのアラートシステムの全体像は**図10.1**のように構成されています。

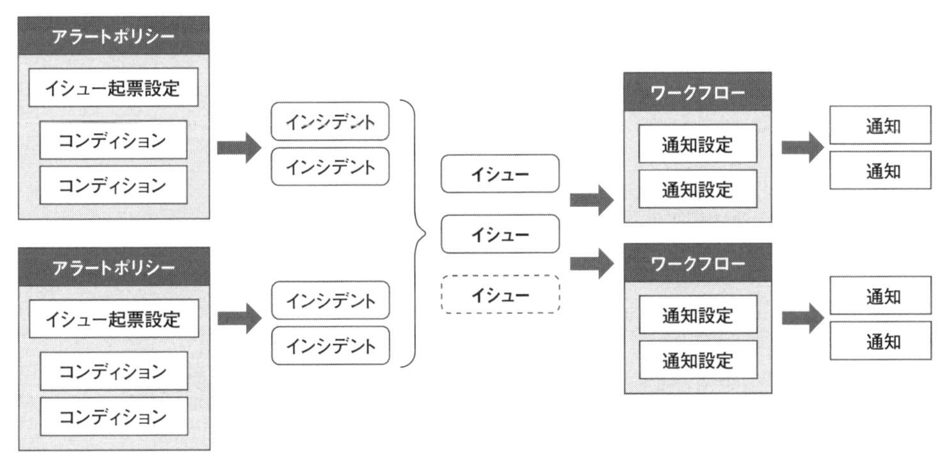

図10.1 アラートシステム概要

10.1.2 アラートポリシーとアラートコンディション

検出したい事象に合わせて、詳細なアラート発生条件を定義するのが、**アラートコンディション**（Alert condition）です。アラートコンディションには、評価対象とするデータソースの定義や集計の方法、しきい値といった詳細な設定が含まれます。

アラートポリシー（Alert policy）は、1つ以上のアラートコンディションのグループです。

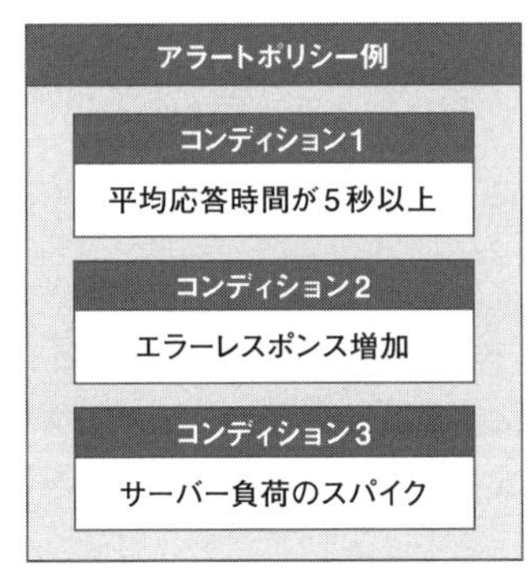

図10.2 アラートポリシーとアラートコンディション

インシデントとイシュー

New Relicでは、**インシデント**（Incident）と**イシュー**（Issue）という2つのオブジェクトの単位で、アラートにつながる問題を表現します。

アラートコンディションで定義された条件に違反すると、インシデントが発生します。インシデントは、どの対象が、どのような条件に違反したのかといった情報を持つオブジェクトです。

イシューは、1つ以上のインシデントの情報を含むオブジェクトです。New Relicでは、イシューの状態変化をトリガーとしてアラートの通知を行います。インシデントが発生すると、イシュー起票設定に基づいて、新たにイシューを作成するか、既存のイシューに情報を追加します。イシュー起票設定の詳細については後述します。

関連性の高いインシデントを1つのイシューにまとめることで、通知のノイズを減らすとともに、原因分析を容易にすることができます。

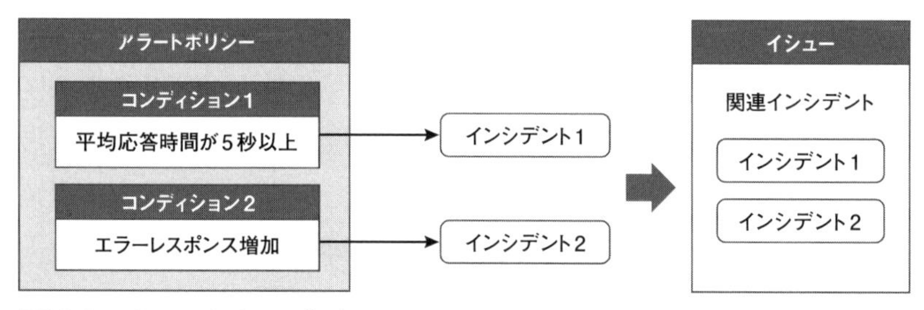

図10.3　イシューとインシデント

10.1.3 ワークフロー

ワークフロー（Workflow）は、どのような条件のイシューに対して、どの通知先に、どのようなメッセージを通知するか、といった一連の通知設定を定義します。イシューが作成されると、条件に一致するワークフローが選択され、あらかじめ定義された通知先に通知が送信されます（**図10.4**）。

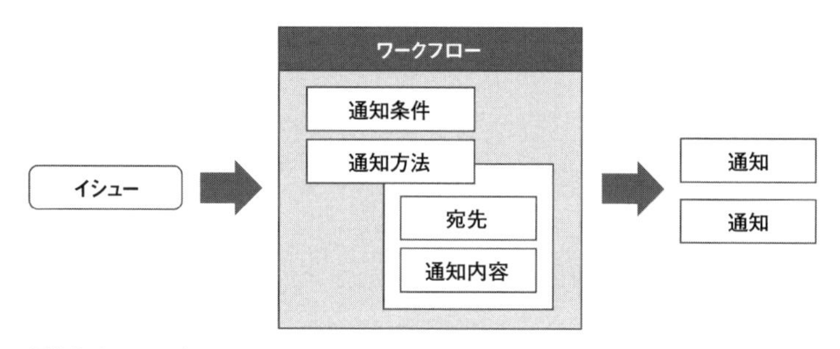

図10.4　ワークフロー

10.2　アラートポリシーの作成

10.2.1　イシュー起票設定

アラートポリシーの**イシュー起票設定**（Issue Creation Preference）により、どの粒度でイシューを作成し、インシデントをグルーピングするかを設定することができます（**表10.1**）。

表10.1　イシュー起票設定

設定	動作内容とユースケース
One issue per policy	● アラートポリシーごとに1つのイシューを作成する ● 同じアラートポリシーを起源としたイシューが存在する場合、新たに発生したインシデントは該当イシューの追加情報として処理され、新たなイシューは発生しない ● アラートポリシー自体が1つの障害対応チケットの単位となる。個々のコンディションは関連する付加情報として可視化されるため、1つのチームが全体を見渡して、障害対応を行うようなケースに向く
One issue per condition	● アラートポリシー内の個々のアラートコンディションごとにイシューを生成する ● 同じアラートコンディションを起源としたイシューが存在する場合、新たに発生したインシデントは該当イシューの追加情報として処理され、新たなイシューは発生しない ● トラフィック増大やスループット低下など、事象ごとにイシューが生成され、同一の事象が複数発生した場合には、付加情報として可視化される ● 複数のアプリやシステムにまたがる共通対策を立案するような管理者や専門家を通知先とするようなケースに向く
One issue per condition and signal	● アラートポリシーの中に含まれるすべてのコンディションと、コンディション内のNRQLクエリでFACET句を使用した場合には、その組み合わせごとにそれぞれ個別のイシューを生成する ● 同じ対象から同じコンディションに起因するインシデントが発生した場合（Warning／Criticalなど）のみ、既存イシューの追加情報として処理する ● アラートポリシーは通知先やアラート対象をグルーピングする位置づけになる。より多くの通知が発生するが、インシデント管理システムなど、連携先で通知を集約するユースケースでは有効

10.2.2　イシュー起票設定の具体例

例として、3台のバックエンドでホストされるアプリケーションに対して、アプリケーション単位、ホスト単位それぞれインシデントが発生するようなアラートコンディションを設定しました（**図10.5**）。アプリケーションと全ホストで同時にアラートコンディションに違反した場合、インシデントは4件発生しますが、発生するイシューの数はイシュー起票設定によって異なります。

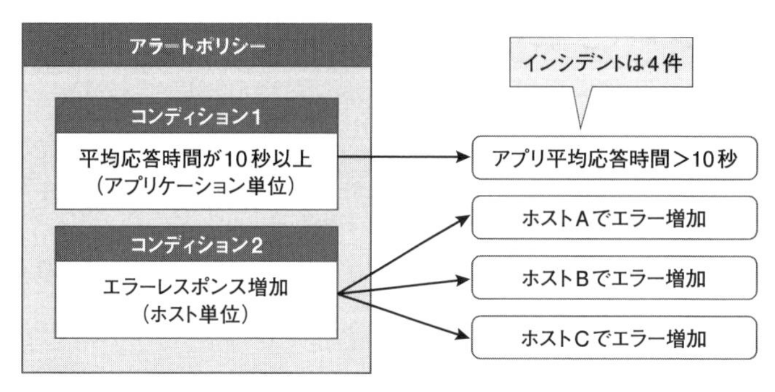

図10.5　イシュー起票設定の具体例

- One issue per policy：イシューは1件。1つのイシューに4件のインシデントが集約される（**図10.6**）
- One issue per condition：イシューは2件。インシデント発生元のアラートコンディションごとに集約される（**図10.7**）
- One issue per condition and signal：イシューは4件。同じアラートコンディションの中でも、アラート対象ごとにそれぞれイシューが作成される（**図10.8**）

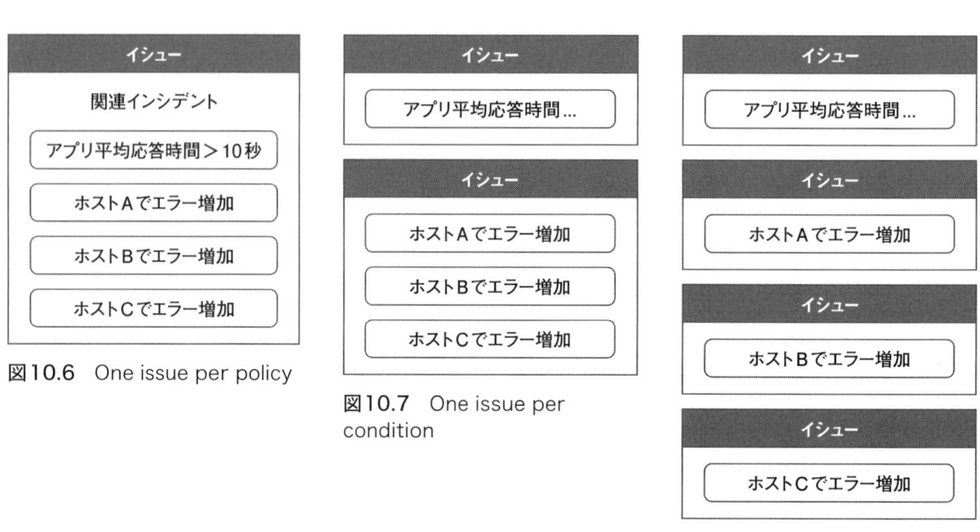

図10.6　One issue per policy

図10.7　One issue per condition

図10.8　One issue per condition and signal

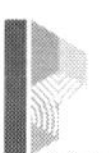

10.3 アラートコンディションの作成

アラートコンディションは、いくつかのカテゴリから選択することができますが、執筆時点においてほとんどのアラート条件はNRQL（New Relic Query Language）で表現できるようになっています。将来的にはNRQLアラートへの統合が予定されているため、NRQLアラートでの作成をおすすめします。

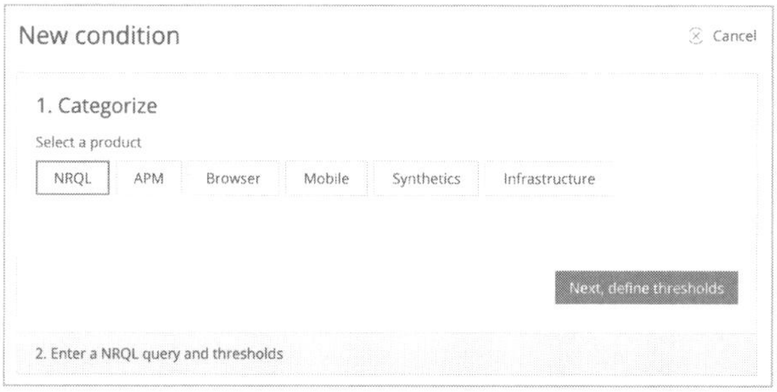

New condition
Cancel
1. Categorize
Select a product
NRQL
APM
Browser
Mobile
Synthetics
Infrastructure
Next, define thresholds
2. Enter a NRQL query and thresholds

図10.9　アラートコンディションのカテゴリ選択

10.3.1 受信データをリアルタイムに集計・判定する仕組み

New Relicのアラートシステムは、受信したデータをリアルタイムに集計してアラートの判定を行います。このストリーミングアラートと呼ばれる仕組みによって、発生中の問題を素早く検出することと膨大なデータの蓄積とを両立しています。

New Relicが受信したテレメトリデータは、内部データベースに記録されるのと同時に、アラート処理専用のパイプラインにストリーミングされます。このアラートパイプラインは、ストリーミングされたデータに対してリアルタイム性の高い集計を行い、インシデント作成までの一連の処理を担います。

ストリーミングデータ
WHERE句でフィルター
集計ウィンドウ内のデータ収集
集計ウィンドウが閉じるまで待機
集計対象データ
クエリ実行結果を記録
しきい値・期間アラート判定

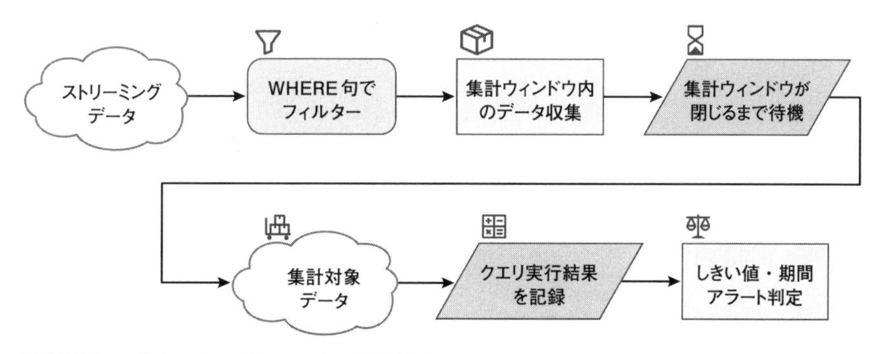

図10.10　ストリーミングアラートの動作概要

10.3.2 コンディション設定①：シグナルの定義（Define your signal）

アラートコンディションでは、観測したいデータを数値として表現するNRQLクエリと、アラートしきい値の組み合わせによって、アラートとして検出したい状況を定義します。

NRQLクエリによって集計された結果は、時系列データに順次追記されていきます。このデータをシグナル（Signal）と呼びます。シグナルに記録される情報には、集計の始点と終点の時刻情報や、集計対象となったデータポイント数といった補足情報を含みます。FACET句で集計単位を指定した場合、集計単位ごとに独立したシグナルに結果が記録されます。

図10.11　NRQLクエリによる集計とシグナル

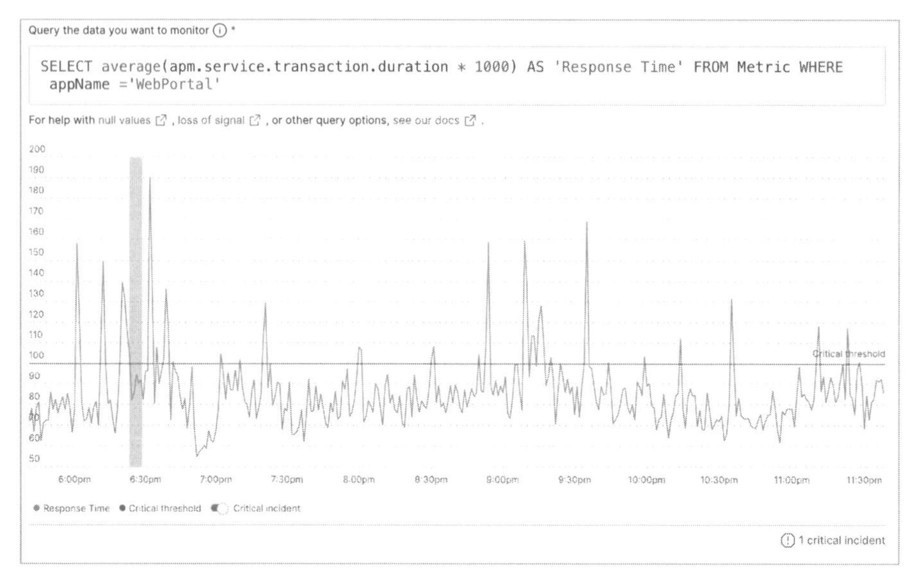

図10.12　コンディション設定①：NRQLクエリの定義

NRQLクエリを入力すると、保存されている直近の該当データをもとにしたサンプルのチャートが表示されます。アラート対象データを正しくクエリできているかの確認に活用してください。

10.3.3 コンディション設定②：シグナルの調整（Adjust to signal behavior）

データの性質に合わせて、先ほど作成したNRQLクエリをどのように集計するかを設定します。

Fine-tune to match this signal

Data aggregation

Window duration

1　minutes

Window duration is how we group your data into intervals. A longer duration helps with choppy or less frequent signals.

Use sliding window aggregation

This setting gathers data in overlapping time windows to smooth the chart line, making it easier to spot trends. See our docs

Streaming method

Event flow　Event timer　Cadence

Best for steady or frequently reporting data (at least one data point per aggregation window). See our docs

Delay

2　minutes

Delay is how long we wait for events that belong in each aggregation window. Depending on your data a longer delay may increase accuracy but delay notifications.

Gap-filling strategy

Fill data gaps with

None

For sporadic data, you can avoid false alerts by filling the gaps (empty windows) with synthetic data.

Evaluation delay

Use evaluation delay

Evaluation delay is how long we wait before we start evaluating a signal against the thresholds in this condition.

図10.13　コンディション設定②：シグナルの調整

Window duration

NRQLクエリのWHERE句に該当する集計対象データは、一定期間ごとに分けて、SELECT文に記載した集計関数にしたがって集計されます。この集計単位となる期間を集計ウィンドウと呼びます。Window durationは、1つの集計ウィンドウの長さを決定します（**図10.14**）。

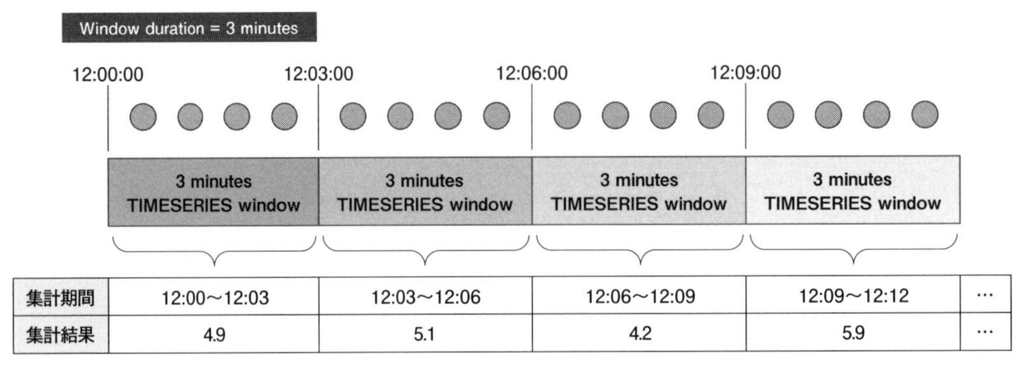

集計期間	12:00〜12:03	12:03〜12:06	12:06〜12:09	12:09〜12:12	…
集計結果	4.9	5.1	4.2	5.9	…

図10.14　集計ウィンドウの長さ

Sliding Window（オプション）

通常、集計ウィンドウの期間は互いに重ならず、Window durationが3分であれば3分間隔で集計を行い、その結果を元にしてアラートの判定を行います。Sliding Windowオプションを有効にすると、指定した時間分スライドさせた複数の集計ウィンドウが並行して開かれるため、よりきめ細かい集計結果を得ることができます（図10.15）。

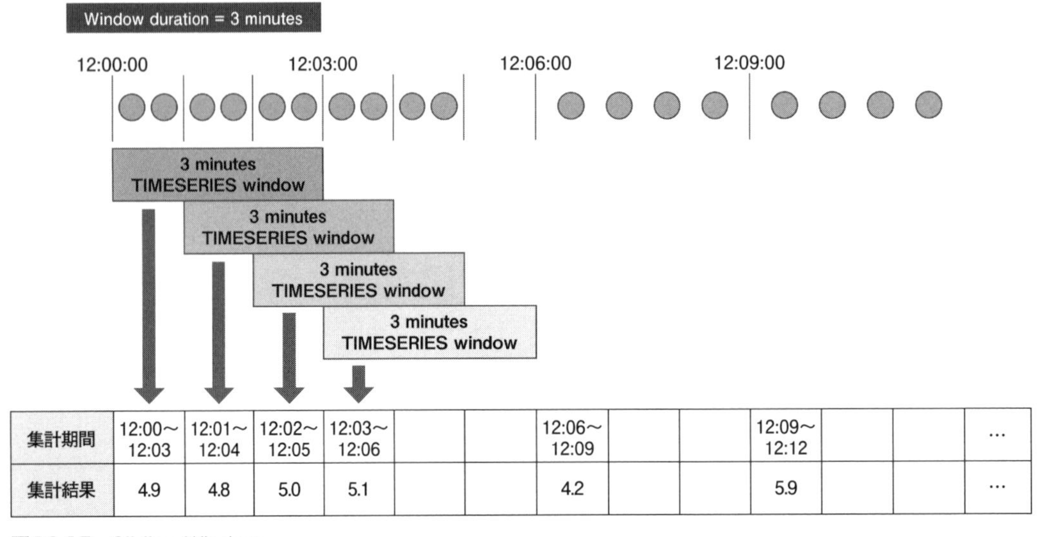

集計期間	12:00〜12:03	12:01〜12:04	12:02〜12:05	12:03〜12:06			12:06〜12:09			12:09〜12:12			…
集計結果	4.9	4.8	5.0	5.1			4.2			5.9			…

図10.15　Sliding Window

Streaming methods

データの性質に合わせて、3つのオプションの中から集計ウィンドウを閉じる方法を決定します。集計ウィンドウが閉じると、それまでに集約されたデータがNRQLクエリによって単一の数値に変換され、しきい値と比較してアラートの評価が行われます。「集計ウィンドウが閉じる＝アラート判定がトリガーされる」と覚えておくとよいでしょう。また、リアルタイムなアラート処理では、データの発生から送信までに生じる遅延を考慮する必要があります。一連のプロセスは時系列に沿って実行されるため、遅れて届いたデータを、閉じた集計ウィンドウに追加してアラートを発生させることはできません。正確な集計のために十分なデータの到着を待機することと、なるべく早く集計結果を得ることの間のバランスを取る必要があります。

Event Flow

Event Flowは、頻繁かつ一定間隔で発生するデータに対するアラート設定に最適な方式です。許容される遅延時間（Delay）よりもあとに続くデータが到着すると、集計ウィンドウが閉じられます。例えば、Delayが2分であれば、自身の集計ウィンドウの終了時刻より2分あとのタイムスタンプを持つデータが到着すると、現在の集計ウィンドウが閉じられ、NRQLクエリによる集計、しきい値との比較が行われます。

データが一貫して一定間隔で到着する

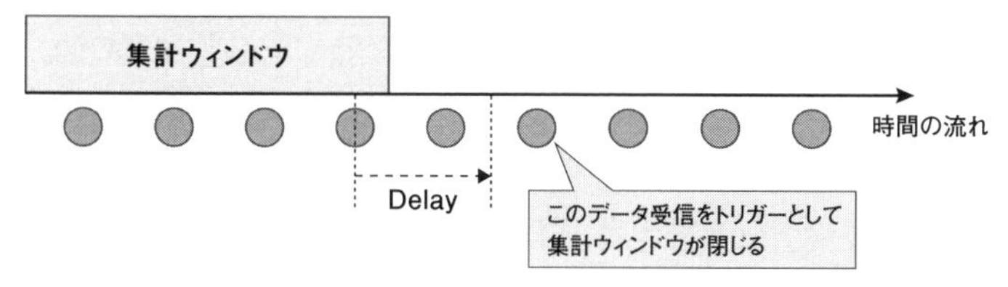

図10.16　Event Flow

Event Timer

Event Timerは、到着順序や発生間隔に一貫性のないデータを評価するのに最適な方式です。集計ウィンドウ内のデータが最後に到着してからの時間経過によって、集計ウィンドウが閉じられます。データが到着するとTimerで設定した時間のカウントダウンが開始されます。

タイマーがゼロになる前に、集計ウィンドウ内のタイムスタンプを持つデータが新たに到着すると、タイマーはリセットされます。また、タイマーがゼロになると、現在の集計ウィンドウが閉じられ、NRQLクエリによる集計、しきい値との比較が行われます。

日次の使用状況や請求情報のように記録間隔の長いデータや、エラー発生件数のように、散発的かつ予期せず発生するデータに対するアラート設定に有効です。

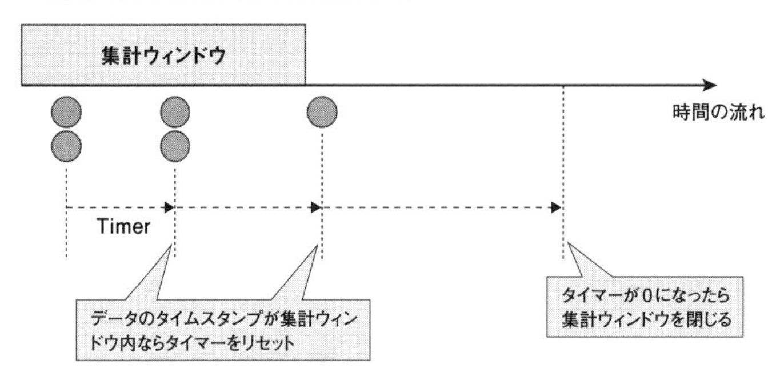

図10.17　Event Timer

Cadence

Cadenceは、データのタイムスタンプではなく、New Relic内部のシステムクロックに基づいて、一定の間隔で集計を行う方法です。多くのケースではEvent FlowまたはEvent Timerが適していますが、モバイル端末やブラウザから送信されるイベントのように、ユーザー端末の時刻設定に影響されて、タイムスタンプに一貫性がないデータを対象にする場合には、Cadenceが有効です。

Gap-filling strategy（オプション）

集計結果が存在しない集計ウィンドウ（ギャップ）を検出した場合に、0、任意の値、直前の集計結果のいずれかで、その期間の集計ウィンドウを埋めることができます。

ただし、集計結果が存在しないことを検出してギャップを埋めることができるのは、NRQLクエリのWHERE句に該当する集計対象データが新たに到着したタイミングであり、集計対象データが存在しない状況をリアルタイムで検出して置換するものではない点に留意してください。

集計対象データが届いていない状況そのものを検出するには、後に記載する信号喪失の検出が有効です。

Evaluation Delay（オプション）

アラートコンディションの監視対象が新たに追加された場合に、最初の一定時間はアラート判定を行わないように設定することができます。例えばサーバーインスタンスを新たに起動した直後のパッケージインストールや、アセットのダウンロードのように、計測開始初期に予測可能なスパイクが発生するケースにおける通知ノイズの削減に有効です。

10.3.4 コンディション設定③：しきい値の決定（Define thresholds）

集計結果に対して、アラートと判定する条件を決定します。重大度（Severity level）はCriticalとWarningの2段階あり、それぞれ別のしきい値を設定することができます。

静的なしきい値（Static thresholds）

集計結果を、あらかじめ設定した特定の値と比較して、違反しているかどうかを判定します。

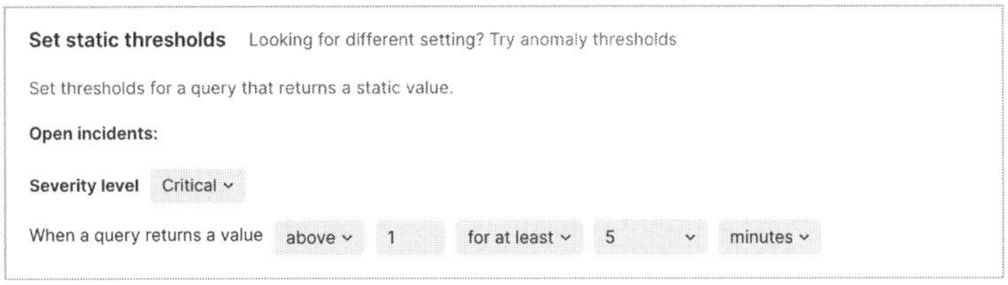

Set static thresholds
Looking for different setting? Try anomaly thresholds
Set thresholds for a query that returns a static value.
Open incidents:
Severity level
Critical
When a query returns a value
above
1
for at least
5
minutes

図10.18　静的なしきい値の設定

最新の集計結果だけでなく、直近の一定期間（1分〜24時間）の集計結果の遷移を評価します。評価方法は次の2種類から選択します。

- at least once in：最新の集計から一定時間以内に、一度でも条件を満たしていたらアラートと判定する
- for at least：一定時間前から最新の集計まで、条件を満たす状態が継続していたらアラートと判定する

予測に基づく異常検出（Anomaly thresholds）

静的なしきい値の代わりに、予測値に基づく異常検出を設定するには、アラートコンディションの新規作成時に、［Try anomaly thresholds］をクリックします。

Set anomaly thresholds
Looking for different setting? Try static thresholds
Set flexible thresholds that adjust to how your signal behaves.
Threshold direction
Upper and lower
Open incidents:
Severity level
Critical
When a query returns a value outside the threshold
for at least
5
minutes
by
3
standard deviation(s)
More incidents
Fewer incidents

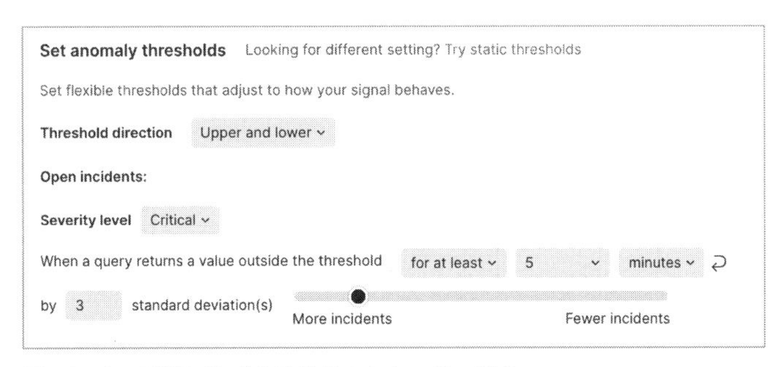

図10.19　予測に基づく異常検出しきい値の設定

予測に基づく異常検出では、機械学習によって収集されたデータから予測値を生成します。しきい値は、集計結果が予測値からどの程度逸脱しているかを示す標準偏差（Standard deviation）の値です。数値を入力するほかに、スライダーを使用して視覚的に調整することもできます。しきい値の方向（Threshold direction）の設定では、集計結果が予測の範囲を上回った場合、下回った場合、またはその両方をアラートにするかのいずれかを選択します。

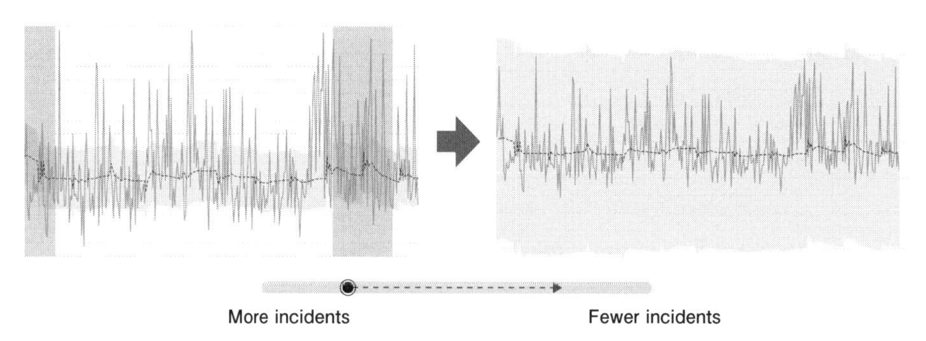

図10.20　スライダーによる標準偏差の設定

図10.20において灰色で示されるエリアが、予測値を基準とした許容範囲の大きさを示します。スライダーを左に動かすと、より小さな異常傾向をアラートとして検出できますが、アラートのノイズが増加する可能性も高くなります。スライダーを右に動かすと、変動に対してより寛容になります。

New Relicは収集したデータをもとに、1週間より短い周期的変動（特定の曜日や特定の時間帯に値が増減するなど）や変動パターンを継続的に学習し、それらに適応しようとします。データが十分に蓄積されていない場合、予測値があまり正確でない可能性もありますが、履歴データが増えるにつれて精度が高くなります。

信号喪失の検出（オプション）

アラートコンディションの集計対象となるデータが存在せず、シグナルに新たな集計結果が記録されない状態が一定時間続くことを、信号喪失（Signal lost）と呼びます。

信号喪失と判断するまでの時間（Lost signal threshold）は任意に設定可能です。信号喪失時の挙動として、しきい値の違反とは別に、2種類の動作を設定することができます。

- Close all current open incidents：シグナルが途絶えた対象に関連して、このコンディションからオープンされたインシデントをすべてクローズする。エラーが発生している間のみ記録されるメトリクスをアラート条件に指定する場合など、信号喪失がインシデント解消を示す

ケースに適している

- Open New "lost signal" incident：データが送信されなくなったことを示すインシデントを新たに作成する

両方にチェックを入れた場合は、オープン中のインシデントがクローズされたうえで、データが送信されなくなったというインシデントが新たに作成されます。

10.3.5 コンディション設定④：追加設定（Add details）

アラートコンディション名

アラートコンディションの名前は、インシデントのタイトルの一部として埋め込まれます。

アラートポリシーの選択

アラートポリシーの一覧画面から直接アラートコンディションの作成を開始した場合、ここで関連付けるアラートポリシーを新規に作成するか、既存ポリシーから選択します。

自動クローズまでの期間

オープンしたインシデントを自動的にクローズするまでの期間を、5分間から30日間までの範囲で設定します。デフォルトは3日間です。

Custom incident descriptionの追加（オプション）

アラート通知に添付したいメッセージを入力します。

Runbook URL（オプション）

アラート通知に添付したいRunbook（障害対応手順書）のURLを設定します。これにより通知を受けた担当者がすぐに手順書にアクセスして障害対応を開始することができます。関連する情報がまとまったダッシュボードのURLを設定するのも有効です。

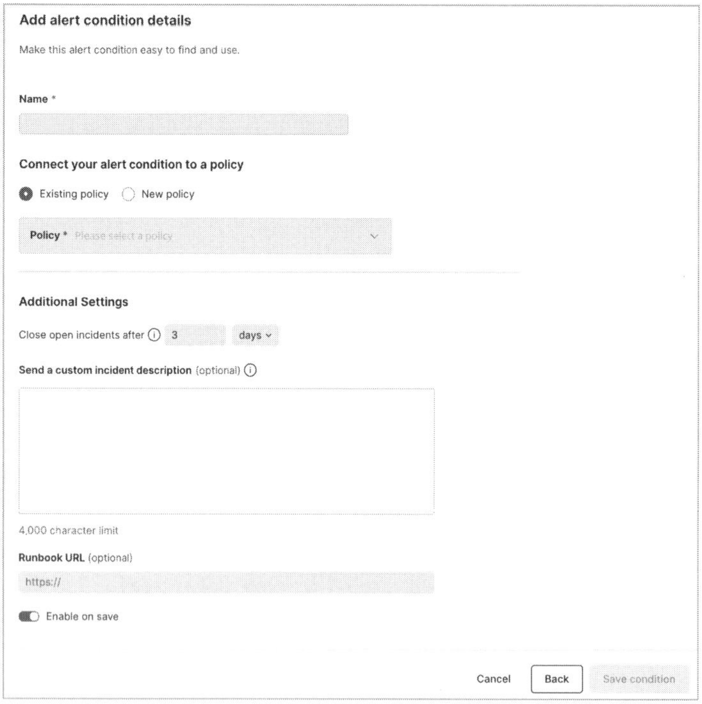

図10.21　アラートコンディションの追加設定

10.4　ワークフローの作成

ワークフローは、アラート設定によって検出されたイシューを、ユーザーにアラートとして通知します。1つのワークフローは、通知条件と通知方法の詳細設定で構成されています。条件によって異なる通知先や通知方法を選択するために、複数のワークフローを作成することができます。

10.4.1　ワークフロー名の設定

ワークフローを一意に識別できる名前を設定します。

10.4.2　フィルター設定（Filter data）

このワークフローがどのようなイシューに対して通知を行うかを決定します。イシューに含まれる各インシデントの情報が参照できるので、アラートポリシーやコンディション、対象エンティティや重大度によって異なるワークフローを呼び出すことも可能です。

フィルター設定のUIには、BasicとAdvancedの2種類があり、UI上で表現できる設定の幅が異なりますが、どちらを選んでもワークフローの挙動そのものは変わりません。

Basicでは、一般的に使われることが多い属性と、対応する既存データの一覧から選択してフィルターを設定できます。Advancedでは、任意の属性をフィルター条件に設定できます。Basicで設定できるフィルターのマッチング方法は完全一致のみですが、Advancedでは部分一致や不一致といった複雑な条件も作成することができます。

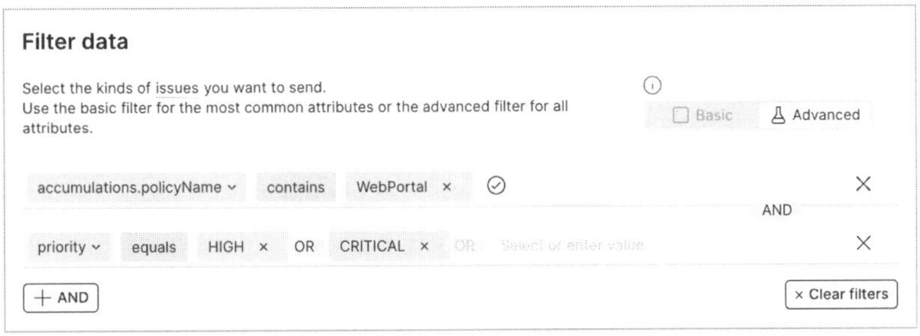

図10.22　ワークフローのフィルター設定（Advanced）

10.4.3 Additional settings

エンリッチメント（Enrichment）

Additional settingsでエンリッチメント（Enrich your data）を有効にすると、通知を行う前に任意のNRQLクエリを実行して、アラートに関する追加情報を通知に添付することができます。

エンリッチメント用のNRQLクエリには、インシデントの対象となったエンティティを表すワークフロー変数が使用できます。ワークフロー変数の詳細はドキュメントを参照してください[※1]。

メールやSlackへの通知の場合、クエリ結果のチャートが画像で添付されます。クエリ結果は、後述のCustom Detailsでも参照できるため、通知先に応じて表示方法をカスタマイズすることも可能です。

※1　Workflow variables
https://docs.newrelic.com/docs/alerts-applied-intelligence/applied-intelligence/incident-workflows/custom-variables-incident-workflows/

ミュート条件の設定（Mute issues）

後述のミューティングルールが設定されている場合のワークフローの振る舞いを設定します。

- Do not send notifications for fully muted issues：デフォルト設定。イシューに含まれるすべてのインシデントがミュート対象である場合のみ、ワークフローによる通知を抑制する
- Do not send notifications for fully or partially muted issues：ミュート対象インシデントとそれ以外が混在するイシューの通知も抑制する
- Always send notifications：ミュート対象インシデントが含まれているかどうかにかかわらず、常に通知を行います

Additional settings
Enrich your data
Add more context to the issues by building NRQL queries to gather related data from across the New Relic platform
Mute issues
Do not send notifications for fully muted issues
Do not send notifications for fully or partially muted issues
Always send notifications

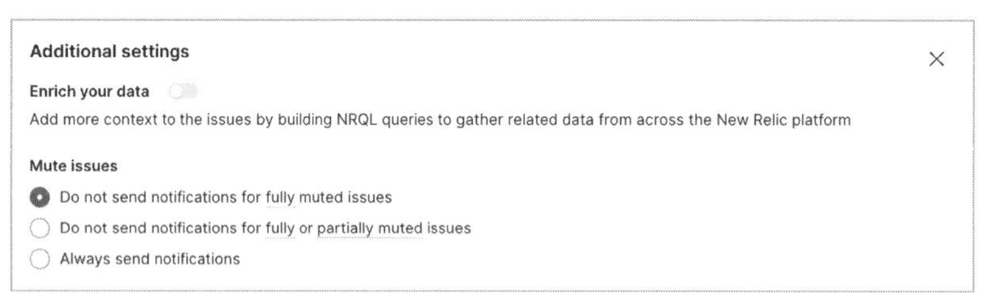

図10.23　ワークフローの追加設定

通知先設定（Notify）

ワークフローによる通知を送信する宛先チャンネルを設定します。1つのワークフローに複数のチャンネルを設定して同時に複数の通知先にアラートを通知したり、通知先ごとに通知内容をカスタマイズしたりできます。

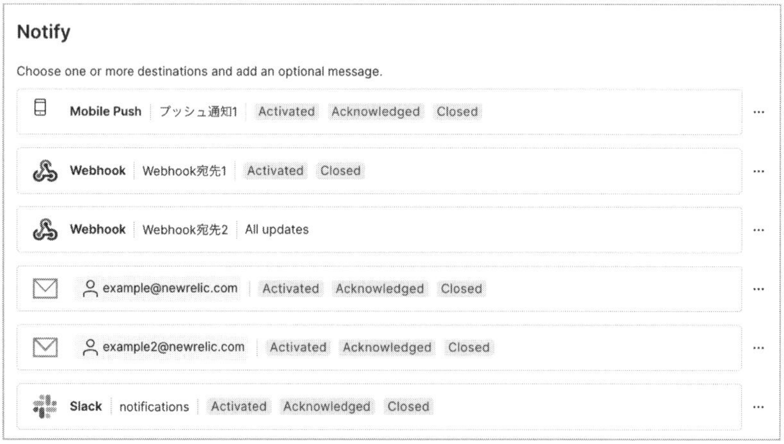

Notify
Choose one or more destinations and add an optional message.
Mobile Push　プッシュ通知1　Activated　Acknowledged　Closed
Webhook　Webhook宛先1　Activated　Closed
Webhook　Webhook宛先2　All updates
example@newrelic.com　Activated　Acknowledged　Closed
example2@newrelic.com　Activated　Acknowledged　Closed
Slack　notifications　Activated　Acknowledged　Closed

図10.24　通知先チャンネルの設定

各チャンネル右側のメニューでは、通知先チャンネルの編集や削除のほか、通知対象とするイシューのライフサイクル状態を設定できます。イシューのライフサイクルについては後述します。

Destinations

New Relicでは、通知先のサービス名や認証情報をDestinationsとして管理しています。Destinationは、[Alerts & AI]の[Destinations]ページや、ワークフローの設定画面から作成できます。一度作成したDestinationは、他のワークフローでも通知先として使用できます。

表10.2 ワークフローで利用できる主な通知先

通知先	内容
Email	● 指定したメールアドレス宛てに通知を送信 ● EmailのみDestinationの定義はなく、ワークフローごとに宛先を設定する
Mobile push	● Destinationではユーザーを選択 ● ユーザーがログインしているNew Relicモバイルアプリへプッシュ通知を送信
Slack	● OAuth認証済みのワークスペースの特定チャンネルにメッセージを送信 ● メッセージのフォーマットを大きく変更したい場合はWebhookを使用
PagerDuty	● APIキーを登録することで、PagerDuty上のインシデントと同期できる
Jira	● APIトークンを登録することでJiraのissueを起票できる
AWS EventBridge	● AWS EventBridge側でイベントソース設定を行うことでNew Relicからの通知をイベントとして取り込むことができる
Webhook	● Destinationに登録したエンドポイント宛てにPOSTメッセージを送信 ● 送信メッセージのヘッダーやJSONペイロードがカスタマイズ可能 ● 上記通知先になく、Webhookがサポートされているサービスへの通知が可能（例：Microsoft Teams）

Custom Details

通知先チャンネルごとに、通知フォーマットを柔軟にカスタマイズすることができます。メール通知では件名や本文に追加するメッセージ、Webhookでは送信するJSONペイロードの構造をテンプレートとして設定できます。静的な文字列のほか、ワークフロー変数を使用して、発生したイシューの情報を参照した動的な値を埋め込むことができます。

ワークフローの動作テスト

画面下部の［Test workflow］をクリックすると、ワークフローの動作テストが実行されます。このとき、直近30日以内に発生したイシューのうち、ワークフローのフィルター条件を満たすデータがサンプルとして使用されます。ワークフローは単純な通知を行うだけでなく、エンリッチメントによる追加情報の取得や、変数を使用した通知内容のカスタマイズといった処理を含むため、実際のデータを使用します。

新規にアラート設定を行った直後のように、まだ該当するイシューが存在しない場合には、[Test workflow] をクリックしてもワークフローの動作テストは行われません。警告メッセージが表示されますが、これは処理対象のイシューがまだ存在しないことを意味しており、ワークフローの設定に問題があるわけではありません。

通知先チャンネルの設定画面から、個別にテスト通知を送信できますので、単純な通知テストはこちらで代用してください。

10.5　アラート通知をミュートする

[Alerts & AI] の [Muting Rules] ページでは、一定のルールやスケジュールに基づいて、アラート通知を抑制するミューティングルールを作成できます。

Muting rules　　+ Add a rule

Use muting rules to mute notifications when you don't need them, like when you're performing maintenance. See our docs

Muting status	Name	Account	Scheduled start	Scheduled end	Created by	Enabled
ACTIVE	DB update	NewRelic Administration	...	...		
ENDED	DB update	NewRelic Administration	...	...		
ACTIVE	Maintaince Window APM	Demotron V2	—	—		
...	Notification rule name	NewRelic Administration	...	...		
SCHEDULED	Test Rule	Demotron V2	...	...		

図10.25　ミューティングルールの一覧表示

ミューティングルールは、ミュートしたいインシデントを絞り込むフィルター条件と、オプションのスケジュール設定で構成されます。フィルターで評価する属性には、アラートポリシーやコンディションのIDのほか、ターゲット名やタグのように、インシデント発生時に対象エンティティから継承される属性を指定することができます。

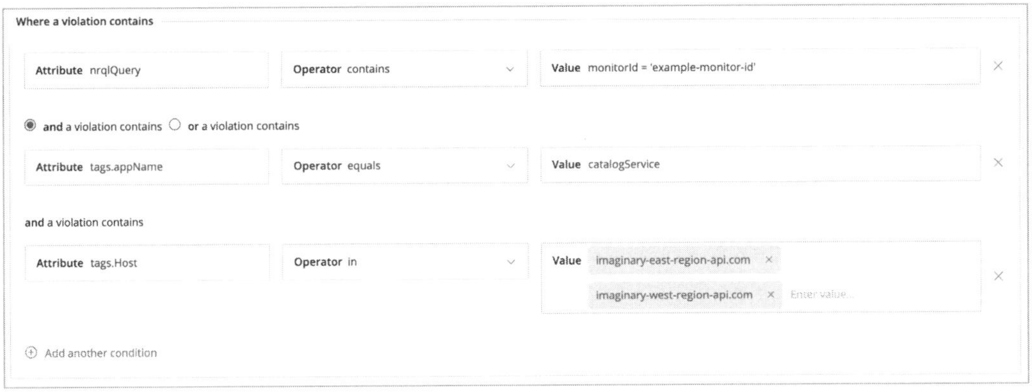

Where a violation contains
Attribute nrqlQuery
Operator contains
Value monitorId = 'example-monitor-id'
and a violation contains
or a violation contains
Attribute tags.appName
Operator equals
Value catalogService
and a violation contains
Attribute tags.Host
Operator in
Value imaginary-east-region-api.com
imaginary-west-region-api.com
Enter value...
Add another condition

図10.26　ミューティングルールのフィルター設定

必要に応じてミューティングルールを適用するスケジュールを設定できます。一回限りの期間指定のほか、毎日（Daily）、毎週（Weekly）、または毎月（Monthly）の繰り返しを設定できます。毎週の繰り返しで曜日を指定しない場合、ミューティングルールは開始日と同じ曜日に適用されます。開始日と曜日を設定すると、ミューティングルールは開始日以降の該当する曜日に適用されます。

なお、現時点では祝日や月末を繰り返し条件に含めることはできないため、つどスケジュール設定を作成する必要があります。

All day
Starts
10:00am
May 6, 2023
Ends
4:00pm
May 7, 2023
Timezone
(UTC +09:00) Asia/Tokyo
Repeat
Never
Daily
Weekly
Monthly
Sun
Mon
Tue
Wed
Thu
Fri
Sat
End repeat
Never
On
After
Occurrences

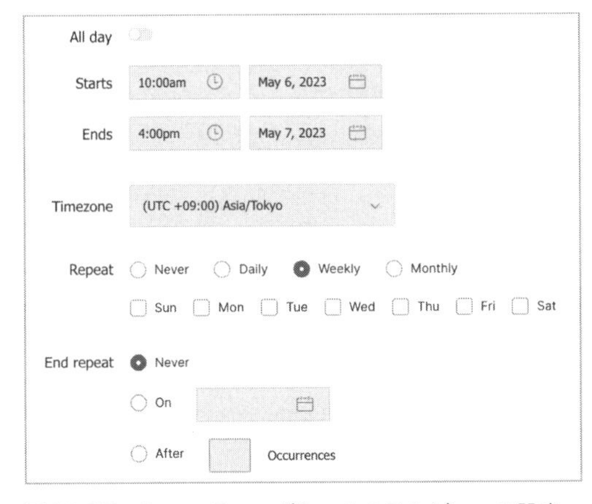

図10.27　ミューティングルールのスケジュール設定

ミューティングルールに該当したインシデントには、ミュート対象であることを示す属性が付与されます。インシデント一覧やイシューの詳細画面では、ミューティングルールによって通知が抑制されたインシデントにはミュートを示すアイコンが表示されます。

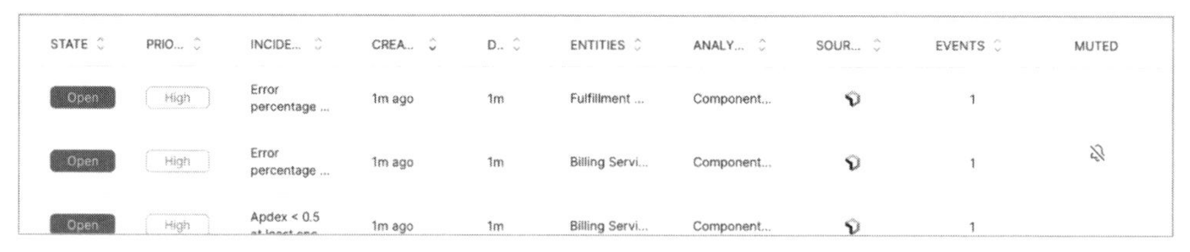

STATE	PRIO...	INCIDE...	CREA...	D..	ENTITIES	ANALY...	SOUR...	EVENTS	MUTED
Open	High	Error percentage ...	1m ago	1m	Fulfillment ...	Component...		1	
Open	High	Error percentage ...	1m ago	1m	Billing Servi...	Component...		1	
Open	High	Apdex < 0.5	1m ago	1m	Billing Servi...	Component...		1	

図10.28　ミュートされたインシデント

10.6　アラートのライフサイクル

10.6.1　イシューのステータス

イシューにはライフサイクルがあり、その状態変化をトリガーとして、ワークフローによるアラート通知が行われます。

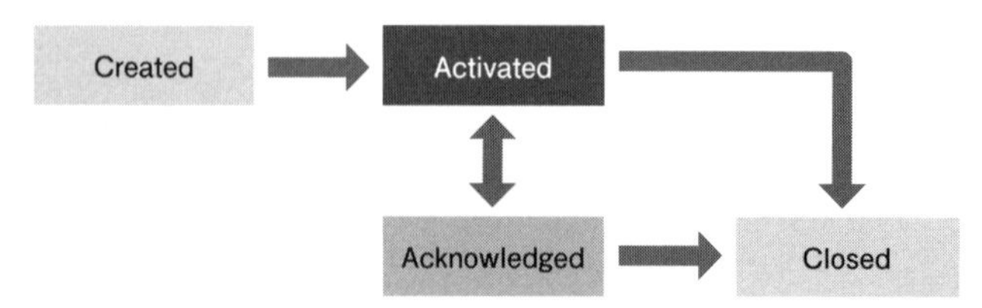

図10.29　イシューのライフサイクル

Created

イシューが新たに作成された状態です。まだ通知は行われません。

通常すぐにActivatedに遷移しますが、相関関係の分析が有効になっている場合には、同じイシューに含めるべきインシデントの発生を一定時間待機します。

［Alerts & AI］メニューの［Settings］→［General］で待機時間の設定を変更できます。

Activated

イシューが有効になり、アラート状態を示す通知が送信されます。オープンとも表現されます。

Acknowledged

イシューに対して「Acknowledge」操作が行われ、ユーザーが対応中であることを示す状態です。イシューの詳細画面だけでなく、通知メッセージ上で直接Acknowledge操作を行うこともできます。

Closed

手動でイシューのクローズ操作を行うか、内包されるインシデントがすべてクローズする、または自動クローズまでの期間が経過すると、イシューは自動的にクローズされます。自動クローズまでの期間は［Alerts & AI］メニューの［Settings］→［General］で変更できます。デフォルトは3日間です。

上記4つのライフサイクルイベントのほか、ActivatedまたはAcknowledged状態のイシューにインシデントが新たに追加された場合にも、イシューの情報が更新されます。このときイシューのステータスは変化しませんが、ワークフローの通知先チャンネル側ですべてのアップデートを通知対象としている場合には、インシデントが追加されたタイミングでも通知が発生します。詳しくは、10.4節を参照してください。

10.6.2 インシデントのステート

個々のインシデントにはオープン（Open）とクローズ（Closed）のステートがあります。インシデントがオープンするのは、アラートコンディションに違反するか、または信号喪失を検出した場合です。インシデントは次のタイミングで自動的にクローズされます。

時間経過による自動クローズ

オープン状態になってから一定期間が経過したインシデントは、自動的にクローズされます。

自動クローズまでの期間は、アラートコンディションごとの設定に従いますが、［Alerts & AI］メニューの［Settings］→［General］にてイシューの自動クローズ期間を短く設定した場合には、イシューの自動クローズが優先されます。例えば、アラートコンディションで設定したインシデントの自動クローズ期間が3日で、イシューの自動クローズ期間の方が2日の場合、オープンから2日後にイシューとインシデントが自動的にクローズされます。

信号喪失による自動クローズ

アラートコンディションの設定で、信号喪失の検出が有効になっており、信号喪失時のアクションに［Close all current open incidents］を選択している場合には、インシデントがオープンしてから、新しい集計結果が得られない期間が一定時間続くと、インシデントを自動的にクローズします。詳しくは10.3.4項を参照してください。

回復期間判定による自動クローズ

インシデントがオープンしてから、アラートコンディションに違反しない状態が一定時間続いた場合に、インシデントから回復したと判定して、インシデントを自動的にクローズします。

回復期間の判定要件には、アラートコンディションで定義されたしきい値と評価期間が用いられます。「評価期間内のすべての集計ウィンドウに値が記録されており、いずれもしきい値に違反していない状態」であれば、異常から回復したと判定します。例えば、5分間のうちに1回でも、平均Apdexスコアが0.8未満（below 0.8 at least once in 5 minutes）」を違反条件とした場合、または「5分連続して、平均Apdexスコアが0.8未満（below 0.8 for at least 5 minutes）」を違反条件とした場合では、いずれも回復判定の条件は「5分連続して、平均Apdexスコアが0.8以上であることです。

回復の判定が行われるための前提として、評価期間内のすべての集計ウィンドウに、連続して集計結果が記録されている必要があることに注意してください。例えば、5分ごとに1回だけ報告されるデータに対して、集計ウィンドウが5分のアラートコンディションを定義した場合、実際の集計ウィンドウの状態は**図10.30**のようになります。集計結果は隙間なく連続しているので、一定期間経過で回復判定が行われます。

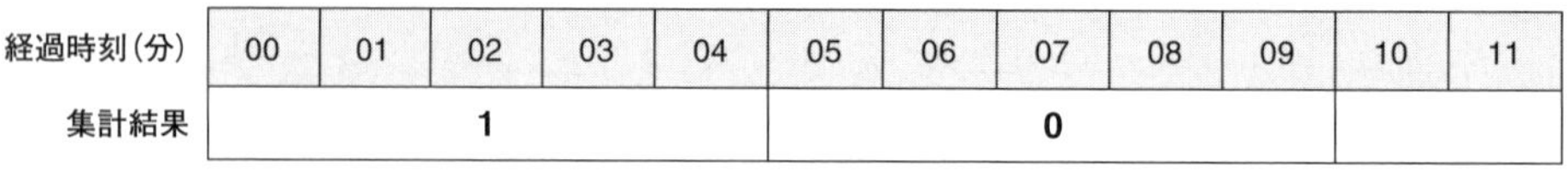

<table>
<tr><th>経過時刻(分)</th><th>00</th><th>01</th><th>02</th><th>03</th><th>04</th><th>05</th><th>06</th><th>07</th><th>08</th><th>09</th><th>10</th><th>11</th></tr>
<tr><td>集計結果</td><td colspan="5">1</td><td colspan="5">0</td><td colspan="2"></td></tr>
</table>

図10.30　連続して集計結果が得られている状態

一方で、データの発生間隔と集計ウィンドウの長さが一致しないケースでは、値の存在しない集計ウィンドウができてしまい、集計結果が連続しないことがあります。このような場合には、アラートコンディションの作成で解説したGap-filling strategyが有効です。空白の集計ウィンドウが埋められることで集計結果に連続性が生じるため、回復判定の要件を満たすことができます。

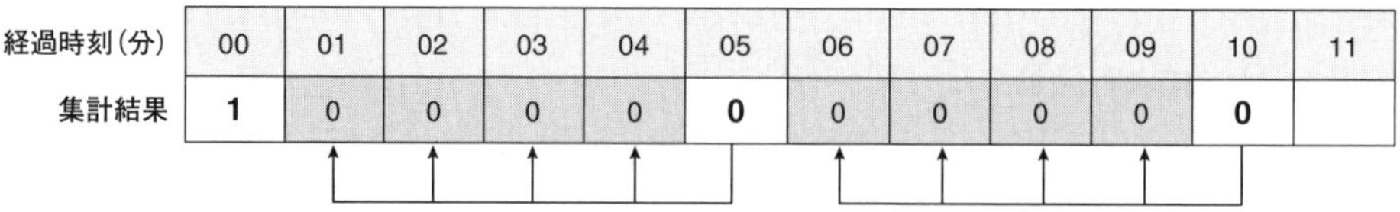

経過時刻(分)	00	01	02	03	04	05	06	07	08	09	10	11
集計結果	1	0	0	0	0	0	0	0	0	0	0	

図10.31　Gap-filling strategyによる穴埋めで、集計結果に連続性を持たせる

第11章 New Relic Alerts & AI②：AI

11.1 Applied Intelligence (AI) の概要

前章ではNew Relic Alerts & AIでアラートを手動で設定する方法について説明しました。それでは、あらゆるメトリクスに対し、知る限りのトリガー条件を設定すれば十分なのでしょうか。100以上の大企業を対象にしたある調査※1によると、そのうち40%の組織が毎日100万を超えるアラートイベントに直面していることがわかりました。大きな組織といえども、これは人の手で扱える規模を超えています。対応しきれないほど多すぎるアラートは大きく2つの問題を引き起こします※2。

- **大量のアラートによる過負荷**：低リスクのアラートの数が高リスクのアラートを大幅に超えている場合、アラート通知を受けることそのものが負荷になる
- **アラートの誤認や見逃し**：無視したアラートの数が有効なアラートを超えている場合、対応すべき高リスクのアラートを見失っている可能性がある

いずれの場合も、サービス運用者に負荷をかけ、アラートへの応答時間および障害からの平均復旧時間（MTTR）を延ばし、最終的にビジネスに悪影響を与えるため、アラート疲れ（Alert Fatigue）と呼ばれる避けるべき状態として知られています。

アラート疲れを引き起こす多すぎるアラートは、低リスクのアラートの数を減らし、高リスクのアラートと相関しているアラートを結び付けてまとめると改善につなげることができます。し

※1 The Current State of AIOps
https://thenewstack.io/the-current-state-of-aiops/

※2 What exactly is "Alert Fatigue"?
https://www.dirkstanley.com/2012/11/what-exactly-is-alert-fatigue.html

かし、アラートにまつわる問題はそれだけではありません。

1つは、「根本原因を見つけてインシデントの復旧まで迅速に行うためには、既存のアラート通知だけでは不十分である」という問題です。運用者にとってアラートがインシデントを通知することが最終目標ではなく、インシデントからの復旧が完了することが目標です。アラート通知はあるメトリクスの値が特定の条件を超えたことだけを意味しており、なぜ超えたのかという根本原因が含まれていないのがほとんどです。根本原因を見つけ、調査とトラブルシューティングが迅速にできる必要があります。

もう1つは、「既存のアラート設定ではそもそも不十分である」という問題です。例えば、アラート通知を受けていないのにサービスに問題が発生し、顧客からの問い合わせで初めて知って対応したのであれば、これはアラートが不十分であることを意味しています。あるいは、そもそもアラートも問い合わせも来ていないけれども問題が発生し気づけていないだけという可能性もあります。いずれの場合も、運用者が気づけていないシステムの異常な振る舞いに気づけるようにする必要があります。

ここまでで以下の3つの課題が出てきました。

- アラート疲れの発生
- 根本原因の調査ができない／トラブルシュートの長期化
- そもそも異常に気づけない

従来のアラートはメトリクスのデータを運用者の知識をもとにしたトリガー条件を設定しますが、機械学習の力を借りたAIOpsソリューションである**Applied Intelligence**（**AI**）の機能を活用することで、上記3つの課題を解決できます。

New RelicのAIOpsソリューションには、現時点では大きく2つの機能、**Anomaly Detection**と**Correlation**が用意されています。

Anomaly Detectionは、New Relic AIがNew Relic APMやOpenTelemetryのデータを使って学習することで、アラート設定の手間を省き、anomaliesと呼ぶアプリケーションの異常な振る舞いをいち早く見つける機能です。細かいアラートを設定せずに、アプリを登録するだけで、通知を受け取れます。主に「気づけていない異常な振る舞いに気づけること」に貢献してくれます。

Correlationは、検出されたイシューをNew Relic AIが受け取り、相関関係のあるイシューを見つけ、まとめ上げ、付加情報を追加してくれます。その結果として主に「アラート疲れの防止」と「根本原因の発見と調査トラブルシューティングの迅速化」に貢献してくれます。New Relic Alertsだけではなく、その他のサービスやツールからのアラートを取り込むことができます[※3]。例えば、Splunk[※4]、Prometheus[※5]、Grafana[※6]、Amazon CloudWatch[※7]などのデータをREST APIを介して統合できます。AIは時間の経過とともに学習し、インシデントデータを自動的に集計、相関、優先順位付けして、アラート疲れを軽減できるようにします。

実際のNew Relicの画面で確認してみましょう。New Relicの［Alerts & AI］→［Overview］ページを開くと**図11.1**のような画面が表示されます。

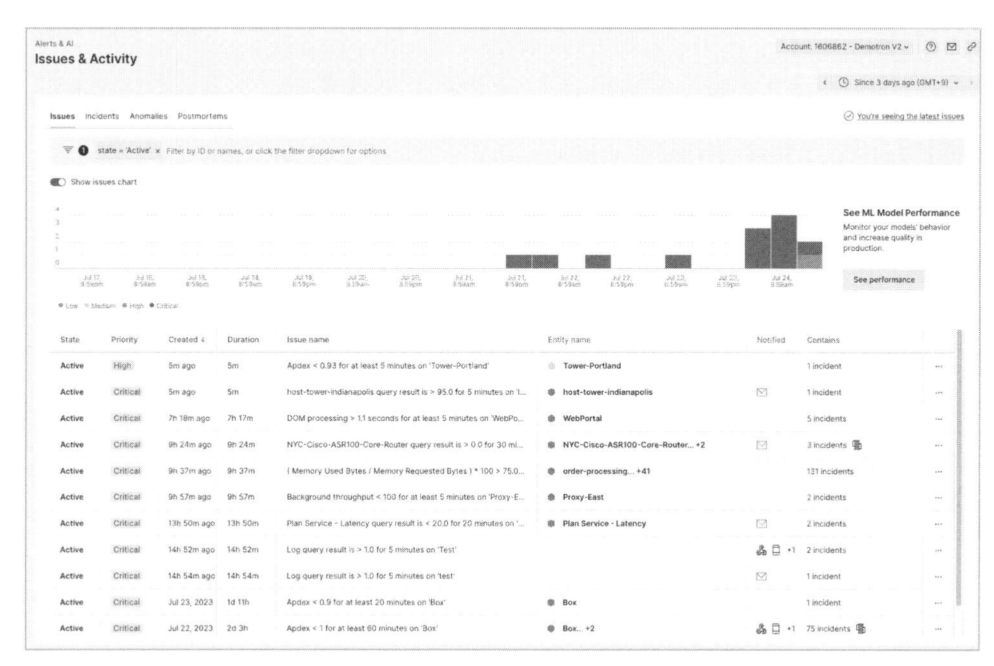

図11.1 Alerts & AIの［Issues & Activity］ページ

この画面では、New Relic Alertsのイシュー、インシデント、Anomaly Detection、ポストモーテムの発生履歴と現状のステータスを確認できます。自分たちの組織がどのようなイシューが発生しているかまたはアラートを受けているか、まずこのページを見て把握するのがよいでしょう。以降で、この2つの機能についてそれぞれ詳しく説明していきますが、本書では詳細な機能説明はドキュメントのリンクにとどめ、主な機能とその使い方を中心に説明しています。

※3 New Relicでは外部から取り込んだアラートをインシデントイベントとして保存します。
https://docs.newrelic.com/jp/docs/data-apis/ingest-apis/event-api/incident-event-rest-api/

※4 https://www.splunk.com/

※5 https://prometheus.io/

※6 https://grafana.com/

※7 https://aws.amazon.com/jp/cloudwatch/

11.2 Anomaly Detection

Anomaly Detectionは、異常なアプリケーションの振る舞い（Anomalies）を検出することができます。従来のアラート設定方法では、各種のメトリクスに対してしきい値を設けて条件ごとに設定する必要がありました。この静的な手法ではその条件を知っていないと設定できないため、想定外の異常は検知できませんが、Anomaly Detectionはこれを動的に検知できます。

Anomaly DetectionはAPM Agentが報告したアプリケーションの遅延、スループット、エラーレートのメトリクスに着目して異常を検出します。検知された異常な動作は通知され、通常の動作に回復するまで注視します。

11.2.1 Anomaly Detectionの利用方法

Anomaly DetectionはNew Relicの［Alerts & AI］→［Anomaly Detection］（**図11.2**）にて設定できます。本書執筆時点では、通知方法としてSlackまたはWebhookが利用可能です。詳細な手順についてはドキュメント※8を参照してください。

Anomaly Detectionを有効にすると、通知先を設定していない場合でも［All Entity］→［Activity stream］※9やAPMの［Summary］の右側にある［Application activity］で検知したanomaliesイベントで確認できます。イベントをクリックすると**図11.2**のように詳細が表示されます。この画面で関連する異常な振る舞い、提案されたクエリ、その他の関連するメトリクスなどが確認できるため、表示内容のみで分析を始められます。例えば、**図11.2**ではエラーの割合が上昇したことを通知していますが、エラーの多いトランザクション上位5種類をチャートに表示しています。さらに関連するメトリクスとしてデータベースの種類とテーブルごとにデータベースの処理時間を表示し、ある1つのテーブルへの操作が特に遅延していることがわかります。

※8　https://docs.newrelic.com/jp/docs/alerts-applied-intelligence/applied-intelligence/anomaly-detection/automatic-anomalies/#Notifications

※9　https://docs.newrelic.com/whats-new/2020/09/anomalies-visible-activity-stream/

図11.2　anomaliesの詳細

また、**図11.2**右上に表示されているフィードバック（Keep detecting anomalies like this?）では、検出された異常が実際の問題であった否かを送信することができます。このフィードバックによりAIOpsの機械学習を改善できます。

Anomaly Detectionで検知したanomaliesイベントはAnomaly Detectionイベントとして New Relicに保存されています。そのため、このイベントの発生をトリガーするアラートコンディション（第10章参照）を作成したり、ダッシュボードにチャートとして埋め込んだりすることもできます。

11.3　Correlation

Correlationは主に「アラート疲れの防止」と「根本原因の発見とトラブルシューティングの迅速化」を解決するための機能です。

Correlationは、複数のイシューをまとめて1つのイシューにする機能を提供します（**図11.3**）。AIOps以前では多数のインシデント通知から根本的な問題を発見するために苦労を伴いましたが、Correlationはこれらの苦労を軽減させ、円滑なアラート対応をサポートします。Correlationの画面は［Alerts & AI］→［Issues & Activity］画面の右パネルにある［Issues］タブで確認できます。

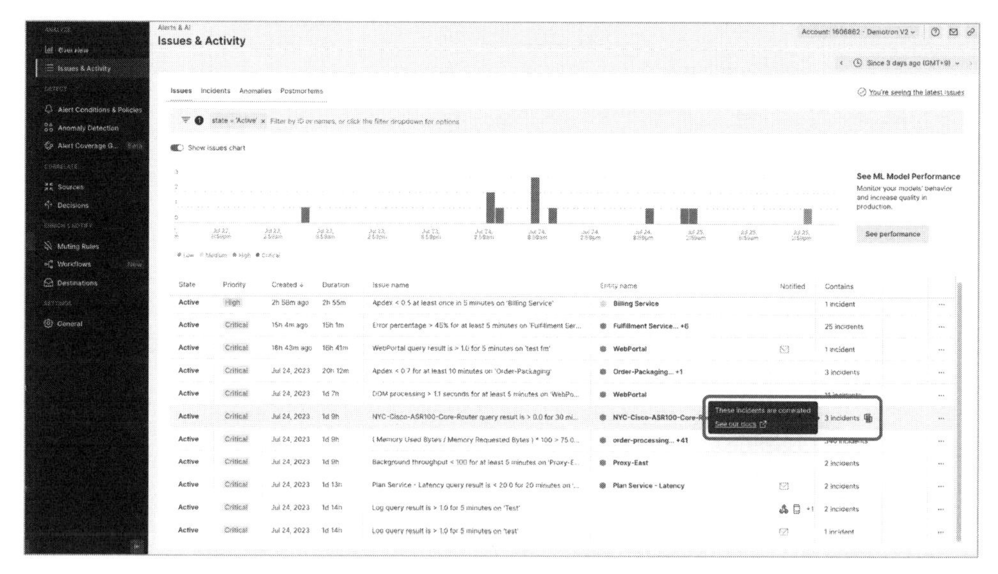

図11.3　イシューフィード

このフィードバックは、自動的に複数のイシューの相関をとりますが、その相関付ける基準は「Decisions」の設定によって決定されます。「Decisions」の設定は**図11.4**のように確認でき、15個の基準（本書執筆時点）によって相関付けられたとわかります。これらの基準はいつでも変更可能です。

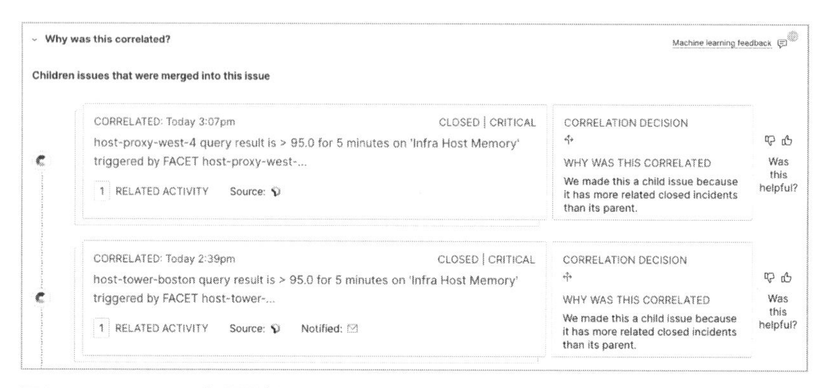

図11.4　イシューの相関関係

イシューが通知されると、調査とトラブルシューティングのプロセスが開始されます。通常、このプロセスの大半はイシューの根本原因の調査と解決に向けた段取りに費やされることになりますが、Correlationによってゴールデンシグナルに基づく分類や関連するコンポーネントの情報などの根本原因の分析（root cause analysis）に関する有用な情報が提供されるため、このプロセスを加速させることができます。

11.3.1 イシューによるアラートの分析

イシューの通知を受けたときはその通知から、あるいは通知を設定していない場合は［Issues & Activity］→［Issues］タブの一覧から分析を開始できます。あるイシューを開くと、**図11.5**のような分析画面が表示されます。**図11.5**では、11のインシデント通知に相関があると判定され、1つのイシューにまとめられています。

例えば、この場合、ゴールデンシグナルのうち、遅延（latency）とエラーに問題が見られ、3つのアプリケーションに影響が出ているとわかります。また［Root cause analysis］には関連するメトリクスが表示され、**図11.5**では、エラーログのチャートと、エラーログの一覧を見るためのリンクが表示されています。

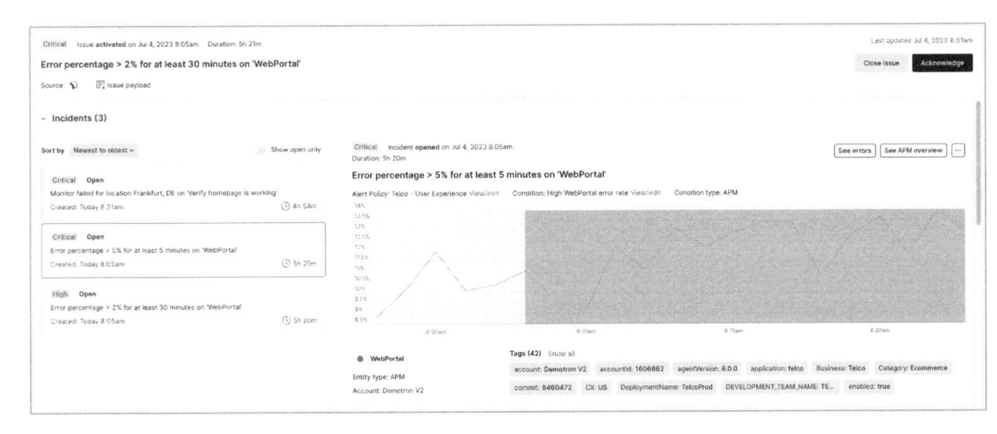

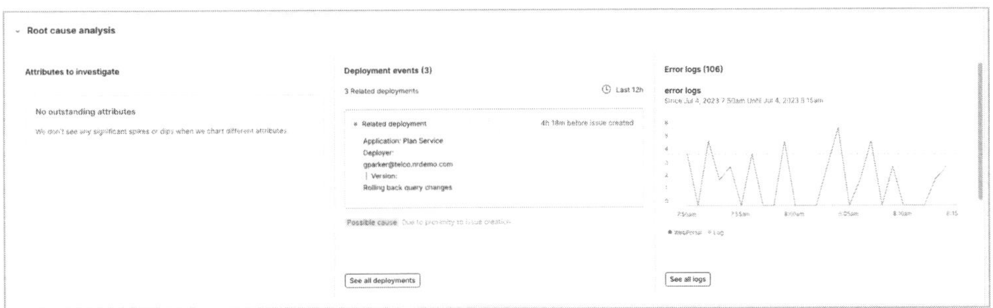

図11.5 イシューの分析画面

図11.5の分析画面は、さらに下にスクロールできます。スクロールすると**図11.6**になり、

［Issue timeline］でインシデントの発生順と継続時間を時系列のチャート形式で確認できます。

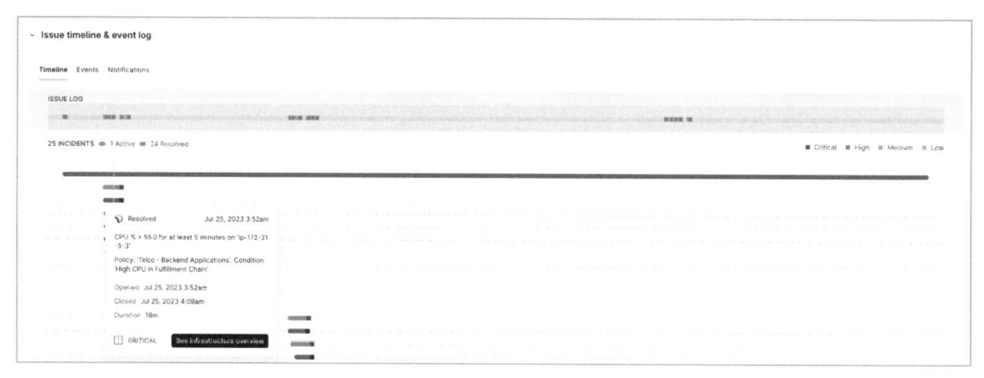

図11.6　［Issue timeline］の画面

さらにスクロールすると［Related Activity］でインシデントの一覧が、そして**図11.7**に示した［Why was this correlated?］で、なぜそれらのインシデントが関連付けられたかの根拠を確認できます。［Why was this correlated?］には**図11.7**のフィードバックボタンからNew Relic AIの判断にフィードバックを送り、改善することも可能です※10。

図11.7　フィードバックボタン

11.3.2 Correlationの設定

Sources、Decisionsの2項目で設定を行うことができます。

Sources

各ポリシーの相関分析の有効無効を設定することができます（**図11.8**）。また、各ポリシーの設定ページでも有効／無効を切り替えることができます（**図11.9**）。

※10　このフィードバックは、個別のアカウントに対する最適化ではなく、プラットフォーム全体の最適化に活用されます。

ANALYZE
Overview
Issues & Activity
DETECT
Alert Conditions & Policies
Anomaly Detection
Alert Coverage Gaps Beta
CORRELATE
Sources
Decisions
ENRICH & NOTIFY
Muting Rules
Workflows New
Destinations
SETTINGS
General
Alerts & AI
New Relic Alerts source
POLICIES (4)
POLICY
Initial policy
ポリシーA
ポリシーB
ポリシーC

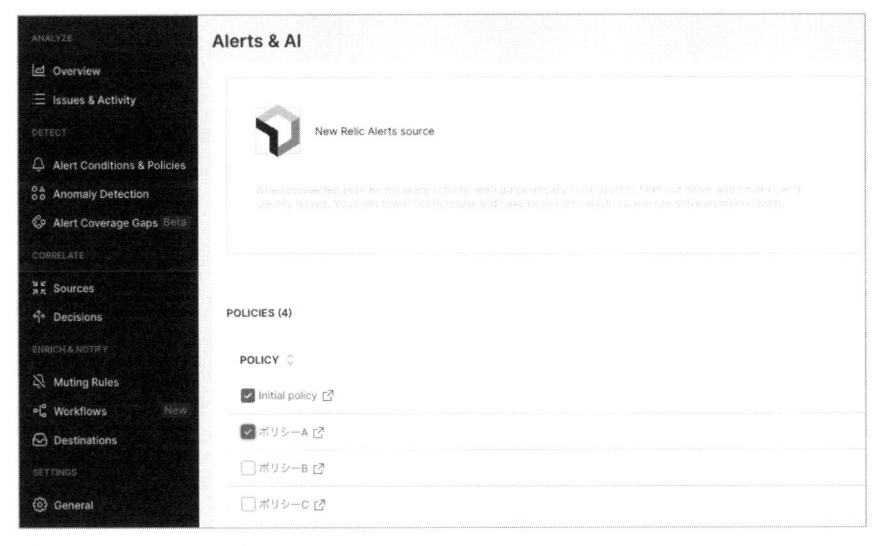

図11.8　Sourcesページ

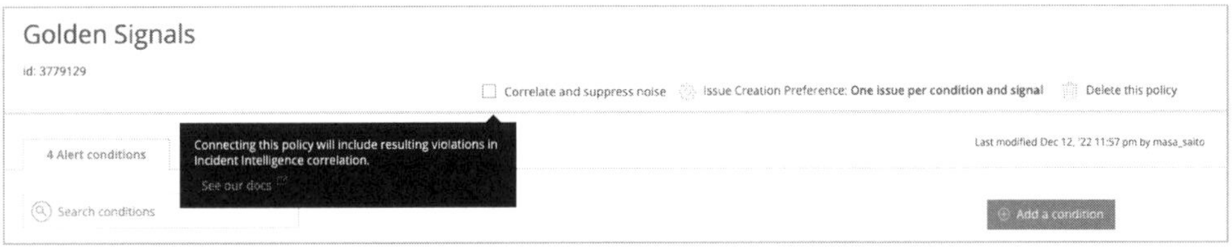

Golden Signals
id: 3779129
Correlate and suppress noise
Issue Creation Preference: One issue per condition and signal
Delete this policy
4 Alert conditions
Connecting this policy will include resulting violations in Incident Intelligence correlation.
See our docs
Last modified Dec 12, '22 11:57 pm by masa_saito
Search conditions
Add a condition

図11.9　ポリシー画面の相関分析設定

Decisions

複数のインシデントを相関付けて1つの包括的なイシューにまとめる設定を行う機能です。Sourcesで相関付けの対象となるポリシーを設定し、Decisionsで相関付けのアルゴリズムを設定することでCorrelationが機能します。

Decisionsには利用できるルールがデフォルトで用意されており、すぐに利用を開始できます。また、各環境に合わせた相関付けのためのルール作成も設定できます。

現在作成されているDecisionsの一覧が［Decisions］に表示されます。［Created by］に表示される3種類に分類されます。いずれのDecisionsも、クリックするとその定義を確認できます。

- **Global decision**：デフォルトで作成されているDecisions
- **Baseline decision**：Correlationパターンによって提案されたDecisions
- **Custom decision**：ユーザーによって作成されたDecisions

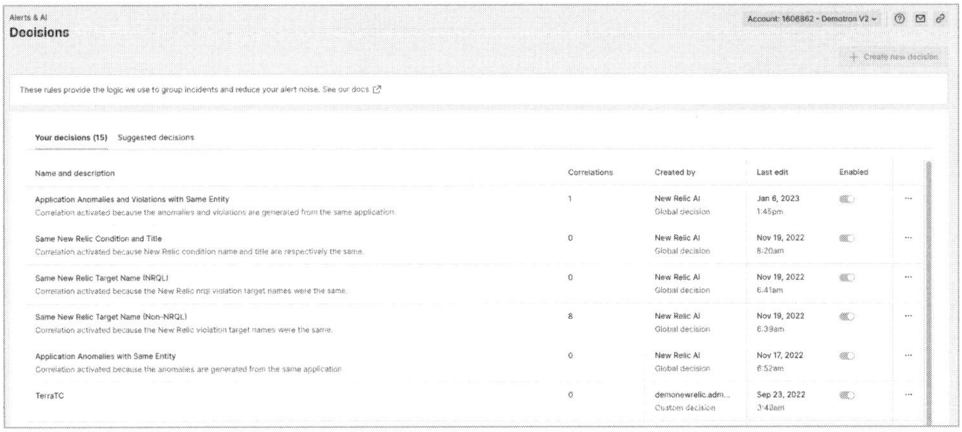

図11.10　Your decisionsページ

提案されたDecisionsの活用

Correlationは、十分なデータが取り込まれると過去のデータに基づいてパターンを検出し、関連付けに効果があると思われるDecisionsを提案することがあります。New Relicの［CORRELATE］→［Decisions］→［Suggested Decisions］を開いてみましょう。**図11.11**のように表示されます。

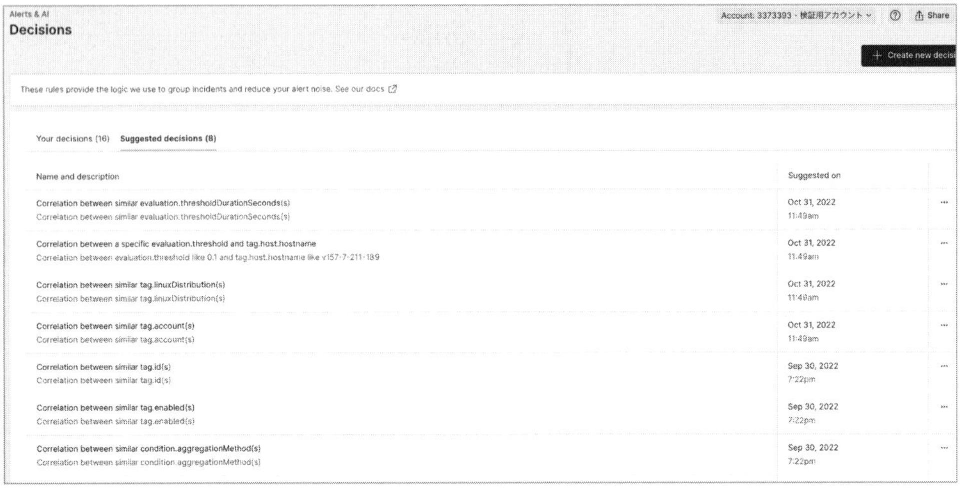

図11.11　提案されたDecisionの一覧

提案されたDecisionでは次のことが確認できます。

- 作成されたロジック
- 提案につながったイベント設定
- 相関した過去7日間のインシデントの例と、関連する相関率

提案されたDecisionを確認したら、それを「却下（delete）」もしくは「有効化（activate）」します。提案されたDecisionを有効にすると、その決定が既存のリストに追加され、インシデントの関連付けとアラートノイズの低減がすぐに開始されます。提案されたDecisionを却下する場合、今後表示しないように選択するか（Don't show again）、無効なステータスでリストに追加し（Decision later）、あとで有効にするかどうかを選択できます。New Relic AIがより多くのデータを取り込むと、より多くのDecisionが提案され、相関率が向上し、アラートからのノイズが減少します。

Decisionsは個別に有効化／無効化を設定できるため、効果があるか判断できないものは無効化して残しておくこともできます。

ユーザー定義のDecisionsの構築とプレビュー

Correlationは時間の経過とともにシステムについて学習しますが、使い始めたときはまだシステムについて知りません。そこで、システムについてすでに知っていることをユーザー定義のDecisionとして作成し、学習させることができます。

ここでは、ユーザー定義のDecisionの構築方法について説明します。Correlationは、作成するDecisionについて過去7日間のデータを利用してアラートに与える影響をプレビューします。

ユーザー定義のDecisionを作成するには［Decisions］画面で［Create new decision］をクリックし、Decisionの作成画面（**図11.12**）を開きます。Decisionsは、取り込まれたインシデントのうち、［Filter your data］に一致したインシデント同士で、［Contextual correlation］で相関していると判定したものを［Give it a name］で付けた名前で通知します。［Advanced settings］では、これらの動作の詳細を設定できます。

［Filter your data］を定義しない場合、すべてのインシデントが対象となり、次の［Correlation by attribute］の判定が行われます。定義する場合は、インシデントの特定の属性の部分文字列の一致や正規表現の一致によって判定します。相関は最初のセグメントを満たしたインシデントと2番目のセグメントを満たしたインシデントの2つの間で常に判定されます。

選択されたインシデントは［Correlation by attribute］で定義されたロジックによって相関しているかどうかを判定します。現時点では、次のようなロジックを記述できます。

- 2つのイベントの属性同士の標準演算子（`equals`など）による比較

- 2つのイベントの文字列型の属性同士の類似性（類似性はレーベンシュタイン距離やコサイン距離など複数のアルゴリズム※11から選んで判定できる）
- 2つのイベントの文字列型の属性を使ったキャプチャグループを持つ正規表現による比較
- 2つのインシデント全体の類似性あるいはクラスタリングによる比較

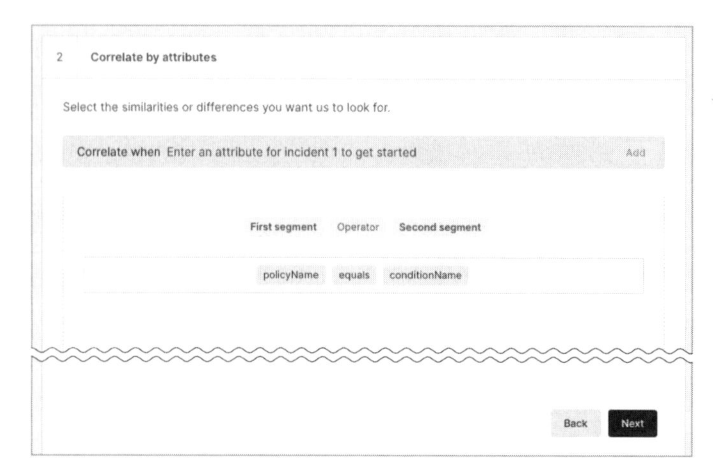

図11.12 Decisionの作成画面。上は［Filter your data］、下は［Correlation by attributes］

文字列の類似性のアルゴリズムや専門知識が必要となるケースもありますが、過去のデータに基づく属性値のプレビューや作成しようとするDecisionがどのくらい効果があるかをシミュレートする機能も用意されているため、安心して作成することができます（**図11.13**）。

※11 https://docs.newrelic.com/jp/docs/alerts-applied-intelligence/applied-intelligence/incident-intelligence/change-applied-intelligence-correlation-logic-decisions/#algorithms

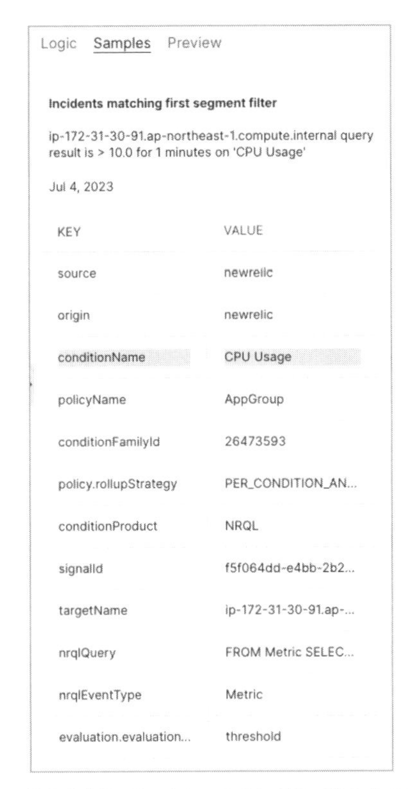

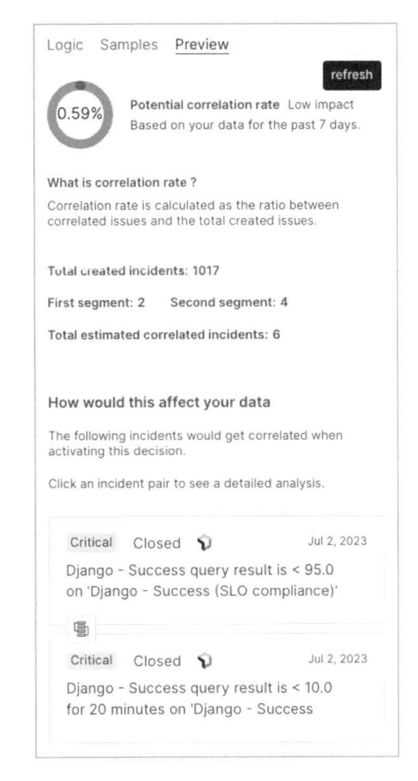

図11.13 Decisionのサンプル（左）とシミュレート画面（右）

ユーザー定義のDecisionを作成する場合は、次の3つの点に注意してください。

- **相関率の高さだけを求めない**：例えば20分の間にすべてのNew Relicインシデントをすべて相関させるようにすれば相関率は100%になりますが、それは実際のところあまり役に立ちません
- **小さなものから始める**：対象を絞ったDecisionをいくつか作成することのほうが、広範にわたる1つのDecisionを作成することよりも役立ちます
- **通知後のタスクをもとにDecisionを作成する**：通知を受けたあとのタスクを確認します。「アラートはいくつ来ているか」「いくつ相関しているか」「次のアクションを取れるか」などです。システムについてよく理解している知識を使ってDecisionとして反映でき、その結果アラートノイズの削減につなげることができます

11.4　New Relic AIをうまく活用するために

AIOpsで相関された情報とともにアラートの対応や調査を行うだけでは、AIOpsの利用方法としては不十分であり、システムや運用の本質的な改善にはつながりません。下記のような指標の値を観測し、改善するようにNew Relic AIの機能を活用していくことが必要です。

- MTTR（平均復旧時間）
- サービスのダウンタイムあるいはアップタイム
- SLO
- 1カ月に生成されたインシデントの数
- 1カ月に受信した通知の数
- インシデント管理に費やされた開発者および運用者の工数

また、組織での導入においては「小さく始める」ことをおすすめします。具体的には、次のような展開のシナリオを参考にNew Relic AIを活用し、AIOpsを始めてみましょう。

- **ステップ1**：New Relic AIを導入するチームを選定します。例えば、信頼性が高く、早期の警告を知りたいチームが適切です。あるいは、組織の内外を問わず異常の通知を受けているチームも適任でしょう。導入する際はAnomaly DetectionおよびデフォルトのDecisionsを使って最低限のCorrelationパターンから始めます
- **ステップ2**：他のチームに展開します。予防的な異常検知や異常の予防に成功したら、同じ問題に苦しんでいるチームに展開します
- **ステップ3**：高度なAIOps機能を1つのチームに展開します。例えば、問題が頻繁に複数のアプリやインフラ要素にまたがって発生しているインシデントをCorrelationパターンのDecisionsに追加したり、ユーザー定義のDecisionsを構成したりします
- **ステップ4**：スコープを広げます。ステップ3でうまく活用できたAIOps機能を他のチームに展開します

ステップ3とステップ4は繰り返し行い、Full-Stack Observabilityがサービスを観測可能にするのと同様に、AIOpsによる成功も観測し続ける必要があります。

第12章 DevSecOps

12.1 New Relic Vulnerability Management

New Relic Vulnerability Management（**脆弱性管理**）は開発者やSREがアプリケーションに存在する脆弱性を簡単に把握し、迅速なセキュリティ対応を実現するDevSecOpsを支援するための機能です。現在はSoftware Composition Analysis（SCA）とInteractive Application Security Testing（IAST）による機能を提供しており、将来的な機能拡張も予定されています。

本章ではSCAとIASTの解説を行い、New Relicで迅速なセキュリティ対応を実現する方法を紹介します。

12.1.1 脆弱性管理の重要性

モダンなソフトウェアシステムではシステムを構成するコンポーネントが非常に多く、複雑化しています。その数はアプリケーションによっては数千の要素にものぼり、それぞれがデータの損失や金銭的損失をはじめとするセキュリティのリスクを高めるおそれのある脆弱性を抱えている可能性があります。

近年では特定のライブラリによる通称「Log4Shell」と呼ばれるゼロデイ脆弱性※1が、非常に広い範囲で対応を迫られたことは記憶に新しいかと思います。

このような脆弱性は事業にとっての重大な脅威になり得るため、セキュリティに対しての取り組みはもはやセキュリティチームだけの問題ではありません。開発パイプライン全体でセキュリティ意識を持つことが企業における優先事項といえ、「DevOpsとセキュリティチームが共同

※1 2021年12月9日に公開された深刻な脆弱性（CVE-2021-44228）
ログ出力ライブラリ「Apache Log4j」の複数のバージョンに任意のコードが実行される可能性のある脆弱性が含まれていました。

で作業する」というこの新しい共同責任、DevSecOpsによる脆弱性への対処がより重要といえます。

12.1.2 Vulnerability Managementで実現する脆弱性管理

Vulnerability Managementには主な機能として、アプリケーションが利用するライブラリの脆弱性情報管理機能があります。これは、対象となるアプリケーションの起動時にAPM Agentを介してアプリケーションが利用するライブラリ情報を取得し、集約・管理します。すでにAPM Agentを導入している環境であれば、Vulnerability Management機能を有効にする※2だけで追加の設定を行わずに利用を開始することができます。

表12.1　脆弱性管理機能でサポートされる言語とAPM Agentのバージョン

エージェント	サポートされるAPM Agentのバージョン	CVE検出範囲
Java	サポートされるすべてのバージョン	Jars
Node.js	サポートされるすべてのバージョン	Packages
Ruby	サポートされるすべてのバージョン	Gems
Python	8.0以上	Modules
Go	3.20以上	Modules
PHP	未サポート	なし
.NET	未サポート	なし

12.1.3 複数の軸で脆弱性を管理するUI

脆弱性管理機能は、4つの画面（サマリ・エンティティ・ライブラリ・影響度）で構成されており、脆弱性の影響する範囲をそれぞれの軸で確認・管理することができます。

脆弱性が発見された際は優先順位付けを行ったうえで対処を行っていきますが、複数の軸で管理することにより優先順位付けを容易にし、対処漏れのリスクを軽減することができます。

サマリ情報

集約された脆弱性情報は、Summaryに集約されます。時系列での推移や数は深刻度によって分類され、対象となるライブラリやエンティティの数など、影響範囲を一目で確認できます（図12.1）。

※2　本書執筆時点では、Vulnerability Management機能を有効にするためにData Plus契約が必要です。

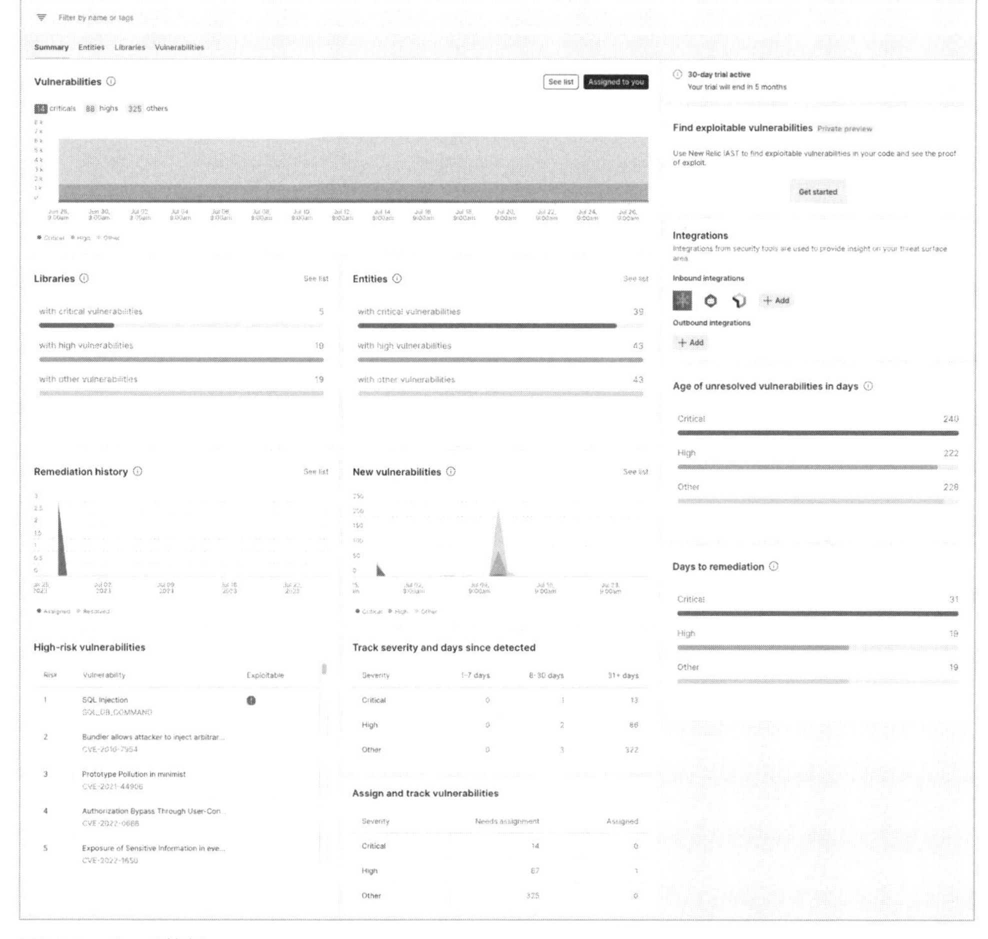

図12.1　サマリ情報

エンティティ情報

エンティティごとの脆弱性の総数や深刻度の割合は［Entities］で確認できます（**図12.2**）。

例えばアプリケーション別にどの程度脆弱性があるか、どのホストに脆弱性があるかなど、脆弱性の影響を受ける範囲を把握することで、対処漏れを防ぐことができます。

Summary　Entities　Libraries　Vulnerabilities

Vulnerable entities

Click on each row to understand the vulnerabilities impacting each entity

Download as CSV　Select tags

All entities　Online　Offline

Entity (Top 83)	Account	Severity profile	Total vulnerabilities	Business risk tag	Owner tag
Tower-Stockton Application	Demotron V2		19		
Tower-Washington Application	Demotron V2		19	Production	infrastructure
demotron_public Repository	Demotron V2		25		
Login Service Application	Demotron V2		6	Production	ecommerce
New Relic Infrastructure Agent Application	Demotron V2		5		
ip-172-20-35-84.us-west-1.compute.internal Host	Demotron V2		5		
ip-172-20-40-120.us-west-1.compute.internal Host	Demotron V2		5		

図12.2　アプリケーションやホスト単位で脆弱性を把握する

ライブラリ情報

ライブラリ単位での脆弱性の総数や深刻度の割合は、[Libraries] から確認できます（**図12.3**）。深刻度や対象のインスタンス数などを軸とし、どのライブラリから優先的に脆弱性に対する対応を行うか戦略を立てる際に有効です。

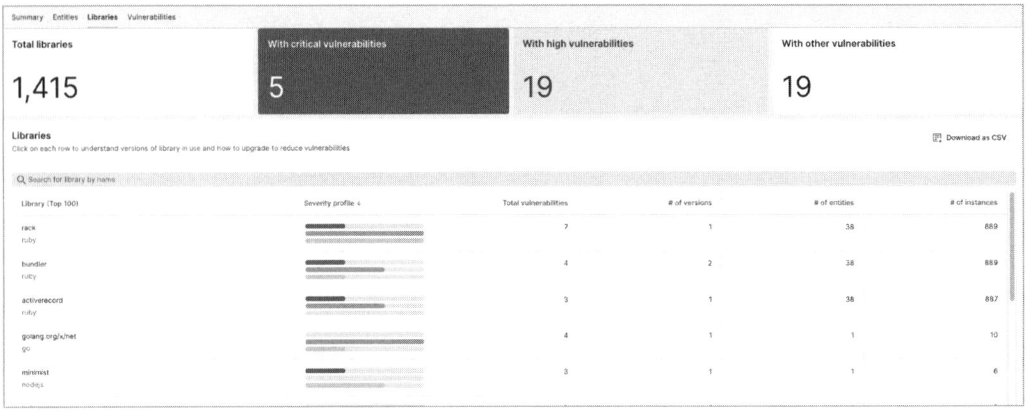

Summary　Entities　Libraries　Vulnerabilities

Total libraries	With critical vulnerabilities	With high vulnerabilities	With other vulnerabilities
1,415	5	19	19

Libraries

Click on each row to understand versions of library in use and how to upgrade to reduce vulnerabilities

Download as CSV

Search for library by name

Library (Top 100)	Severity profile	Total vulnerabilities	# of versions	# of entities	# of instances
rack ruby		7	1	38	889
bundler ruby		4	2	38	889
activerecord ruby		3	1	38	887
golang.org/x/net go		4	1	1	10
minimist nodejs		3	1	1	6

図12.3　脆弱性のあるライブラリ情報一覧

影響度

共通脆弱性識別子CVE※3の情報は［Vulnerabilities］から確認できます。深刻度の高さと影響を受けるエンティティの範囲を確認し、どのCVEを優先的に対策すべきかを把握することが

※3　CVE（Common Vulnerabilities and Exposures）は一般公開されている情報セキュリティの脆弱性に対し、それぞれ固有の名前や番号を付与し、カタログ化された識別子です。

できます。

12.1.4 ライブラリ情報の詳細

一覧からライブラリをクリックすると、ライブラリごとにバージョン情報と脆弱性一覧の利用状況や詳細情報を確認できます。

バージョン情報とレコメンデーション機能

ライブラリの詳細では、バージョン（Version in use）情報として深刻なCVEが解消される**最も近い**バージョンが「Update to」としてレコメンドされます（**図12.4**）。

現在稼働しているアプリケーションが利用しているライブラリのバージョンとあまりにもかけ離れていると、ライブラリ更新を目的としたソフトウェアの改修コストが増えてしまい、結果として脆弱性対処までの時間が増加することが懸念されるためです。

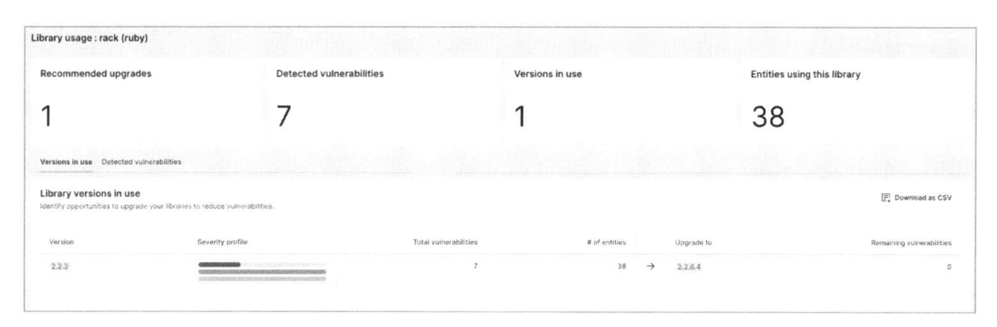

図12.4 レコメンドされたバージョン

ライブラリ詳細情報からドリルダウンし、影響範囲を知る

ライブラリ一覧から［ライブラリ］→［Detected vulnerabilities］→［特定の脆弱性］→［Affected entities］と選択することによって、対象の脆弱性の影響を受けるエンティティ一覧を表示することができます（**図12.5**）。同じ言語やライブラリで構成されたマイクロサービスでは、1つの脆弱性が複数のサービスに影響するケースも少なくありません。そのような場合にどのサービスから改修を行うべきか、サービスによって対応漏れがないかなど、より確実に脆弱性を管理する助けになります。

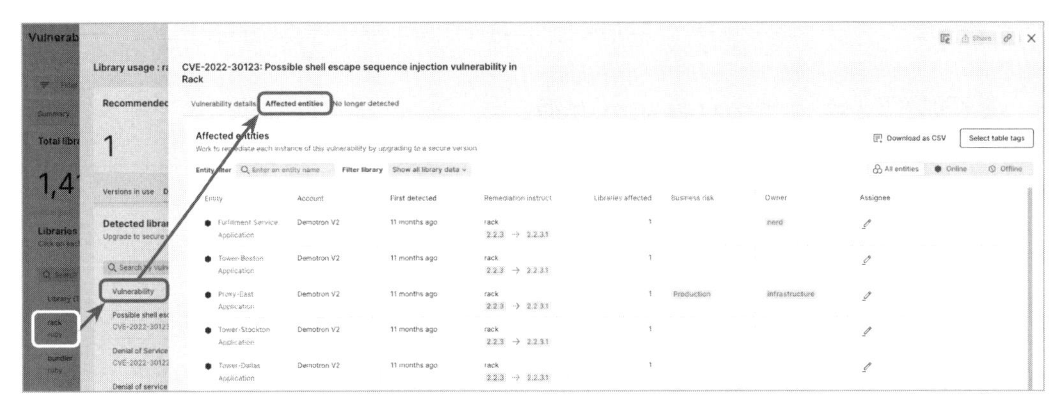

図12.5　ライブラリの影響範囲を深掘りする

12.1.5 新しい脆弱性を通知し、素早く把握する

新たに発見された脆弱性を検知できたとしても、運用を行う人間が脆弱性情報を知り、対応を素早く行えないならばその価値は下がります。特に脆弱性情報が発見・公開されてから対処までの期間を狙って行われるゼロデイ攻撃は近年増加傾向にあり、攻撃に対する猶予はより短くなっているといえます。そこで、脆弱性が新たに発見された際の通知機能を利用し、より素早く知り対応を行っていきましょう。

通知機能はManaged security notificationより設定を行うことができ、通知対象としてSlackとWebhookが利用できます。例えばSlackでは通知対象のWorkspaceとChannelを指定し、通知する深刻度を選択し、通知を作成できます（**図12.6**）。

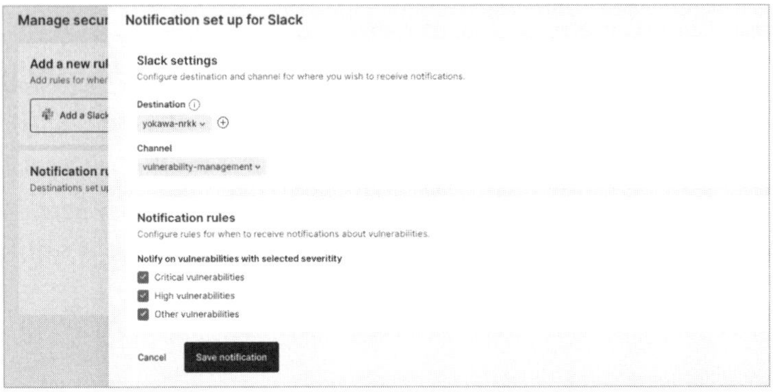

図12.6　Slackの通知設定

運用例として危険度が高いCVEを確実にキャッチアップするため、SlackのWorkspaceにすべてを通知する（Every New Message）チャンネルを作り、深刻度がCriticalの脆弱性情報のみを対象のチャンネルに送るケースが考えられます（**図12.7**）。

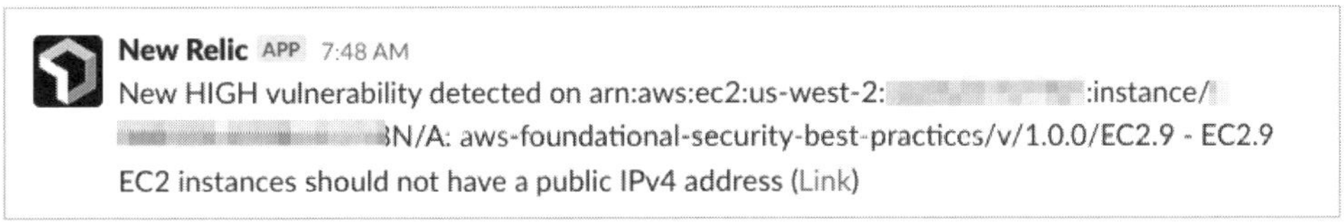

New Relic APP 7:48 AM
New HIGH vulnerability detected on arn:aws:ec2:us-west-2:　　　　:instance/
　　　　BN/A: aws-foundational-security-best-practices/v/1.0.0/EC2.9 - EC2.9
EC2 instances should not have a public IPv4 address (Link)

図12.7　Slackへの通知例

12.1.6 検知された脆弱性に確実に対応するために

検知された脆弱性には、担当者を割り振ることができます。担当者不在では脆弱性が宙に浮いたままとなる危険性があります。誰が担当するのかを明確にするために担当者を割り振るとよいでしょう。

12.1.7 サードパーティとの統合

New Relicの脆弱性管理にはAPM agentを介したCVEの検出の他にもいくつかの機能があります。

サードパーティの統合

AWS Security HubやGitHub Dependabot、Snykをはじめとする多数のサービスとの統合が可能であり、New Relicに情報を集約することができます。情報の分散は管理の煩雑化や見落としといったリスクにもつながるので、1カ所に集約することでより効率的に管理できます。

Security data APIを利用した統合

サードパーティとしてサポートされていない脆弱性管理サービスからの情報も、Security data APIを介してデータを収集し統合管理することができます。

12.1.8 New Relic IASTでDevSecOpsを実現する

New Relic IAST（Interactive Application Security Test）は、New Relicの新しいセキュリティソリューションであり、アプリケーションの動的なテストを通じてコードレベルで悪用可能な脆弱性を特定し、トリアージを可能にするソリューションです。New Relic IASTはNew

Relic APMとともに利用し、開発者が作成したコードに対し動的なテストを実行し、コードレベルの脆弱性を特定します。また、New Relic IASTにより特定された脆弱性は、その脆弱性を引き起こし得るHTTPリクエストを再現する手順までもが開発者に提示されます。

IAST利用時の重要な注意事項

New Relic IASTの利用は本番環境以外で行ってください。IASTの利用によりリソースの使用率が増加することでシステムに影響を与える可能性があります。ステージング環境やセキュリティ専用の環境を準備したうえで使いましょう。

12.2 New Relic CodeStream

New Relic CodeStream（CodeStream）は2021年にNew Relicの一員となりました。

CodeStreamは開発者にオブザーバビリティを提供するためのコラボレーションツールです。CodeStreamはVisual Studio、JetBrainsなどの代表的なIDEのプラグインとして提供されています。

CodeStreamの主な機能を「エラーのトリアージ」「コミュニケーション」「IDEでの可観測性」という3つの観点から見ていきましょう。

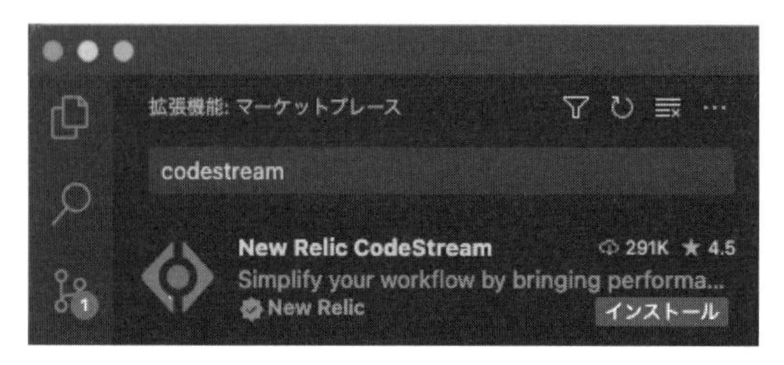

図12.8　Plugin検索画面

12.2.1 エラーのトリアージ

CodeStreamとNew Relicが連携することで強力なエラーのトリアージが可能となります。New Relicで観測されたエラーの詳細情報をもとに「Open in IDE」のボタンをクリックすると、IDEでエラーが発生した対象コード（対象リポジトリの対象リビジョン）に即座に移動できます。

リポジトリから自動で当該コードをプルしてくるため、開発者は現在の状態を気にせず、即座に修正に取り掛かることができます。

12.2.2 コミュニケーション

実際にコードを書いている最中にCodeStreamでコードの中にブレークポイントのようにコメントを追加できます。コード内にコメントを書かずとも、イシューを発行しなくても内容について議論することができます。プルリクエストやマージに依存しないコミュニケーションができるため、そのコードに関わる過去の経緯が把握できます。

図12.9 In code comments

12.2.3 IDEでの可観測性

実際にコードがIDEで表示されているアプリケーションに関してNew Relicで観測した値を表示することができます。これにより、デプロイされたコードが正常に動いているかどうかだけではなく、実行にあたってどのくらいのパフォーマンスを実現できているかを確認することができます。実行結果表示のツリーには、ゴールデンメトリクス、サービスレベル目標、自分に割り当てられたエラー、最新のエラー5件、といった項目があります（**図12.10**）。

ツリー内のサービス名にカーソルを合わせ詳細のアイコンをクリックすることでIDEにコードレベルでのメトリクスを表示したり、New Relic上の当該サービスSummaryページを開いたりすることができます（**図12.11**）。エラーにおいてはスタックトレースを含む詳細を表示することができ、そのまま修正・解決に向けて動き出すことができます。

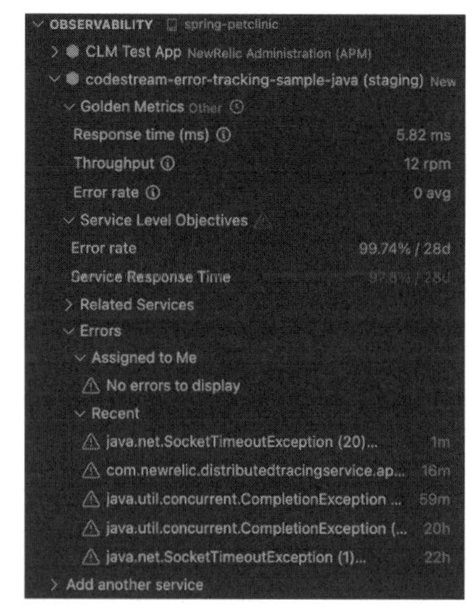

図12.10　IDE O11y

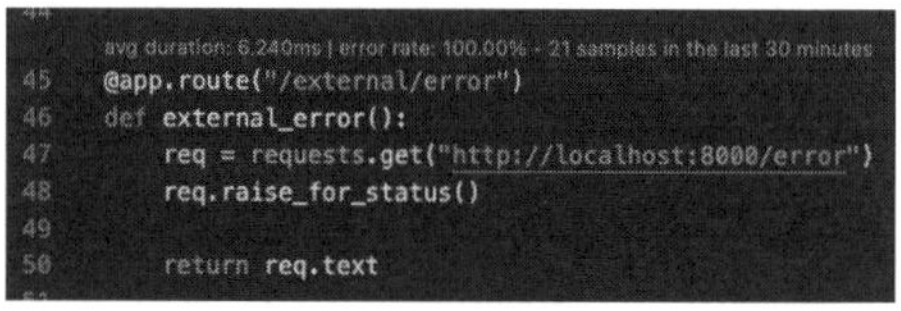

```
   avg duration: 6.240ms | error rate: 100.00% - 21 samples in the last 30 minutes
45 @app.route("/external/error")
46 def external_error():
47     req = requests.get("http://localhost:8000/error")
48     req.raise_for_status()
49
50     return req.text
```

図12.11　Code level metrics

CodeStreamは開発者が楽に開発を行うための連携環境や情報を集約できる素晴らしいプラグインです。ぜひ、New Relicとともによりよいソフトウェア開発体験を体感してください。

第13章 ビジュアライゼーション

13.1　Curated UI

New Relicに収集されたテレメトリデータはリアルタイムに可視化され、システムの把握と分析に役立てることができます。**Curated UI**はNew Relic APM（**図13.1**）やNew Relic Infrastructureなどの各機能に最適化されたチャートを自動的に提供する機能であり、Curated UIを使うことで準備不要でシステムの把握と分析を即座に開始できます。

これにより、今何が起こっているのか、そして関連するサービスのパフォーマンスの変化やエラーの分析などをリアルタイムに実行できます。また、Curated UIからアラートやサービスレベル（SLI/SLO）を簡単に作成できる機能も提供されており、データの利活用を促進できます。

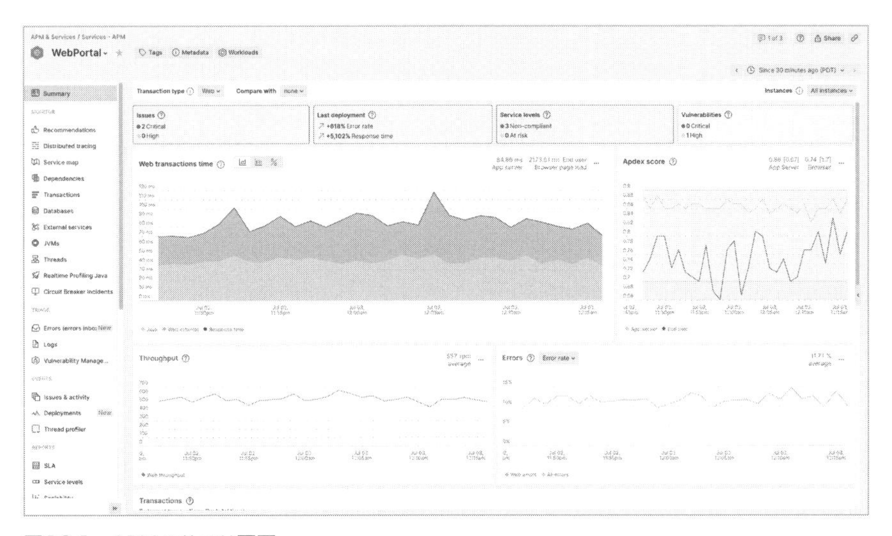

図13.1　APMのサマリ画面

13.1.1 画面の基本構成

各画面は次のセクションおよび機能によって構成されます（**図13.2**）。

❶ **メニュー**：New Relic APMやNew Relic Infrastructureなどの機能ごとに最適化されたデータを参照するためのメニュー。それぞれのメニューをクリックすると、❷のデータ参照にチャートなどの情報が表示される

❷ **データ参照**：New Relicに収集されたデータをさまざまなチャートで表示し、状況の可視化や問題の分析に活用することができる。表示するデータをフィルタリングしたり、ドリルダウンでさらに詳細なデータを参照したり、別の機能に遷移して関連データを確認したりすることもできる

❸ **タイムピッカー**：表示されるデータの時間範囲を変更することができ、特定の期間に何が発生したかを観察する場合などに有用。時間範囲はドロップダウンから選択するか、任意の期間を指定することができる（**図13.3**）

❹ **アカウントスイッチャー**：New Relic上の組織（Organization）が複数のアカウントを持つ場合、このプルダウンを使用してアカウントを切り替えることができる

❺ **ツール**：他のユーザーと情報を共有したりできる便利なツール群。**図13.2**では左から［ディスカッションコメント］［ヘルプ］［新しいディスカッション］［Permalink］となっている

- **［ディスカッション］**：任意のページにコメントを追加したりスクリーンショットを共有したり、Slackと統合することによってNew Relicのユーザーでない人ともシステムの状態や改善などについての会話を行ったりもできる（詳しくはドキュメント※1を参照）
- **［Permalink］**：ページの短縮URLを生成できる。選択された期間やNRQLのクエリの内容が維持されるので、他のユーザーやNew Relicのサポートに簡単に画面を共有することが可能になる

※1　https://docs.newrelic.com/jp/docs/new-relic-solutions/new-relic-one/ui-data/collaborate/collaborate-with-teammates/

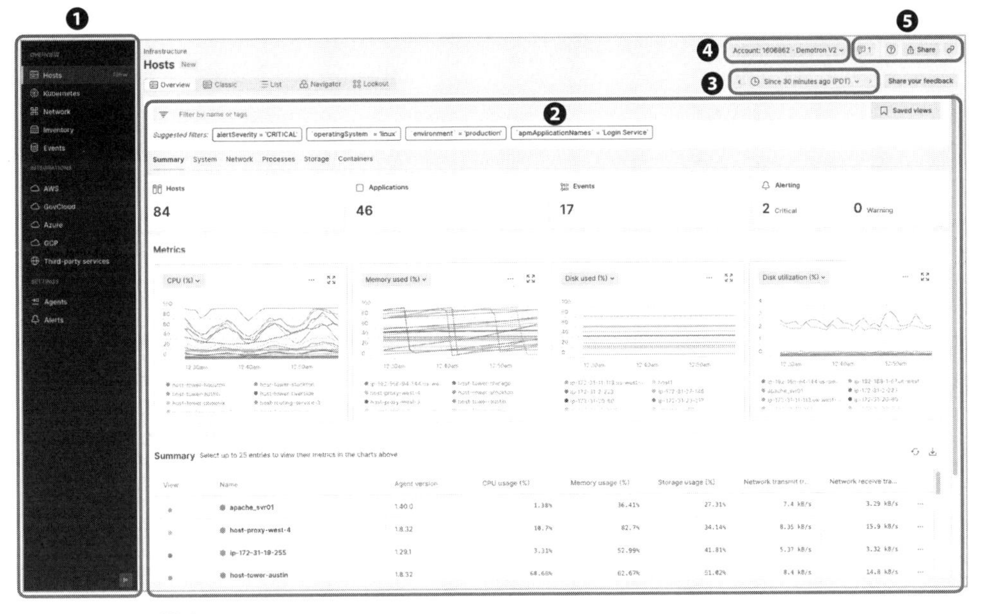

図13.2　画面の構成

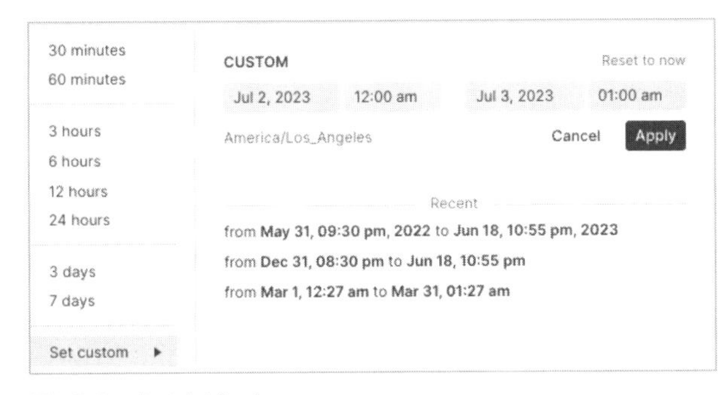

図13.3　タイムピッカー

13.1.2 チャートの表示

それぞれのチャートにマウスを重ねると、ポップアップでデータの値が表示されます。また、ある1つのチャートにマウスポインタを置くと、相関関係がある他のチャートにも縦線（針）が表示され、同じ時間帯でのデータの傾向や推移などを確認しやすくなっています（**図13.4**）。

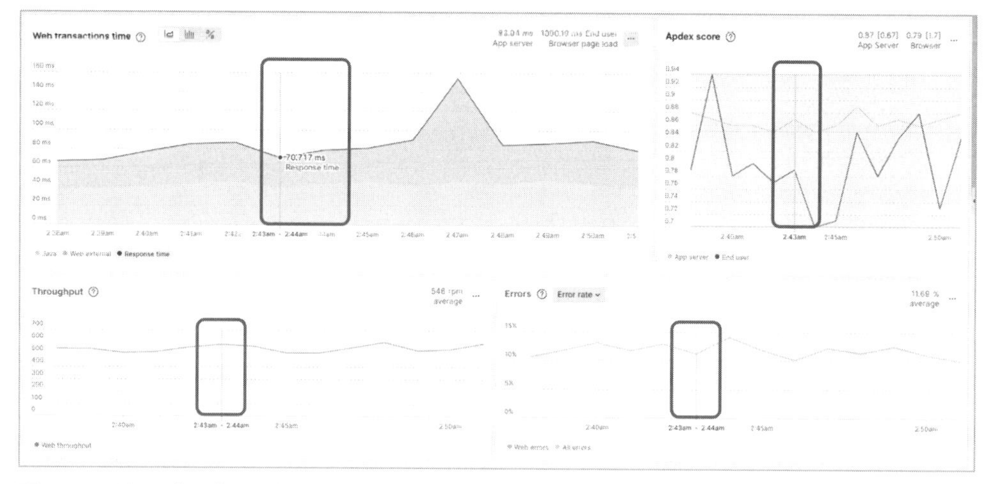

図13.4　詳細のポップアップと相関針によるデータ推移の例

また、チャートの一部をドラッグして選択することにより、その時間範囲で拡大することもできます（図13.5）。チャートを見ながら、気になったデータ傾向の時間帯に絞り込んで分析できます。

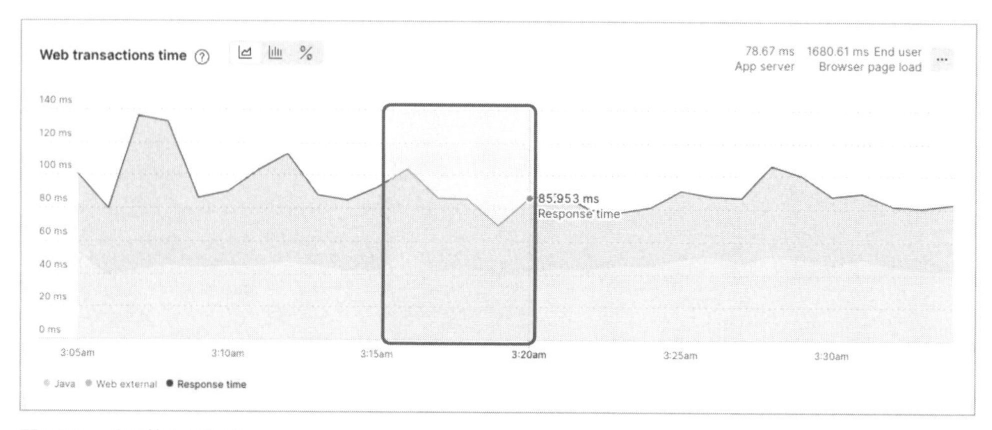

図13.5　時間範囲の選択

13.1.3 チャートオプション

チャートの右上にあるオプションメニュー（[...] ボタン）から、チャートの共有やアラートの作成、ダッシュボードへの追加などさまざまな操作を行うことができます（図13.6）。

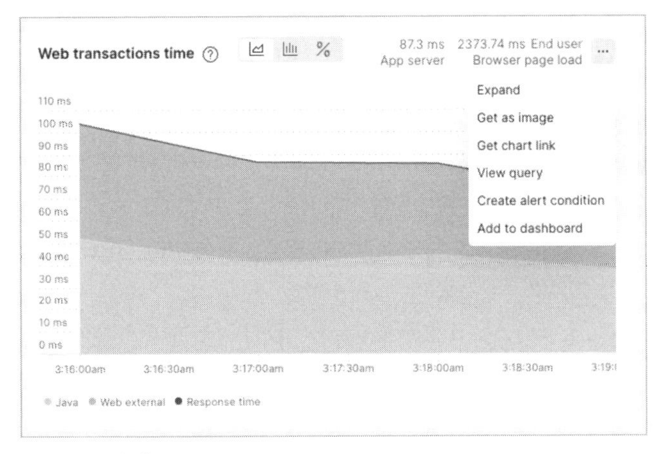

図13.6　オプションメニュー

- Expand：チャートを拡大して表示する
- Get as image：チャートの画像を生成する
- Get chart link：外部ツールなどから参照できるライブチャートのリンクを生成する。ただし、ライブチャートはユーザー認証なしでアクセスできるため注意。ライブチャートが不要になった場合はNerdGraphでリンクを取り消すことも可能（いずれも詳細はドキュメント※2を参照）
- View query：チャートのもとになっているNRQLを参照する
- Create alert condition：チャートをもとにアラートコンディションを作成する
- Add to dashboard：チャートをダッシュボードに追加する

13.2　Dashboard

前節では、Curated UIにより用意されたチャートを活用した、リアルタイムのシステムの把握と分析を紹介しました。しかし、これらの個々のチャートだけでは不十分な場合もあるでしょう。例えばアプリケーションのスループットとCDNキャッシュヒット率を同時に見たい場合、あるいは、アプリケーションの遅延とデータベースの負荷を見たい場合など、単一のコンポーネントに関するチャートだけでなく、複数のコンポーネントに関連するチャートを同時に見たい場合が該当します。

New Relicはこのような要望に応えるため、カスタマイズ可能なチャートを作成できる

※2　https://docs.newrelic.com/jp/docs/apis/nerdgraph/examples/manage-live-chart-urls-via-api/

Dashboard機能があります。本節では、Dashboardを用いてデータを分析し、オリジナルのチャートを作成する方法を解説します。

13.2.1 Dashboardの作成方法

New Relicには柔軟で強力なDashboard機能が提供されています。New Relic Telemetry Data Platformに収集したすべてのデータを関連付けて確認するためのDashboardは、オブザーバビリティを実現するうえで必要不可欠なアプローチです。

Dashboardを作成するには、2つの方法があります。1つ目はNRQLを用いて必要とするデータを分析する方法です（詳細は次項で後述）。2つ目は目的別に用意されたテンプレートをインポートする方法です（**図13.7**）。

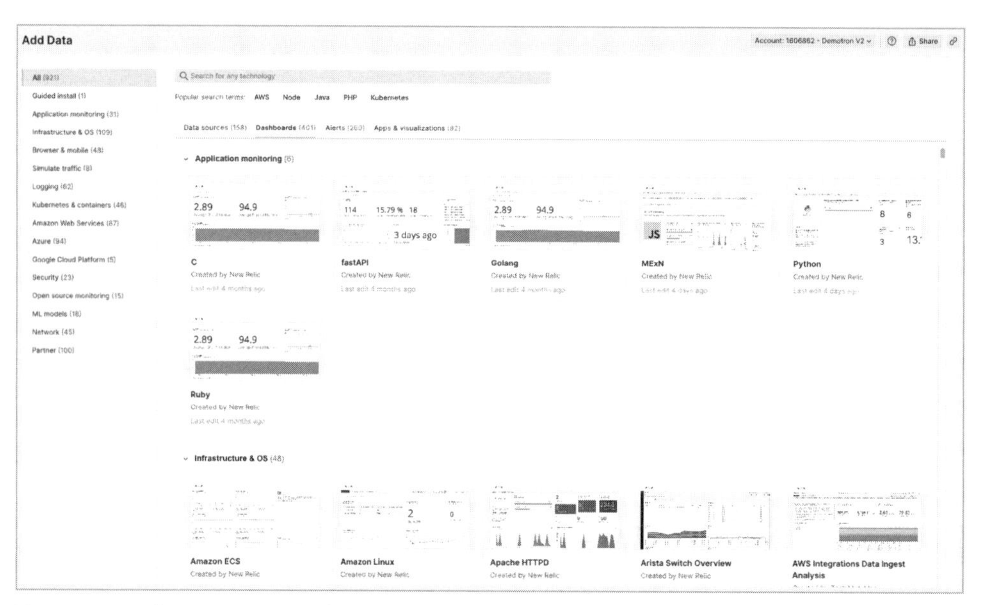

図13.7　テンプレートからのインポート

New RelicのDashboardはとても見やすく工夫されています。1つのDashboardにはさまざまなチャートを追加できますが、それぞれのチャートで同じホストやアプリケーションを対象にしたデータであれば、それらが同じものだと直感的に認識できるように、常に同じ色を使って表現されます。**図13.8**のサンプルでは言語別のNew Relic Agentの数を表したチャートが並んでいますが、円グラフと棒グラフの2つのグラフ上では、同じ言語を表すデータは常に同じ色が使われます。

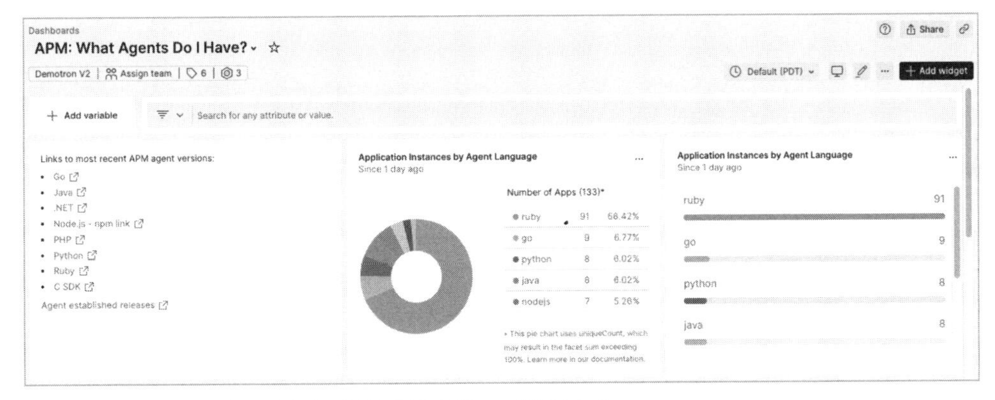

図13.8　Dashboard内の同じデータは同じ色を使って表現される

また、Dashboard内である1つのチャートにマウスポインタを置くと、同じ時刻を表す針がDashboard内すべてのチャートに表示され、時系列でのデータ推移などを確認しやすくなっています（**図13.9**）。

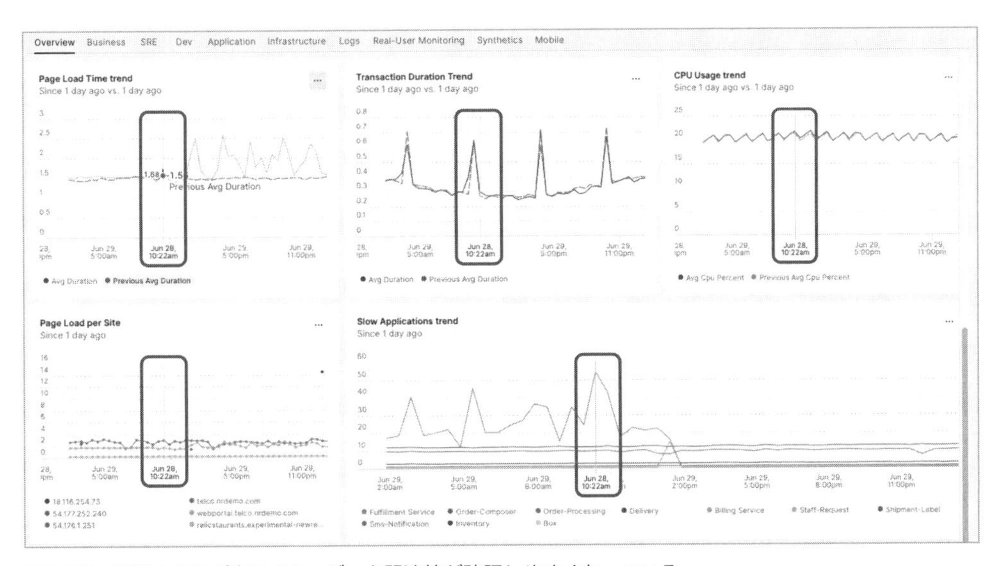

図13.9　関連する針が表示され、データ関連性が確認しやすくなっている

Dashboardの権限

作成したDashboardの信頼性を確保するために、それらを操作できる権限は適切に管理する必要があります。New RelicのDashboardには、次の3つのタイプの権限を設定できます。

- **Edit - everyone in account**：すべてのユーザーがDashboardに対する完全な権限を持っている
- **Read-only - everyone in account**：すべてのユーザーがDashboardを表示したり、複製したりはできるが、編集あるいは削除ができるのは自分だけ
- **Private**：Dashboardを他のユーザーに公開しない

なお、新規にDashboardを作成した場合、あるいは別のDashboardを複製した場合は、デフォルトでEdit - everyone in account権限が付与されます。

13.2.2 Dashboardの活用

①Page（タブ）を使ったDashboardの管理

複数のチャートを1つの画面に集約すれば、データの関連性を見つけやすくなります。しかし、あまりにも多くのチャートが並んでしまっては、かえって混乱を招き視認性が落ちるデメリットが考えられます。そのような場合には、Page機能を使って「タブ」を追加すれば、ビュー上でデータを整理できます。

図13.10は、1つのサービスについて、「ビジネス」「Ops」「Developer」などさまざまな役割のチームが見る観点や、アプリケーション、インフラなどのシステムのレイヤーごとにDashboardを用意し、それらを個別のタブにまとめている例です。こうすることで、いろいろなDashboardにアクセスし直さなくても、チームやシステムレイヤーに関する情報にすぐたどり着くことができます。

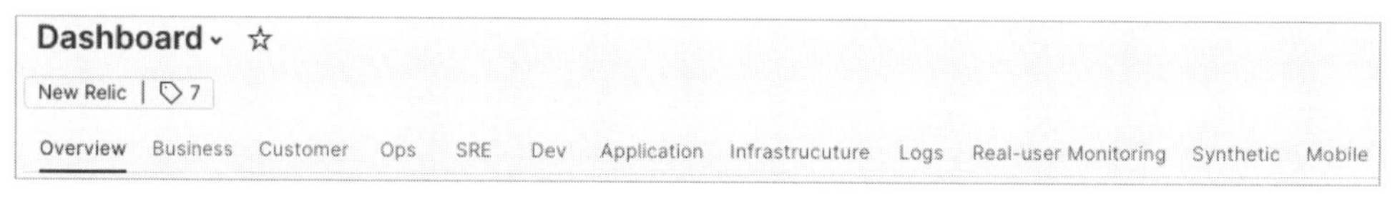

図13.10　複数のPageで構成されたDashboardの例

②ファセットによるDashboard内データのフィルタリング

作成したDashboard上の各種データをさらに深掘りして分析したいこともあります。その場合は、ファセットフィルタリング機能を使うと便利です。チャートに表示するデータにFACET句を用い、事前にフィルタリングされたチャートにリンクできるようにします（**図13.11**）。

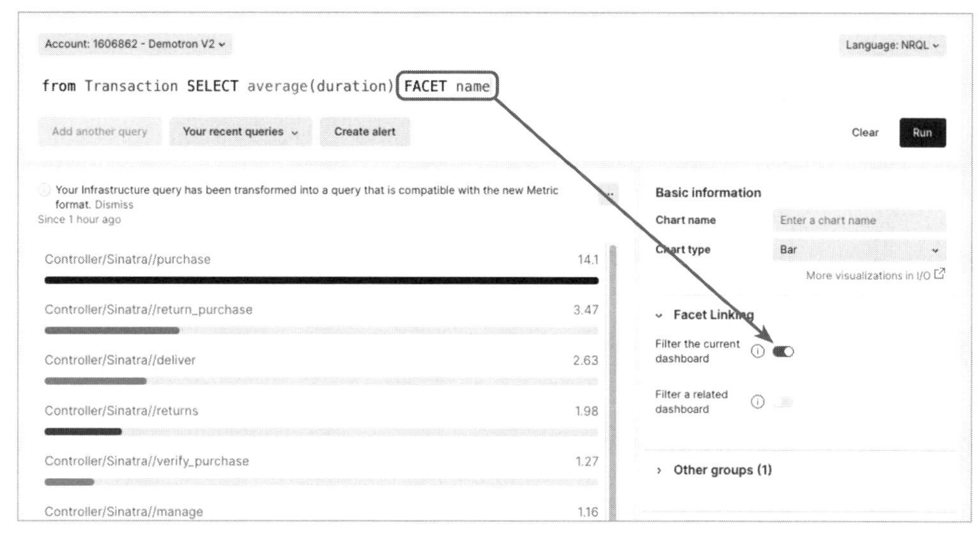

図13.11　Dashboardにファセットフィルタリングを設定する例

FACET句を追加したチャートはDashboard内でフィルタリングが可能になり、他のチャートも同じ属性でフィルタリングされたデータのみを表示できるようになります（**図13.12**）。このようにDashboardを使うことで、よりインタラクティブな分析が可能になります。

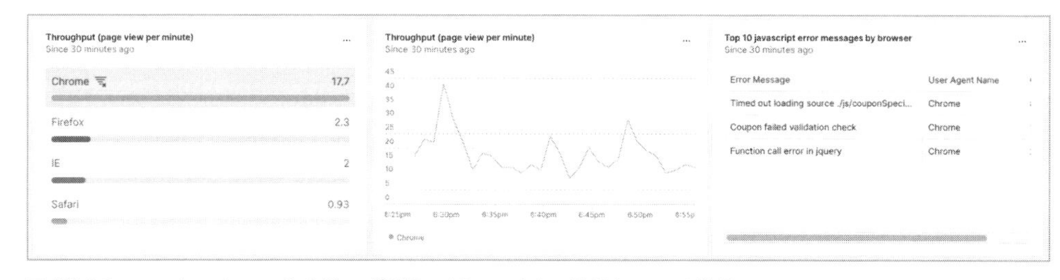

図13.12　ファセットフィルタリングがDashboard内で連動している様子

③テンプレート変数による動的Dashboardの作成

前述のファセットフィルタリング機能の他にも、チャートをフィルタリングできるテンプレート変数機能があります（**図13.13**）。これはホスト名やアプリケーション名、ロケーションなどの特定のメタデータをフィルタリングオプションとして定義し、チャートがフィルタリングされるようにDashboardを作成するものです。ユーザーはデータの構造を理解する必要がなく、設定したさまざまなフィルタリングオプションから簡単に選択できます。また、再利用可能なDashboardを簡単に作成できるようになります。

図13.13　テンプレート変数でDashboardをフィルタリング

テンプレート変数を用いたDashboardは、変数を追加して、チャートのもとになるNRQLのWHERE句などにその変数を指定することにより作成できます（図13.14）。変数はNRQLによる動的リスト、静的リスト、あるいはテキスト文字列という3つのタイプを指定することができます。

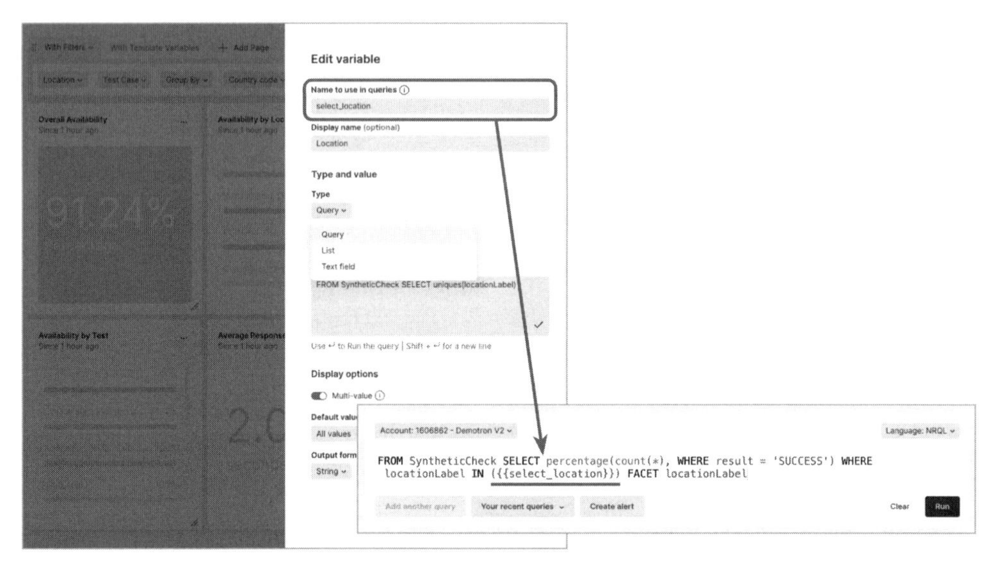

図13.14　Dashboardにテンプレート変数を設定する例

13.3　Data explorerとQuery builder

New Relicでは、取り込まれたデータを使って任意のチャートを作ることができます。そのためには専用の分析言語である**New Relic Query Language（NRQL）**を使う必要があり、NRQLを使うことでデータの探索および可視化ができます。

しかし、専用と言っても身構える必要はありません。New RelicはNRQLを簡単に扱うための機能であるData explorerとQuery builderの2種類を用意しており、エンジニアや非エンジニアであっても簡単にチャートを作成できます。ここでは、Data explorerとQuery builderの使い方を解説し、オリジナルのDashboard作りの一端を体験します。

13.3.1 Data explorer

Data explorerは、New Relicの画面上から実際のデータを確認しながらプリセットされた検索条件や表示方法を選択していくことにより、データにアクセスします。New Relicにログインし、メニューにある［Query Your Data］をクリックします。

Data explorerは、大きく分けてスコープ（❶）、データ参照（❷）、ワークスペース（❸）という3つのセクションと、Time pickerから構成されます（**図13.15**）。

図13.15　Data explorer画面構成

データを検索するには、まず［スコープ］セクションでデータを参照するNew Relicアカウントとデータタイプ（MetricかEventか）を選択します。

さらに、Time pickerを使用して、検索する時間の範囲を選択します。デフォルトでは直近30分のデータを検索します。

その後、［データ参照］セクションを使用して、簡単な検索条件を選択形式で作成します。例えば、イベントデータを検索する場合は、まずイベントの種類を［Event type］から選択します。次に、どの属性をどんな条件で抽出するかを選択します。

最後に、どの単位でグルーピングするかを選択します。すると、［ワークスペース］セクションに自動的に検索条件が設定され、結果が表示されます。デフォルトでは折れ線グラフで表示されます（**図13.16**）。

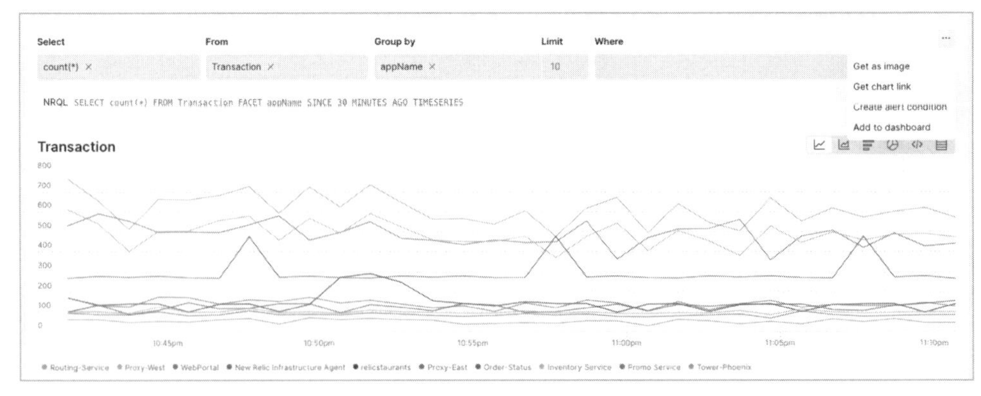

図13.16　検索結果イメージ

このように、実際のデータを確認、表示しながら条件や表示形式を変更できるので、クエリに関する専門的な知識がなくてもデータの検索・分析が可能になります。

13.3.2 Query builder

Query builderを使うと、クエリを実行してより詳細な分析を行ったり、複数のグラフを含むような可視化を行ったりするためのデータを抽出できます。Query builderにアクセスするには、［Data explorer］画面の左上にある、［Query builder］アイコンをクリックします（**図13.17**）。

図13.17　Query builderへのアクセス方法

Query builderは、NRQLモードとPromQLスタイルモードの2種類があります。

NRQLモードでは、New Relicのクエリ言語である**New Relic Query Language（NRQL）**を使用してデータにアクセスします。NRQLはSQLライクな強力なクエリ言語であり、さまざまな条件でデータを検索することができます（**図13.18**）。クエリの構文概要は**リスト13.1**のとおりですが、詳細は公式ドキュメント※3を参照してください。

```
Account: 1606862 - Demotron V2 ⌄                                  Language: NRQL ⌄

SELECT count(*) FROM Transaction FACET appName SINCE 30 MINUTES AGO TIMESERIES

Add another query   Your recent queries ⌄   Create alert                 Clear   Run
```

図13.18　NRQLモードイメージ

リスト13.1　NRQL構文概要

```
SELECT function(attribute) [AS 'label'][, ...]
  FROM data type
  [WHERE attribute [comparison] [AND|OR ...]][AS 'label'][, ...]
  [FACET attribute | function(attribute)]
  [LIMIT number]
  [SINCE time]
  [UNTIL time]
  [WITH TIMEZONE timezone]
  [COMPARE WITH time]
  [TIMESERIES time]
```

一方の**PromQLスタイルモード**では、Metricsデータタイプに対して、PromQLというクエリ言語を使用してデータ検索することができます（**図13.19**）。すでにPrometheusになじみがある方に向けて、使い慣れたPromQLでもデータを検索できるようにしています。サポートされるPromQLの構文については公式ドキュメント※4を参照してください。

```
Account: 1606862 - Demotron V2 ⌄                                  Language: PromQL ⌄

container_memory_usage_bytes{id="/"}

Step 30 seconds ⌄ ⓘ   Range ‹ Last 30 mins ⌄ ›  ☐ Instant            Clear   Run
```

図13.19　PromQLスタイルモードイメージ

※3　https://docs.newrelic.com/jp/docs/query-your-data/nrql-new-relic-query-language/get-started/introduction-nrql-new-relics-query-language/

※4　https://docs.newrelic.com/jp/docs/infrastructure/prometheus-integrations/view-query-data/supported-promql-features/

クエリ言語と聞くと「難しい」という印象を持つ方もいるでしょう。しかし、Query builderは自動補完機能がとても充実しており、使ってみると驚くほど直感的にクエリが書けてしまうことに気づくはずです（**図13.20**）。どうせ難しいだろうと思わず、ぜひチャレンジしてみてください。新しい発見があるはずです。

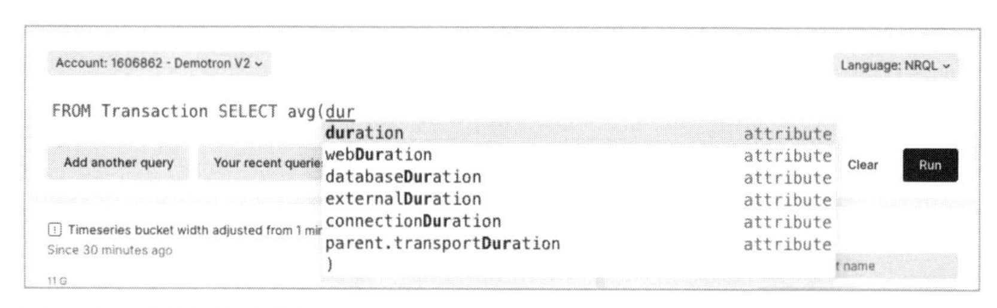

図13.20　自動補完機能のイメージ

チャートの外観をカスタマイズする

前述したとおり、New Relicではさまざまな方式でデータにアクセスすることができるとともに、検索結果の可視化も柔軟にカスタマイズすることができます。NRQLモードとPromQLスタイルモードを使用してデータを検索すると、結果に適合するチャートの種類を選択可能になります（**図13.21**）。

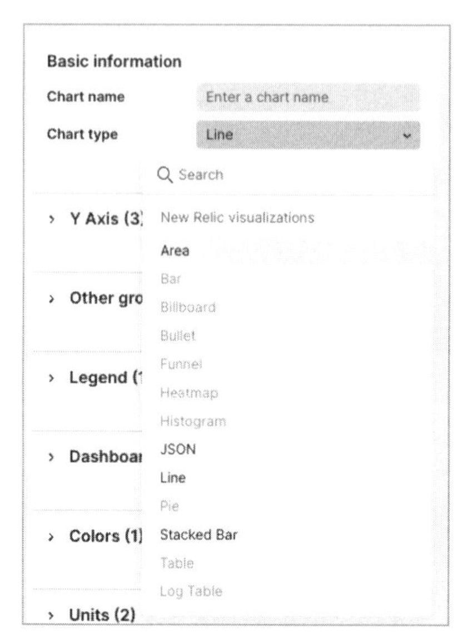

図13.21　検索結果によってチャートの種類の選択が可能

検索結果によっては一部のチャートタイプは選択できない場合がありますが、主なチャートの種類としてはLine（折れ線グラフ）、Area（エリアグラフ）、Bar（棒グラフ）、Funnel（ファネルチャート）など、多彩な表現方式が用意されています。すべてのチャートの種類について知りたい場合は、公式ドキュメント※5を参照してください。

ほとんどのチャートはDashboardへ追加できます。さまざまな観点からデータを検索した結果をDashboardに並べることで、データの相関関係を見いだしたり、サービス全体を俯瞰的に把握できたりするようになります。

13.3.3 NQRL Lessons

NRQLはドキュメントやブログ、ハンズオントレーニングなどを通して学ぶことができますが、New Relic UIにも「NRQL Lessons」というNRQLチュートリアルが用意されています。NRQL Lessonsは「実際の環境のデータ」を使ってどのようなことができるのかを学べるようになっています。導入の方法はブログ※6を参照してください。

13.4 New Relic Lookout

New Relic Lookoutは、システム全体の状況やパフォーマンスを可視化します。リアルタイムのインシデント対応に特化しており、直感的な視覚的表示と高度な分析機能を活用して、サービスのパフォーマンスに影響を及ぼす可能性のある問題を浮き彫りにします。過去のデータと比較して異常な動きを探索し、サービスの信頼性を損なう予期せぬ問題を早期に発見し対処することが可能になります。

13.4.1 New Relic Lookoutが必要な理由

従来の監視の限界

昨今のシステム環境は、クラウド、マイクロサービス、コンテナ化、サーバーレスなど、多様で複雑な技術が組み合わさっています。これらの技術の登場により、各技術が提供するサービス品質の向上や開発コストの削減ができるようになりましたが、システムの関連性は複雑化し、また、それを管理する人間の作業量が増加することになりました。

※5 https://docs.newrelic.com/jp/docs/query-your-data/explore-query-data/use-charts/chart-types/
※6 https://newrelic.com/jp/blog/nerdlog/nrql-lessons

- **限界①：システムの関連性の複雑化**
  現代のシステム環境では、多数のシステムやサービスが相互に関連し、依存しあっています。これらの関連性は非常に複雑で、1つのコンポーネントで問題が発生すると、それが他のコンポーネントに影響を及ぼし、全体のシステムに影響を与える可能性があります。従来のシステム監視ツールでこのような複雑な関連性を効果的に管理するのは困難です。
- **限界②：作業量の急激な増加**
  システムの関連性が複雑化することで、それに伴ってシステムの監視、問題の特定と解決、パフォーマンスの最適化など、システム運用チームの作業量は大幅に増加します。また、大量のデータをリアルタイムに分析し、有用な情報を抽出することは、人の手で実施するのが困難な作業です。

AIOpsによるアプローチ

そのため、新たなアプローチとして**AIOps**（Artificial Intelligence for IT Operations）が注目されています。

AIOpsは、AIと機械学習を活用してIT運用を自動化・最適化するためのアプローチであり、その中には異常検出や障害の原因特定といった手法が含まれます。異常検出はシステムデータから不審なパターンや動作を即座に捉え、多くの場合、システム障害の前兆として機能します。これにより、問題の早期解決につながります。

障害の原因を探索する際に、障害前後の関連システムの指標の相関関係を確認することは有効な手法です。これは、特定の指標の変動が障害の前兆であったり、障害の直接的な原因だったりする可能性があるからです。AIと機械学習は、大量のデータからパターンを見つけ出し、これらの相関関係を特定するのに役立ちます。

さらに、関連情報を自動で集計・分析することもAIOpsの一部です。これにより、運用チームは手動で複数のデータソースから関連する情報を集める時間を大幅に削減し、より重要なタスクに集中することができます。さらに、AIや統計分析は、人間が見落とす可能性のあるパターンや相関関係を見つけ出すことも可能です。

これらの要素を通じて、AIOpsはシステム運用の効率化と最適化に大いに貢献します。それは、障害の相関分析や関連情報の集計・分析を自動化することで、運用チームをサポートし、より迅速かつ効率的なシステム運用を可能にするからです。

そこで、New Relicが提供するAIOpsを実現するための機能の1つが**New Relic Lookout**です。New Relic Lookoutは統計的手法を用いてシステムの指標から異常を検出し、異常があるコンポーネントをシステム全体を俯瞰して可視化しています。また、異常が検出された指標と相関関係にある指標や関連情報を自動で集計・分析することで、システム運用チームの原因探索をサポートします。

13.4.2 New Relic Lookoutを理解するための基本要素

New Relic Lookoutを活用するためにはNew Relic Lookoutが表示している値を理解することが不可欠です。ここでは、New Relic Lookoutで設定が必要な項目について説明します。

New Relic Lookoutは、New Relicに収集した指標に対して2つの時間幅を設定し、それぞれの平均値を比較することで振る舞いの変化を分析しています。設定する時間は「評価対象の時間」と「比較対象の時間」の2つです（**図13.22**）。

- **評価対象の時間（View data from 〜）**
  - デフォルト値は過去5分間
  - 過去5分間から24時間までの選択、もしくは日時を指定したカスタム設定が可能
- **比較対象の時間（Compare data to 〜）**
  - デフォルト値は過去1時間
  - 傾向の分析を目的としているため、評価対象と同じ時間幅で1日前や1週間前といった設定が可能

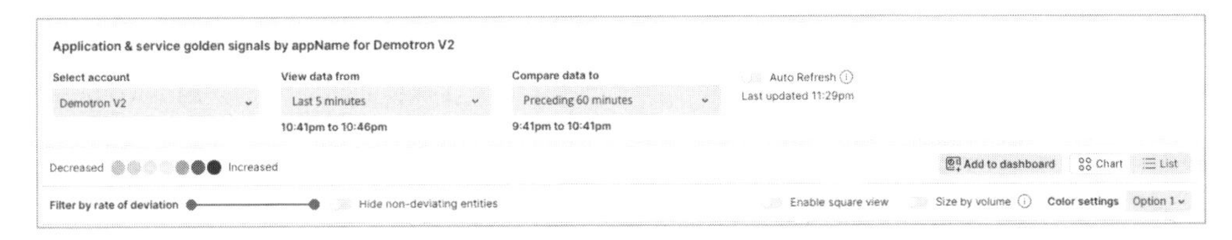

図13.22 「評価対象の時間」と「比較対象の時間」の設定

次に、設定した時間における指標がどのように計算されて分析に使用されているのかについて説明します。

- **評価対象の平均値（Evaluation avg）**：設定した時間幅での1分間の平均値
- **比較対象の平均値（Comparison avg）**：設定した時間幅での1分間の平均値
- **変化率（Difference）**：評価対象の増加率もしくは減少率

  $Difference = (Evaluation\ avg - Comparison\ avg) \div Comparison\ avg \times 100$
- **標準偏差（Comparison std dev）**：比較対象の時間幅での標準偏差
- **偏差率（Rate of deviation、Anomaly score）**：評価対象が比較対象からどの程度逸脱しているのか

$$Rate\ of\ deviation = (Evaluation\ avg - Comparison\ avg) \div Comparison\ std\ dev$$

これらの値は、ビューの表示形式を［Chart］から［List］に変更することで確認できます（**図13.23**）。

Decreased Increased　Add to dashboard　Chart　List

Filter by rate of deviation　Hide non-deviating entities　Response time (ms)　Color settings　Option 1

appName	Anomaly score	Difference (%)	Evaluation avg	Comparison avg	Comparison std ...
["pl-nats-mgm...	49.090	817	1.578	0.172	0.029
MobileApi	29.330	3.548k	38.820	1.064	1.287
vizier-metadat...	9.879	128	0.614	0.270	0.035
shippingservice	4.254	26	0.420	0.332	0.021
Tower-Chicago	2.747	16	25.121	21.736	1.232
Tower-Atlanta	-2.395	-13	20.798	24.018	1.344

図13.23　設定した時間における指標をリストで確認

New Relic Lookoutの画面では、これらの値をNew Relic APMやNew Relic Browserなどのエンティティごとに円で表現したチャートが表示されます。例として、**図13.24**では以下のように指標を視覚的に表現しています。

- **サイズ**：偏差率の絶対値を等級で表現
- **色**：偏差率が示す急激な増加や減少の方向性を色の違いと濃淡で表現

図13.24　指標の変化を視覚的に捉える

ここで注意すべきなのは、色で示されているのは数値の急激な増減を表現しているだけであり、その変化の良し悪しを表しているわけではないということです。例えば、New Relic APMのゴールデンシグナルにおいて、スループットの急激な減少を示す円は、何らかの問題でトラフィックが下がった可能性を示唆しています。一方、急激な増加を示す円は、予期しない負荷がかかった可能性が考えられます。どちらも調査する価値のある重要な発見です。また、New Relic Browserのゴールデンシグナルでは、ページビューの急激な増加を示す円は、サイトへのトラフィックが増加しているため、大変喜ばしいことかもしれません。

円で表現された情報だけでは捉えた変化の原因を特定し、次なる施策をどうするのかという判断はできません。次項では、New Relicに収集されたデータを組み合わせながらどのように調査を進めればよいのかについてNew Relic Lookoutの機能概要を説明しながら紹介していきます。

13.4.3 New Relic Lookoutの機能概要

サービスのパフォーマンスの変化をシステム全体を俯瞰して捉える

New Relic Lookoutは、New Relic APMによって収集された3つのゴールデンシグナル（スループット、レスポンス時間、エラーレート）をアプリケーションごとに表示します。**図13.25**では、これらの指標の過去5分間の変化を過去1時間と比較して視覚的に表現しています。

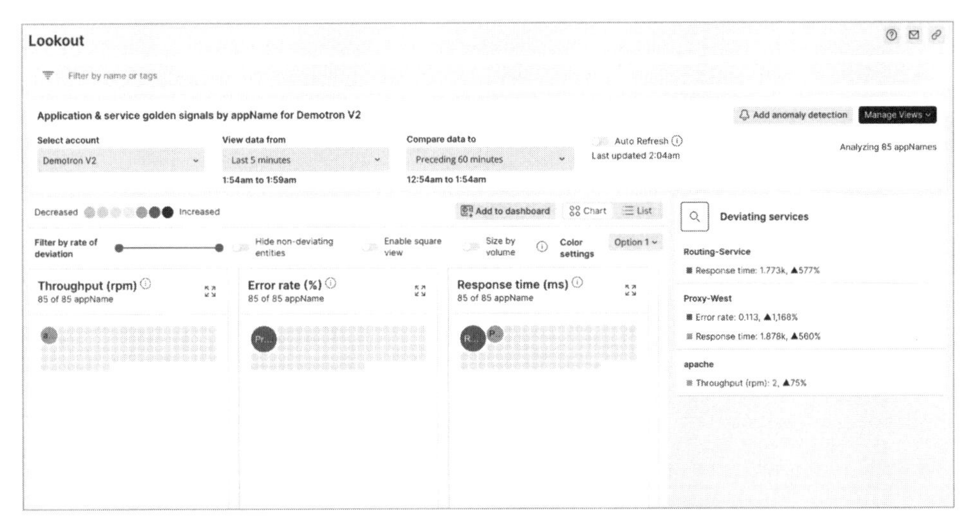

図13.25 ［Lookout］画面

New Relic Lookoutの右側にあるサイドパネルには、パフォーマンス指標の変化が大きいアプリケーションの詳細が表示されます。詳細情報には、アプリケーションごとのパフォーマンス指標、値、変化量が含まれています。

これらの機能により、システム全体のパフォーマンスの変動を視覚的に把握することが可能になります。例えば、特定のサービスのパフォーマンスが低下した場合、それがシステム内の他のサービスとの相互作用によって引き起こされた可能性があります。視覚的な表示によって問題の原因を特定し、関連するサービスや依存関係を把握することが容易になります。これにより、問題の追跡と修正が迅速化し、システムの復旧時間の短縮につながります。

問題の詳細をパフォーマンス指標に着目して調査する

特定の指標に集中して調査するアプローチは、ボトルネックの特定やシステムの能力、スケーラビリティなどを評価する際に有用です。しかし、New Relic Lookoutで捉えられた変動が一過性の事象なのか周期性があるのか、あるいは特定のトランザクションによって引き起こされているのかなど、1つの指標に注目した場合でも考慮しなければならない要素は多岐にわたります。このような課題に対処するため、New Relic Lookoutは指標に関連した情報を提供し、調査を加速させます。

サイドパネルのリストからは、変動が大きいパフォーマンス指標を詳細に調査することが可能です。リストからパフォーマンス指標を選択することで、その指標についての詳細情報や関連情報を確認できます（図13.26）。

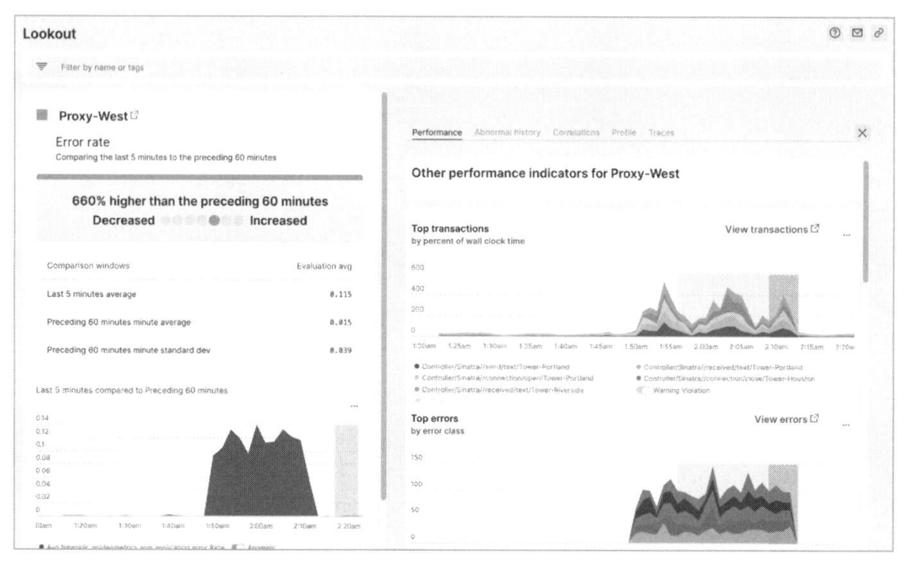

図13.26　パフォーマンス指標から関連情報を分析する

左側のパネルでは、ゴールデンシグナルの変動をチャートやさまざまな時間軸（1時間前、1日前、1週間前など）で比較するための情報を提供しています。検出された変動が一過性の異常値であるのか、周期性を持っているのかといった観点で分析します。

一方、右側のパネルでは、パフォーマンス指標に関連する以下の情報を各タブで提供しています。

- [Performance] タブ：New Relic Lookoutに設定されている他のパフォーマンス指標
- [Abnormal history] タブ：異常値の発生履歴
- [Correlations] タブ：指標の傾向に注目した相関関係のあるサービス
- [Profile] タブ：アプリケーションの属性情報
- [Traces] タブ：選択した時間範囲でサンプリングされた分散トレーシングの情報

提示されているエンティティ、メトリクス、分散トレーシングの情報は、それぞれの画面で詳細にドリルダウンすることができます。これにより、関連情報から問題の原因を調査することが可能となります。

問題の詳細をアプリケーションに着目して調査する

アプリケーション単位での調査を行う場合、New Relic APMの活用が一般的です。しかし、時間単位でのパフォーマンスの変動を比較する観点ではNew Relic Lookoutが優れています。時間軸に沿ってパフォーマンス指標の変動を評価することで、アプリケーションのパフォーマンスが改善しているか、あるいは悪化しているかのトレンドを把握できます。

また、メトリクスだけではなく、実行されたトランザクションやAPIの呼び出し元などの変動もあわせて分析することがNew Relic Lookoutの特徴です。さらに、カスタム属性を活用することでアクセスしているユーザーの属性情報を用いた分析にも対応しています。New Relic Lookoutは、これらの多角的な観点からの分析を可能にするため、アプリケーションの全体的な健全性とパフォーマンスを評価し、最適化のための方針決定に活用できます。

図13.27では、New Relic Lookout に表示された円からアプリケーションについての詳細な情報とその関連情報を確認できます。

図13.27　アプリケーションとその関連情報について分析する

画面上部のパネルに表示されているチャートには、New Relic Lookoutで設定された指標を表示しています。下部のパネルにはアプリケーションに関連した下記の情報を表示しており、アプリケーションの稼働状況の変化を捉えるのに役立ちます。

- Workload change：アプリケーションが持つ属性値の変動
- Related changes：関連するエンティティのうち相関があるエンティティ
- Seasonality：指標ごとに1時間、1日、1週間の傾向を表したチャート
- Performance：Apdexや応答時間、スループット等のパフォーマンス指標
- Traces：時間範囲でサンプリングされた分散トレーシングの情報

アプリケーションの情報を集計して利用状況や関連するサービスの状態を含めたシステム全体を分析する作業には、「多くの時間がかかる」という課題と「即時性が失われる」という課題があります。New Relic Lookoutは、これらの情報に対して画面のカスタマイズをすることなくリアルタイムにアクセスすることが可能であるため、ユーザーの利用実態やリソースの利用状況に合わせたシステム最適化の施策を短期間で立案できるようになります。

13.4.4 New Relic Lookoutのさらなる活用

カスタマイズ可能なビュー

New Relic Lookoutのビューに表示するエンティティや指標、時間はカスタマイズできます。ビューに表示する指標（メトリクスやイベント）と時間の範囲を選択することでカスタムビューを作成することが可能です。

New Relic APMのゴールデンシグナル以外の指標と時間をターゲットにするには、画面右上の［Manage Views］ボタンをクリックし、［Create a new query］を選択します（**図13.28**）。

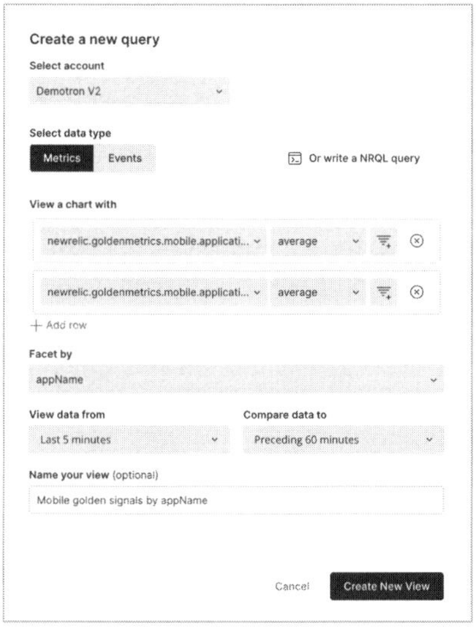

図13.28 カスタムビューの作成

独自の条件でビューを作成するには、以下の手順に従ってください。

1. アカウントまたはサブアカウントを選択する
2. データタイプ（メトリクスまたはイベント）を選択する
3. ［View a chart with］で、関心のあるメトリクスまたはイベントを選択する
4. ［Facet by］で、円が何を表しているかを選択する。デフォルトは「appName」だが、選択した指標で利用可能な属性を選択することも可能
5. 新しいビューに名前を付ける場合、［Name your view］に名前を入力する
6. ［View data from］（比較する時間）と［Compare data to］（比較対象の時間幅）により、対象となる時間幅などを指定する（デフォルトでは「1時間前」と「比較した直近5分間」）
7. ［Create New View］をクリックし、選択した指標の分析を開始する

これらの手順に従うことで、New Relic Lookoutのカスタムビューを作成し、特定の指標や時間をターゲットにした分析を行うことができます。また、作成したカスタムビューを保存する場合は、[Manage Views] ボタンをクリックして、[Save view as] を選択します。ビューの名前を設定して [Save] ボタンをクリックすると、作成したビューが保存されます。

All Entitiesのビューを活用

All Entitiesのビューを活用することで、New Relic APM以外のエンティティをNew Relic Lookoutのビューで表示することが可能です。エンティティを表示するビューのタイプは、List、Navigator、Lookoutの3つから選択できます。

New Relic Lookoutを選択する場合は、指標を表示する性質のため同じエンティティタイプのみを表示します。左のメニューの [Your system] から対象のエンティティタイプを選択することで、エンティティタイプにデフォルトで設定された指標でNew Relic Lookoutのビューが表示されます（**図13.29**）。

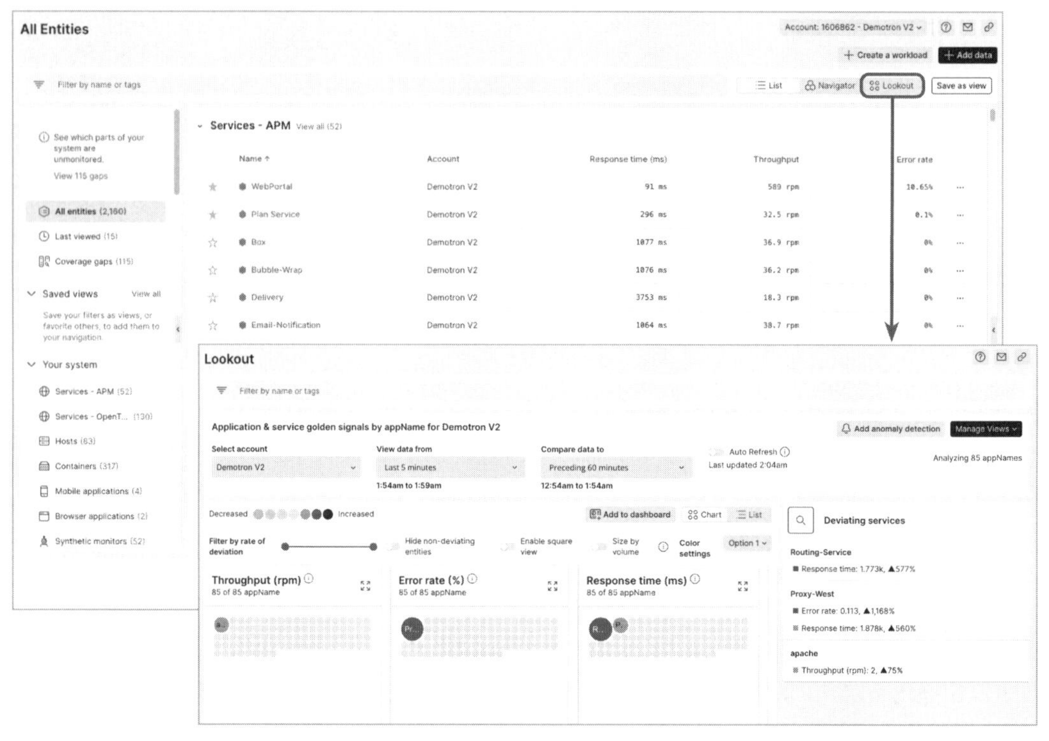

図13.29　All EntitiesでLookoutのビューを活用する

13.5　New Relic Workloads

本節ではNew Relic Workloads（Workloads）という、横断的に全体を把握することができるビューを提供する機能とその使い方について解説します。オブザーバビリティを導入することでデータを可視化できますが、これは目的ではなく始まりに過ぎません。エンジニアは、可視化されたデータからシステム全体の状態を理解し、そこから詳細な分析へと進んでいきます。Workloadsはこの理解の出発点として最適であり、業務の全体的なビューを数ステップで作成し、異常や信頼性、関係性の把握を容易にして、詳細分析へとの導線も用意してくれます。

13.5.1 Workloadsとは

Workloadsは、スタック全体にまたがるエンティティの状態を定常的に把握するためのビューを提供します。New Relicに蓄積されたテレメトリデータは、システムを構成するさまざまなコンポーネント（アプリケーション、インフラストラクチャ、モバイル、ブラウザ、ネットワークなど）から収集・蓄積されます。New Relicの各コンポーネントのプリセットの表示はそれぞれの重要な指標やデータを表示しますが、Workloadsはシステム単位または担当チーム単位などのまとまりで、状態を把握できるビューを作成することができます。これにより、特定の業務カットで見たいデータを全体的に把握できるようになります。

例えば本番環境のみに絞って、ステージング環境だけのデータをまとめたビューやSREチームに特化したビュー、マイクロサービスチームにおける特定のドメインごとに関連するビューを作成することもできます。Workloadsでは、特定の業務カットで柔軟なビューを作成し、関連するスタック全体を迅速に把握することが可能なのです（図13.30）。

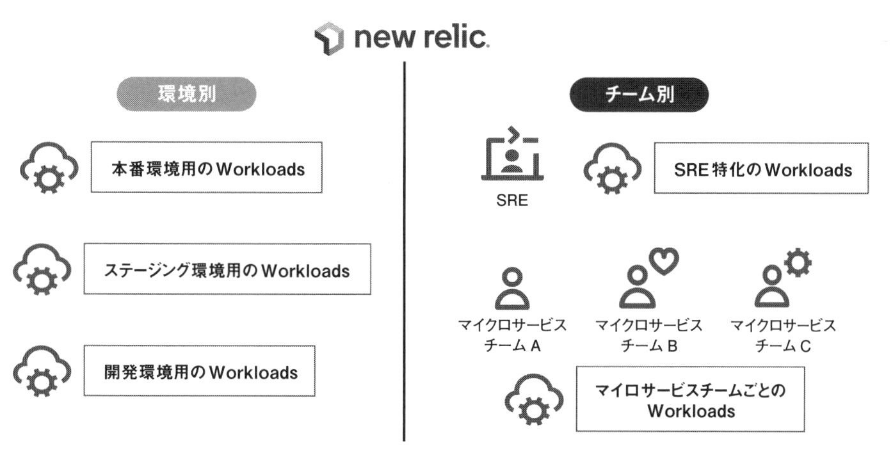

図13.30　関連するスタック全体を業務カットで把握

13.5.2 Workloadsを使う理由

New RelicではAlerts & AIによる異常の検知、Service Level Managementによる信頼性、Service Mapによる関係性、そして、Dashboardによる独自の切り口でサービスやシステムの状態を把握することができます。どの状態も1日に1回は確認し、想定外なことが起こっていないかをチェックしておきたい情報です。

とはいえ、毎日これら4つの情報を確認するのに、各ページを見にいく必要があるのは少し手間です。もしこれらの情報が1つのページで完結するなら、より効率的な確認方法と言えるでしょう。Workloadsを使う主な理由はまさにこれです。Workloadsは関連するシステム全体の異常、信頼性、関係性、独自の視点を1つにまとめることができ、個々の確認を1つの機能で完結することができます。この意味でWorkloadsは定常業務で最初に活用するにふさわしいビューです。

また、自身の担当するサービスにおいて、何かしらの異常や違和感に気づいたとしましょう。そのとき、それは特定のグループだけに現れた特徴なのでしょうか。当然他のグルーピングについても確認したいはずです。Workloadsでは、任意のグループ化されたビューを容易に作成することができます。グループ化してデータをまとめ直すという手間に時間をかけず、問題の原因分析に時間をかけられるようになります（**図13.31**）。

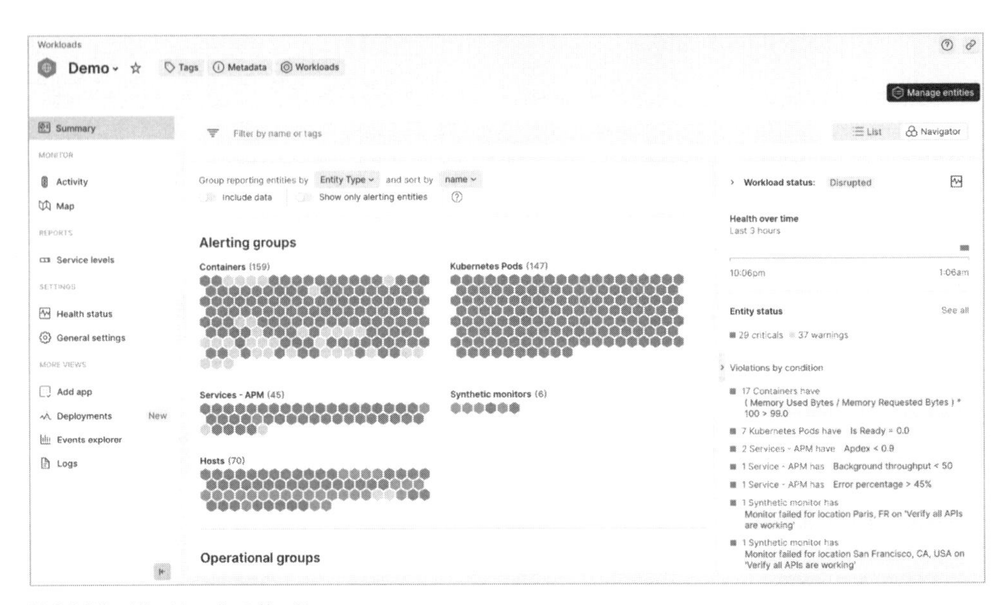

図13.31 Workloadsのサマリ

13.5.3 Workloadsを作成する

New Relicでは、どの機能も［All Capabilities］から利用を開始できます。Workloadsも同様に［All Capabilities］から選択します（**図13.32**）。

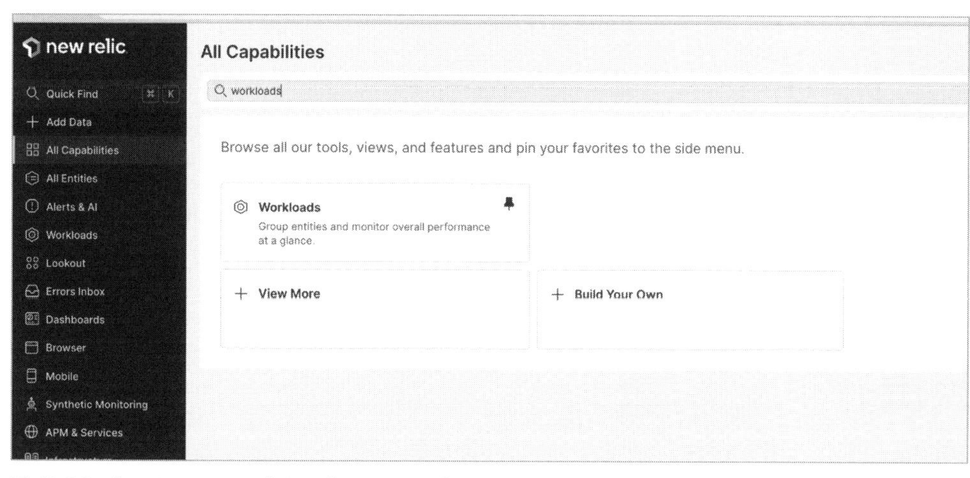

図13.32　［All Capabilities］から［Workloads］を選択

次に［Create your first workload］をクリックして作成画面へ遷移します（**図13.33**）。

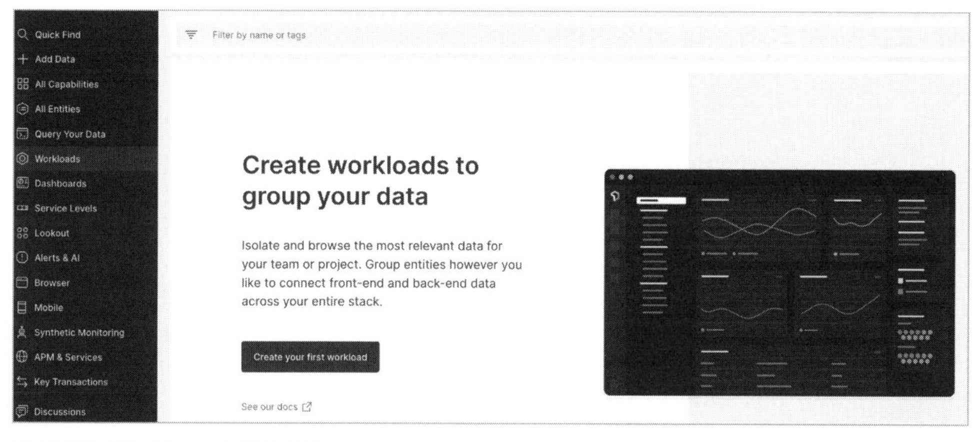

図13.33　Workloadsの初期画面

作成画面では［Give it a name］にワークロード名を記入し、次に検索バーで登録したいエンティティを検索して［+Add］ボタンを押して登録します。登録の際にはエンティティを1つずつ選択して登録することもできますが、**図13.34**のように名前に「prod」が含まれているエンティティを［+Add this query］で一括登録することもできます。多数のエンティティを簡単にWorkloadsに追加できるので、ぜひ利用してみてください。また、このタイミングで、本番環境／ステージング環境などの環境別、あるいはSREチームやマイクロサービスチームなどの組織カットを考慮してエンティティを登録します。もちろん、これ以外の業務カットで登録することも可能です。

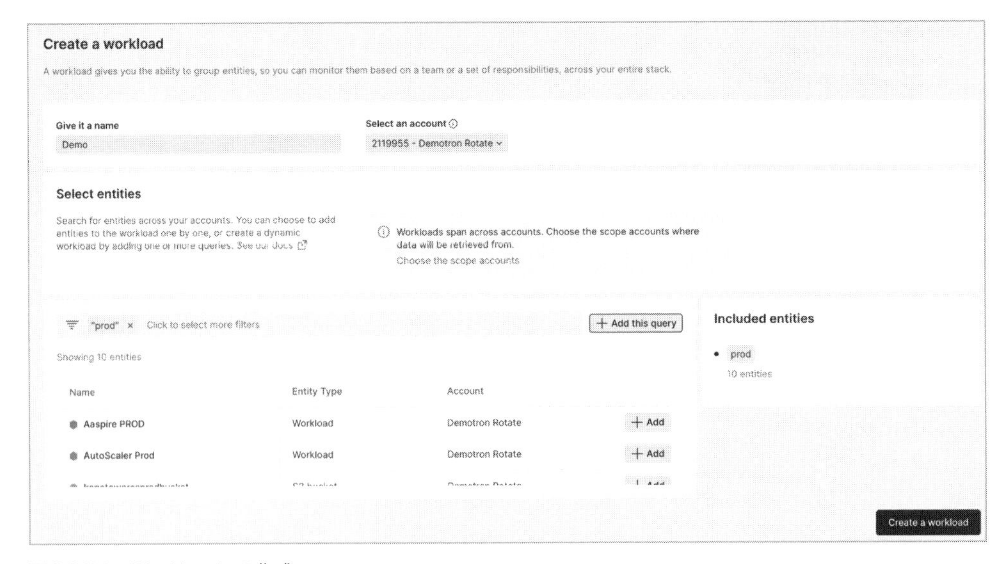

図13.34　Workloadsの作成

Workloads名の入力と関連するエンティティを選ぶだけで、Workloadsの作成が完了しました。このように数ステップの作業で簡単に作成できるため、すぐに利用を開始できます。

13.5.4 Workloadsを活用する

次に、13.5.2項で述べた以下の4点について使い方と活用方法を説明します。

- Alerts & AIによる異常の確認
- Service Level Managementによる信頼性の確認
- Service Mapによる関係性の確認
- Dashboardによる独自の切り口

Alerts & AIによる異常の確認

作成したWorkloadsを開くと、最初の［Summary］からアラートの状況を把握できます。緑色であれば健全であり、赤色はアラート、黄色は警告です。また、灰色はアラートの設定がされていないことを意味します。

このタイミングでアラートの設定漏れも確認できるため、監視設定の再検討もできるでしょう。このように関連するエンティティ全体から異常の有無を把握できます。

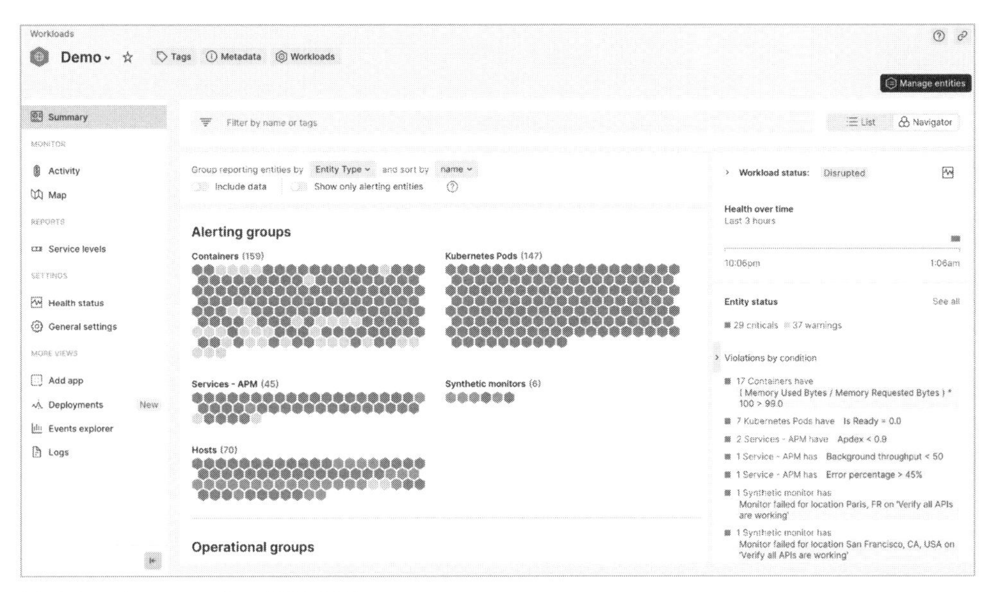

図13.35　色でアラートの状態を把握

Service levelsによる信頼性の確認

事前に作成されたSLI/SLOにより、システムや環境、チームごとに見るべき信頼性が整理され、統一感のある表示形式で把握することが可能です（図13.36）。

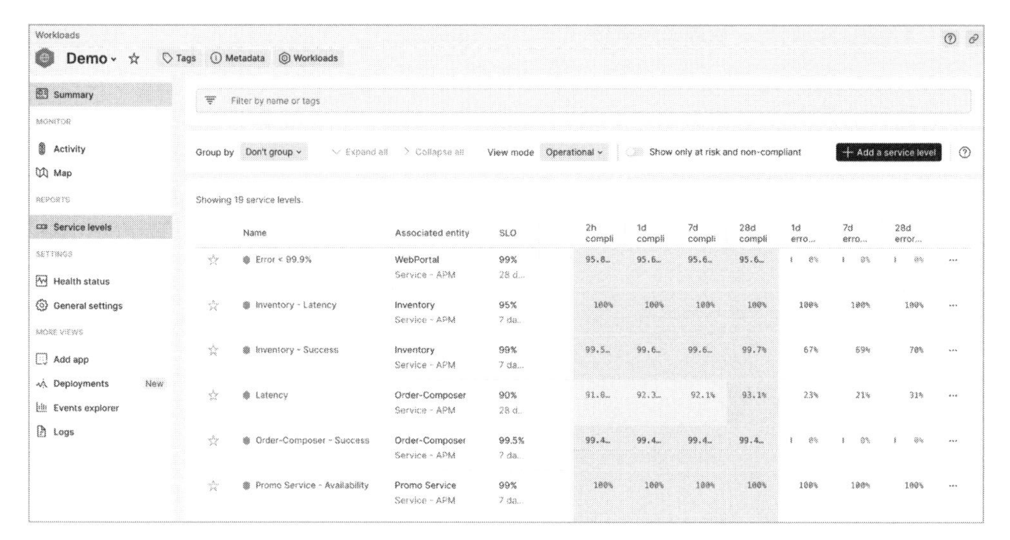

図13.36　サービスレベルの把握

Service Mapによる関係性の確認

　エンティティ間の関係性を可視化できます。サイドメニューより［Map］を選択します。Infrastructure、Service、UXなど階層別でエンティティが表示され、関係性、影響範囲などが視覚的に理解できます。また、Alerts & AIで設定した監視設定も同時に反映されるので、関係性とともにシステムが健全／異常であることもわかります。特定の階層以上のすべてが障害だった場合などは、原因分析などにも役に立ちます（**図13.37**）。

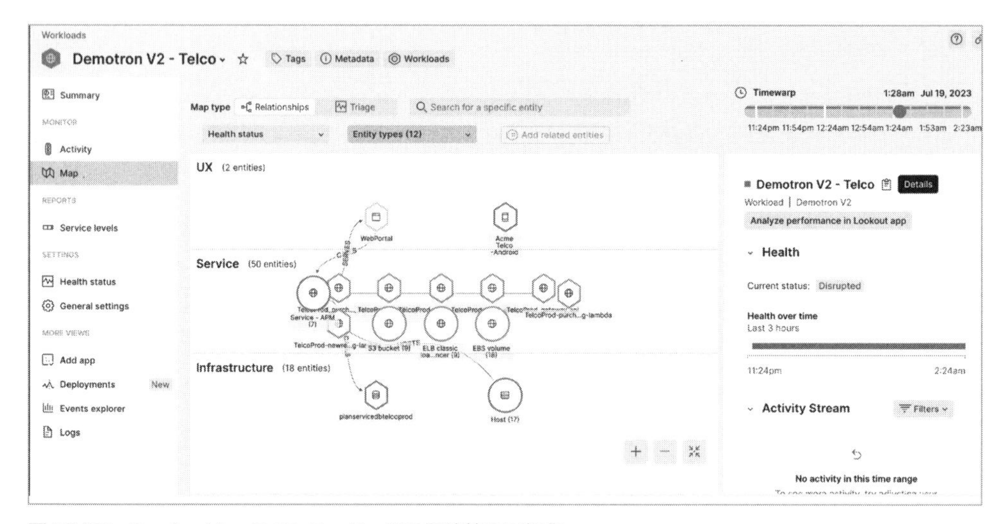

図13.37　Service Mapでエンティティ間の関連性を可視化

Dashboardによる独自の切り口

異常となったエンティティをクリックすると、右サイドパネルに簡易情報が表示されます（**図13.38**）。このパネルの［Details］をクリックするとAPMのSummaryページへと遷移するため、把握から分析へスムーズに移行できます。これは今まで見てきたWorkloadsの［Summary］［Servive levels］でも同様に可能です。

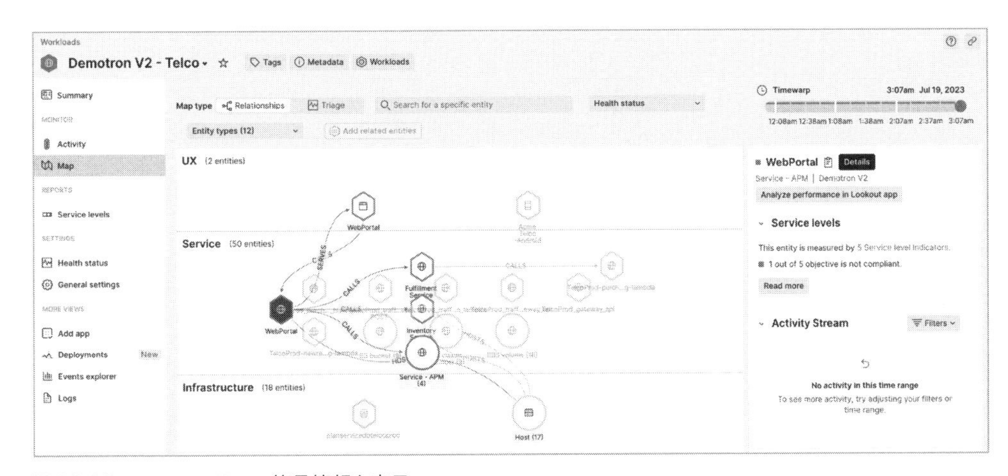

図13.38　エンティティの簡易情報を表示

また最後に［Activity］について解説しましょう。まずは**図13.39**を見てください。

図13.39　［Activity］で代表的な指標を把握

図13.39中には、すでに可視化されたグラフがあります。これはWorkloadsが自動的に作成したグラフであり、Workloads作成時に登録したエンティティに関する代表的なグラフが自動で作成されます。利用者は事前にDashboardでチャートを作成することさえなく、システムが認識した代表的な指標が図示されます。また、[Activity]の中には[Dashboards]オプションもあり、Dashboardで作成したダッシュボードも[Activity]機能に統合できます。Workloadsが自動的に作成するチャートとDashboardによる独自の切り口による把握の両方のメリットを享受することができます。

Part 3

New Relic活用レシピ
――17のオブザーバビリティ実装パターン

この部の内容

レシピ

レシピ

01 アプリケーションの遅延箇所を特定する

利用する機能 New Relic APM／New Relic Infrastructure

概要

本レシピでは、アプリケーションのパフォーマンス遅延をリアルタイムに把握し、原因を特定する手順を紹介します。従来のログベースではリアルタイムな把握が難しかったアプリケーションのパフォーマンスの常識を覆し、迅速にパフォーマンスの把握と分析を行う方法を示します。これにより開発者はパフォーマンスの調査工数を最小化でき、開発工数の効率化と障害時のMTTR（Mean Time To Repair／Recovery：平均修理時間）の短縮を実現します。

気づきにくいアプリケーションパフォーマンス問題

ほとんどのアプリケーションの運用において、アプリケーションエラーの発生を観測することは重要です。多くの開発者はログから比較的容易にエラーを把握できるため、アプリケーションエラーに注意を払えますが、一方で、同じくらい重要なアプリケーションのパフォーマンスの観測はどうでしょうか。例えばアプリケーションの処理の中で本来10ミリ秒で完了するはずの処理が1秒近くかかってしまっている場合のように、パフォーマンスが劣化するケースです。通常アプリケーションの処理は1つだけではなく複数の処理が積み重なって構築されます。こうしたパフォーマンス問題の原因は1つの処理だけでなく、複数処理の連鎖によることも多く、ユーザー視点からは結果的に2秒、3秒の遅延として表示されることもあります。このようにパフォーマンスへ影響が出ている状態は、ログを使ってリアルタイムな検知をすることが難しく、かつアプリケーションに事前に時間を計測する処理をつど加える手間もあります。また、最悪の場合として、ユーザーからの問い合わせをきっかけに遅延に関する事象が発覚することもあります。このように、アプリケーションのパフォーマンスをリアルタイムに把握することはエラーと比べてハードルが高いのが実情です。

さらに、アプリケーションのパフォーマンス問題が発覚してからも、その原因となっている処理を特定するには、アプリケーションに知見深いエンジニアが勘所を持ったうえでソースコードをしらみつぶしに調査する、という形で多大な工数を費やすケースが多く、ユーザーにとっても、エンジニアにとっても困る状態になるという課題もあります。

New Relic APMでパフォーマンス問題に容易に気づける

New Relic APM（APM）を使用することで、アプリケーションのパフォーマンスを容易に把握し、分析できます。例えば、運用フェーズ中にアプリケーションの遅延が発覚した場合には、原因となる箇所をソースコード（データベースの場合はクエリ）レベルまでドリルダウンして容易に特定することが可能です。これにより、エンジニアの調査工数を短縮し、かつプロアクティブに対処することでユーザー影響とビジネスの機会損失の抑制に寄与します。

加えて、開発フェーズにおいてもNew Relicを使用したアプリケーションのパフォーマンス分析も有用です。本来パフォーマンスの問題は想定外の問題としてリリース後に発覚することが多く、開発フェーズではパフォーマンス問題は埋没したままという場合も多いでしょう。そこで、APMを開発の段階で採用し、パフォーマンス劣化の原因を取り除くことで品質の高い状態でリリースでき、本番サービスの安定性に貢献できます。

このように、開発と運用のフェーズでAPMを活用することで、パフォーマンスを容易に把握し、かつプロアクティブな品質改善を実行することで、将来的なパフォーマンス障害へ備えることができます。次項では、パフォーマンスの把握と分析を具体的に解説していきます。

適用方法

アプリケーションの遅延箇所の特定において、まずは遅延している該当のアプリケーションを特定するところから始めましょう。アプリケーション特定のためのアプローチには、適切なアラート設定（第10章参照）やWorkloads、Dashboardによる全体俯瞰（13.5節参照）が有効です。

アプリケーションを特定したあとは、対象のアプリケーションのAPMを開き、遅延原因の調査を進めていきます。手順は以下の2つのステップです。

1. 遅延の原因となっている要素を素早く特定する
2. 遅延の原因をドリルダウンして特定する

1. 遅延の原因となっている要素を素早く特定する

まずはAPMのSummary画面にある［Web transactions time］を確認します。［Web transactions time］はアプリケーション全体の平均遅延時間を表しています。［Summary］画面右上のタイムピッカーを駆使して、グラフが増大している箇所がないかを確認しましょう。これによりアプリケーションの遅延を簡単に発見することができます。

Web transactions timeのグラフは遅延の内訳が色付けされており、それぞれのグラフの増減を確認することで簡単に遅延の状況を把握できます。**図1**のグラフにおいて、下から順に「PHP」

「MySQL」「web external（外部WEB呼び出し）」という内訳が色とともに表示されています。アプリケーションの構成によっては、さらにキャッシュ（「memcached」）などが表示される場合もあります。

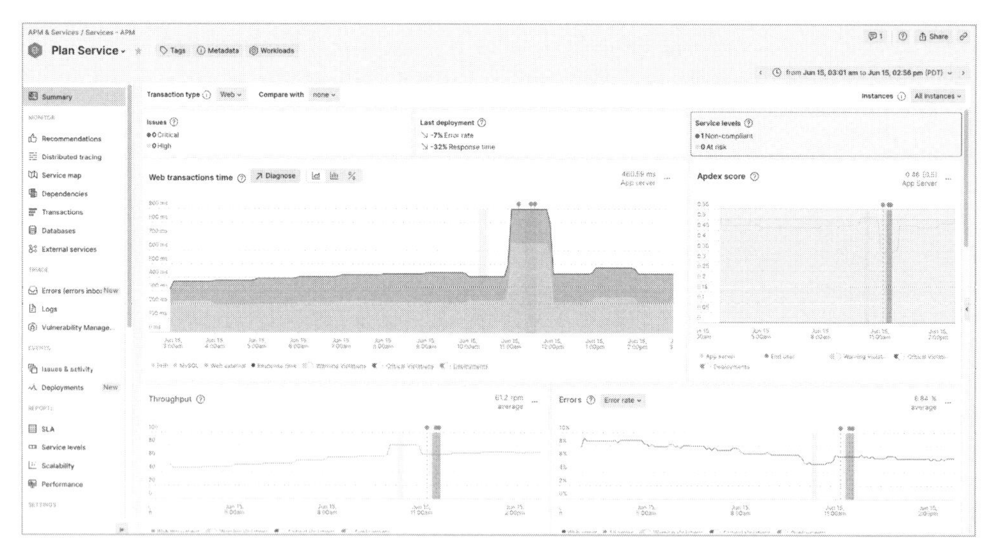

図1　グラフの色分けによって、遅延の内訳を確認できる

この図を読み解くと、6月15日午前11時（Jun 15 11:00 am）においてグラフが急騰し、レスポンスタイムが一時的に大きくなっている、つまり遅延していることが確認できます。レスポンスタイムが一時的に大きくなっているときには、下2つのグラフが大きくなっておりPHPとMySQLが影響を与えていることが確認できました。また、グラフの急騰時を除いた通常時にもレスポンスに大きな影響を与えている要素は一番下のグラフ（PHP）であることから、このアプリケーションでは、恒常時の処理、あるいはレスポンスタイムが一時的に大きくなっている部分でも、共通して大きくレスポンスタイムに影響を与えているのはPHPであること、そしてレスポンスタイムが一時的に大きくなっている部分でのみMySQLも影響を与えていることが確認できました。つまりアプリケーションのロジックやコードの改良、データベースのパフォーマンスチューニングがアプリケーションのレスポンス改善につながり、特にPHPの修正は費用対効果が高そうである、ということを判断することができました。

この例ではPHPとMySQLが原因でしたが、web externalについても補足しておきます。web externalは文字通りアプリケーションが外部アクセスをするときの遅延が記録されます。web externalによる影響が大きく占める場合は、アプリケーション自体の処理やデータベースの処理を疑うというよりは、「連携先の外部サービスで何か障害が発生していないか」あるいは

「外部へアクセスする際の通信経路に障害が発生していないか」と疑うことができます。この場合、自社のアプリケーションではなく外部サービスの障害などに巻き込まれた結果としての遅延であり、自社サービスかあるいは外部サービスに問題があるかを切り分けることができます。このように、次に確認すべき事項を特定し、早急に次なるアクションへつなげることができます。

また、Web transactions timeの3つ並んだアイコンのうち、真ん中のアイコンをクリックすると、ヒストグラムに表示を切り替えることができます。ヒストグラムでは指定している時間にて、処理時間の分布が表示されます。処理時間に偏りが発生している場合、山が高くなる箇所が複数発生します。**図2**のようなケースで確認すると、ほとんどのユーザーは100ミリ秒程度で処理が完了している一方、一部のユーザーでは750ミリ秒以上かかっていることが読み取れます。したがってアプリケーションのレスポンス遅延の影響範囲が全体的なのか一部のユーザーだけなのか、という判断ができます。

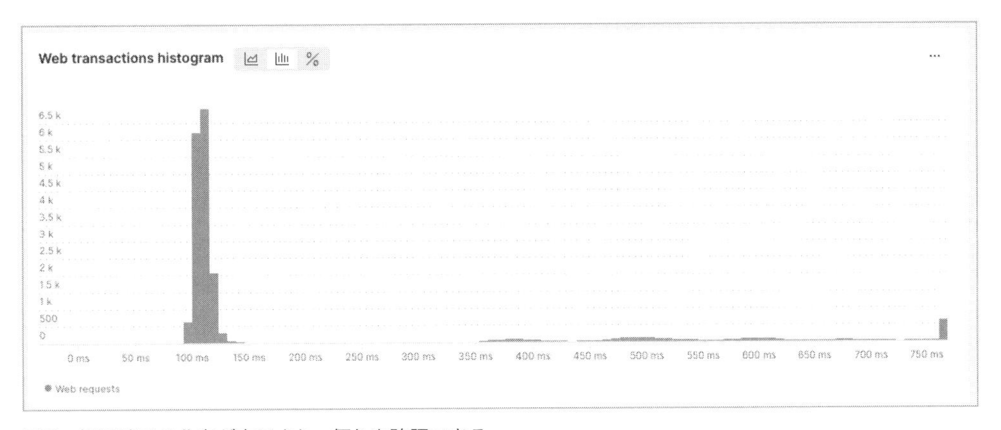

図2　処理時間の分布が表示され、偏りを確認できる

他にも、まれにあるケースとして、大半のユーザーである「ライトユーザー」では発生せず、優良顧客である一部の「ヘビーユーザー」でのみ発生する問題もあります。こういったシーンで影響を受けるのは少数だからと放置してしまうと、ビジネスインパクトの大きい顧客を逃してしまうことにもつながりかねません。以降の手順に進み、原因を調査したうえで、対応の優先度を考慮する必要があります。

また、このときInfrastructureにおいてもリソースに問題がないかを同時にチェックしましょう。**図1**のAPMの［Summary］画面を下にスクロールすると、**図3**のようにホストのリソースを同時に確認することができます※1。

アプリケーションのパフォーマンスに問題が発生していると聞くと、ついついアプリケーショ

※1　アプリケーションが動作するホストにInfrastructure Agentが導入されている必要があります。

ンのロジックやデータベースのクエリを疑ってしまいたくなりますが、アプリケーションが動作するホストのCPU高騰やメモリ枯渇によって引き起こされる場合も十分考えられます。また、ソースコードやデータベースに原因があるとわかった場合も、アプリケーションのパフォーマンスの影響がホストのリソースへ影響を及ぼしており、同じホストを使っている他のアプリケーションへの横断的に影響が発生していることも考えられます。このようなホストのリソース問題とアプリケーションのパフォーマンス問題の相関性を確認するためにも、このステップは非常に重要です。

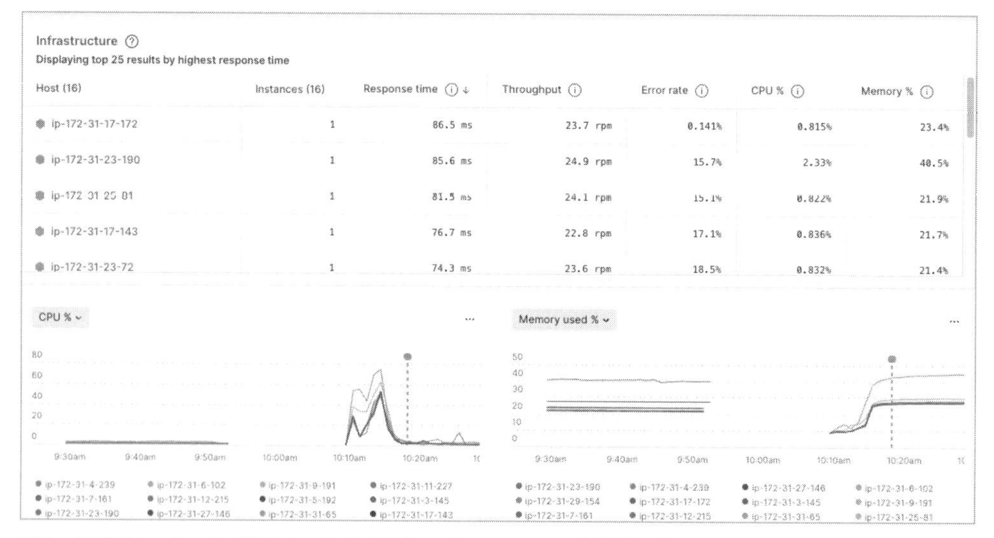

図3 アプリケーションが動作しているホストのパフォーマンスを確認できる

2. 遅延の原因をドリルダウンして特定する

先ほど、アプリケーションの遅延が「いつ」「どの要素で」発生しているかを確認することができましたが、さらにドリルダウンすることで「どこで」発生しているかを確認できます。

[Summary] 画面の [Web transactions time] ではPHP、MySQL、web externalなどの単位で発生している要素を確認できましたが、APMのTransactionを使うと、例えばPHPの場合はどの処理がボトルネックとなっているか、MySQLのどのクエリがボトルネックになっているかといったように原因の詳細を分析することができます。

図4はAPMのTransactionsです。ここで表示される標準のソート順は [Most time consuming※2] となっており、アプリケーション全体の処理時間のうち、支配率の高い順番に

※2 「処理時間×リクエストの呼び出し回数」順にソートされて表示されます。

一覧表示されています。そのため、上位の処理に対する修正にはそれだけ費用対効果が高くなるといえます。

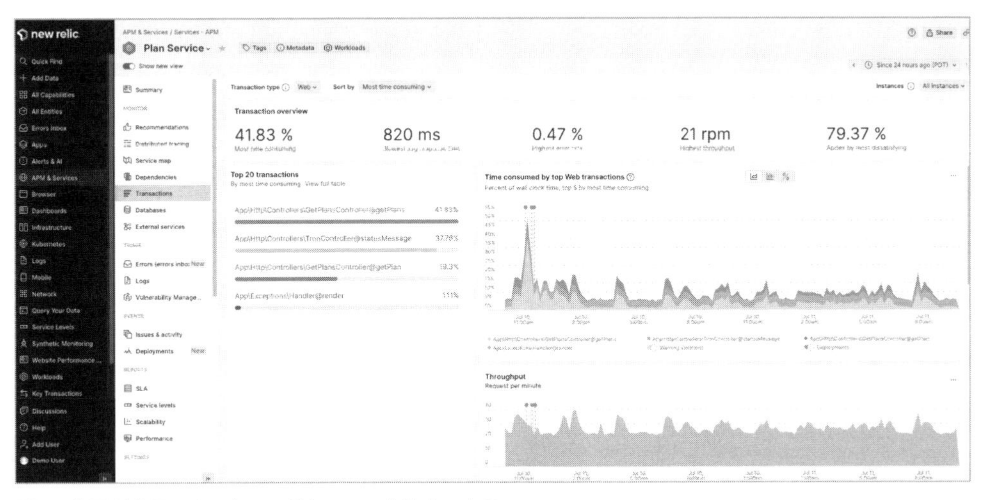

図4　費用対効果の高いトランザクションを特定できる

また、呼び出し回数が少ないが遅い処理や、特定のケースにのみ遅くなる処理を特定したい場合には、**図5**のようにソート順を［Slowest average response time］にすることで、平均処理時間の遅い順に並び替えることができます。遅い処理を特定するうえでは、両者を使い分けることが非常に重要です。

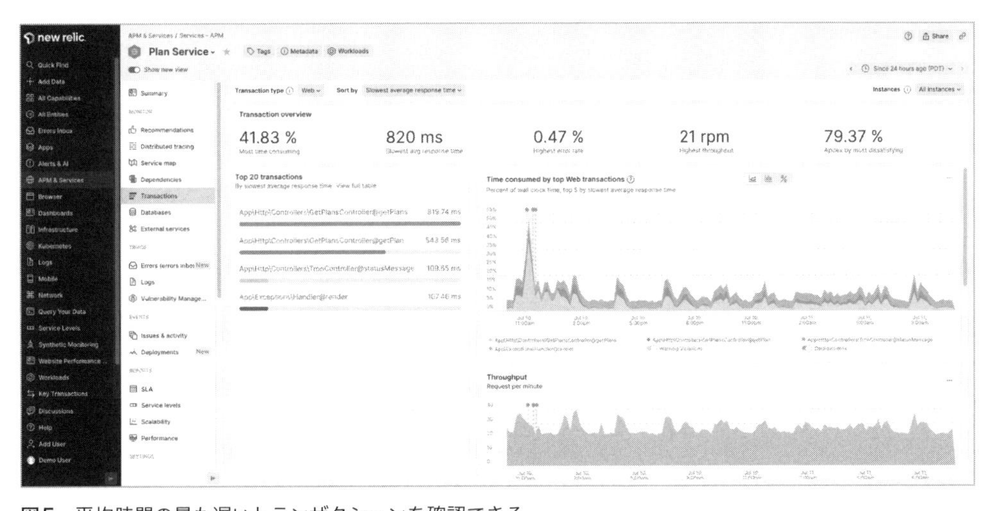

図5　平均時間の最も遅いトランザクションを確認できる

遅いトランザクションを特定したあとは、対象のトランザクションをクリックするとトランザクションの詳細画面に遷移し、原因をドリルダウンして調査することができます。**図6**を見てみると、トランザクション全体の処理時間の中央値は629ミリ秒、最も遅いトランザクションで5.47秒かかっていることがわかります。この場合、例外的に一部のトランザクションだけ特に遅くなっていることが判断できるため、特に遅くなっている処理をドリルダウンして調査しましょう。

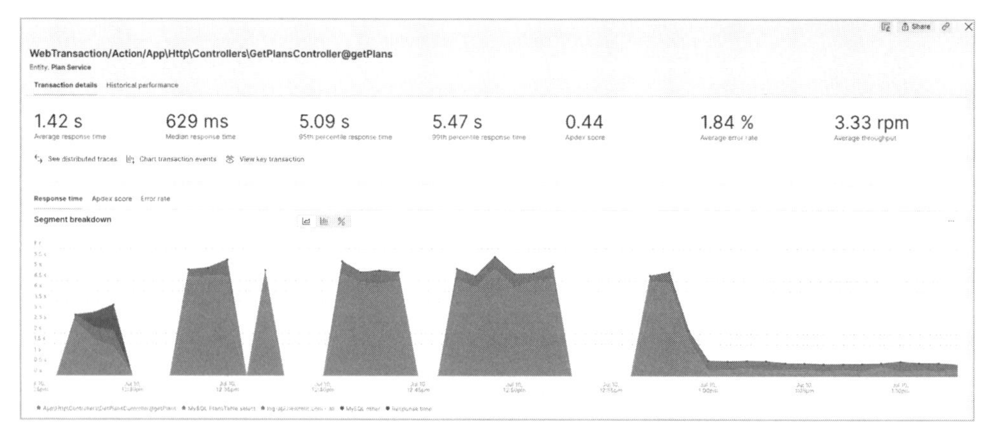

図6　トランザクションの遅延原因を分析する

図6から下にスクロールすると、**図7**のようなTransaction tracesが表示されます。ここではタイムピッカーで指定した時間内のトランザクションが一覧で表示されます。Durationをクリックして一覧をソートすることで、最も処理に時間のかかっている処理の特定に役立ちます。注意事項として、Transaction tracesでは、処理に1秒以上かかる（デフォルトのしきい値）もののみが表示されます。これは例外的な遅い処理を調査するうえで、早く終わる正常な処理は重要ではないがゆえのしきい値となっています。

恒常的に遅くデフォルトのしきい値未満の秒数で終わる通常の処理上でもTransaction tracesを見たい場合には、しきい値の秒数をAPMのUI上から調整することでTransaction tracesにトランザクションが表示されるようになります（**図7**）。

こうして遅いトランザクションを特定したあとは、対象のトランザクションをクリックすることで**図8**に遷移します。最初に表示される［Summary］タブではトランザクションの全体的な情報が表示されており、トランザクションの中でどのような関数やクエリが呼ばれているかを特定することができます。注目するべき点はCountとDurationです。

Transaction traces
Sample performance details

Only show results with: Distributed Traces　Search

Date	Transaction	Duration
Jul 10, 2023 12:50pm about 21 hours ago	App\Http\Controllers\GetPlansController@getPlans /api/v1/plans	5,612 ms
Jul 10, 2023 12:36pm about 22 hours ago	App\Http\Controllers\GetPlansController@getPlans /api/v1/plans	5,460 ms
Jul 10, 2023 12:48pm about 21 hours ago	App\Http\Controllers\GetPlansController@getPlans /api/v1/plans	5,408 ms
Jul 10, 2023 12:42pm about 21 hours ago	App\Http\Controllers\GetPlansController@getPlans /api/v1/plans	5,389 ms

図7　遅いトランザクションが一覧表示される

一番上のデータベースのコネクション関連の処理がCountが718回実行されており、Durationは1.69秒と高く、通常の設計上は考えにくいアプリケーションの動きであることから、ここがアプリケーションの不具合だと考えられます（**図8**）。

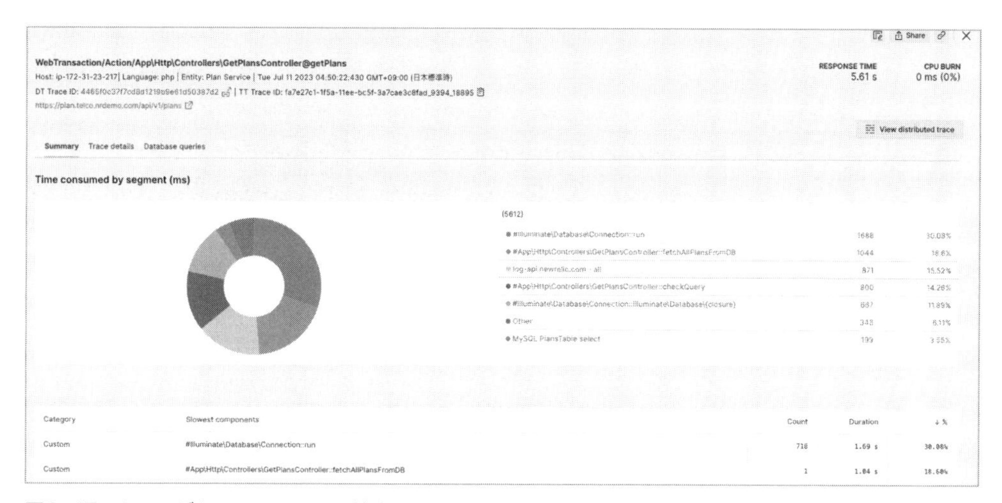

図8　遅いトランザクションの原因を特定する

また、［Database queries］タブを開くことで、このトランザクションで発行しているクエリの内容を表示することができます（**図9**）。今回対象となったクエリはSELECT文であり、俗にいうN+1問題が発生していることにより、データベースのコネクションを大量に開いている処理がボトルネックになっていることが原因だと特定することができました。レシピ02ではデータベースのチューニングをより詳細に紹介しているため、そちらもあわせて参照してください。

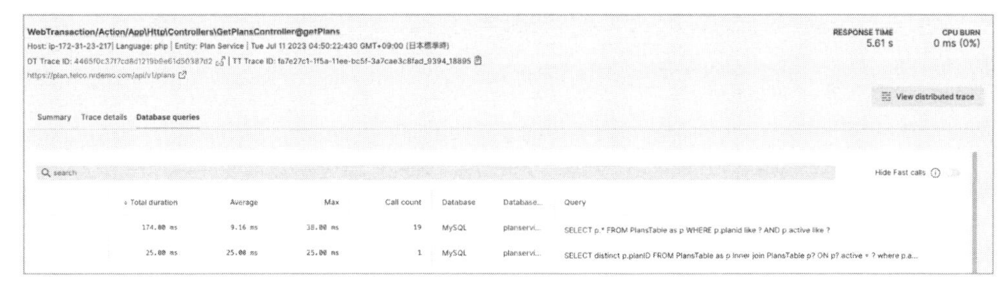

図9 トランザクションでコールされているクエリを確認できる

キートランザクション

キートランザクションとは、最も意味のあるトランザクションに対し、エンジニアリングチームがカスタムレベルのモニタリングを作成する方法です。New RelicのAPMは、すべてのトランザクションについてレポートすることで、ユーザーに影響を与える前に問題を迅速に検出し、解決するうえで役に立ちます。

しかし、デジタルビジネスの運営に不可欠な情報に、すべてのトランザクションが等しく有用なわけではありません。例えばECサイトでサイトを閲覧しようとしたとき、最初のページ読み込みでレスポンスの遅さを体感した場合、顧客はそのままサイトを離脱してしまい購入までには至りません。エンジニアリングチームは最も重要なビジネストランザクションともいえる、ページ読み込み遅延の根本原因を迅速に特定、修正して、より多くの顧客を逃すことを避けなければなりません。こうした重要なトランザクションを追跡する際はキートランザクションが有用になります。設定方法などの詳細は公式ドキュメントを参照してください。

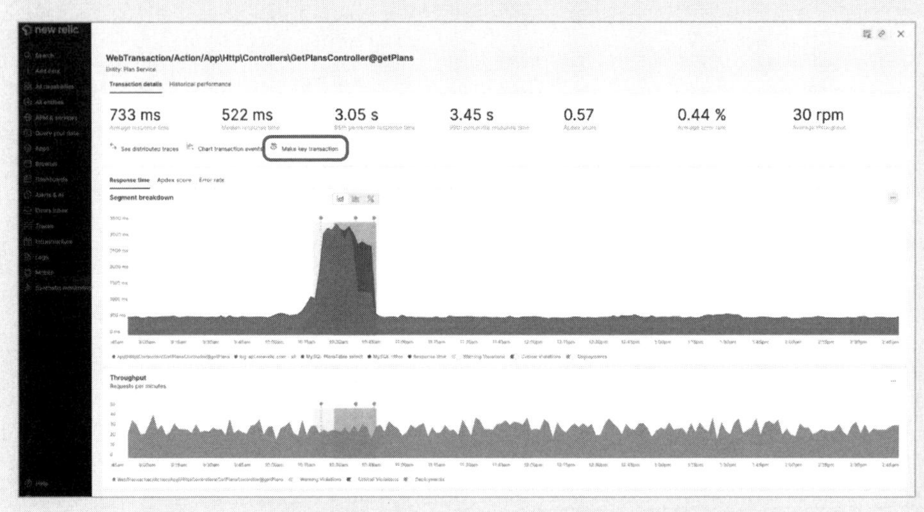

図A キートランザクションを作成する場合

レシピ

02 データベースアクセス改善箇所抽出パターン

利用する機能　New Relic APM／New Relic Infrastructure

概要

アプリケーションパフォーマンスを可視化するうえで、データベースクエリの応答状況を把握することはとても大切です。本パターンでは、アプリケーションのパフォーマンスに影響を与えているデータベースクエリをNew Relicで観測し、改善する手法を紹介します。

適用イメージ

アプリケーションパフォーマンスに影響を与えるデータベースクエリの性質は大きく2つのパターンがあると言えます。1つは、普通に遅いクエリを叩いてしまっていて遅くなっているパターン。もう1つは、それぞれの応答は短いが大量に呼び出されてしまい、結果的にリクエスト応答時間が遅くなってしまうパターンです。N+1問題※1などがこれにあたります（**図1**）。

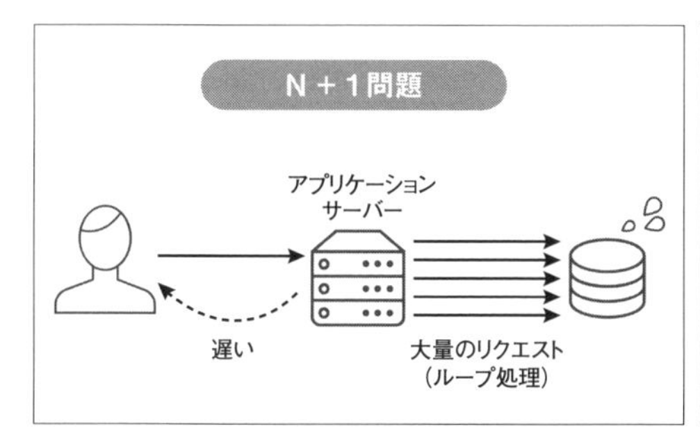

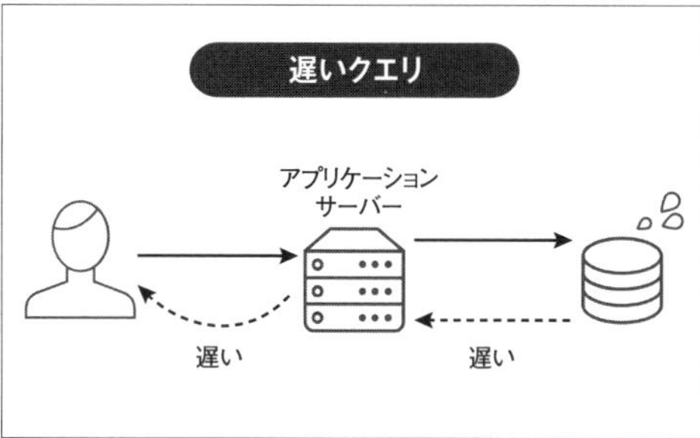

図1　代表的なデータベースアクセスパターン

もちろん、複雑な本番システムでは上記以外のパターンも起こり得ますが、本レシピではこの2つのパターンにおいて、New Relic上でどのように把握することが可能か解説していきます。

※1　プログラム内のループ処理の中などでつどクエリを発行してしまい、大量のアクセスが発生し、アプリケーションのパフォーマンスが悪くなる事象のことです。

適用方法

データベースアクセス状況を確認する

アプリケーションのデータベースアクセスは、APMの左側のメニューにある［Databases］から確認することができます（図2）。

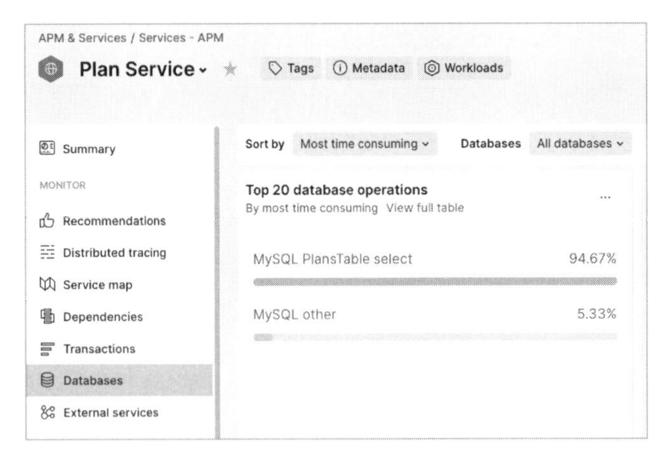

図2　アプリケーションのデータベースアクセスを確認する画面

この画面では、以下のような観点でソートすることができます。

1. Most time consuming：アプリケーション負荷に影響を与えている順。2.と3.を掛け合わせた時間が大きい順。例えば、1回の応答は速いがたくさん呼び出されている場合は上位になる
2. Slowest query time：1回の応答が遅いクエリ順
3. Throughput：呼び出し回数が多い順

本パターンでは、ここを出発点にして、問題を特定する方法を解説します。

スロークエリを特定する

APMの左側のメニューにある［Databases］をクリックし、［Slowest query time］でソートします（図3）。

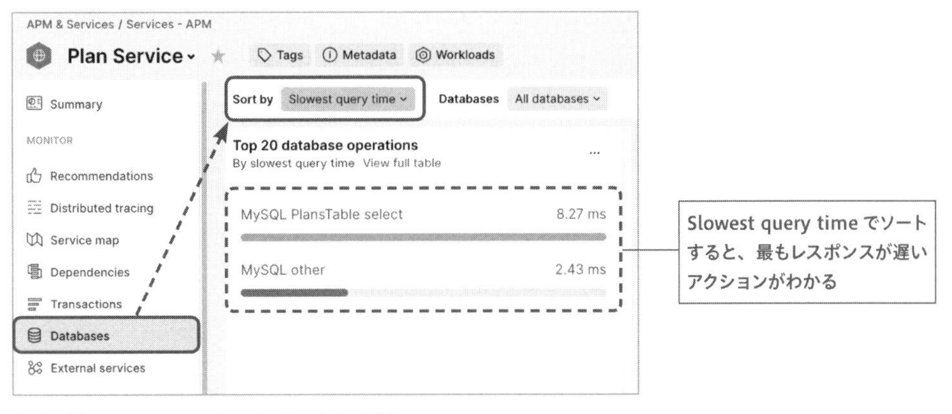

図3　Slowest query timeでソートした例

この例では、MySQL PlansTable selectアクションに最も遅いクエリが存在することがわかります。これを選択し、画面を下にスクロールすると、実際に呼び出されたアクションの中で応答が遅かったクエリを確認できます（**図4**）。

Slow SQL traces
The slowest database queries in your transactions during this time window

Search

Date ↓	Query	Duration
Jun 30, 2023 2:... 3 days ago	SELECT distinct p.planId, p.planPrice, p.minutesPerMonth, p.description, p.numLin... Inner join MySQL PlansTable select	602 ms
Jun 29, 2023 8:... 3 days ago	SELECT distinct p.planId, p.planPrice, p.minutesPerMonth, p.description, p.numLin... Inner join MySQL PlansTable select	590 ms
Jun 27, 2023 4:... 5 days ago	SELECT distinct p.planId, p.planPrice, p.minutesPerMonth, p.description, p.numLin... Inner join MySQL PlansTable select	1,119 ms

図4　Slow SQL Query一覧画面

クエリを選択すると［Slow query trace］画面が表示されます（**図5**）。セキュリティの観点からパラメーターはマスキングされますが、必要に応じてTransactionにカスタムアトリビュートを送っておくことでマスキングされたとしても情報として取得しておきたいパラメーターも可視化することができます。また、ここでは［Hint］が表示されています。例えば「indexが効いてない」「scanが走ってしまっている」などの提案が表示されるので、これをもとにテーブル設計の改善を行うことができます。

さらに、画面上部の［Transaction］部分はリンクになっており、どのTransactionで呼び出されているものなのかもわかります。データベースクエリから調査をスタートしたにもかかわらず、しっかりアプリケーションのどの機能で呼び出されているのかまでたどり着けるので、優先度の判断をしやすくなっています。

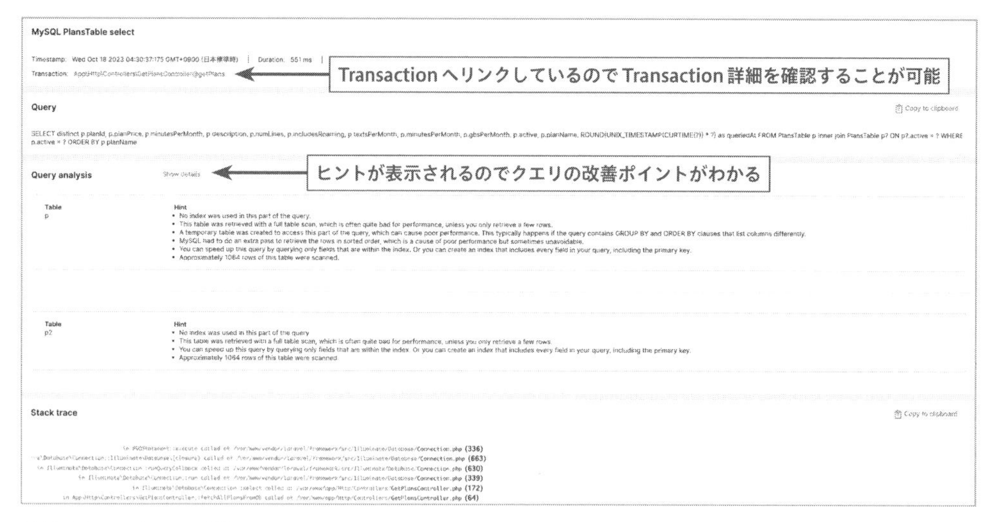

図5　Query traceの例

呼び出し回数の多いクエリを特定する

上記のパターン1.では、クエリ単位の呼び出し回数までは厳密にはわかりません。しかし、応答時間が短いにもかかわらず、短時間で呼び出し回数が急激に増えているなどの傾向が見える場合があります。調査を行う方法として、まず［Databases］をクリックし、［Most time consuming］でソートします（**図6**）。この例では「MySQL inventory_table select」が最もアプリケーションに影響を与えていることがわかります。

図7は、MySQL inventory_table selectアクションに対する、Query timeの平均と、Throughput（呼び出し回数）、およびTime consumption by caller（呼び出し元のトランザクション）を確認できます。ここでは、このクエリの呼び出し元のほとんどが「GET /api/v1/phones」というTransactionから呼び出されていることがわかります。本当にそのTransactionからしか呼ばれないものかもしれないので、これ自体が必ず悪いというわけではありませんが、とあるテーブルのselectアクションの回数が特定のTransactionに極端に偏るのは何かあるかもしれません。深掘りしてみましょう。

図6　Most time consumingでソートした例

図7　応答時間が短いが特定のTransactionからクエリが呼ばれている傾向例

Time consumption by callerチャートの問題の［Transaction］部分をクリックすると、Transactionに画面遷移します。さらに[Breakdown table]を見ると、平均で64.0回のMySQL inventory_table selectが呼び出されていることがわかります（図8）。

Breakdown table

Category	Segment	↓ % Time	Avg Calls/Txn	Avg Time
Database	MySQL inventory_table select	97.49	64	449 ms
Express Contro...	GET /api/v1/phones	1.07	1.00	4.94 ms
Middleware	<anonymous> <anonymous>//api/v1/phones	0.95	1.00	4.38 ms
Database	MySQL phones_table select	0.47	1.00	2.16 ms

図8　TransactionでMySQLのクエリが大量にコールされている例

また、このTransaction tracesを確認すると、phoneIdごとにinventory_tableをselectするクエリが大量に発行されており、先に説明したN+1問題のような傾向を確認することができます（**図9**）。

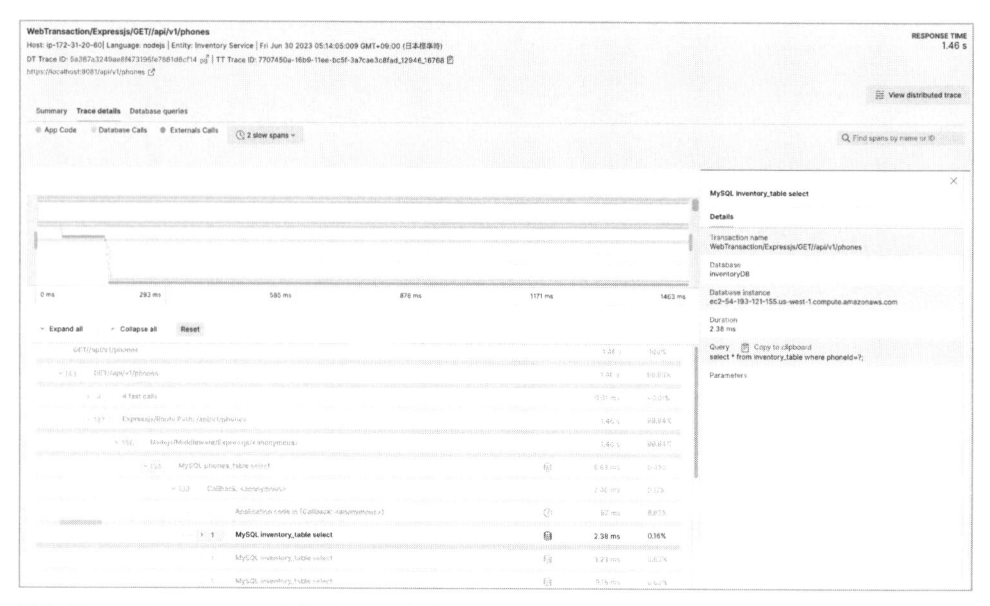

図9　Transaction tracesで大量のクエリが発行されていることを確認できる

レシピ

03 アプリケーションエラーのトリアージ

利用する機能　Errors inbox／New Relic APM
New Relic Browser／New Relic Mobile／New Relic CodeStream

概要

New Relicは、アプリケーション、ブラウザ、モバイルの性能やエラー情報を収集し、問題解決や性能改善に役立ちます。さらに、New RelicのErrors inboxは、アプリケーションのエラー情報を一元的に管理し、分析するための情報を提供します。エラーの発生源、種類、発生頻度など、エラーに関する詳細な情報を提供します。

例えば、ウェブアプリケーションでは、ブラウザでエラーが発生した際にユーザーが使用していたブラウザやバージョン、OS、スタックトレース等の情報を収集します。サーバーサイドでは、エラーが発生したトランザクションのトレース情報やログの情報もエラーの詳細情報と合わせて提供します。また、モバイルアプリケーションでは、クラッシュが発生した際に起動からクラッシュまでの操作情報を提供しているため、エラーを再現するための効果的な分析が可能になります。

しかし、エラー対応の優先順位を設定せずに修正対応を実施してしまうと、人的リソースを無駄に使い、改善の遅れを招く可能性があります。それを避けるためには、発生しているエラー情報を理解し、ユーザー視点でサービス利用への影響を把握することが重要です。これにより、ユーザー影響に基づいた問題解決や改善の優先順位付けが可能になります。

さらに、Errors inboxは、New Relic CodeStreamと連携することでErrors inboxで表示したスタックトレースの情報から該当コードをIDE上で表示し、スタックトレースを追跡することが可能です。これにより、スタックトレースを使った情報収集の時間を最小化し、トラブルシュートで本来注力すべきエラーの分析と修正の時間を最大化することが可能になります。

本節では、New Relic APMが収集したエラーを例に、New Relic Errors inboxを使ったエラーのトリアージ（ステータスの管理、ユーザー影響度による優先順位）の方法とNew Relic CodeStreamと連携したスタックトレースの追跡方法について解説します。

適用イメージ

はじめに、New Relic Errors inboxについて紹介します。Errors inboxには［Triage］と［Group errors］という2つのタブがあり、それぞれ異なる視点でエラーを分析することが可能です。［Triage］タブは、その名のとおり発生しているエラーに対応するのに必要な優先順位付けや対応状況のステータス、対応者の割り当てができます。一方、［Group errors］タブでは、エラーを動的にグループ化およびフィルタリングして、より詳細にエラーを分析することが可能です。

例えば、ユーザーから報告があったエラーの原因調査を行う際に、useridなどで条件を絞り込み、そのユーザー環境のログやエラーなどに着目し、調査を行っていくことが多いはずです。この方法は有効な手段ですが、同じエラーが複数のユーザーでも発生しているという情報があったとしたら、調査はより短時間で済む可能性があります。エラーの発生する状況を1ユーザーのすべての行動から推察するのではなく、複数のユーザーの共通項目から推察すればよいからです。

調査における視点は、マクロとミクロの2つに分けることができます。マクロ視点では、全体を俯瞰し、全体像を把握します。これは、全体の動向やパターンを理解し、広範な視野から問題を捉えるためのアプローチです。一方、ミクロ視点では、特定の条件や詳細に焦点を当てて深く掘り下げます。これは、特定の問題や現象を理解し、その原因や影響を詳細に調査するためのアプローチです。これら2つの視点を適切に使い分けることで、調査はより完全でバランスの取れたものになります。Errors inboxは、［Triage］タブでマクロな視点でエラーを分析し、［Group errors］タブでミクロな視点でエラーを調査することを実現しています。

サービス全体で発生しているエラーの把握

図1は、Errors inboxの［Triage］タブの画面です。

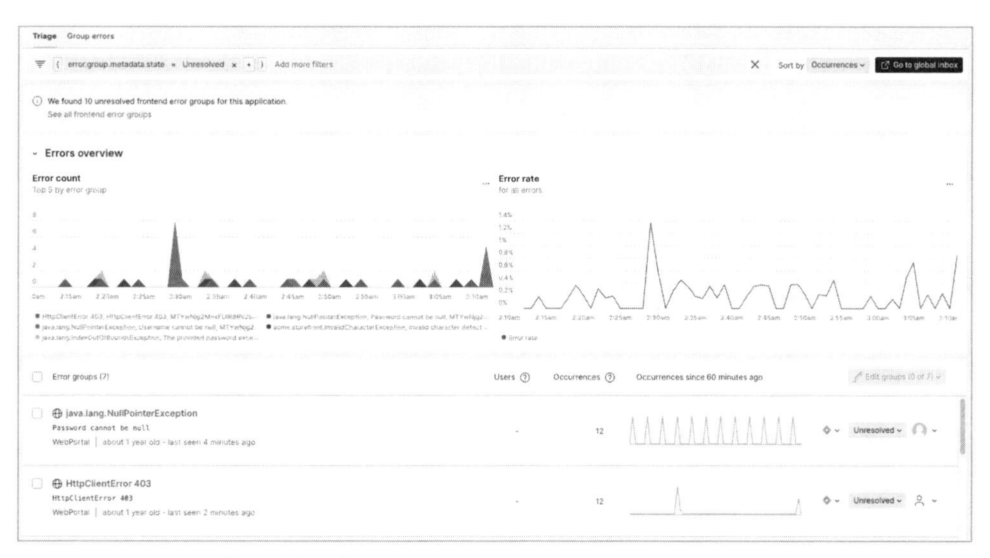

図1　Errors inboxの［Triage］タブ

類似したエラーイベントは1つのエラーグループにまとめられており、各エラーグループの発生回数や頻度がチャートで確認できます。これにより、同じエラーグループ内の問題を効率的に分析できます。一覧では、各エラーグループが影響しているユーザー数（User Impacted）が表示され、これをもとにエラー対応の優先順位を立てやすくなっています。さらに、対応ステータスや担当者の割り当て設定も可能です（**図2**）。

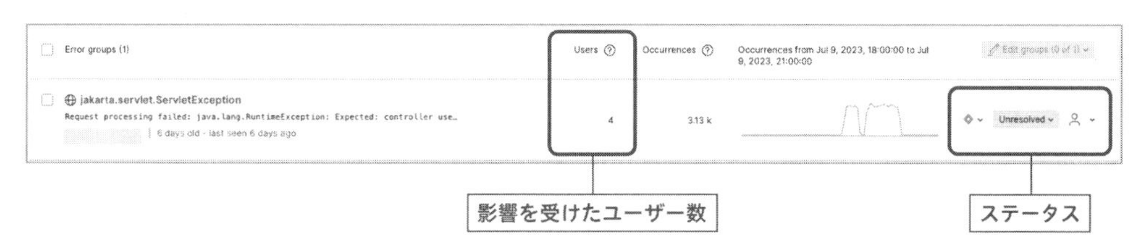

図2　エラーグループの影響度合いと対応ステータス

次に、エラーグループの詳細情報を見てみましょう。**図3**は、エラーグループの詳細ビューです。4つのタブでエラーグループの詳細情報とステータスの変更履歴やエラー対応時の記録といったエラーに関連する情報を表示しています。

図3　エラーグループの詳細画面

- [Occurrences] タブ：エラーの発生数と頻度だけでなく、スタックトレース、分散トレース、ログ、エラー属性情報が表示されます
- [Profiles] タブ：エラーグループ内のすべてのエラーについて、エラーが発生しているトランザクションの属性情報の傾向を観察することができます。属性バーをクリックすると、属性とカウントの内訳を示す一覧が表示されます
- [Activity] タブ：エラーグループのステータス変更とユーザー割り当てのログが表示されます
- [Discussions] タブ：コラボレーション機能でエラーに関してディスカッションして記録しておくことができます

◯ 個別エラーの詳細な分析

[Occurrences] タブではグループ化されたエラーごとの詳細情報が確認可能です。エラー発生時に出力されたスタックトレースの情報や属性情報に加えてトレースやログの情報を提供しています。また、スタックトレースは、New Relic CodeStreamと連携して右上のOpen in IDEボタン（**図4**）をクリックするだけでエラー発生時のバージョン情報でスタックトレースに記載されたファイルの該当行を表示することが可能です。

Stack trace

Copy to clipboard　</> Open in IDE

Error message:

```
Password cannot be null

        acme.storefront.action.LoginAction.validateUser(LoginAction.java:116)
                 acme.storefront.action.LoginAction.login(LoginAction.java:69)
               sun.reflect.GeneratedMethodAccessor77.invoke(Unknown Source)
…t.DelegatingMethodAccessorImpl.invoke(DelegatingMethodAccessorImpl.java:43)
                              java.lang.reflect.Method.invoke(Method.java:498)
          jodd.madvoc.ActionRequest.invokeActionMethod(ActionRequest.java:355)
```

図4　Open in IDE

Errors inboxはNew Relic APMの分散トレーシング画面とシームレスに連携しています。サンプルとして取得されたエラー詳細には、**図5**のような分散トレーシングへのリンクが含まれており、APMの画面を開かずにエラー時のトレース情報を直接参照できます。この機能により、エラー発生時のトランザクションの背景を、関連するサービスを含めて包括的に分析できるので、原因解明の速度が向上します。

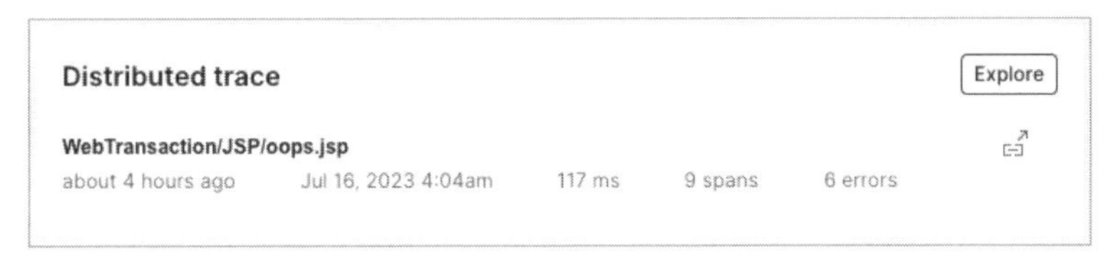

図5　分散トレーシング

Errors inboxの［Triage］タブでは、エラーをグループ化することでシステムへの影響度をエラー全体の中で相対的に捉えているため、エラーへの対象方針を決定するのに有効です。しかし、特定のユーザーや特定のトランザクションで発生しているエラーを分析するという点においては、スコープ外のエラーはノイズになってしまいます。そのデメリットを補完しているのが［Group errors］タブです。

特定の条件に絞り込んだエラー分析

図6は、Errors inboxの［Group errors］タブの画面です。デフォルトでは、エラーメッセージ、エラークラスおよびトランザクション名でグループ化されて表示されますが、グループ化の条件や表示するエラーを属性値でフィルタリングできることが［Group errors］タブの大きな特徴です。この条件設定は、エラーの詳細画面にも引き継がれており、［Triage］タブの詳細画面よりもノイズの少ない分析が可能です。

図6　Errors inboxの［Group errors］タブ

エラーの詳細画面は次の2つのタブで構成されており、個別のエラーの詳細情報と属性値の構成比率を確認することができます（**図7**）。

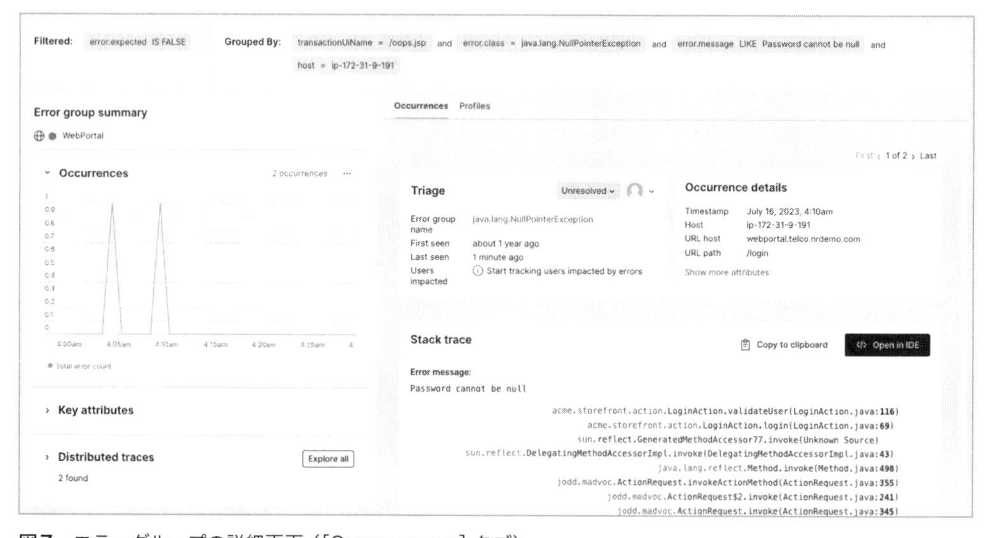

図7　エラーグループの詳細画面（［Group errors］タブ）

- **[Occurrences] タブ**：エラーの発生数と頻度だけでなく、スタックトレース、分散トレース、ログ、エラー属性情報が表示されます
- **[Profiles] タブ**：エラーグループ内のすべてのエラーについて、エラーが発生しているトランザクションの属性情報の傾向を観察することができます

[Occurrences] タブには [Triage] のパネルがあり、選択したエラーのエラーグループのサマリ情報が表示されています。このように [Triage] タブの情報とリンクされることにより、類似エラーの発生状況とユーザーへの影響度合いを確認できます。

Errors inboxの [Triage] と [Group errors] という2つのタブが提供する情報と、New Relic CodeStreamとの連携を組み合わせることで、エラーの原因を多角的に解析することが可能となり、調査を迅速に進めることができます。

適用方法

ユーザーへの影響度を計測する

New Relicは、エラーイベントにエンドユーザーを識別する属性がある場合、ユーザーインパクトメトリクス（メトリクス名：`newrelic.error.group.userImpact`）を自動的に収集します。エンドユーザーを識別する属性の名称は3つあり、OpenTelemetry標準※1の`enduser.id`が最も優先度が高く、`userId`、`user`が続きます。`enduser.id`の設定には、APM Agentに含まれるメソッドを呼び出す必要があります。また、`userId`、`user`の設定にはカスタム属性（レシピ15を参照）を用いた設定が有効です。

ユーザー属性登録のコード追加

リスト1は、クライアントからリクエストを受け付けるサーバーサイドのコントローラのコードの一部です。APM Agentは、トランザクションの処理の中でAPM AgentのSDKに含まれる`setUserId`メソッドを呼び出すだけでユーザー属性（`enduser.id`）を当該トランザクションのイベントデータに付与できます。

リスト1の例ではユーザー属性（`enduser.id`）として変数「`username`」を登録しています。

リスト1　ユーザー属性（`enduser.id`）の追加

```
(略)
import com.newrelic.api.agent.NewRelic;
(中略)
```

※1　https://opentelemetry.io/docs/specs/otel/trace/semantic_conventions/span-general/#general-identity-attributes

```
@Controller
public class XXXXXXXXXController {
    @RequestMapping("/XXXXXXXXX")
    public String xxxxxxxxx(...) {

        (コントローラのロジック)

        NewRelic.setUserId(username);

        (中略)

    }

}
```

APM AgentのSDKに含まれる`setUserId`メソッドは、言語によって仕様が異なるため、他の言語については公式ドキュメント※2を確認してください。

エラーグループのステータス管理

Errors inboxでは、[Triage] タブのエラーグループの単位でステータスを管理することが可能です。下記3つのステータスが設定でき、適切に使用することでエラー対応時のノイズ削減や再発の確認ができるようになります（**図8**）。

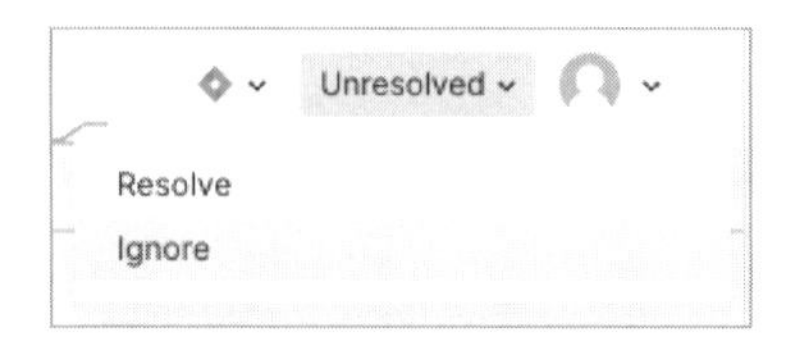

図8　エラーグループのステータス管理

- **Unresolved**：デフォルトのステータスです
- **Resolve**：フィルタリング条件を変更しない限り、デフォルトの一覧から非表示になります。Resolveに設定したエラーグループと一致するエラーイベントが再度発生した場合、ステータスは自動的にUnresolvedにリセットされます
- **Ignore**：フィルタリング条件を変更しない限り、デフォルトの一覧から非表示になります

対処済みのエラーにはResolveを、対処不要なエラーにはIgnoreを設定することで、デフォ

※2　https://docs.newrelic.com/docs/errors-inbox/error-users-impacted/#set-users

ルトの一覧に表示されるエラーグループは、対処が必要であり、かつ未対応のエラーのみが表示された状態となります。また、Resolveに設定したあとに再発したエラーに関しては、ステータスがUnresolvedにリセットされるだけではなく「Regression」という表示が追加されるため、対応の優先順位付けに活用できます。加えて、エラーグループの詳細画面にあるコラボレーション機能Discussionでエラーの対処方法や経緯を記録しておくことでエラーが再発した場合に迅速な対処が可能となります。

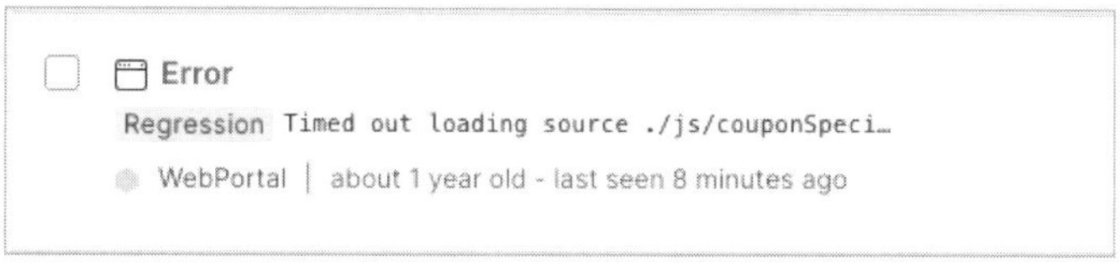

Error
Regression Timed out loading source ./js/couponSpeci…
WebPortal | about 1 year old - last seen 8 minutes ago

図9　エラーの再発

New Relic CodeStreamを活用したスタックトレースの追跡

New Relic CodeStreamを使ってエラーの詳細画面に表示されたスタックトレースの情報を追跡してみます。それにはNew Relic CodeStreamとNew Relic APMのそれぞれで設定が必要になります。CodeStreamの初期セットアップについては公式ドキュメント※3を確認してください。CodeStreamのプラグインのインストールとNew RelicのAPI keyの登録が必要です。New Relic APMで必要な設定は「リポジトリ情報の登録」と「リビジョン情報の連携」の2点です。

まず、リポジトリ情報の登録について解説します。CodeStreamはNew Relicで観測したデータをIDE上のソースコードレベルで展開する機能であるため、New Relic上のどのエンティティがどのリポジトリのコードをベースにビルドされているかを関連付ける必要があります。APM Agentの環境変数（`NEW_RELIC_METADATA_REPOSITORY_URL`）を設定する方法が推奨されていますが、New RelicのUIから設定する方法もあります（**図10**、**図11**）。どちらもSSHまたはHTTPSで接続できるURL形式での設定が必要です。

※3　https://docs.newrelic.com/docs/codestream/start-here/codestream-user-guide/

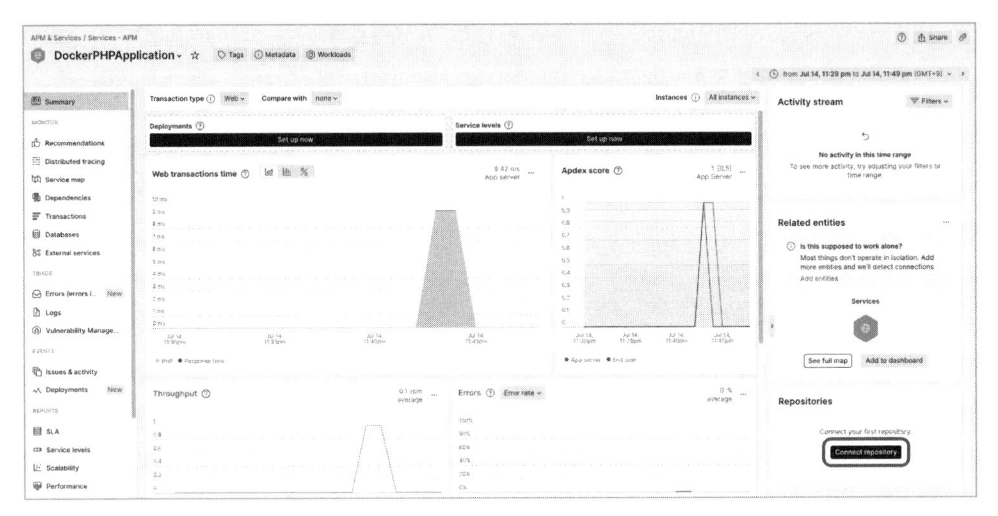

図10　リポジトリ情報の登録①

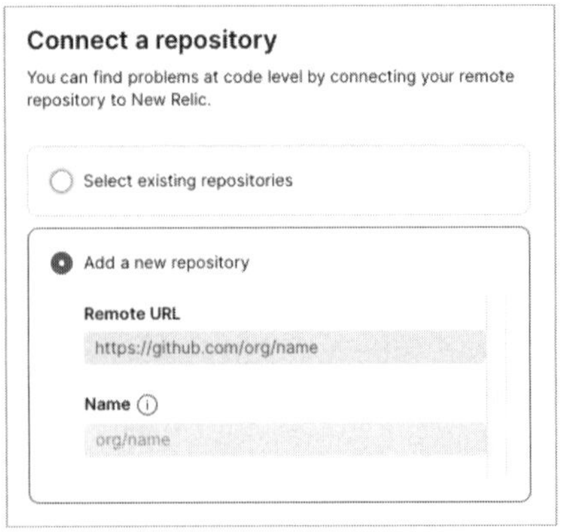

Connect a repository

You can find problems at code level by connecting your remote repository to New Relic.

Select existing repositories

Add a new repository

Remote URL

https://github.com/org/name

Name

org/name

図11　リポジトリ情報の登録②

次は、リビジョン情報の連携です。CodeStreamを使用してエラーのスタックトレースを確実に追跡するためには、そのエラーが発生した環境で実行されているコードのバージョンを特定する必要があります。エラーの原因となったコードのバージョンまで正確に把握するためには、コミットハッシュとリリースバージョンのいずれか、もしくは両方をNew Relic APMの環境変数に設定してTransactionおよびTransactionErrorイベントの属性として連携する必要があります。

コミットハッシュはリリースタグを使用していない場合でもビルドのパイプラインに組み込みやすいという利点があります。環境変数`NEW_RELIC_METADATA_COMMIT`に設定が必要で、設定値は以下のようなようなコマンドを使うことで取得が可能です。

```
$ git rev-parse HEAD
```

また、リリースバージョンには可読性が高いという利点があります。環境変数NEW_RELIC_METADATA_RELEASE_TAGに設定が必要で、設定値は次のようなコマンドを使うことで最新のタグ情報の取得が可能です。

```
$ git describe --tags --abbrev=0
```

それではCodeStreamとErrors inboxの連携を確認してみましょう。Errors inboxのエラーの詳細画面に表示されたスタックトレース右上に表示されている［Open in IDE］からVS Code等のIDEを開くことが可能です。そしてエラーが発生したコードのバージョンを照合し、スタックトレースに提示された対象のファイルの行番号を表示します（**図12**）。また左のパネルに表示されたスタックトレースから確認が必要なファイルを選択するだけで対象ファイルを次々確認することが可能です。

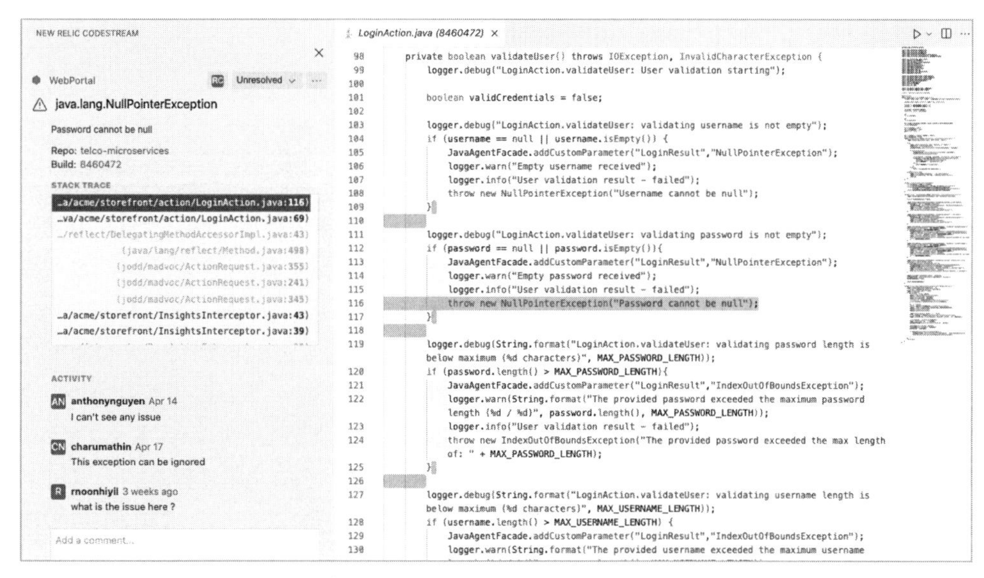

図12　スタックトレースをIDEで確認

レシピ

04 バッチアプリ監視パターン

利用する機能　New Relic APM

概要

リアルユーザーが体感しているサービスのパフォーマンスを直接計測する意味でWebアプリやモバイルアプリといったフロントエンドから直接呼び出されるアプリケーションの応答時間をAPMで測定することは重要です。New Relicでは、このとき呼び出されるトランザクションを「Webトランザクション」と呼んでいます。

一方で、上記以外の種類のトランザクションもあります。その1つが、Webアプリの中でも別スレッドやワーカー機能を使ってバックグラウンドで処理をするものです。このような処理はフロントエンドを利用しているエンドユーザーの体験を損なわないので、ある程度長い時間実行できます。このようなトランザクションをNew Relicでは「非Webトランザクション」と呼んでいます。

非WebトランザクションはWebアプリ以外のアプリにも存在しています。例えば、いわゆる夜間バッチのようにバックグラウンドで大量のデータを時間をかけて処理するトランザクションです。KubernetesのJobs※1／CronJob※2や、クラウドサービスのスケジュール実行サービスが出てきたことから、このような処理を小さい粒度にしてバックグラウンドで実行することも増えてきています。これらの処理のメトリクスを計測するときも非Webトランザクションとして計測します。

Webトランザクションと比べて非Webトランザクションは計測するために多少手間がかかるのが課題です。Webトランザクションは1つのHTTPリクエストに対応しているため、Agentを使うとトランザクションを自動で検出できます。しかし、非Webトランザクションの場合、HTTPリクエストに対する処理のようにトランザクションとして計測したいわかりやすい範囲が必ずしもあるわけではありません。開発者が「ここからここまでの処理を1つの単位として計測する」という定義を行う必要があります。

New Relicではカスタムインストゥルメンテーションでこの定義を行います。本レシピでは、

※1　https://kubernetes.io/docs/concepts/workloads/controllers/job/
※2　https://kubernetes.io/docs/concepts/workloads/controllers/cron-jobs/

このようなバッチ処理、バックグラウンド処理を計測するためにカスタムインストゥルメンテーションを行う方法について説明します。

メリット

非Webトランザクションも Webトランザクション同様に可視化し、分析ができます。そのため、トランザクションの名前ごとにスループット、所要時間を知ることができます（**図1**）。

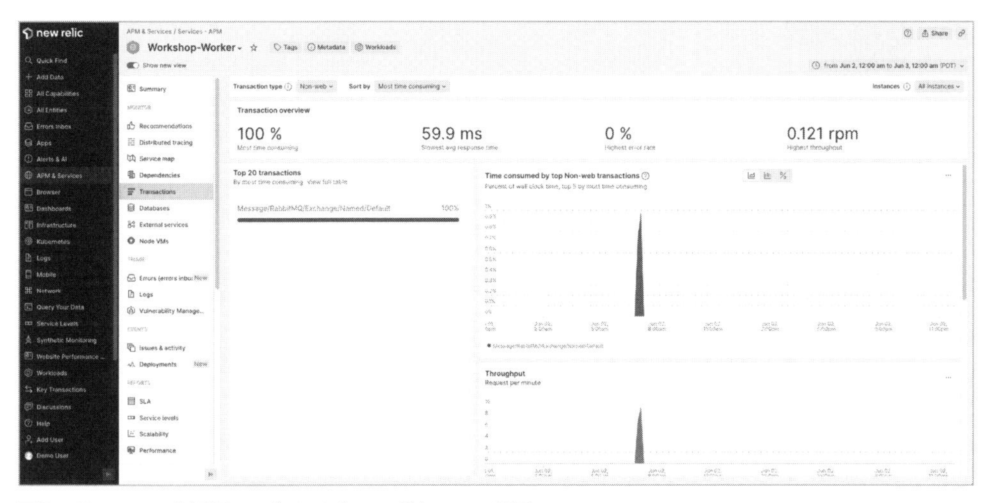

図1　[Summary] 画面での非Webトランザクション概要

トランザクション詳細も同様に利用できます。バックグラウンド処理やGUI処理であっても、外部サービスやデータベースなどとのやり取りに時間がかかることは共通です。どこで時間がかかっているかを詳細に追跡できます（**図2**）。

なお、非WebトランザクションはApdexスコア（6.4.1項参照）の算出対象には含まれません。Apdexスコアはエンドユーザーの満足度を測る指標であるため、エンドユーザーの満足度に直接は寄与しない非Webトランザクションを除外するためです。

図2　非WebトランザクションのTransactions

適用方法

APMは多くの言語やフレームワークをサポートしており、Webトランザクションを自動で検出できます。しかし、バックグラウンドプロセスを非Webトランザクションとして検出するためにはカスタムインストゥルメンテーションの設定を行う必要があります。言語によっては1分未満の短命プロセスを扱う場合は、プロセス終了時に計測データを送信する処理を明示的に記載するなどの追加処理が必要な場合があります。これらの設定は言語のAgentによって異なります。APM Agentごとのドキュメントに説明がありますが、それらをまとめた公式ブログ記事※3も参考にしてください。ここではGoでのバッチ処理の可視化を一例として適用手順の概要を説明します。

Goでのバッチ処理

サーバーサイドGoアプリでの計測は、利用しているHTTPミドルウェア（ルーティング）ライブラリによって適用の方法が異なりますが、New RelicがIntegrationを提供しているライブラリであれば2、3行のコード追加で可能です。これに対し、バックグラウンド処理のトランザクションを計測する場合は、明示的にトランザクションの開始と終了を設定します。例えば、**リス**

※3　https://blog.newrelic.co.jp/observability-design-pattern/instrument-background-process/

ト1のコードでは、StartTransactionで開始し、Endで終了しています。

リスト1　トランザクションを明示的に開始・終了して計測するサンプル（Go）

```
app, err := newrelic.NewApplication(
    newrelic.ConfigAppName("ODP Go Background App"),
    newrelic.ConfigLicense(os.Getenv("NEW_RELIC_LICENSE_KEY"))
)

app.WaitForConnection(10 * time.Second)

txn := app.StartTransaction("client-txn")
ctx := newrelic.NewContext(context.Background(), txn)
err = doRequest(ctx)
if nil != err {
    txn.NoticeError(err)
}
txn.End()
app.Shutdown(10 * time.Second)
```

Goの計測で注意しないといけない点として、トランザクションを詳細に記録するセグメントの計測などNew Relic APIの操作が必要な場合、transactionを含んだContextオブジェクトを渡す必要があります。この方法はバックエンド固有の話ではなく、サーバーサイドでも利用されています。セグメントの記録はHTTP呼び出しやデータベース呼び出しの場合は、**リスト2**のようにContextオブジェクトを受ける設計で作られています。

リスト2　SQLクエリ処理のセグメント記録例（Go）

```
txn := newrelic.FromContext(ctx)
s := newrelic.DatastoreSegment{（略）}
result, err := db.ExecContext(ctx, "INSERT INTO memo(body) VALUES ('body1')", nil)
```

そのため、バックグラウンド処理の場合でもContextを伝搬させるほうが扱いやすくなります。また、特に短命プロセスの場合は起動時にWaitForConnectionでAgentの起動を待機し、ShutdownでAgentを明示的に終了し、データの送信を完了させます。

レシピ

05 脆弱性管理とIASTによるセキュリティのブラックボックステストの実行

利用する機能　New Relic APM ／ Vulnerability Management

概要

近年では、多くの企業がソフトウェアの力を使った事業変革に挑んでいます。ソフトウェアサプライチェーンにおけるデリバリにおいてはDevOpsが主流ですが、ソフトウェアがビジネスの主流になるほど、ソフトウェアセキュリティにおける脆弱性が実ビジネスへ与える影響も大きくなる問題が生まれました。

本レシピでは、この問題に対処するためにNew Relicのセキュリティ機能を紹介し、ソフトウェア開発ライフサイクルにおけるDevSecOpsを実践するための方法を解説します。

DevSecOpsに貢献するNew Relic

多くの企業でDevOpsの導入が進み、開発チームと運用チームが開発・テスト・デプロイまでソフトウェアの開発ライフサイクル全体を通して協働することで、開発サイクルを短縮し、リリース頻度を高めることが可能になりました。

一方で、高頻度のリリースに対して、セキュリティエンジニアがリリースのアジリティを落とすことなく、セキュリティを担保する動きを取るのが難しくなってきています。セキュリティチームの運用サイクルはDevOpsの開発サイクルとは別軸で動いており、多くの場合、セキュリティテストはリリースの直前に実施されます。リリースの直前に重大な脆弱性が検出されると、修正するまでリリースできなくなり、DevOpsの開発ライフサイクルの中でセキュリティチームがボトルネックになり得るケースが発生してしまうからです。

これに対処する手段として、DevOpsの開発ライフサイクルの中に継続的なセキュリティテストの仕組みを組み込むことで、開発のアジリティを犠牲にすることなく、早期にセキュリティの課題を見つけて処置を実施する、DevSecOpsという手法が重要になってきています。

DevSecOpsでは、開発チームや運用チームが開発ライフサイクルの早い段階からセキュリティテストを継続的に実施することで、開発サイクルのスピードを維持したまま、セキュリティを強化する活動を行えるようになります。

DevSecOpsに取り組むには、ソフトウェア開発ライフサイクルの中に、**表1**に示すアプリケーションセキュリティテストの手法を組み込むことを検討する必要があります。

表1　DevSecOpsに実装するセキュリティソリューション

手法	内容
SCA (Software Composition Analysis)	ソースコードやバイナリをスキャンして、オープンソースおよびサードパーティのライブラリの既知の脆弱性を特定するテスト
IAST (Interactive Application Security Testing)	アプリケーションのソースコードをビルドしたあとにアプリケーションの実行中の環境で、対話型セキュリティテストを実施し、脆弱性の問題があるコードを特定するテスト
SAST (Static Application Security Testing)	ソースコードを分析して、セキュリティの脆弱性の可能性があるコーディングや設計上の欠陥を探す、静的セキュリティテスト
DAST (Dynamic Application Security Testing)	アプリケーションの実行中に外部からの攻撃をシミュレートすることで、脆弱性やアーキテクチャの弱点を探す、動的セキュリティテスト
RASP (Runtime Application Self-Protection)	セキュリティ機能を提供するライブラリをアプリケーションに組み込むことで、アプリケーションに対する攻撃を検出、ブロックする

New Relic ではDevSecOpsのソフトウェア開発ライフサイクルの中に組み込む機能として、アプリケーションを対象としたSCAとIASTによるセキュリティ機能を提供しています。

New Relicを使ったアプリケーション中心のセキュリティテスト

New Relicが提供するSCAとIASTによるセキュリティテストは、アプリケーションにAPM Agentを導入することで開始できます。

アプリケーションのオープンソースライブラリの脆弱性を見つける（SCA）

アプリケーションが利用しているオープンソースライブラリに関する脆弱性を検知してくれるSCAは、New Relicでは「Vulnerability Management」という機能に統合されています。通常のVulnerability Managementは脆弱性管理の意味ですが、New Relicの「Vulnerability Managment」は後半のIASTも含む点で、より広い意味で使われる単語になっています。

APM Agentがアプリケーション内のオープンソースライブラリの脆弱性を検出し、脆弱性の問題をまとめてNew Relicの画面上で確認でき、セキュリティリスクの優先順位付けが自動で行われるため、迅速な対処を実施できるようになります。

例えば、**図1**では、rubyのbundlerライブラリのバージョン1.xにクリティカルな脆弱性が検出されており、対応の優先度、CVEのID、CVSSスコアと、対処済みのバージョン2.0.0がリリースされていることを教えてくれています。New Relicでは、現在のバージョンとアップデートすべきバージョンの両方を教えてくれるため、非常にアクションが取りやすい形で情報を提供してくれます。

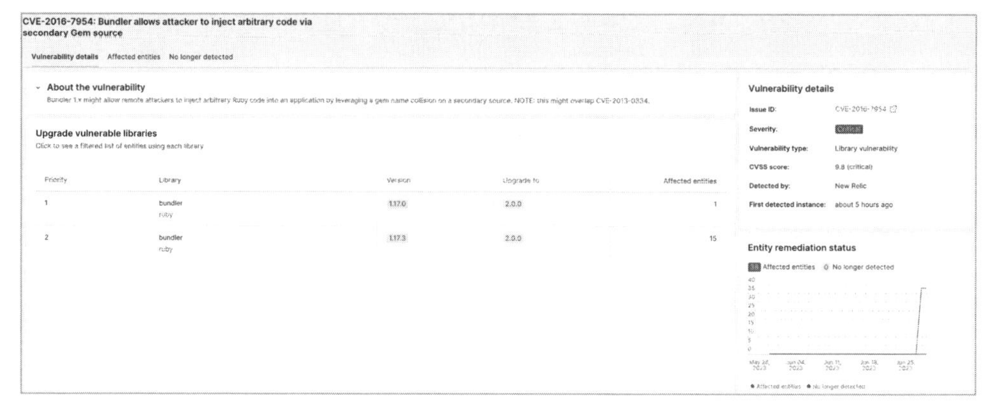

図1　クリティカルな脆弱性の詳細確認画面

また、どのアプリケーションが検出された脆弱性の影響を受けているかも教えてくれるため、開発チームや運用チームが対応が必要なアプリケーションを迅速に把握したうえで、対処を進めることができます（**図2**）。

CVE-2016-7954: Bundler allows attacker to inject arbitrary code via secondary Gem source

Vulnerability details　**Affected entities**　No longer detected

Affected entities

Work to remediate each instance of this vulnerability by upgrading to a secure version.

Entity filter　Enter an entity name　**Filter library**　bundler | 1.17.3

Entity	Account	First detected	Remediation instruction	Libraries affected
Tower-Boston Application	Demotron V2	about 14 hours ago	bundler 1.17.3 → 2.0.0	1
Proxy-East	Demotron V2	about 18 hours ago	bundler	1

図2　脆弱性の影響を受けているアプリケーション

本番環境だけではなく開発やステージング環境のアプリケーションにもAPM Agentを組み込むことで、ソフトウェア開発ライフサイクルの早い段階でライブラリの脆弱性を検出して、対処することもできるようになります。このようなセキュリティのシフトレフトを実行することがDevSecOpsの第一歩です。

動的な環境でアプリケーションの脆弱性を発見し、ソースコードを特定する（IAST）

APM Agentは、IASTによるインタラクティブなアプリケーションセキュリティテストにも対応しています。ビルドされたアプリケーションを動的な環境でスキャンし、アプリケーションの実行中にリアルタイムに脆弱性を検知して、該当のソースコードを特定します。

New RelicのIASTは、脆弱なペイロードを含むHTTPリクエストを再現することで、アプリケーションに脆弱性がないかをテストします。テストを通じて、SQLインジェクション、コマンド実行、OWASP Top 10※1の問題など、アプリケーションの脆弱性を検出してくれるようになります。

ビジネスを実行する本番環境では、予期せぬ脆弱性が露出したり、あるいは想定外のセキュリティ不具合が生じたりする可能性があります。実サービスへの影響を極小化するためには、本番環境にリリースする前の段階で高いセキュリティを確保することが必要であり、IASTはまさにこのための機能です。

さらに、アプリケーションの脆弱性を検出するだけではなく脆弱性の改善案と再現手順まで提示してくれるため（**図3**）、開発者がソフトウェア開発ライフサイクルの早い段階でアプリケーションの脆弱性に気づき、確実にセキュリティのリスクを排除することができるようになります。特に再現手順については、従来では調査自体に時間がかかるためリリースサイクルの遅延につながっていましたが、New RelicのIASTは即座に再現手順付きで教えてくれるため、開発者に大きなメリットとなるでしょう。

図3　SQLインジェクションの検出と改善案、再現手法の提示

※1　OWASP Top 10とは、Open Web Application Security Project（OWSP）が、Webセキュリティ上多発する脅威の中で危険性が最も高いと判断された項目をまとめ、定期的に発行しているセキュリティレポートのことです。
https://owasp.org/www-project-top-ten/

IASTのスキャン結果は、SCAと同様に「Vulnerability Management」機能の画面上に表示されるため、オープンソースライブラリの脆弱性結果と統合してDevSecOpsの開発・運用チームがNew Relic上でアプリケーションのセキュリティの対応状況の可視化・分析を行えるようになります。

適用方法

Vulnerability Management

Vulnerability Managementは、APM Agentをアプリケーションにインストールすると自動でオープンソースライブラリの脆弱性のスキャンを開始してくれます。

現時点では、Java、Node.js、Ruby、Python、GoなどのAPM Agentに対応しています。

IAST

アプリケーションにAPM Agentをインストールしたあとに、APM Agentの設定でIASTのオプションを有効化することで自動でセキュリティテストを開始します。

現時点では、IASTはJava、Node.js、GoなどのAPM Agentに対応しています。

例として、Node.jsでIASTを有効化する流れを説明します。まず、Node.jsにAPM Agentをインストールします。

```
$ npm install newrelic@latest
```

アプリケーションのルートディレクトリにあるAPM Agentの設定ファイル（`newrelic.js`）内にIASTを有効化する設定を追加し、反映するためアプリケーションを再起動します。これで、IASTによる継続的なアプリケーションセキュリティテストが実行されます。

リスト1　newrelic.jsにIASTを有効化する設定を追加

```
security: {
  agent: {
    enabled: true,
  },
  enabled: true,
}
```

IASTは脆弱性を突くアプリケーションセキュリティテストを実行するため、本番環境では予期せぬ脆弱性が露出したり、想定外の不具合が生じる可能性があります。そのため、IASTによるアプリケーションセキュリティテストは本番環境以外で実行することを推奨しています。

レシピ

06 SREを実践する

利用する機能　New Relic APM／New Relic Browser／New Relic Mobile／New Relic Infrastructure／New Relic Synthetic Monitoring

概要

本レシピではNew Relicで**Site Reliability Engineering（SRE）**を実践するための方法を紹介します。

ユーザーの期待に応え、デジタルビジネスに貢献していくSREを実践するためには、オブザーバビリティの実装が必要不可欠です。そのために、New Relicで何を計測し可視化するのか、SREを実践するエンジニアのためにNew Relicの活用方法を解説します。

New RelicとSRE

SREとは、Google社によって提唱されたシステム管理とサービス運用に対するプラクティスです[※1]。サービスおよびサイトの信頼性を向上させるために、どのような計測を行い、プロアクティブにシステム信頼性にアプローチするかをモデル化し、公開されています。

SREの取り組みを行ううえで重要なこととして、サービスレベルの計測・改善・維持を行うことが提示されていますが、効果的な指標の計測自体が難しいと感じられることも多いようです。

代表的な指標として、**ゴールデンシグナル**と呼ばれる「サービスレベルを改善・維持するための指標」があります。これら**サービスレベル指標**（Service Level Indicator：**SLI**）を観測することで、サービスレベルを計測・可視化し、内部的な**サービスレベル目標**（Service Level Objective：**SLO**）を設定し、サービスの信頼性を向上させるための改善を繰り返していくというプロアクティブな活動を行い続けます。

New Relicは、上記のようなサービスレベルの計測とその後の改善あるいは維持に活用できます。サービスレベルはNew Relic Synthetic Monitor、New Relic APM、New Relic Browserなどから取得するメトリクスである、リクエスト成功率（可用性）やレイテンシ（応答速度）を用いて可視化していきます。また、サービスレベルの低下を引き起こす原因の特定に必

※1　https://cloud.google.com/sre?hl=ja

要なゴールデンシグナルにおいても同様に、New Relicで計測するメトリクスによって可視化します。問題特定においてダッシュボードを活用しながらゴールデンシグナルを確認しつつ、New Relicの各種機能を使って根本原因に到達し、改善を行うことができます。

本レシピでは、サービスレベルとゴールデンシグナルとされる4つの指標をNew Relicで簡単に計測し、実際のサービス運用にどのように生かせるかを紹介します。SREを実践するためのSLIを決定するために重要な**クリティカルユーザージャーニー**（Critical User Journey：**CUJ**）や、SLOにどれだけ余裕があるかを示す**エラーバジェット**という数値についてもあわせて紹介します。

ゴールデンシグナル

具体的にサービスレベルを可視化するにあたってどのような指標を観測することがよいのでしょう。Google社は**表1**に示す4つの指標をゴールデンシグナルと定め、観測することを推奨しています※2。それぞれの観測を行うNew Relicの機能もあわせて羅列します。

表1 ゴールデンシグナル

指標	概要	New Relicの機能
レイテンシ	サービスがリクエストの処理にかける時間	Synthetic／APM／Browser／Mobile
トラフィック（スループット）	サービスに対する要求の量	APM／Browser／Mobile
エラー（可用性）	サービスが失敗する割合	Synthetic／APM／Browser／Mobile
飽和度（リソース利用率）	サービスのリソースがフル使用にどれだけ近いかを示す尺度	APM／Infrastructure

実際に、ゴールデンシグナルのダッシュボードを利用してみましょう。New Relicには［Golden Signals Web］というテンプレートが用意されているので、そちらを使ってみます。

すると、レイテンシ（Response time）、トラフィック（Throughput）、エラー（Errors）、飽和度（Average CPU Usage、Memory Usage）がアプリケーションごとにまとめてグラフ化されます（**図1**）。

※2 https://sre.google/sre-book/monitoring-distributed-systems/

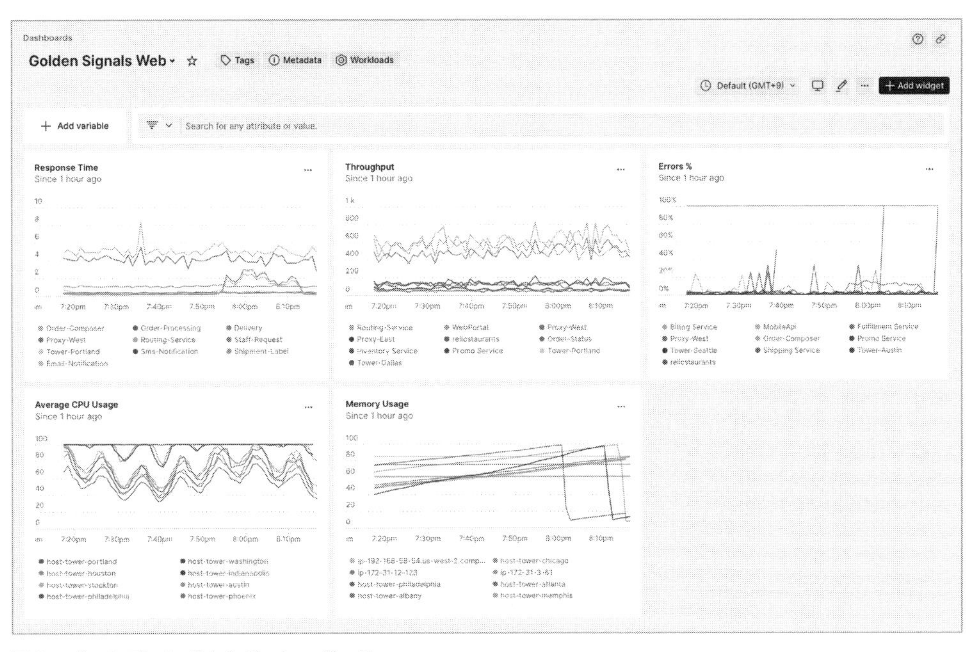

図1　ゴールデンシグナルダッシュボード

　まずはこれらを可視化することで、容易にシステムの状態がわかり、システムの状態を手に取るように把握できるようになります。信頼性を低下させる問題について、原因の特定や改善のためのアクションを取るために必要なオブザーバビリティを持ったシステムにすることができます。

SLM

　Service Level Management（SLM）は2022年5月にNew Relicに追加された新しいSLI/SLO測定のための機能です。今まで、SLOを設定するにあたってユーザー自身で設定する必要があったSLOのしきい値について、New Relicに観測されているデータをもとに推奨値を自動で提示します。これによりSLOの設定やバーンレートアラートの設定が非常に容易になり、実際のサービス状態に基づく実践的なSLOの設定が可能となりました。現在の観測値をベースにNew Relicが推奨値を提示するため、SREとしてのアプローチをより簡単かつ精度が高い状態で実現できます。皆さんもまずはそのSLOを改善することから始めましょう。

　どの値をSLIとして設定するか、迷うことがあるかもしれません。その場合はゴールデンシグナルをまずは設定してみることをおすすめします（**図2**）。

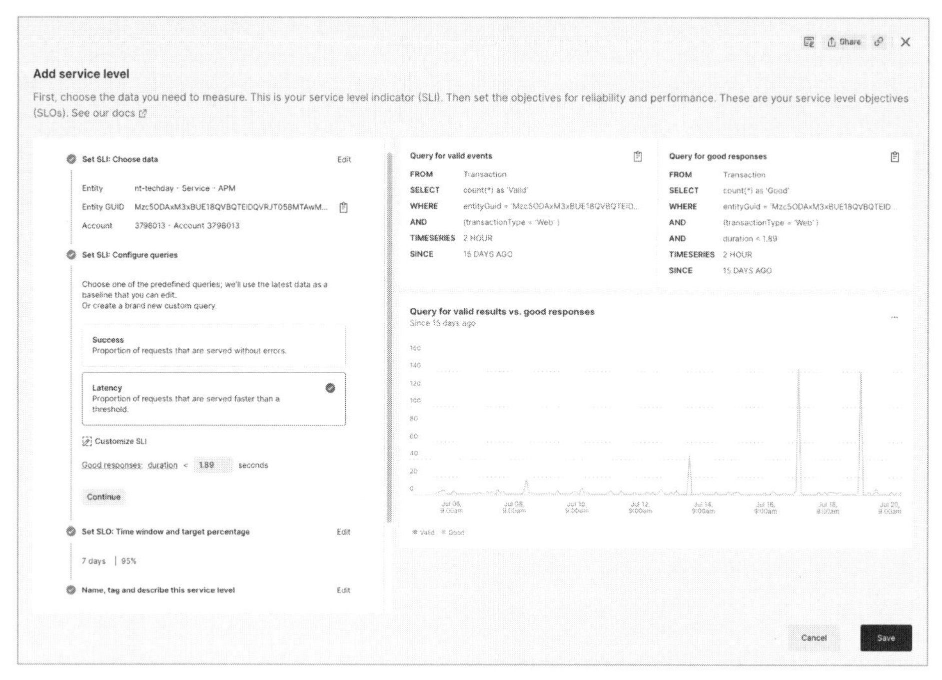

図2　SLI設定追加

SREの実践にあたって

SREの原則に、「SLOの余裕がある状態で追加開発を行う」という考え方があります。そのとき役立つのが、**エラーバジェット**という指標です。

エラーバジェットは、SLOに対する現在のサービスレベルの差分を指します。

　エラーバジェット ＝ 現在のサービスレベル − サービスレベル目標（SLO）

このエラーバジェット内で変更を行うということが、SLOおよびSREの実践において重要なポイントです。そのため、「SLOが100%」という設定は行いません。SLOを100%にするということは「変更できない」ということを意味するからです。

SREの実践にあたっては、システム内での個別APIなど細かい単位でのSLI/SLOと、システム全体としてのSLI/SLOを定義します。これらは各機能での変更を許容できるか、全体としてシステムの安定を目指す状態にあるかを判断するための指標となります。APIなど個別のシステムはシステム全体への影響度が変わります。SLOの粒度を変えて設定していくことで、全体でのエラーバジェットを消費している変更がどのシステム変更に起因しているかが明確になり、実際のユーザー行動への影響について数値化することができます。

SLMを用いることでエラーバジェットの可視化も容易に行うことができます。ゴールデンシグナルなどのSLI設定を行うとSLMに一覧が表示されます（**図3**）。SLOに対する遵守度だけでなく、エラーバジェットがどれだけ残っているかがあわせて可視化されます。

Showing 2 service levels.

Name	Asso entity	SLO	2h complian	1d complian	7d complian	28d complian	1d error budget	7d error budget	28d error budget
Example Website - Success	44... Bro...	99.9% 7 days	100%	100%	100%	99.97%	100%	100%	69%
website-monitoring | simple-brow...	we... Sy...	99.9% 7 days	100%	100%	100%	100%	100%	100%	100%

図3　SLMエラーバジェットの可視化

エラーバジェットが枯渇しないようにするため、バーンレートアラートをあわせて設定しましょう。**バーンレートアラート**とは、エラーバジェットの消費が早い場合にアラートを上げることです。SLMにおいては、1時間にエラーバジェットの2%を消費するようなSLO違反を観測した場合にFast-burn rate Alertとしてアラートを上げることができます（**図4**）。これにより、エラーバジェットを消費し尽くしてしまう前に、SLOへの影響を及ぼすエラーを検知することが可能になります。

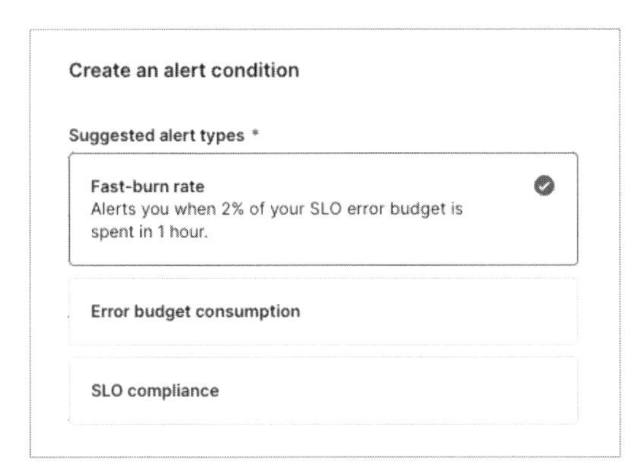

図4　Fast-burn rate アラート設定

ユーザー行動に対する影響の計測は、昨今のITシステムにおいて、ビジネス上の機会損失を可視化することと同義です。実際にサービスレベルが低ければそのシステムを利用しようとは思わないでしょう。SREの実践は単純に指標を計測するだけではなく、その指標がビジネスに対してどういった影響のある数値なのかを理解し、改善頻度と信頼性のバランスをビジネスとして合意することが必要になります。そのためSREの実践にはエンジニアだけではなくPMなどビジネス層の協力が不可欠です。

CUJ

Critical User Journey（CUJ）は、ユーザーがサービスを利用する際に重要とされる一連の行動を表す言葉です。ECサイトを例にとると、「会員登録」「ログイン」「商品閲覧」「カート投入」「決済処理」といったシステムの主目的である購買に関する一連の流れを指します。

CUJの考え方は、SLOの設計プロセスとしてGoogle社が標準プロセスとして公開しています※3。その中で、「CUJの観測は、組織や開発体制を縦断してシステムに対する共通のユーザー体験に対する理解を得ることから始める」とされています。システムのユーザーにとって何が体験を悪化させる要因となるか、ユーザー行動の中で観測できる部分と観測できない部分はどこか、ユーザー行動のステップに密接な関係性があるかなどを実際の行動をシミュレートしてモデル化していきます。

モデル化された行動がそのサービスにおけるSLIの観測ポイントとなります。CUJにSLIを設定することでサービスの中核機能をユーザーに提供できているかどうかを計測することができ、重要なSLOとして役割を果たせるようになります。CUJのSLOをまとめたダッシュボードなどをNew Relic上にあらかじめ作成して、確認していくことで改善のサイクルを体制化しましょう。その際は、一定のSLO統計期間をもとに改善活動の質を判断できるよう、繰り返しSLOを意識して開発を行うことが望ましいです。

SLO遵守率をどういった期間で計測するか、初期SLOをどこに設定するかということについてNew Relicでは先述のSLMで簡単に実装できます。CUJでのSLI/SLO計測にはNew Relic APMで利用できるキートランザクションの指定が有効です。キートランザクションを設定することにより、Lookoutにて、そのキートランザクションのみの状態をまとめて把握できます（図5）。

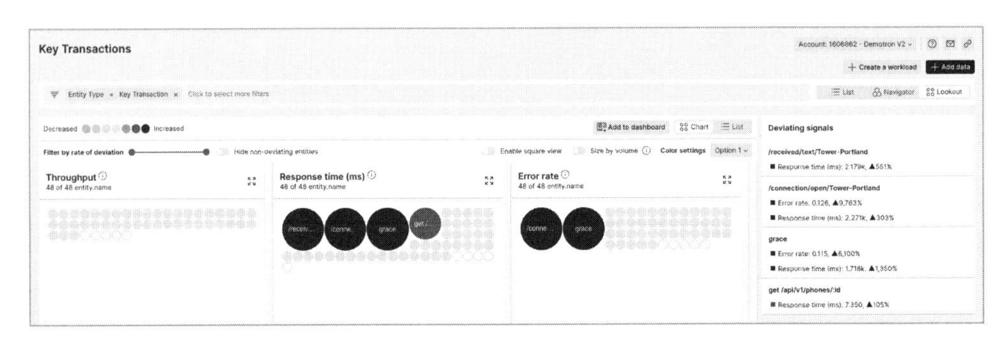

図5　Key Transactions Lookout

※3　https://cloud.google.com/blog/ja/products/devops-sre/how-to-design-good-slos-according-to-google-sres

レシピ

07 障害調査——マイクロサービスを例に

利用する機能　New Relic APM／Distributed tracing／Service map／Kubernetes／Pixie

マイクロサービスアーキテクチャの障害を端的に表現した、以下のX（旧Twitter）のポストを紹介します。

> We replaced our monolith with micro services so that every outage could be more like a murder mystery.（著者訳：モノリスをマイクロサービスに置き換えた結果、すべてのシステム障害がミステリー小説のようになった。）
>
> ——Honest Status Page（@honest_update）
>
> 出典：https://twitter.com/honest_update/status/651897353889259520

マイクロサービスアーキテクチャは、複数の小さなサービスが相互に連携して1つのアプリケーションを構成するアーキテクチャであり、モノリシックなサービスと比較すると複雑度が増しています。個々のマイクロサービスも冗長性が確保された複数のコンテナで構成されることが多く、一つ一つのコンテナ、マイクロサービスの状態を網羅的に監視する必要があります。

障害の発生もサービスが全停止するケースは少なく、「全体としては正常に動いてるが、一部のサービスでエラーや遅延が発生している」といったケースが多く、障害の原因調査も「何かがおかしい」という気づきや予期せぬアラートから始まります。

本レシピではNew RelicのKubernetes監視機能とPixie、分散トレーシング機能を利用してマイクロサービスアーキテクチャの障害調査を行う方法を説明します（Kubernetes管理機能やPixieについての詳細は5.3.4項を参照してください）。

これらの機能を活用することで、マイクロサービスアーキテクチャの障害調査を効率的に行い、サービスの信頼性と品質を維持することが可能になります。

Kubernetes／Pixieを使った障害調査の流れ

多くのコンポーネントが存在するKubernetes環境における障害の調査・対応は、次のような流れで行うと効果的です。

1. Cluster、Namespaceのレベルで俯瞰して、大まかな障害発生箇所を、Node、Pod、Deploymentなどのレベルまで特定する
2. 障害の発生箇所を調査し、障害の根本原因を特定する

詳細な手順を見ていきましょう。

手順①：障害発生の大まかな箇所を特定する

まずは全体を俯瞰し、大まかな箇所を特定しましょう。New Relicのいくつかの機能を使って大まかな箇所を特定する方法を紹介します（それぞれの機能で取り上げている障害状況は異なります）。

Kubernetesナビゲーター UIを使う

New RelicのKubernetes管理機能のKubernetesナビゲーター UIのドロップダウンフィルターを使用して、Pod、Deployment、Statefulset、Daemonset、Nodeの状態を確認できます。Entity Type、Metric、およびGroup byを選択することで視覚化をカスタマイズし、異常のあるコンポーネントを把握できます（**図1**）。

図1　Kubernetesナビゲーター UIの視覚化カスタマイズ

この六角形は監視対象のエンティティを表します。その具体的な意味は、[Sort reporting]のあとにあるドロップダウンメニューで選択されたエンティティタイプ（Pod、Node、

Deployment、Statefulset、Daemonsetのいずれか）によって決まります。

容量や利用率が高いほど、濃いブルーで表示されます。例えばPodを［CPU Used (cores)］でソートすればCPU使用率が高いPodが、［Container Restarts］でソートすれば再起動回数が多いPodが濃いブルーで表示されます。

また、Alert Statusでソートすると、以下のように色分けされます。

- **赤色**：クリティカルな状態のEntity
- **黄色**：警告状態のEntity
- **緑色**：アラートを発していない状態のEntity
- **灰色**：アラート条件の対象になっていない状態のEntity

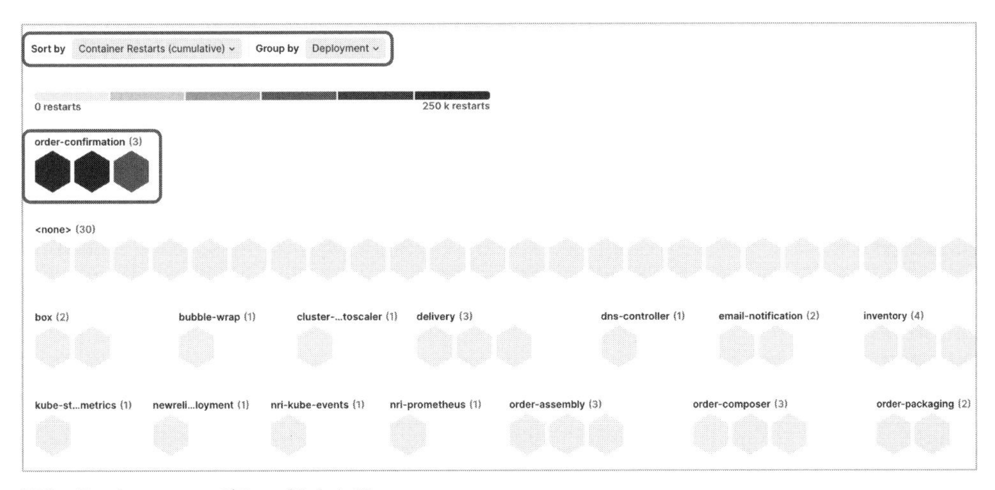

図2　Deploymentでグループ化した例

図2はDeploymentでグループ化し、Podのリスタート回数を可視化したものです。こうすることで、リスタート回数が多いのが特定のDeploymentのすべてのPodであることがわかり、障害発生箇所がDeploymentだということがわかります。

Kubernetes Overview Dashboardを使う

Kubernetes Overview Dashboardを使うと、Kubernetes Clusterの状態を容易に把握できます。**図3**を見ると、2つのDeploymentで異常が起きていて、2つのPodがPending状態になっていることがわかります。

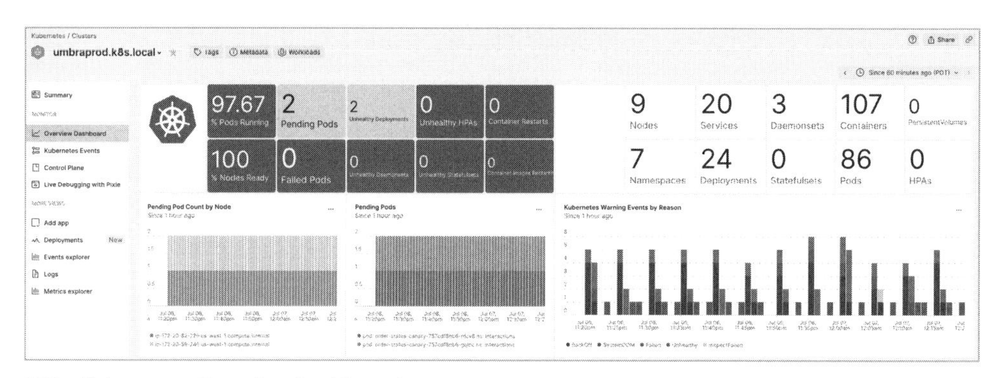

図3　Kubernetes Overview Dashboard

Dashboardを下にスクロールすると、各コンポーネントの状態を可視化したChartが複数出てきます。**図4**を見ると、異常のあるDeploymentの名前や理想的なPodの数と障害が発生しているPodの数などを確認できます。

Unhealthy Deployments
Since 1 hour ago

Deployment Name	Namespace Name	Pods Desired	Pods Available	Pods Missing	Pods Unavailable
order-confirmation	coordination	4	0	0	4
order-status-canary	interactions	2	0	0	2
cluster-autoscaler	kube-system	1	0	0	1

図4　Kubernetes Overview Dashboardで異常のあるDeploymentを確認

Pixieを使う

Pixieを使うとさまざまなScriptを使ってKubernetesの状態を確認できますが、今回はネットワーク状況を可視化して障害の発生箇所を特定する方法を紹介します。

図5は、px/clusterというScriptを使って可視化したHTTP Service Mapです。矢印の向きと線の太さで、リクエスト先とトラフィック量を表しています。線の色は、右上にエクスクラメーションマークが表示されているときはエラーレートが高い場合に、メータのようなマークが表示されている場合はレイテンシが悪化している場合に赤く表示されます。このマークはクリックすると切り替わります。

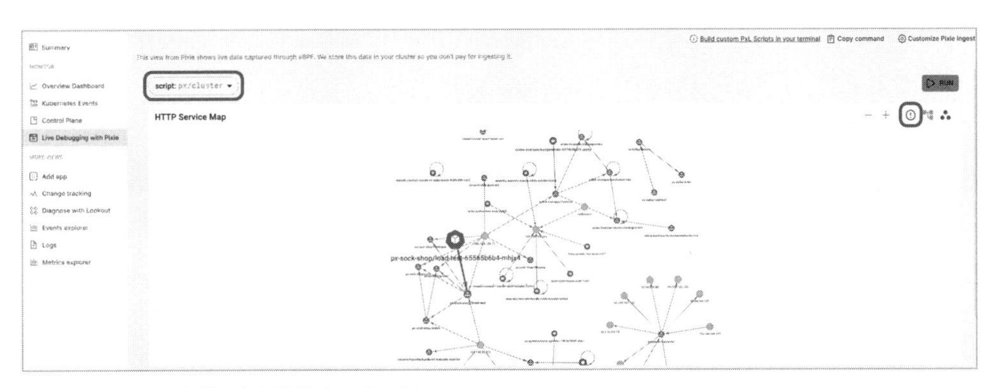

図5　px/clusterを使ったHTTP Service Map

図5では、px-sock-shop/front-endというServiceで、トラフィックとエラーレートが高いことがわかります。

NRQLを使う

最後に、NRQLを使って異常のあるNodeやPodを特定する方法を紹介します。

リスト1は、Podに異常がある、もしくはPodが理想的な数より不足しているDeploymentを抽出するNRQLです。`clusterName`は実際に利用している名前に置き換えてください。Table形式で出力すると視認性が向上します。

リスト1　異常があるDeploymentを抽出するNRQL

```
FROM  K8sDeploymentSample SELECT latest(podsDesired), latest(podsAvailable), latest(podsMi➡
ssing), latest(podsUnavailable) WHERE (podsMissing > 0 OR podsUnavailable > 0) facet deplo➡
ymentName, namespaceName where clusterName = 'クラスター名'
```

※➡は行の折り返しを表す

リスト2は、異常があるPodと、そのPodが稼働しているNodeを抽出するNRQLです。`clusterName`は実際に利用している名前に置き換えてください。Table形式で出力すると視認性が向上します。

リスト2　異常があるPodを抽出するNRQL

```
FROM K8sPodSample SELECT latest(createdAt) AS 'createdAt' WHERE createdKind != 'Job' AND s➡
tatus IN ('Pending','Failed') AND clusterName = 'クラスター名' FACET podName, IF(nodeName =➡
 '', 'Unassigned', nodeName) AS 'Node Name', concat(status,' / ', if(reason is null, 'None➡
', reason)) AS 'Status / Reason'
```

※➡は行の折り返しを表す

リスト3は、クラスター内の各NodeのCPU、メモリ、ストレージのキャパシティの利用率を抽出するNRQLです。clusterNameは実際に利用している名前に置き換えてください。Table形式で出力すると視認性が向上します。

リスト3 各Nodeのキャパシティを抽出するNRQL

```
FROM K8sNodeSample, K8sPodSample SELECT filter(latest(allocatablePods), WHERE eventType() ➡
= 'K8sNodeSample') AS 'Allocatable Pods', filter(uniqueCount(podName), WHERE eventType() =➡
 'K8sPodSample' AND status = 'Running' AND createdKind != 'Job') AS 'Running Pods', filter➡
(uniqueCount(podName), WHERE eventType() = 'K8sPodSample' AND status = 'Pending' AND creat➡
edKind != 'Job') AS 'Pending Pods', filter(uniqueCount(podName), WHERE eventType() = 'K8sP➡
odSample' AND status = 'Running' AND createdKind != 'Job') / filter(latest(allocatablePods➡
), WHERE eventType() = 'K8sNodeSample') * 100 AS 'Pod Capacity %', filter(average(allocata➡
bleCpuCoresUtilization), WHERE eventType() = 'K8sNodeSample') AS 'Avg. CPU %', filter(aver➡
age(allocatableMemoryUtilization), WHERE eventType() = 'K8sNodeSample') AS 'Avg. Mem %', f➡
ilter(max(fsCapacityUtilization), WHERE eventType() = 'K8sNodeSample') AS 'Max. FS Util %' ➡
FACET if(nodeName != '', nodeName, 'NoNodeAssigned') AS 'Node Name' LIMIT 2000 WHERE clust➡
erName = 'クラスター名'
```

※➡は行の折り返しを表す

手順②：障害箇所を調査し、原因を特定する

ここでは先ほど特定した箇所を調査し、障害の原因を特定しましょう。

Kubernetesナビゲーター UIを使った原因調査

PodやNodeで起きている障害の原因を調査するには、Kubernetesナビゲーター UIが有効です。

画面に表示されているエンティティをクリックすることで、PodやNodeの詳細な情報を確認できます。

図6は、Kubernetesナビゲーター UIに表示されるPodの詳細情報です。上から順にPodの情報、Pod内のコンテナの情報、コンテナにAPM Agentが入っている場合はAPMの情報が表示されます。また［See pod details］や［See logs］はリンクになっていて、より詳細なPodの状態や出力したログを確認できます。また、Podの詳細画面に表示されているEventを見ることで障害の原因がわかります（**図7**）。

さらに、Nodeを選択すると、Node内部のプロセスやメモリ、ディスクの使用状況を確認できます（**図8**）。これにより、Nodeのキャパシティに問題があるかどうかを確認できます。

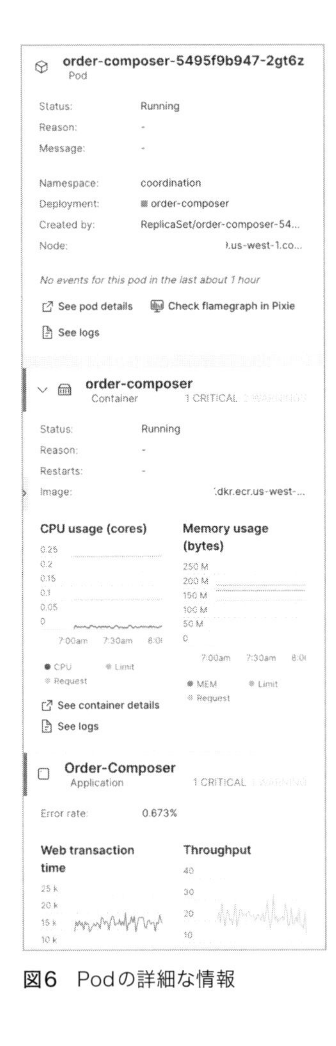

図6　Podの詳細な情報

order-status-canary-757cdf6bb6-...
Pod

Status: Pending
Reason: -
Message: -

Namespace: interactions
Deployment: order-status-canary
Created by: ReplicaSet/order-status-canary...
Node: ip-172-20-58-160.us-west-1.co...

1 Event
Since 30 minutes ago

LAST TIMESTAMP	REASON & MESSAGE	COUNT
October 18, 2023 14:52:51	Failed Error: InvalidImageName	229,563

See pod details　Check flamegraph in Pixie
No log data in the last 30 minutes

図7　Podの詳細画面で確認したイベント

Process, Memory, Network and System

Network (3)　See Network details

Interface name	Transmit...	Received
eth0	310 kB/s	291 kB/s
cbr0	782 B/s	237 kB/s
docker0	0 B/s	0 B/s

Processes (51)　See Processes details

Processes name	CPU	Mem. Re...
kubelet	6.06%	144 MB
protokube	4.07%	65.3 MB
dockerd	2.97%	86.8 MB
kube-apiserver	2.76%	532 MB
dns-controller	2.52%	52 MB
kube-controller	1.33%	148 MB

Storage (4)　See Storage details

Disk name	Disk used	Total Util...
/dev/root	11.47%	-
/dev/xvdv	1.98%	1028.32%

図8　Nodeの詳細画面

NodeやPodに異常がない場合は、Podで稼働しているアプリケーションを調査する必要があります。アプリケーションにAPMがインストールされている場合は、**図9**のようにアプリケーションの状態を確認できます。トランザクションタイムとスループットがデフォルトで表示されますが、より詳細な調査が必要な場合は［See application details］や［Trace this application］をクリックすることで、APMのサマリ画面、APMのトレース一覧画面に遷移し、アプリケーションの状態をより詳細に調査できます。

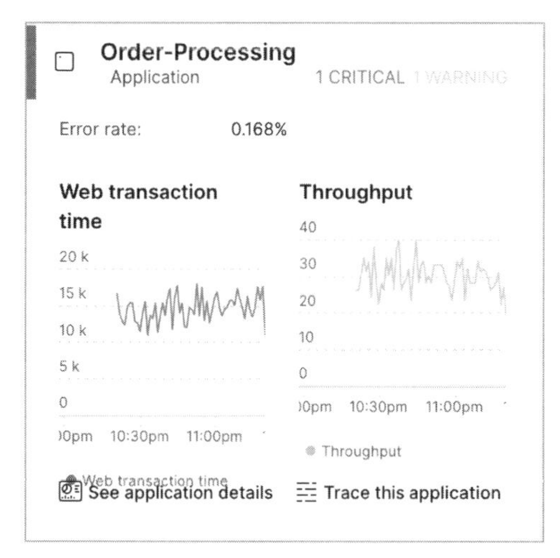

図9　Applicationの状態

分散トレーシング機能を利用した障害調査の流れ

分散トレーシングを使った障害調査においても、Kubernetes同様に以下のような手順が有効です。

1. 全体を俯瞰し、大まかな発生箇所を特定する
2. 障害箇所を調査し、根本原因を確認する

詳細な手順を見ていきましょう。

手順①：全体を俯瞰し、大まかな発生箇所を特定する

Service Map機能を使って、サービス全体を俯瞰し、エラーが起きているサービスを特定できます（図10）。

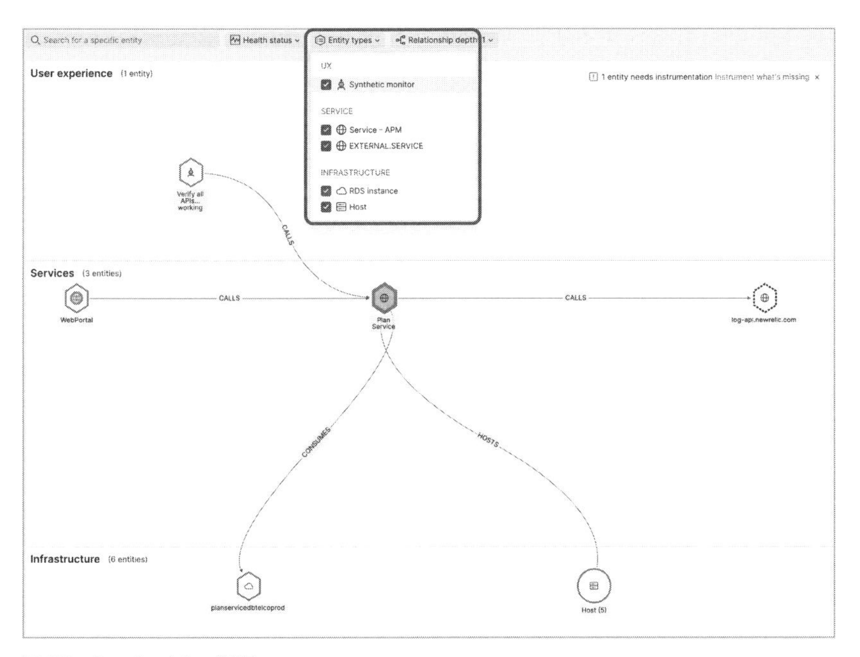

図10　Service Map画面

各Entityの意味は、画面上部の［Entity types］をクリックすることで確認できます。エラーが起きているEntityは赤く表示されるので、障害が発生している箇所の特定に役立ちます。

Entityをクリックすると画面右側にEntityの詳細が表示されます。特に［Details］はEntityの詳細画面へのリンクになっています。**図11**のように、APMの［Details］をクリックすると、APMのサマリ画面に遷移します。

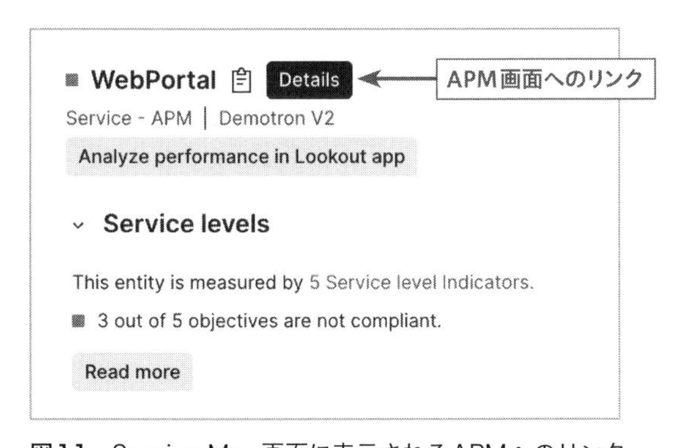

図11　Service Map画面に表示されるAPMへのリンク

次に、APMのDistributed Tracing画面で、Trace durationやErrorsの変化量を確認しま

しょう（**図12**）。APMの画面にある［Distributed Tracing］をクリックすると表示されます。

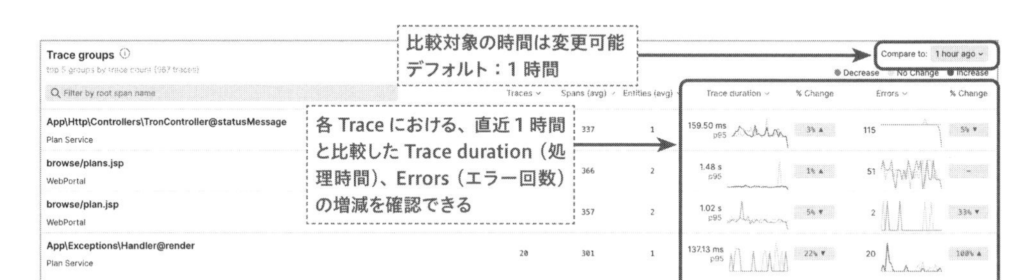

図12　Trace Group画面

［Trace duration］や［Erros］はソートが可能なので、急激に処理時間やエラーが増加したTraceの特定に役立ちます。

任意のTrace Groupをクリックすると、選択したTrace Groupの一覧画面に遷移します（**図13**）。

図13　Trace一覧画面

この画面ではTraceを取得した時間別に表示しています。画面上部はTrace duration（処理時間）の分布を示しており、処理時間が増加した時間を確認できます。

画面下部のリストは各項目をソートできるので、Trace duration（処理時間）やErrors（エラー回数）の多いTrace Groupを特定できます。

●手順②：障害箇所を調査し、根本原因を特定する

◯Trace情報から調査する

図14に、Traceの詳細画面を示します。

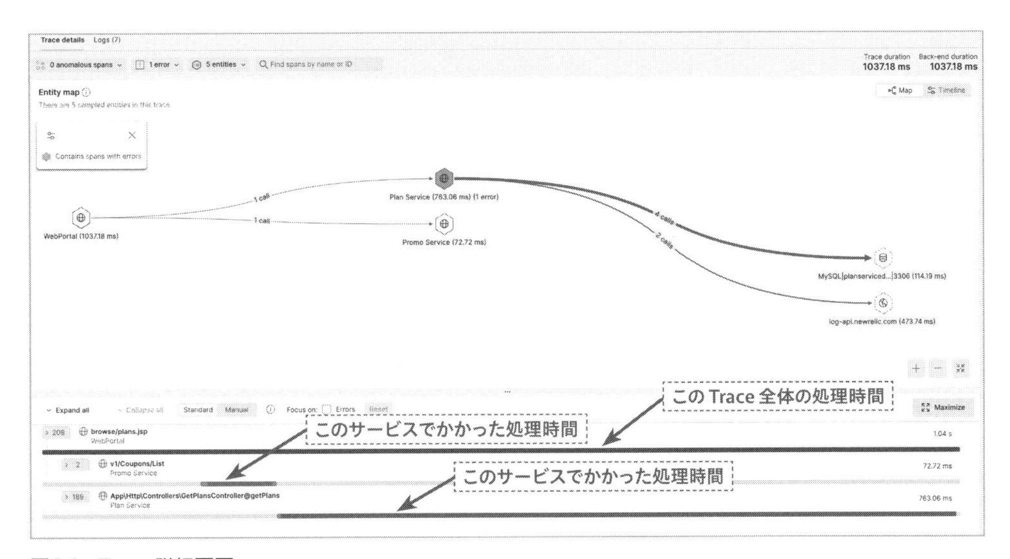

図14　Trace詳細画面

ここで任意のTraceをクリックすることで、Trace詳細画面に遷移します。

この画面の上部では各サービス間の連携状態がわかります。この場合、「WebPortal」というサービスから「Plan Service」「Promo Service」というEntityをCallしていて、「Plan Service」から「MySQL」と「log-api.newrelic.com」というEntityをCallしていることがわかります。

また、「Plan Service」が赤く表示されていることから、「Plan Service」のあるspanでエラーが発生していることもわかります。

画面の下部では、各Trace、SpanをTimelineで確認できます。基本的にService単位で折りたたまれていて、左の数字（数字はSpanの数を表しています）部分を押すとSpanが展開されます。

エラーが起きているSpanを特定するには、画面上部の［error］をクリックするとエラーが発生したSpanをリストから選択できます（**図15**）。

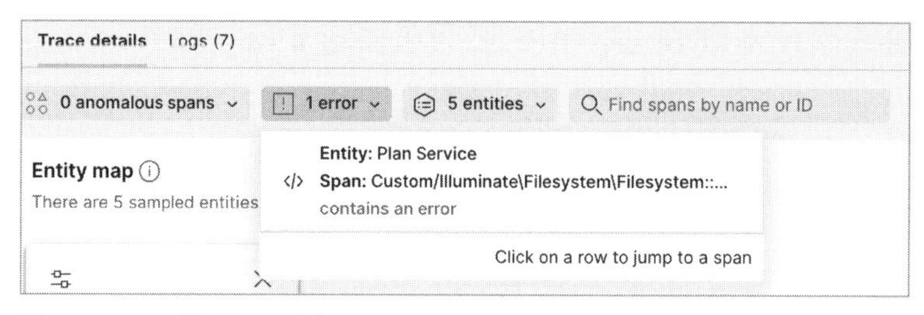

図15　Trace詳細画面の上部

リストから選択すると、Spanで発生しているエラーを確認できます（**図16**）。

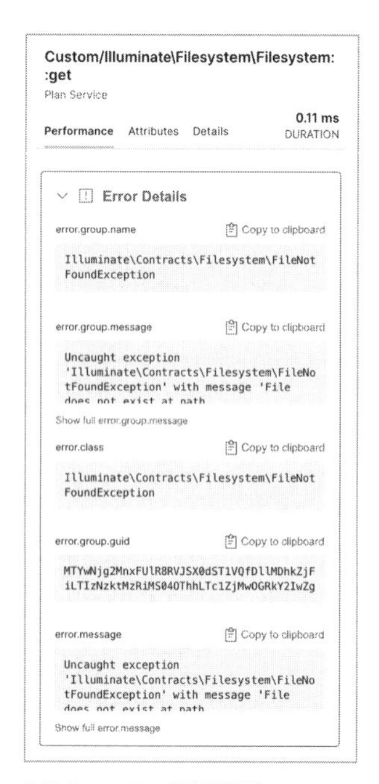

図16　エラー詳細画面

エラー詳細画面にある「Error Details」では、エラーが発生したClassやエラーメッセージを確認できるので、デバッグに役立てることができます。

［Attributes］タブでは、そのEntityの属性を確認できます。レシピ15で紹介しているカスタム属性を使って「エンドユーザーを特定できるユーザーID」を設定すれば、当該エラーの影響を受けたエンドユーザーを特定できます。

また、遅い処理（Span）を特定したい場合は、Trace画面上部の［anomalous spans］をクリックすると、遅いSpanがリストで表示されます。

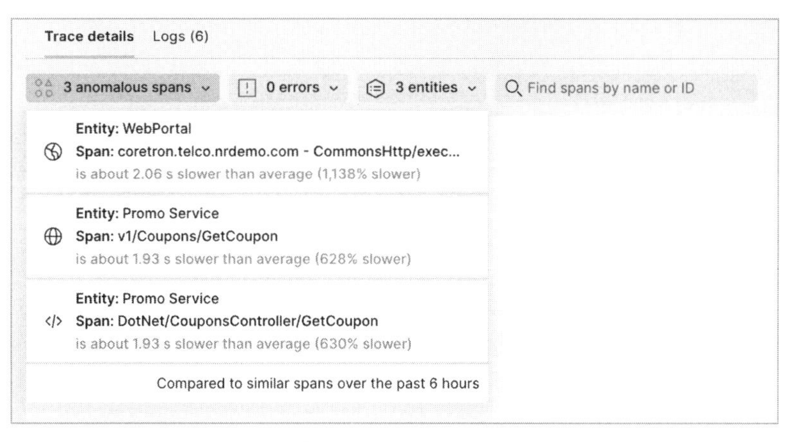

図17　anomalous spanのリスト

ここに表示されるSpanは、以下の両方の条件を満たしているSpanです。

- 平均実行時間から大きく離れている（具体的には、平均実行時間よりも標準偏差の2倍以上遅い）
- Traceの時間内の10%以上を占める

リストから選択すると、該当するSpanの詳細を確認できます（**図18**）。

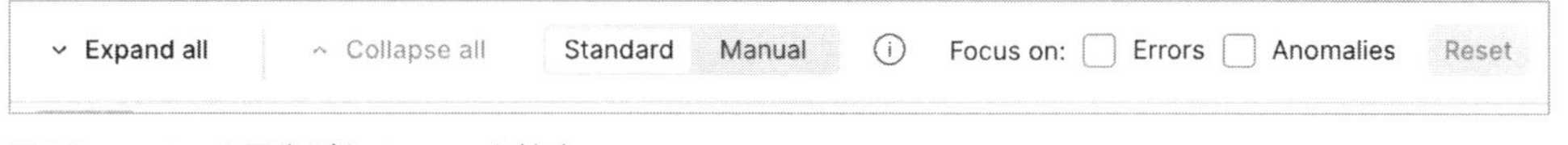

図18　エラーや異常があるspanを抽出

または、Span一覧の上部にある「Focus on」以降にある、「Errors」もしくは「Anomalies」のチェックをオンにすることで、目的のSpanを抽出することもできます。このとき、**図19**のように、「anomalousの条件には一致しないがTrace全体の25%以上を消費しているSpan」は、黄色く表示されます。

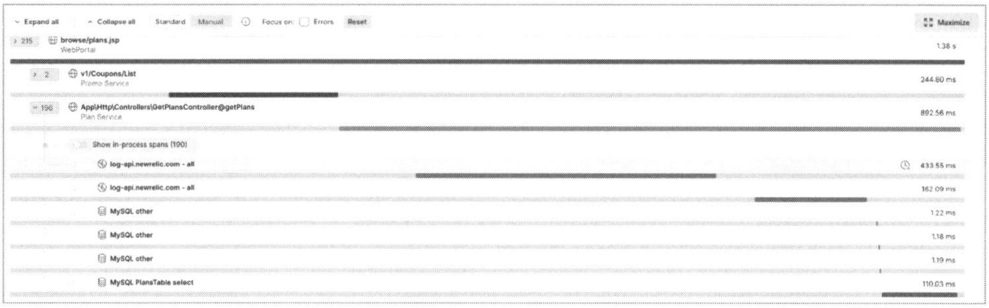

図19　Trace時間の25%以上を消費しているspan

例外処理やメッセージが出力されるエラーと違い、時間のかかるSpanの調査は難しいことが多いですが、New Relicの分散トレーシング機能を使うことで、時間がかかっているサービスやSpanの特定を効率的に行うことができます。

Log情報から調査する

Trace画面の［Logs］タブを押すことで、当該Traceの処理中にアプリケーションが出力したログを確認することができます（**図20**）。

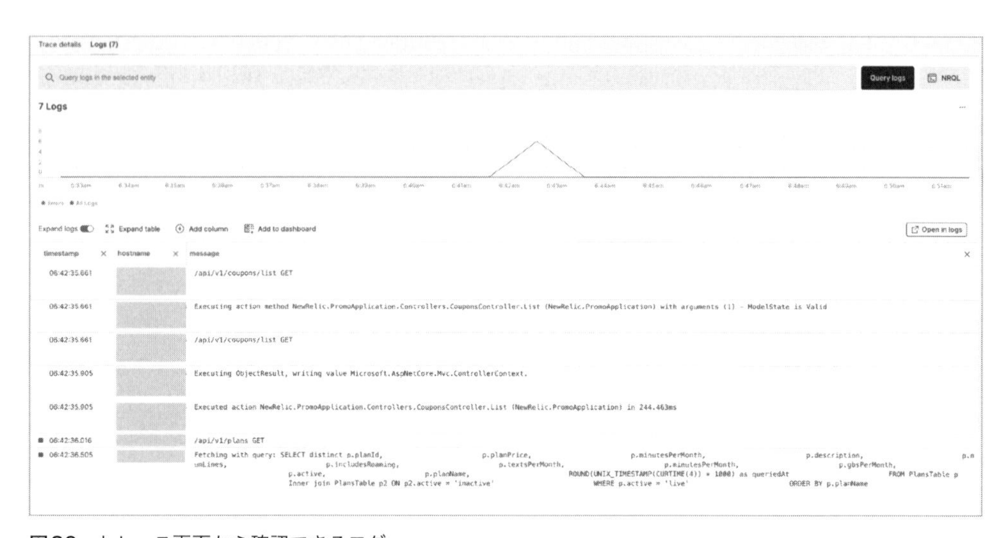

図20　トレース画面から確認できるログ

ここでは、各サービスを横断した状態でログを確認することができ、1つのTrace内の各サービスでどのような処理が行われたのかを、一貫性をもって確認することができます。

レシピ

08 カオスエンジニアリングとオブザーバビリティ

利用する機能　Dashboard／New Relic APM／New Relic Browser／New Relic Mobile／New Relic Synthetic Monitoring／New Relic Infrastrcture など、必要に応じて

概要

モダンなシステムでは、さまざまなOSSやフルマネージドサービスを組み合わせて開発・構築されることが多くなりました。また、自社開発アプリケーションが巨大化するにしたがい、細かいサービスに分割して組み合わせていく、いわゆるマイクロサービス構成にシフトしていくこともあるかもしれません。その恩恵として、大量のデータを素早く高度に処理することが手軽に実現できるようになり、しかも通常の運用に手間がかかることも減りました。

しかしそれは、すべてがうまく動いているときの話です。サービスが複雑に連携して稼働している分散システムでは、個々のフルマネージドサービスやマイクロサービスが正常に稼働している場合でも、時に予測不可能な事態が発生する可能性があります。

どこかでトラブルが起きたときに、それを検知して素早く回復できますか？　トラブルに備えて作り込んでいる、さまざまなマニュアルや自動復旧処理は、果たしてうまく動作するのでしょうか？　マニュアルは現在の環境に合わせて改定されていますか？　コールドスタンバイは無事に立ち上がるのでしょうか？　実際のサービスを運用していくためにはこれらの疑問に応えていく必要があります。

カオスエンジニアリングとは

全体像を把握できる程度の単純で小規模なアプリケーションでは起こり得なかった想定外の問題が起こったとしても、システムを素早く回復させることができる「レジリエンス（回復性）」が、システムの特性として重要になってきます。実験することによってシステムが持つレジリエンスを測定し、改善につなげる手法の1つが**カオスエンジニアリング**です。

カオスエンジニアリングは、次のようなステップで行われます※1。

※1　https://principlesofchaos.org

1. 定常状態を定義する

定常状態（Steady State）とは、システムの振る舞いを示す指標が通常の状態であることです。CPUやメモリ、I/Oなどのリソース使用率だけではなく、システム全体としてサービスを正しく提供できているかという観点で、例えば、動画サイトであれば「秒間動画再生回数」といったよりユーザー体験に近い指標も用い、それらの通常の状態を観測しておきます。

2. 仮説を立てる

続いて、現実に起こるような障害を考えてみます。どこかのサーバーが停止したり、ネットワークが遮断されたり、もしくはどこかのインスタンスで何かのプロセスが不意にCPUを消費してしまうかもしれません。開発チームがデプロイしたコードはリソースリークを起こしていることもあります。このような障害が起こったとしても、定常状態は変化しないことが求められます。

つまり、この仮説は次のような形式になります。

事象Xが起こったとしても、定常状態に変化はない。

システム規模が大きくなれば、そのような仮説を多く立てることができるはずです。このような仮説の集まりを**仮説バックログ**と呼んでいます。スクラム開発でいう「プロダクトバックログ」などと同様に、仮説バックログも優先順位を設定し、優先順位が高いものから、実験を計画していくことになります。

よい仮説バックログを作るために、仮説作りには幅広いメンバーを集めることが重要です。実験の結果として仮説が反証されたときに、価値が幅広く認められるでしょう。

3. 本番で実験をする

実験対象となる仮説が決まったら、いつ、どのような実験をどのように実施するかの実験計画をまとめます。そして、実験を行います。実験はシステムを実験群と対照群に分け、実験群にのみ障害を発生させます。

仮説が「定常状態に変化がない」と語っていたとしても、もちろん、本当に影響がないとは言い切れません。そのため、仮説が間違っていたとしても、ビジネスにはできるだけ影響が出ないように計画することが求められます。想定外の何かが起こるかもしれません。実験実施チームだけでなく、アプリケーションチームやインフラチーム、カスタマーサポートチームなどへの連絡ができるように、事前に調整しておきましょう。

実験は、本番環境を壊すのが目的ではありません。仮説が立証され、障害が起こったとしてもシステムは定常状態を維持できたのであれば、それは実験の1つの価値です。自信を持って、システムの信頼性を保証できます。

4. 実験結果の検証、改善

仮説が反証され、「誰も予想ができなかった」ことが起こるのは、実験の大きな価値です。発生した問題が実際にシステムを利用するユーザーに影響を与える前にシステムの改善を検討することができます。また、実験の過程でシステムの運用手順や障害発生時の各チーム間の連携フローの見直しなど改善できるポイントが見つかる場合もあります。

逆に、仮説が反証されなかった場合、システムの構成に対して自信を深めることができます。

このように実験の結果を振り返り、改善していくにあたり、オブザーバビリティが有効です。ここからは、システムの回復性を検証するカオスエンジニアリングにおいて、オブザーバビリティをどのように活用していくか、具体的な例を見ていきましょう。

適用イメージ

カオスエンジニアリングの各ステップにおいて、オブザーバビリティがポイントとなります。

定常状態を見つける

定常状態を示すには、さまざまなメトリクスが使われます。まずスタート地点として採用しやすいのは、SREのSLI（サービスレベル指標）、および4 Golden Signalでしょう。レシピ06で紹介しているゴールデンシグナルの種類を参考に、それぞれのメトリクスが通常どのような値を示しているか、NRQLでデータを取得して可視化してみましょう。

実験結果をダッシュボードにまとめる

次に、実験の結果がわかりやすいように情報をまとめたダッシュボードを作ります。実験の内容によっては、実験群と対照群を分けたチャートを表示すると便利でしょう。

群の分け方は、採用する仮説によって異なるかもしれません。もし特定のホストにトラブルを起こすなら、トラブルのあるホストとないホストで分けられるでしょう。特定クライアントで先行デプロイされた問題のあるアプリケーションのリクエストがトラブルの原因であれば、そのリクエストは各種バックエンドにばらまかれるようになるでしょう。もしくは、ある短い時間帯のすべての処理が一時的にトラブルになるような仮説も考えられます（**図1**）。

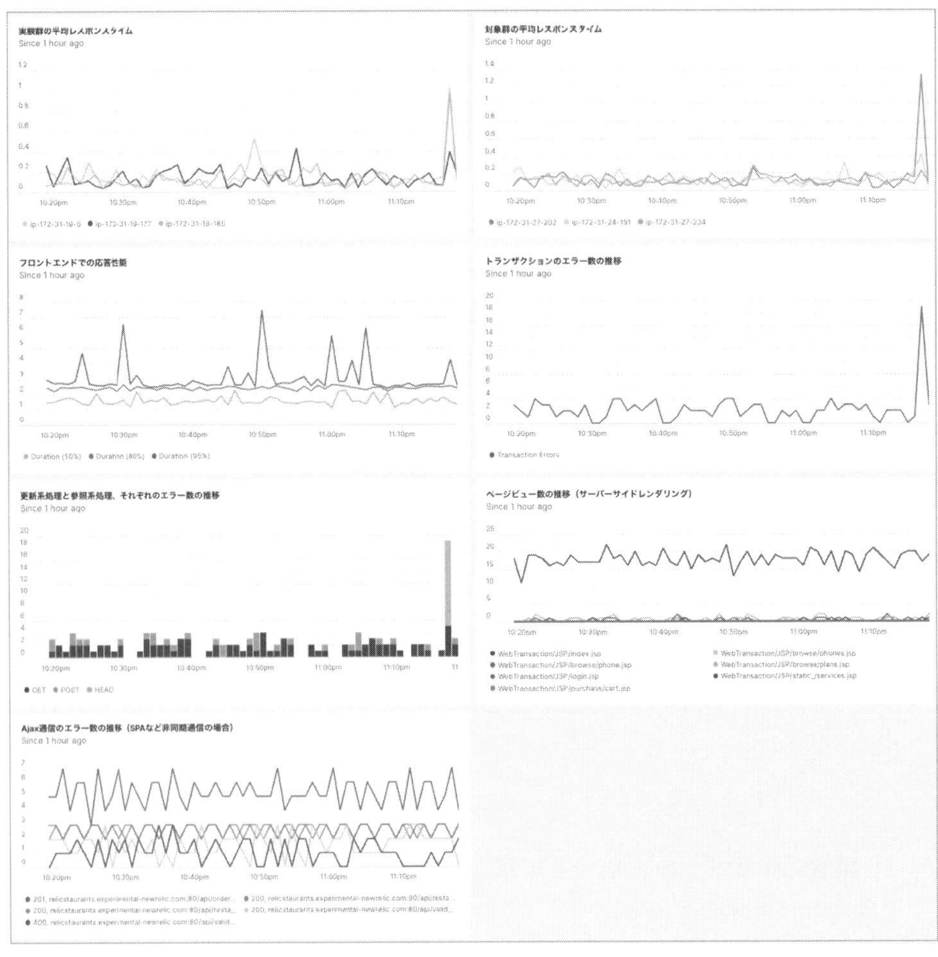

図1　実験に関する情報をダッシュボードで可視化する

適用方法

定常状態の発見とダッシュボードの作成は、レシピ06に記載されている内容を確認してください。ここからはデータをどう集めて可視化していくかについて、代表的な仮説を例に挙げて議論していきます。

仮説①：あるホストのCPU使用率が高騰したとしても、定常状態には変化がない

この仮説では、特定のホストが何らかの原因でCPU使用率が高騰し、動作が不安定になるという事象を想定してみます（**図2**）。

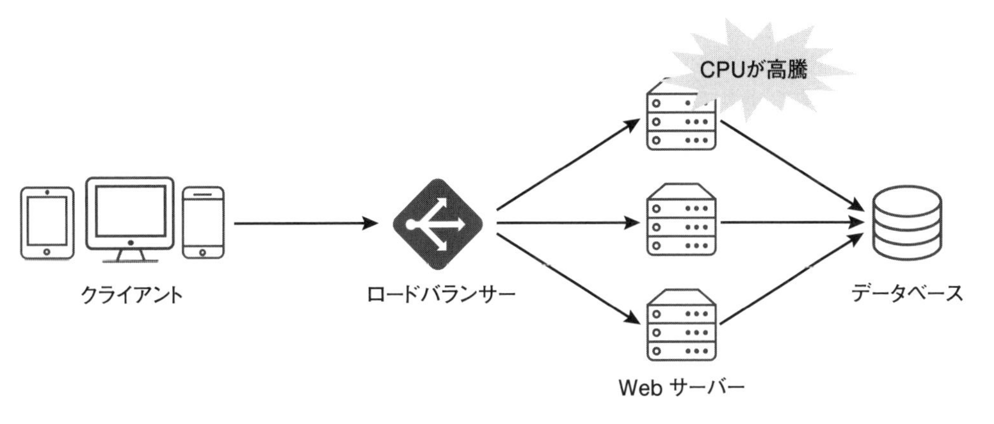

図2　システム構成図と障害箇所を図示

原因はさまざまに考えられるかもしれません。例えば、「アプリケーションが特定条件のときに効率の悪いCPU利用をしていた」「CPUを多く消費する別のプロセスが実行された」などです。実際の原因はもっと多種多様かもしれませんが、とにかく症状として「CPU使用率が高騰した」という状況を想定してみましょう。

このときの実験群は「特定ホスト」、対照群は「それ以外のホスト」です。それぞれの定常状態を比較して、変化がないかを観察していきましょう。

New Relic APMでレポートされるTransaction Eventには、host属性やhostname属性があります。NRQLを使って、実験群のホストで絞り込んだものと、それ以外で絞り込んだもの、両方を比較してみましょう（**リスト1、リスト2**）。

リスト1　実験群の平均レスポンスタイム

```
FROM Transaction SELECT average(duration) FACET host WHERE appName = '実験対象のアプリケー➡
ション' AND host IN ('{ 実験群のホスト 1}', '{ 実験群のホスト 2}', ...) TIMESERIES
```

※➡は行の折り返しを表す

対照群のチャートは、NOT IN述語で絞り込むと簡単です（**リスト2**）。

リスト2　対象群の平均レスポンスタイム

```
FROM Transaction SELECT average(duration) FACET host WHERE appName = '実験対象のアプリケー➡
ション' AND host NOT IN ('{ 実験群のホスト 1}', '{ 実験群のホスト 2}', ...) TIMESERIES
```

※➡は行の折り返しを表す

ブラウザアプリケーションやモバイルアプリケーションでのユーザー体験の指標としては、パーセンタイル値を計測しておきましょう。少数の特定ホストの不調であれば、全体の平均には影響が現れないことも考えられます。50パーセンタイル（中央値）、80パーセンタイル、95パーセンタイルなどの値を観測しておくとよいでしょう（**リスト3**）。

リスト3　フロントエンドでの応答性能

```
FROM PageView SELECT percentile(duration, 50, 80, 95) WHERE appName = '実験対象のアプリケー➡
ション' TIMESERIES
```

※➡は行の折り返しを表す

仮説②：データベースがフェイルオーバーしたが、定常状態には変化がない

ここでは、バックエンドの更新系データベースが何らかの不調でフェイルオーバーし、1分の間つながらなくなったという障害を考えてみましょう（**図3**）。

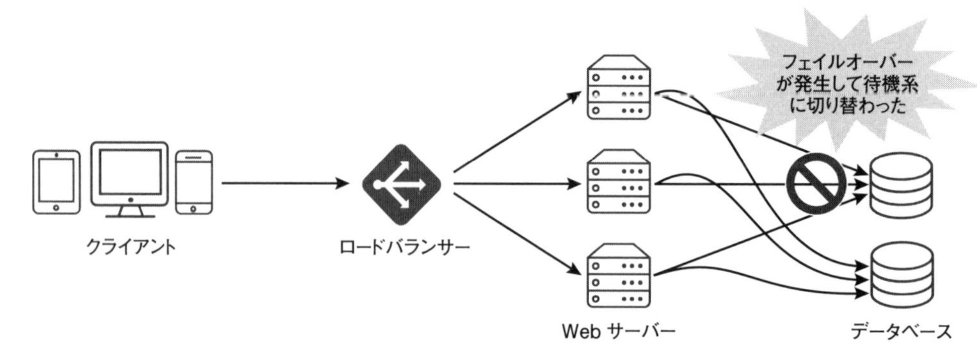

図3　システム構成図と障害箇所を図示

これは少し難しい実験です。スケールアウトされたサーバークラスターの一部障害とは違い、更新系データベース障害の影響は広範囲に及びます。確実に一部の機能が使えなくなるようになるはずです。SLOは一時的に更新処理ができなくなったとしてもサービスレベル上許容されるようになっているか、エラーバジェットは十分か、日次や毎時に実行されるバッチ更新処理中に発生しても大丈夫か（もしくはその時間帯は「今はいったん」避けるべきか）など、実験設計として考慮しなければいけない要素は多くなります。

しかし、これは実際に起こり得る事象です。事前に準備することが重要なのは言うまでもありません。そして、実際に正しく準備されていることを、実験によって確認していきましょう。

ここでは以下のように、更新系のデータベースサーバーがフェイルオーバーした場合の影響を考えてみます。実験の第一歩として簡単にするため、バッチ処理の時間帯は避けて実験するものとしてみます。

データベースサーバー

- フェイルオーバー処理の一連のイベントが発生する

Webサーバー

- 更新系APIは一時的にエラーが発生するが、60秒以内にエラーは収束する
- 参照系APIはエラーを起こさない（レプリカを参照しているため）

ブラウザアプリケーション

- 更新系機能は一時的にエラーが発生するが、60秒以内にエラーは収束する
- 参照系機能は引き続き利用できる

それでは、これらの様子を観察するダッシュボードを作ってみましょう。まずはAPM Agentが収集している情報から、エラーが発生しているトランザクションの様子を観察してみます（**リスト4**）。

リスト4　トランザクションのエラー数の推移

```
FROM TransactionError SELECT count(*) WHERE appName = '実験対象のアプリケーション and ➡
http.statusCode >= 500 TIMESERIES
```

※➡は行の折り返しを表す

データベースサーバーのフェイルオーバーでは、一般的に更新系処理に影響が出るはずです。一方で、リードレプリカを使っている場合には参照系処理には影響がありません。その様子を確かめてみましょう（**リスト5**）。REST APIを使っているなら、HTTPのリクエストメソッドで更新系と参照系とを区別してもよいでしょう。

リスト5　更新系処理と参照系処理、それぞれのエラー数の推移

```
FROM TransactionError SELECT count(*) FACET request.method WHERE appName = '実験対象のアプリ➡
ケーション ' AND http.statusCode >= 500 TIMESERIES
```

※➡は行の折り返しを表す

ブラウザアプリケーションについても基本的には同様ですが、サーバーサイドレンダリングかSPA（シングルページアプリケーション）かによって、観測すべきポイントは少し異なります。

New Relic Browser Agent（Browser Agent）は、HTMLのヘッダーにスクリプトを埋め込むことで、情報を収集し送信します。そのため、サーバーサイドレンダリングでWebサーバーが500エラーを返した場合、Browser Agentは動作しなくなります。このときは、New Relic APMで収集した情報を主に観測し、補助的にBrowser Agentのカウント数で評価してみましょう（**リスト6**）。

リスト6　ページビュー数の推移（サーバーサイドレンダリング）

```
FROM PageView SELECT count(*) FACET name WHERE appName = '実験対象のアプリケーション' ➡
TIMESERIES
```

※➡は行の折り返しを表す

SPAの場合は、Browser AgentがHTMLに埋め込まれている状態で、非同期リクエストが成功したり失敗したりする様子を観測できます（**リスト7**）。

リスト7　Ajax通信のエラー数の推移（SPAなど非同期通信の場合）

```
FROM AjaxRequest SELECT count(*) FACET httpResponseCode, groupedRequestUrl, httpMethod ➡
TIMESERIES
```

※➡は行の折り返しを表す

これらの情報を観測し、仮説どおりに更新系機能のエラーが60秒以内に収束することが確認できたら、実験は完了です。もしかすると、レプリカを使っていると思っていた参照系機能も同様にエラーを起こすかもしれません。それは大事な情報であり、実験の価値になります。

まとめ

本レシピでは、カオスエンジニアリングの目的や進め方、その際の観測のポイントに関して紹介しました。

カオスエンジニアリングの実験の目的は、システムを壊すことではありません。「システムが部分的に壊れていたとしても全体的には安定して動くように作られているという前提のもとで、それを検証していく」のが実験の目的です。つまり、壊すために実験するのではなく、壊れないことを確かめるために実験するのです。最初は、リスクの少ない仮説から実験していきましょう。

実験をさらに価値あるものにするために、New Relic AIOpsを活用するのもよいでしょう。明示的に設定した定常状態の他にシステムがどのような挙動を示すかを広く観測するには、自動化された異常値検知が有効です。また、障害を起こした際に各種アラートがどのように発砲するかも観察の範囲の1つです。それらの検知を受けて、アラート対応チームがどのようなアクションを起こすことができるかを確認することも重要です。これらの領域をカバーするために、NewRelic Alerts & AIの各種設定を有効にしておくのは効果的です。

カオスエンジニアリングの原則として、「実験を自動化して継続する」ことの価値が語られています。定期的に実行することで、アプリケーションのアップデートやシステム構成の変化に対しても仮説が成り立っていることを証明し続けることができるようになります。

どのような実験をどのように行うとしても、重要なのはシステム全体の状態の把握であり、オブザーバビリティです。オブザーバビリティを高め、実験中に何が起こっているのかを詳細に観測できるようにしておきましょう。

レシピ

09 モニタリングのOSSを活用する

利用する機能　OpenTelemetry

OpenTelemetry

概要

OpenTelemetryは、トレース、メトリクス、ログなどのテレメトリデータを作成および管理するために設計された、オープンソースのオブザーバビリティフレームワークおよびツールキットであり、テレメトリデータの収集と転送に関する実装をベンダーに依存しない標準化されたAPIとライブラリとして提供します。New Relicでは、New Relicエージェントが作成および管理するテレメトリデータに加え、OpenTelemetryによるテレメトリデータを収集し、同じNew Relicプラットフォーム上でデータを分析したり、アプリケーションの問題を解決したりすることができます。

OpenTelemetryを構成するコンポーネントは以下のとおりです（コレクターやエクスポーターなどのアーキテクチャについては後述）。

- オブザーバビリティのコアとなる仕様
- New Relicは、すべてのデータ（トレース、メトリクス、ログ）をサポート
- Java、Python、Goなどの言語専用に作られたAPIおよびSDK
- 処理と転送にベンダー依存しない実装を提供するコレクター
- 任意のバックエンドにデータを送信可能なエクスポーター

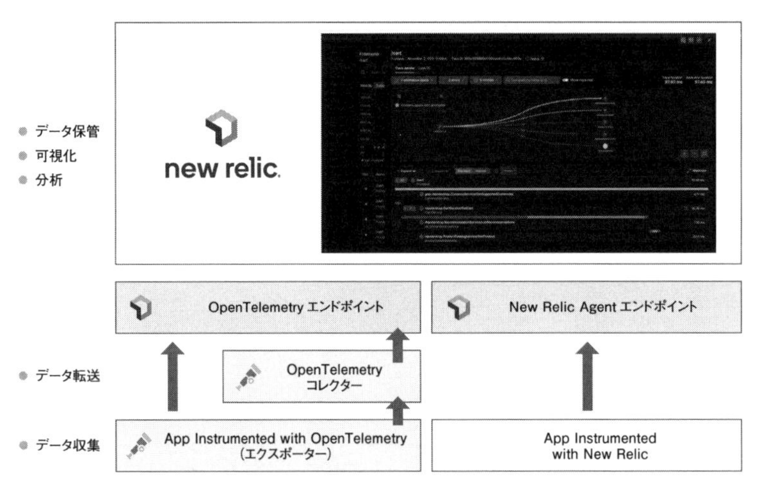

図1　ビルディングブロック：OpenTelemetry＋New Relic

これらOpenTelemetryの各コンポーネントには、テレメトリデータを収集するためのいくつかのメリットがあります。

- **いつでもどこでも簡単に計装できる**：テレメトリデータを計測するための計装はOpenTelemetryにより標準的な規格が整備されており、世界中のエンジニアが整備に貢献することで優れたカバー率と柔軟性を提供しています
- **将来性が期待される**：より多くのベンダーがOpenTelemetryをサポートするようになれば、計装を変更する必要がなくなるかもしません。これは多くのエンジニアが計装に関する仕様変更の手間がなくなるメリットを見いだせます
- **新しい技術への追従**：新しく出現した技術に対してOpenTelemetryによる自動計装、あるいはソースコードに直接計装を追加する手動計装により、開発者と運用者はその新しい技術に対する観測を容易に始められます
- **シンプルな選択**：ベンダーや他のOSSのどの計装を使うか迷う必要はありません。そのための統一的でベンダーニュートラルなOpenTelemetryです
- **クロスプラットフォーム対応**：OpenTelemetryはさまざまな言語およびテレメトリデータの収集先となるバックエンド（New Relicプラットフォームもその1つ）をサポートします。これは既存の計装を変更することなく、テレメトリデータをバックエンドに送信するためのベンダーニュートラルな仕組みです
- **効率化された可観測性**：ベンダー独自のエージェントやコレクター開発が不要になるため、単一の規格に対するサポートやテストが容易になります

- **属性情報による分析**：OpenTelemetryは属性情報（アトリビュートまたはディメンションとも呼ぶ）を使用しているため、AWSリージョン名、Kubernetesクラスター名、サービスバージョンなどの情報をもとにフィルタリングやファセットを行うことができ、情報の確認がスムーズになります

New RelicとOpenTelemetry

New RelicはOpenTelemetryの設立当初からの主要な貢献者として活動しています。またCNCFのOpenTelemetry Projectのトップコントリビューターでもあります。2022年度、New Relicの専任チームはOpenTelemetryコミュニティから維持管理者と承認者として認められました。コミュニティのメンバーによって、OpenTelemetryの発展におけるNew Relicのアクティブな貢献が高く評価されました。New RelicのネイティブなOpenTelemetryプロトコル（OTLP）のサポートと充実したユーザーエクスペリエンスにより、ユーザーはこの新しい計装の標準を利用して、システムの理解、トラブルシューティング、最適化が可能です※1。

ここまで読むと、OpenTelemetryとNew Relicのどちらを利用すればいいか悩むかもしれません。想像するとおり、OpenTelemetryとNew Relicでは利用できる機能に多くの重複があります。以下ではOpenTelemetryとNew Relicを選定するためのヒントを示してみましょう。

まず、New Relicエージェントが提供されていない言語の場合、OpenTelemetryは優れた代替手段となります。また、オープンソース製品との連携がOpenTelemetryに適している場合もあります。例えば、ソフトウェア開発のビルド、テストおよびデプロイの自動化を支援するJenkinsはOpenTelemetryプラグインが用意されており、データの送信先をNew Relicにすることで手軽にジョブやパイプラインの実行状況を可視化できます。

一方、New RelicのAPM Agentは個々のサービスの詳細なトランザクションやトレースを可視化します。また、New Relic APMは定義済みサンプリングを自動で行うことで、計装によるパフォーマンスへの影響とテレメトリデータ取得のトレードオフに対してバランスを取ることができます。これにより、New Relicエージェントをご利用のシステムではシステムへの影響を極小化しつつ、必要十分なテレメトリデータを収集することができます。

なお、New RelicエージェントやOpenTelemetryツール（エージェント、SDKなど）は、市場に多く存在するAPM製品の1つです。言語によっては、ほとんどすべてのAPM製品が、同じ低レベルの言語フックとランタイムフックを使って動作します。言語のアーキテクチャにもよりますが、これはバイトコード操作やモンキーパッチのような技術で実現されることが多いです。

OpenTelemetryは歴史が浅く、一部言語はα版で計装する方法すら記載されていない場合もあります。しかし、多くの言語はNewRelicへデータを送信するのに十分な実装が提供されて

※1　https://newrelic.com/sites/default/files/2022-09/NewRelic-ImpactReport2022-JP_LQ.pdf

います。この詳細はOpenTelemetryに対する仕様準拠の状況を言語別にまとめたGitHubの表を参照してください。

詳しくはドキュメントを確認し、自身が必要としているデータの取得が可能であるか確認してください。

- https://github.com/open-telemetry/opentelemetry-specification/blob/master/spec-compliance-matrix.md

互換性には注意しよう

APM製品が実行中のコードを変更する方法は複雑なため、ある製品が同じプロセスで実行されている別の製品との互換性は保証されていません。互いに気づかないうちに共存し、アプリケーションから独立してテレメトリを生成することはできるかもしれませんが、最悪の場合、互いに干渉しあい、予測不可能な動作が発生する可能性があります。

New Relicは、New RelicのAPM Agentが同じプロセスで実行されている別のAPM製品と互換性があることを保証することはできません。ユーザーのニーズに最も適したものを選択することをおすすめします。

New RelicによるOpenTelemetryリファレンスアーキテクチャ

New RelicでOpenTelemetryを実装するためのガイダンスが必要な場合、このリファレンスアーキテクチャを利用することで、ソフトウェア開発者やDevOps担当者、アーキテクトおよびプロジェクトマネージャーがプロジェクト内で互いに認識を合わせることに役立ちます。**図2**はNew RelicでOpenTelemetryを実装する際の一般的な構成を表したテンプレートです。

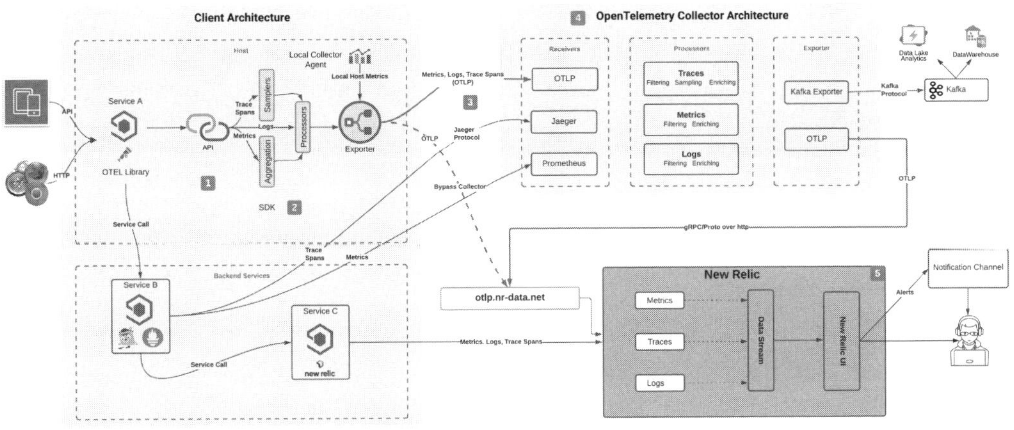

図2　リファレンスアーキテクチャー：OpenTelemetry＋New Relic※2

この図では、OpenTelemetry、Prometheus、Jaeger、New Relicからテレメトリデータを取り込むため、OpenTelemetryコレクターを用いた実装を示しています。OpenTelemetryによって収集されたテレメトリデータは、点線の矢印のようにOpenTelemetryのエクスポーターからNew RelicのOTLPエンドポイントに直接転送することも可能です。

どちらの経路を利用したほうがよいかについては、次の実装ガイドを参照してください。

OpenTelemetryとNew Relicの実装ガイド

ここからは、New RelicでOpenTelemetryを実装する際に役立つ10のヒントをご紹介します。

ヒント①：OpenTelemetryを使用してアプリケーションを計測する

OpenTelemetryの取り組みの最初のステップは、アプリケーションを計測することです。またアプリケーションの他にホストやKubernetesの監視も可能です。詳細は下記ドキュメントを参照ください。

● OpenTelemetryの使用方法
https://docs.newrelic.com/jp/docs/more-integrations/open-source-telemetry-integrations/opentelemetry/get-started/opentelemetry-get-started-intro/

※2　https://docs.newrelic.com/docs/more-integrations/open-source-telemetry-integrations/opentelemetry/opentelemetry-ref-architecture/

Java、.NET、Python、Node.jsなどの一部の言語では、OpenTelemetryによる自動計装アプローチを提供します。自動計装の手順については、以下のドキュメントを参照してください。

- Javaの自動計装
  https://opentelemetry.io/docs/instrumentation/java/automatic
- .NETの自動計装
  https://opentelemetry.io/docs/instrumentation/net/automatic
- Node.jsの自動計装
  https://opentelemetry.io/docs/instrumentation/js/getting-started/nodejs
- Pythonの自動計装
  https://opentelemetry.io/docs/instrumentation/python/automatic

自動計装は、トレースを収集し、場合によってはメトリクスも収集します。これらのテレメトリデータはいずれもアプリケーションを観測するために重要です。また手動計装は、Goなどの自動計装をサポートしていない言語への対応や、自動計装によって収集されるテレメトリデータを強化するために使用できます。

自動計装／手動計装のアプローチ選択に関係なく、New Relic UIのさまざまな場所でデータ表示や分析が適切に機能するためには、特定の属性の存在が必要であることを理解することが重要です。

New RelicのOpenTelemetryエンティティのゴールデンシグナルチャートには、チャートを駆動するためにスパンまたはメトリクスを選択できるトグルが含まれています。New Relicは、次のメトリクスに基づいてスパンからゴールデンシグナルを導き出します。

- `http.server.duration`
- `rpc.server.duration`
- `http.status_code`

これらのメトリクスが自動計装でカバーできていない場合は、SDKを使用してアプリケーションの手動計装を行います。

またOpenTelemetryを使用してログを収集することも可能です。OpenTelemetryトレースをLogs in context機能と関連付けられるようにするには、ログエントリに`service.name`、`trace.id`、および`span.id`属性が含まれていることを確認してください。

ヒント②：OpenTelemetryコレクターのデプロイ

次に、OpenTelemetryコレクターをデプロイします。これはバッチ処理、再試行、暗号化などのタスクをオフロードするために必要であり、実際に運用している環境でOpenTelemetryを使用する場合に推奨される構成です。

コレクターの構成に関するいくつかのヒントを紹介します。

- **適切なエンドポイントを使用する**：OTLPデータをエンドポイントにエクスポートするように構成する必要があります
- **データのドロップを回避する**：データのドロップを回避するには、長さが4,095文字を超える属性を切り捨てることをおすすめします
- **インフラストラクチャ**：インフラストラクチャメトリクスを収集するには、ホストメトリクスレシーバーをコレクター設定に含めます。コレクター構成の一部としてホストレシーバーを使用すると、ホストエンティティの一部としてホストメトリクスが自動的に検出され、そのゴールデンメトリクスが生成されます（つまり、インフラストラクチャエージェントを使用した場合と同等の結果が得られます）
- **スケーリング**：大規模なOpenTelemetry導入では、パフォーマンスと回復力の両方のメリットを得るために、コレクターをスケーリングするための構成を検討する必要があります
- **Kubernetes**：OpenTelemetryで計測されたサービスがKubernetes環境で実行されている場合は、指定の手順[※3]に従います。これにより、KubernetesデータがOpenTelemetryデータと関連付けられます。また、多くの利用者は、エージェントとゲートウェイの両方の展開方式を使用してコレクターを実行することを選択しています
- **エージェント方式**：この方式では、コレクターはアプリケーション（バイナリ、サイドカー、デーモンセットなど）と同じホスト上で実行されます
- **ゲートウェイ方式**：この方式では、クラスター、データセンター、またはリージョンごとに1つ以上のコレクターインスタンスがスタンドアロンサービスとして実行されます

各ホスト上のエージェントコレクターは、ゲートウェイコレクターのクラスターにデータをエクスポートする前に、基本的な処理タスクを実行します。次に、ゲートウェイコレクターはデータをNew Relicにエクスポートするように構成されます。

ヒント③：トレースサンプリング戦略を実装する

デフォルトでは、OpenTelemetryはアプリケーションから100%のトレースをキャプチャし、New Relicに送信します。このため、OpenTelemetryを運用環境に導入する前に、トレースのサンプリング戦略を実装する必要があります。これにより、テレメトリに関連するアプリ

※3　https://docs.newrelic.com/jp/docs/kubernetes-pixie/kubernetes-integration/advanced-configuration/link-otel-applications-kubernetes/

ケーションのオーバーヘッドが削減されるだけでなく、ネットワークからのデータ送信量とNew Relicへのデータ取り込み量も削減されます。

OpenTelemetryサンプリングに関連するベストプラクティスについては、以下のサンプリングに関するドキュメントを参照してください。過剰なデータの出力と取り込みを回避しながら、問題のトラブルシューティングに十分なトレースデータを確保することを目的として、負荷テストプロセス（後述）の一部としてサンプリング構成を調整する必要があります。

● https://docs.newrelic.com/jp/docs/more-integrations/open-source-telemetry-integrations/opentelemetry/best-practices/opentelemetry-best-practices-traces/#sampling

ヒント④：負荷テストを実行し、構成を調整する

OpenTelemetryをアプリケーションで運用環境に導入する前に、検証環境で負荷テストを実行することをおすすめします。これにより、次のことが可能になります。

- CPUとメモリの使用量の増分とサービスの遅延を分析することにより、アプリケーション上のOpenTelemetry計装のオーバーヘッドを測定する
- コレクターからのデータ送信量とNew Relicへの取り込み量を測定する（どちらも取り込みが増加し、コストに影響する可能性があるため）
- これにより、OpenTelemetryコレクターの負荷テストを行い、本番環境のような負荷を十分に処理できることを確認できる

ヒント⑤：サービスレベル目標を定義する

OpenTelemetryデータがNew Relicに流入したら、サービスレベル目標（SLO）が満たされていない時期がないか判断し、それに応じて措置を講じることができるように、SLOを定義することが重要です。

サービスレベル監視は、エンドユーザー（またはクライアントアプリケーション）の観点からサービスのパフォーマンスを測定するために使用されます。New Relicを使用すると、アプリケーションのサービスレベルインジケーター（SLI）とSLOを定義して利用できます。OpenTelemetryで計測するサービスも、New Relicで計測するサービスと同様にサービスレベル監視を構成することをおすすめします。

ヒント⑥：アラートとインシデント管理を構成する

アプリケーションがエンドユーザーに影響を与える前に問題を検出して修正できるように、アラートポリシーを構成することも重要です。

ヒント⑦：ワークロードを作成して関連エンティティをグループ化する

New Relic Workloadsを使用すると、関連するエンティティをグループ化し、フロントエンドサービスからバックエンドサービスまでスタック全体にわたって集約された健全性とアクティビティデータを確認することができます。New Relic Workloadsは、複雑なシステムのステータスを理解し、問題を検出し、インシデントの原因と影響を理解し、それらの問題を迅速に解決するのに役立ちます。

OpenTelemetryサービスを関連エンティティとともにグループ化するWorkloadsを作成することをおすすめします。これには、インフラストラクチャ監視、APM、Kubernetes監視、ブラウザ監視、その他のエンティティによって監視されるエンティティが含まれる可能性があります。Workloadsは、エンティティをより管理しやすくグループ化するのに役立ち、通常はそれらのエンティティを担当するチームと連携します。これは、監視対象のエンティティが数千も存在する可能性がある大規模な環境で特に役立ちます。

ヒント⑧：カスタムビジュアライゼーション用のダッシュボードを構築する

New Relicは、すぐに使用できるOpenTelemetryデータのビューを多数提供しています。チームがトラブルシューティングや問題の特定にプロアクティブにデータを使用し始めると、カスタムの視覚化の必要性が見つかるかもしれません。この場合はカスタムダッシュボードを作成することで対応できます。

ヒント⑨：カスタム計装によるコンテキストの追加

自動または手動の計装から始める場合でも、問題を優先順位付けする際に追加データの必要性が生じたり、時間の経過とともに追加の計装を追加したりすることが合理的と判断されることがあります。例えば以下のようなケースが考えられます。

- 属性をスパンに追加して、リクエストに関する追加のコンテキストを提供できる：これは、トラブルシューティング中に問題のビジネスへの影響を理解するのに役立ちます（例えば、テナントIDをスパンに追加して、マルチテナントアプリケーションのトラブルシューティングを支援するなど）
- 追加のネストされたスパンをキャプチャして、アプリケーションの特定の側面をより深くトラブルシューティングするための詳細情報を提供できる
- カスタムメトリクスは、技術的な観点（キャッシュヒットとミスの数の追跡など）またはビジネスの観点（チェックアウト中のカート内の商品の平均数の追跡など）のいずれかから取得できる

ヒント⑩：継続的な測定と改善

オブザーバビリティの成熟度を向上させるには、継続的な改善の考え方を取り入れることが重要です。New Relicで収集されたOpenTelemetryおよびその他のデータは問題のトラブルシューティングに使用されるため、次の点に注意して適切な措置を講じる必要があります。

- 既存のアラート条件は、エンドユーザーが影響を受ける前に問題を積極的に検出しているか確認する。できていない場合は、アラート条件を調整するか、新しいアラート条件を追加する必要がある
- アクションを必要としない重要なアラートが継続的に表示されていないか確認する。表示されている場合は、アクションが必要な条件のみが発生するようにアラート条件を調整する必要がある
- 問題をトラブルシューティングするために十分なトレース情報が取得できているか確認する。そうでない場合は、計装内容を確認し、より多くのスパン属性とネストされたスパンをキャプチャすることを検討する必要がある
- トラブルシューティングにカスタムNRQLクエリが必要だった場合は、結果として得られるグラフの一部をカスタムダッシュボードに組み込むことを検討する必要がある

時間の経過とともに計装機能が改良されるにつれ、問題を積極的に検出する能力が向上し、問題を解決するまでの時間が短縮されます。これにより、MTTD（平均検出時間）とMTTR（平均解決時間）の両方が短縮されます。

Prometheus＋Grafana連携

概要

OSSを組み合わせた先進的で柔軟なアーキテクチャを採用している場合、PrometheusおよびGrafanaの導入を真っ先に検討するケースが多いはずです。簡単に使い始めることができ、カスタマイズする柔軟性もあるので、サービス開始時点の小規模な環境でのモニタリングツールとして非常に効果的に利用できるからです。

しかしながら、マイクロサービスの数だけでなく、サービスの規模やユーザー数が増えてくると、Prometheus自体の運用も複雑化し、運用の難易度が上がります。「負荷テストを行うとサービスの前にPrometheusが落ちてしまった」「利用するエンジニアが増えてPrometheusの運用コストが高くなった」といった声もよく聞きます。最終的には、Prometheusの可用性を維持しつつ、運用・保守をし続けなければならないのにトラブル対応を行うことになり、本来行うべきサービス運用の時間を削られてしまうことになってしまいかねません。

New Relicでの解決

第2章で、Telemetry Data PlatformがPrometheusの保存先となることを紹介しました。では、実際にはどうすれば利用できるのでしょうか。ここでは、現在のPrometheusサーバーからTelemetry Data Platformへデータを送信する方法、およびNew Relic連携用のPrometheusサーバーを起動してデータを収集する方法の2つをサンプルアプリケーションを利用して解説します（**図3**）。

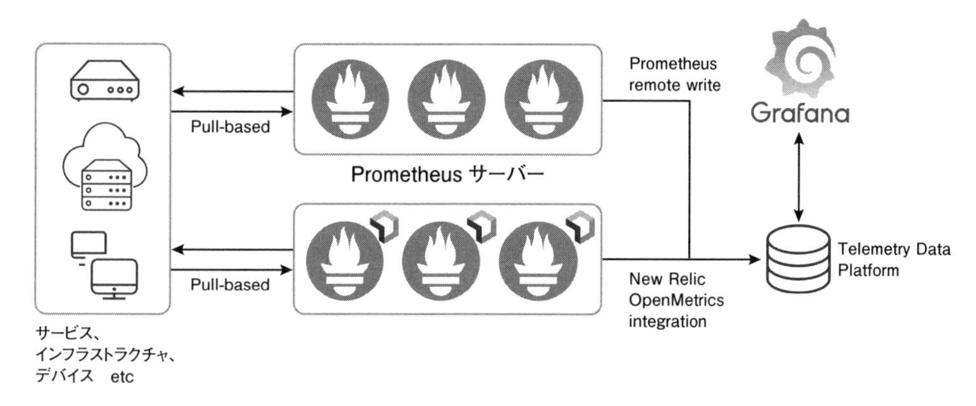

図3　PrometheusとGrafana統合のイメージ

Telemetry Data Platformを利用する前に、サンプルアプリケーションの構成を確認しておきましょう（**図4**）。

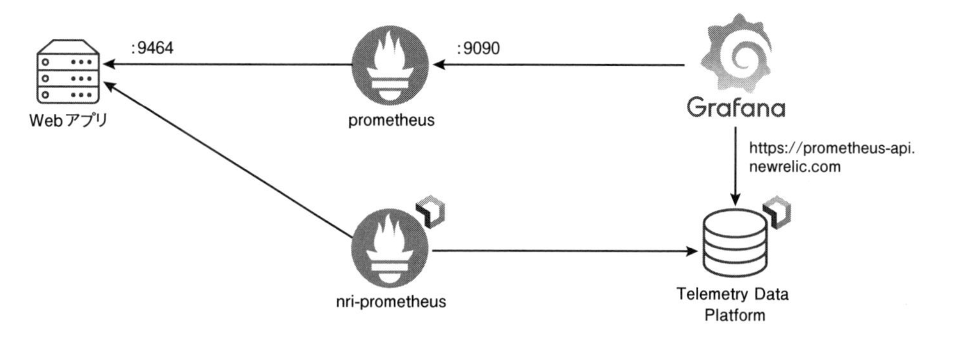

図4　サンプルの構成

現在のPrometheusサーバーからTelemetry Data Platformへとデータを送信するように連携すると、**図5**のような構成となります。

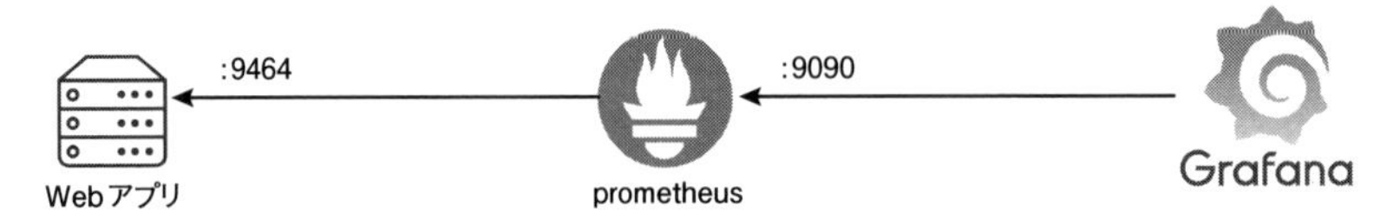

図5　remote_writeを使った連携

この構成に変更するには、次の5ステップを実行します。

1つ目のステップは、Telemetry Data Platformへの URLの生成です。New Relicの画面上でremote_write設定用URLを生成します。New Relic Oneにログインし、画面上の［Home］→［Add Data］をクリックしてから［Prometheus Remote Write Integration］を選択し、アカウントを選んで［Continue］をクリックします。すると、Prometheus用のremote_write用URL生成の画面が開きます。手順①のところで、任意の名称を入力し、［Generate URL］ボタンをクリックします（**図6**）。

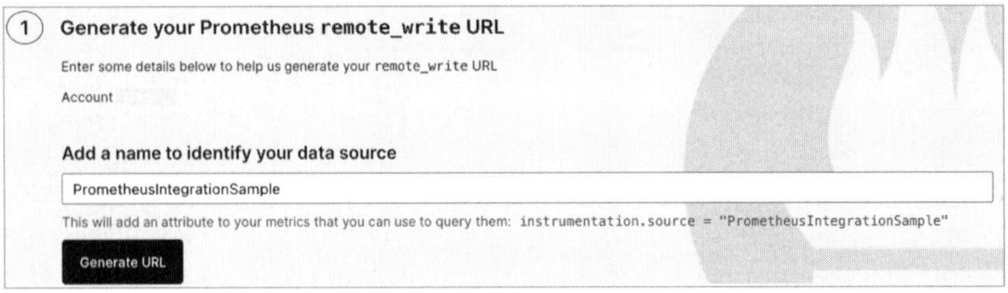

① Generate your Prometheus remote_write URL

Enter some details below to help us generate your remote_write URL

Account

Add a name to identify your data source

PrometheusIntegrationSample

This will add an attribute to your metrics that you can use to query them: instrumentation.source = "PrometheusIntegrationSample"

Generate URL

図6　remote_write設定用URLの生成

すると、手順②にremote_write用の設定が表示されます（**図7**）。

図7　生成された設定

2つ目のステップは、Prometheusの設定ファイル変更とリスタートです。まず、先ほど作成したremote_write用の設定情報をコピーし、次に、コピーした内容を`prometheus.yml`に追加します。今回作成したymlファイルのサンプルを**リスト1**に示します。

リスト1　remote_writeを使った、Prometheus連携の設定例

```
global:
 scrape_interval: 15s
 evaluation_interval: 15s

scrape_configs:
- job_name: 'webapp'
  static_configs:
  - targets:
    - 'otelcol:9464'

remote_write:
- url: https://metric-api.newrelic.com/prometheus/v1/write?prometheus_server=PrometheusInt➡
egrationSample
  bearer_token: *****NRAL
```

※➡は行の折り返しを表す

設定変更後、Prometheusをリスタートします。

3つ目のステップはデータの確認です。まず、Grafanaでデータを確認しましょう。以下に示すPromQLを使って描画します（**図8**）。

```
system_memory_usage{instance="otelcol:9464"}
```

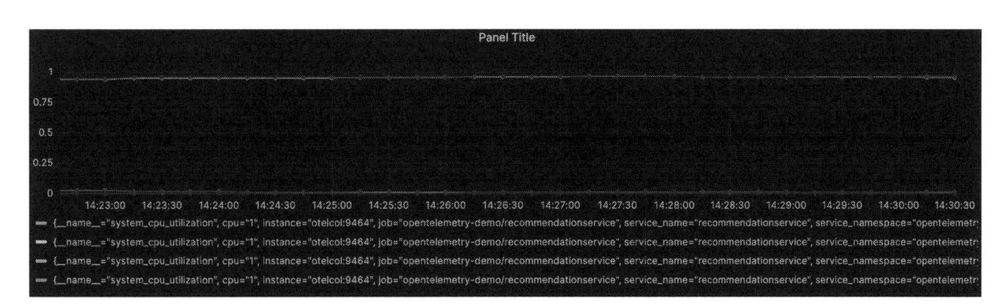

図8　Prometheusサーバーのデータの Grafanaでの可視化

次にNew RelicでPromQLを実行してみます。すると、同じグラフが表示されます（**図9**）。

図9　New Relic One Data explorerでのデータの確認

4つ目のステップはGrafanaのデータソースの変更です。Telemetry Data Platformに入ったデータにアクセスするためにデータソースを変更します。アクセスするためにはクエリキーが必要となるため、まずは以下の手順でクエリキーを生成してください。

1. クエリキーの管理画面（https://insights.newrelic.com/accounts/NewRelicAccountID/manage/api_keys）に遷移する
2. ［Query Keys］の右横にある［+］アイコンをクリックする
3. 画面が切り替わったら、［Notes］フィールドに、キーを使用している目的の簡単な説明を入力し、［Save your notes］ボタンをクリックする
4. あとで必要になるので、画面右下の［key］の下にある［Show］アイコンをクリックし、新しいAPIキーをコピーする

その後、Grafanaで設定したPrometheusのデータソース設定を開きます。もしくは新規で作成します。設定項目は以下のとおりです（**図10**）。

- [HTTP]
  - [URL]：https://prometheus-api.newrelic.com（米国。通常はこちらを選択）
    https://prometheus-api.eu.newrelic.com（EUの場合）
- [Custom HTTP Headers]
  - [Header]：X-Query-Key

- [Value]：先ほどコピーしたクエリキー

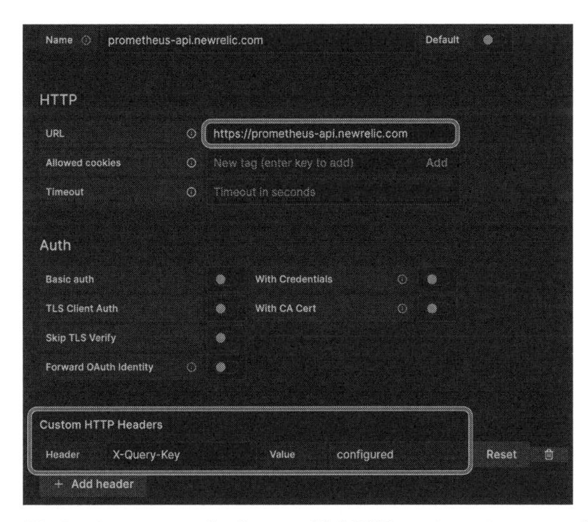

図10　Grafanaのデータソース設定画面でのNew Relicエンドポイントの利用例

変更したら［Save & test］ボタンをクリックします。

5つ目のステップとして、Grafanaのダッシュボードを確認します。本書ではわかりやすいようにデータソースを新規で作成し、`prometheus-api.newrelic.com`としていますが、移行の場合は同じデータソースの変更でかまいません（**図11**）。

図11　Telemetry Data PlatformのデータのGrafanaでの可視化①

すると、データソースを変更しても同じグラフが見えていることがわかります。これで、New Relic連携は完了です。

次に、New Relic連携用のPrometheusサーバーを起動してデータを収集します。まずNew Relic連携用のPrometheusサーバー（以降、「nri-prometheus」とします）を起動します。

nri-prometheusはオリジナルのPrometheusのサーバーと同様、メトリクスエンドポイントに対してPull型でメトリクスを収集します。収集したメトリクスはNew RelicのREST APIを使ってTelemetry Data Platformに送信されます。GrafanaからはPromQLが利用できるエンドポイントに対して情報を収集し、ダッシュボードとして可視化を行います（**図12**）。

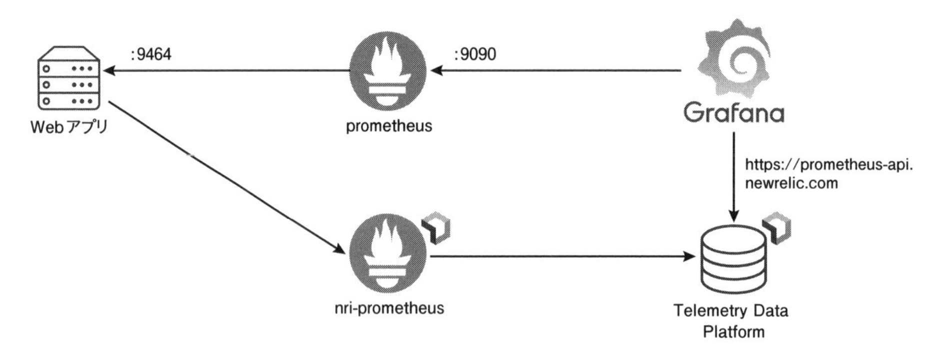

図12　nri-prometheusの並行稼働構成

以下の5ステップでデプロイと確認を行います。

1つ目のステップはライセンスキーの準備です。先ほど「現在のPrometheusサーバーからTelemetry Data Platformへとデータを送信する」で生成したURLのうち、「*****NRAL」にあたる文字がライセンスキーです。このキーを後ほど利用します。

2つ目のステップは設定ファイルの準備です。New Relicのドキュメント「Configure Prometheus OpenMetrics integrations」に用意されているサンプルの設定を利用し、ローカルのDockerで動いているアプリケーションのメトリクスを収集するように設定します。**リスト2**の内容を`config.yaml`というファイル名で保存しておきます。

リスト2　config.yaml

```
cluster_name: "my-cluster-name"
verbose: false
insecure_skip_verify: false
scrape_enabled_label: "prometheus.io/scrape"
require_scrape_enabled_label_for_nodes: true
targets:
```

```
- description: "http servers"
  urls: ["http://otelcol:9464"]
```

3つ目のステップはnri-prometheusの起動です。ここではDockerベースでnri-prometheusを起動してみましょう。kubernetesでの利用方法は公式ドキュメントを参考にしてください。

実行時にSTEP1で用意したライセンスキー、STEP2で作成したconfigファイルを使用し、**リスト3**のようなコマンドで起動します。

リスト3　Dockerコマンドでのnri-prometheusの起動

```
$ docker run --name nri-prometheus \
-v /path/to/config.yaml:/etc/nri-prometheus/config.yaml \
-e LICENSE_KEY= *****NRAL newrelic/nri-prometheus:latest
```

4つ目のステップとして、New Relic上でデータを確認します。nri-prometheusを利用する場合、属性情報が多少異なりますが、次のようなPromQLクエリを使ったデータ取得が可能です（**図13**）。

```
system_cpu_utilization{targetName="otelcol:9464",clusterName="my-cluster-name"}
```

図13　New Relic One Data explorerでのPromQL実行例

5つ目のステップとして、Grafanaで情報を表示します。ここでは、同じPromQLを利用してGrafanaでダッシュボードを作成してみます（**図14**）。

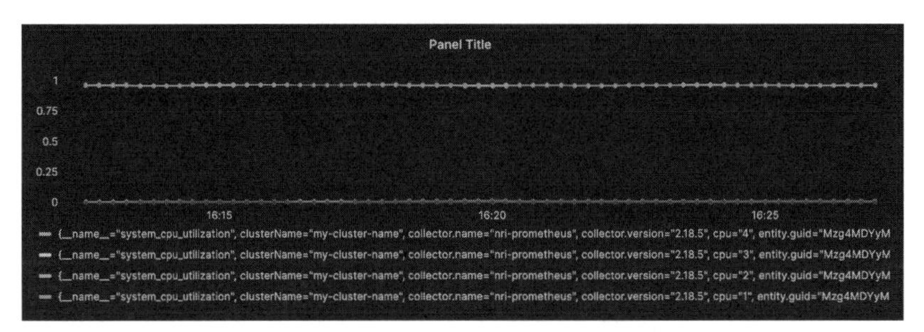

図14　Telemetry Data PlatformのデータのGrafanaでの可視化②

以上で、Grafana上でデータを表示することができました。

レシピ

10 NPM／Infrastructureによるハイブリッドクラウドの運用監視実践

利用する機能　New Relic NPM／New Relic Infrastructure／New Relic Alerts & AI／Workloads／Lookout

概要

近年ではクラウド化が進んでいますが、すべてのサーバーをクラウド化せず、データセンターに設置されたサーバーとクラウドとで構成する、いわゆるハイブリッドクラウド環境で運用されているケースもあります。クラウドまたはデータセンターのみで閉じている環境とは異なり、複数のネットワークにまたがってサーバーが設置されるなど多様なコンポーネントで構成され、管理運用が複雑化しています。

そこで本レシピでは**図1**のアーキテクチャを例に、NPMとInfrastructureを活用し、どのように運用監視を行っていくかを解説します。例となるシステムではデータセンターとパブリッククラウド（AWS）の間が専用ネットワークで接続され、データセンター内にあるバックエンドサーバーとクラウドにあるアプリケーションサーバー間の通信は専用ネットワーク（AWS Direct Connect）を経由する必要があります。また、データセンターからグローバルネットワークへの通信はProxy経由に限定され、New RelicのエージェントがJ出力するEventやMetricsなどはデータセンターからProxyを介してNew Relicへ転送されます。

図1のハイブリッドクラウドのシステムでは、ネットワークとインフラの観点から3つの要素で構成されています。

- データセンターで稼働する物理サーバーおよびクラウド上の仮想サーバー
- Direct Connect／NATゲートウェイ／VPC／AWS Transit Gatewayなどのネットワーク関連のマネージドサービス
- それらをつなぐデータセンターに設置されたネットワーク機器

本項では、Infrastracture、AWS Integration、NPM、Cloud Flow Logs、Workload、Lookoutなどの機能を組み合わせ、単なるアラートの設定以上に、ハブリッドクラウドにおけるネットワークとインフラの運用監視で活用できる手法を紹介します。

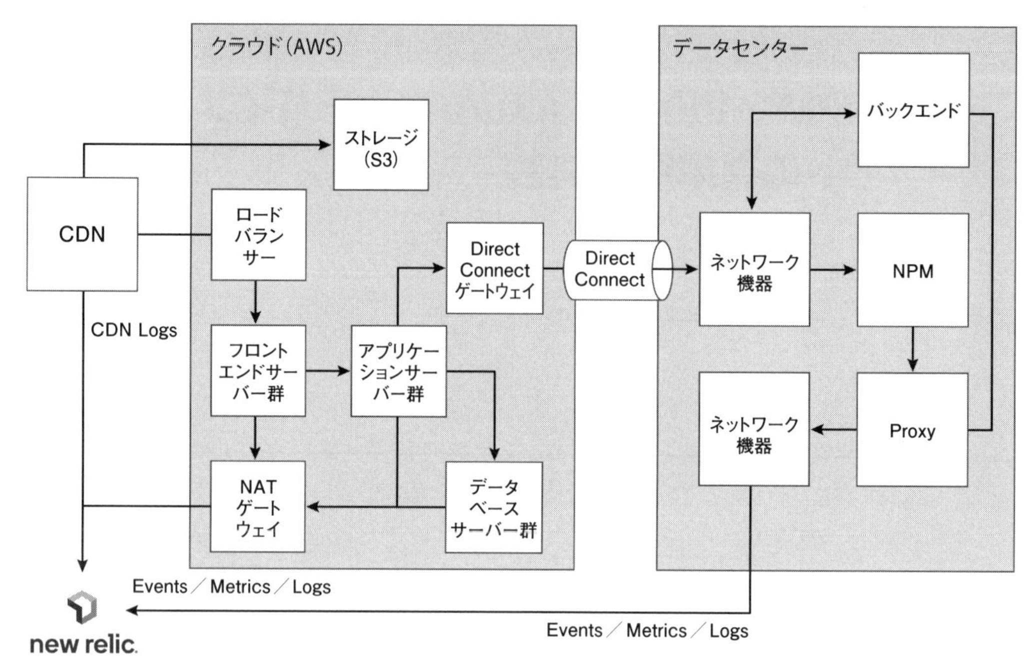

図1　ハイブリッドクラウドの例

可視化されたネットワークログからひも解くネットワークの状態

ハイブリッドクラウド環境では、ネットワークが複数にまたがる形で構成されているため、ネットワークで障害が発生した際にどこに原因があるかを調査することが難しくなります。New Relicではネットワークのフローログからサンキーダイアグラム※1を構成し可視化することで、サーバー間のトラフィックやプロトコル単位での可視化が行え、例えば想定されるトラフィックが流れていないなどネットワークに問題がある状態が直感的に把握できます。

フローログとNew Relic Infrastructure Agentの連動

サーバーにNew Relic Infrastructure Agentがインストールされていると、フローログのIPアドレスとサーバーのIPアドレスが一致した際にそれぞれの情報がひも付けられ、サンキーダイアグラム上のIPアドレスやインスタンスIDなどの要素がクリック可能になり、クリックすることでサーバーの情報が取得できるようになります（**図2**）。これにより、ダイアグラムを閲覧した際に通常とは異なるトラフィックだと感じられたサーバーの詳細を即座に確認でき、リソース的に異常があるかどうかの確認と裏付けをシームレスに行えます。

※1　工程間の流量を表現するグラフで、線の太さによって流量の多さが示される。

図2　サンキーダイアグラムからホスト情報を参照する

また、直近のデータからの逸脱について、サーバー単体のデータはDeviationsから、複数のサーバーにまたがる問題かどうかはAnalyze deviations in Lookoutから確認できるため（**図3**）、問題が対象サーバーで起きているか、それとも複数サーバーで起きているかの確認も短時間で行えるようになります。

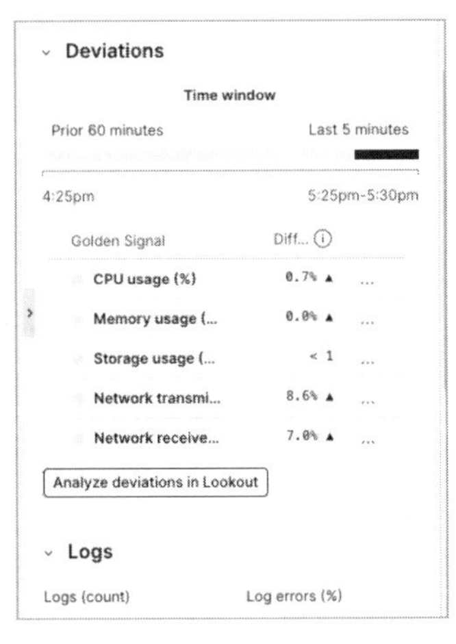

図3　DeviationsとAnalyze deviations in Lookoutでデータの逸脱を確認する

サンキーダイアグラムを利用して効率的に問題を解決する

サンキーダイアグラムでは中継元や宛先の要素をプルダウンで変更できるため、さまざまなケースでの利用が可能です。例えばMulti-AZ環境で宛先にaz_id設定し、ゾーン間のルーティングが意図どおりに動作しているか、特定のゾーンのみのネットワークに問題が発生していないか、NLBとターゲットグループ間の通信を可視化しNLBのバランシングが適切に行われているかなども確認することができます。

さらにこれらを応用することで、障害発生時の原因調査だけではなく設定に起因する問題の調査と問題解決にも役立てることができます。

ネットワーク関連のマネージドサービスを可視化する

ハイブリッドクラウドの場合、モニタリング対象となるネットワーク関連のサービスは多岐にわたります。オンプレミスではルーター、スイッチ、Firewallなどのオンプレミス環境では共通して利用されるネットワーク機器に加えて、AWSのようなクラウドサービスでは、AWS Direct Connect／NATゲートウェイ／Amazon VPC／AWS Transit Gatewayなどのマネージドなネットワークサービスも管理対象となります。これらを管理するオンプレミス担当者とクラウドのインフラ担当は、互いの責務を分けながらも時には協調して日々の運用を効率的に行うことが求められます。

そこでNew Relicでは、オンプレミスのネットワーク機器をNew Relic NPMで、AWSクラウドサービスをAWS IntegrationとCloud Flow logsでネットワークに関連するデータを収集し、一元管理を行います。また、オンプレ担当者あるいはクラウドにおけるインフラ担当者のようなチームカット、あるいは、インフラネットワークのような業務カットでWorkloadsを活用し、運用に活用できます（Workloadsについては13.5節を参照）。これにより、統一的な管理によってサイロ化を解消して運用への認知負荷を軽減しつつ、インフラネットワーク全体の健全性を把握することができます。

図4と**図5**では、Workloadsでインフラネットワーク全体を集約し、「Summary」によるアラート観点で見たときの健全性、ならびに「Activity」による各種メトリクスの可視化を表しています。また、ログに関しては専用のDashboardを組み込むことで詳細なネットワーク状況を把握することができるようになります。このようにNew Relicは、単にインフラとネットワークを個別に監視するのみならず、適切なハイブリッドクラウド環境のモニタリングを実現します。

図4　Network Monitoring Overview画面①

図5　Network Monitoring Overview画面②

フローログとLookoutを活用する

最後にNew Relicにおけるフローログの活用方法について解説します。一般的にフローログといえば、オンプレミスであれば詳細なネットワークの追跡を行うときに取得されるデータです。また、AWSクラウドであればVPC Flow Logは監査用のログとしてS3に保管されるケースも多いのではないでしょうか。いずれも限定的な利用にとどまることが多いですが、New Relicと組み合わせれば、日々の運用に転用することができます。

ここまでですでに、フローログはサンキーダイアグラムで利用され、送信元と送信先の間の流量を把握できたり、あるいはフローログというテキストデータを数値データのように時系列データや円グラフで表現することで、単なるテキストデータ以上のインサイトを得たりすることが可能です。

上記に加えて、フローログとNew Relic Lookout（Lookout）を組み合わせることで、フローログからネットワークの変化を見つけ出すことができます。ここで例示するNew Relic Lookoutで実行されるクエリは下記のとおりです。

```
FROM Log_VPC_Flows_AWS SELECT count(*) WHERE application = 'ssh' FACET dest_endpoint
```

これは、フローログの中からSSH接続を試行したアクセスを接続先のエンドポイント（IPアドレスとdestポートの組み合わせ）ごとに可視化し、かつ、直近でアクセス量が平常時以上に多いあるいは少ないという変化があったものを色付けして示したものになります。これらは、例えば、他のネットワークからSSH接続を多数試行され、侵入を試みている変化を見抜いたり、あるいはDoS攻撃のような特定のIPから短時間でアクセス過多が見受けられた変化を捉えたりすることができます。

フローログを一時的な利用、あるいは監査ログで残しているだけなく、New Relicの機能を組み合わせることで上記のような平常時における活用に生かすことができます。詳細な情報を含むフローログだからこそできるインフラネットワークの効果的な運用が期待できます。

レシピ

11 クラウドコストを最適化する

利用する機能　New Relic APM／New Relic Infrastructure／New Relic NPM／Dashboard

概要

既存システムのクラウドへの移行（クラウド移行）は、デジタルトランスフォーメーション（DX）の実現、最新のテクノロジー採用、俊敏性向上、ITコスト削減といった目的達成のために、現在多くのシステムで実施されています。

一方で、既存の環境をクラウドへ移行するにあたっては考慮すべき事項がいろいろとあります。移行前であれば、システム同士の依存関係を把握する必要があります。どのシステムを参照しているか、あるいは参照されているかを正しく知っていなければ、クラウド移行に伴ってシステム間の通信ができなくなるリスクが生じます。

クラウド移行に伴っては、ユーザーから見たレスポンスの悪化やエラー数の増加など、システムの品質低下が発生していないことを確認しながら作業を進めることが重要です。

さらに移行後、中長期的にはクラウドコストについて留意する必要があります。移行の際にシステムの品質低下を懸念してリソースを潤沢に割り当てた結果、遊休リソースが生じ、それがクラウドコストに大きな影響を与える可能性があるからです。

New Relicはこのような考慮事項に関し、クラウド移行前後の各環境からデータを取得し、分析することでクラウド移行の成功を手助けしています。さらに、クラウド移行の目的を達成できているかどうかを示すKPIの収集・分析も実現できます。

クラウド移行の可視化パターン

まずは、前述のクラウド移行に関する考慮事項をNew Relicでどのように解決できるのかを見ていきます。

①移行前のシステムの依存関係

移行前のシステムの依存関係はサービスマップ（Service Map）という機能で確認できます。これはNew Relic APMに搭載されている機能であり、APM Agentを導入したアプリケーションが他のどのアプリに接続しているのかを自動的に検知して、マップ上に可視化します（**図1**）。この機能を使うと、気づいていなかったシステム間の依存関係を明らかにできるため、クラウド移行に伴ってシステム間の接続が失われるといったリスクを低減できます。また、複雑化しているシステムでは、どのような順序でクラウド移行するのが最適なのか、計画を立てる際に参考にできます。

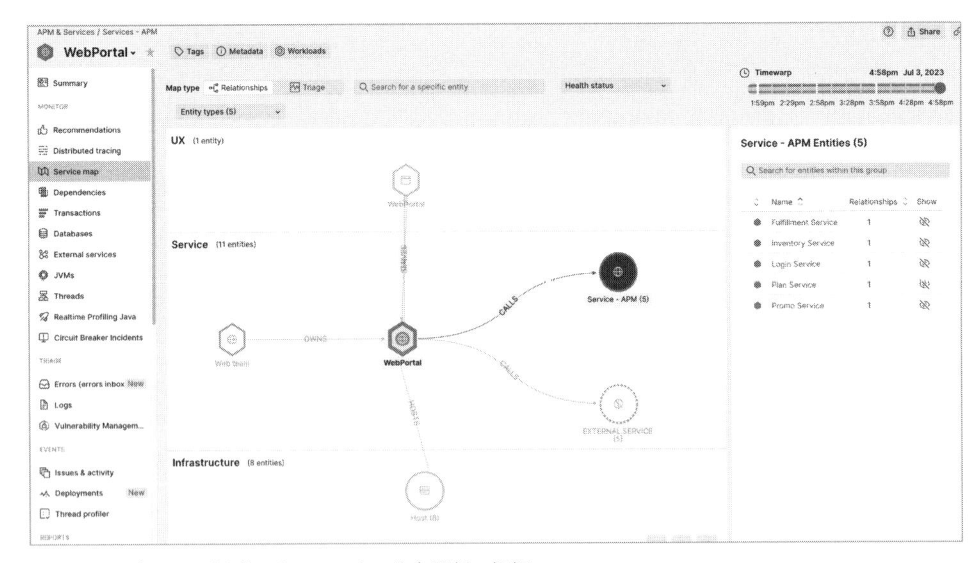

図1　サービスマップを使ったシステムの依存関係の把握

また、Infrastructure Agentや、移行先のクラウドとのインテグレーション、Syntheticやネットワークフローもあわせて活用することで、さまざまなメトリクスを収集することが可能になります。例えば移行検証中にクラウド側でセキュリティルールが問題なく設定されているのかを、Cloud Flow Logsを活用することで可視化して確認することが可能です（**図2**）。なお、New Relic NPMの活用はレシピ10を参照してください。

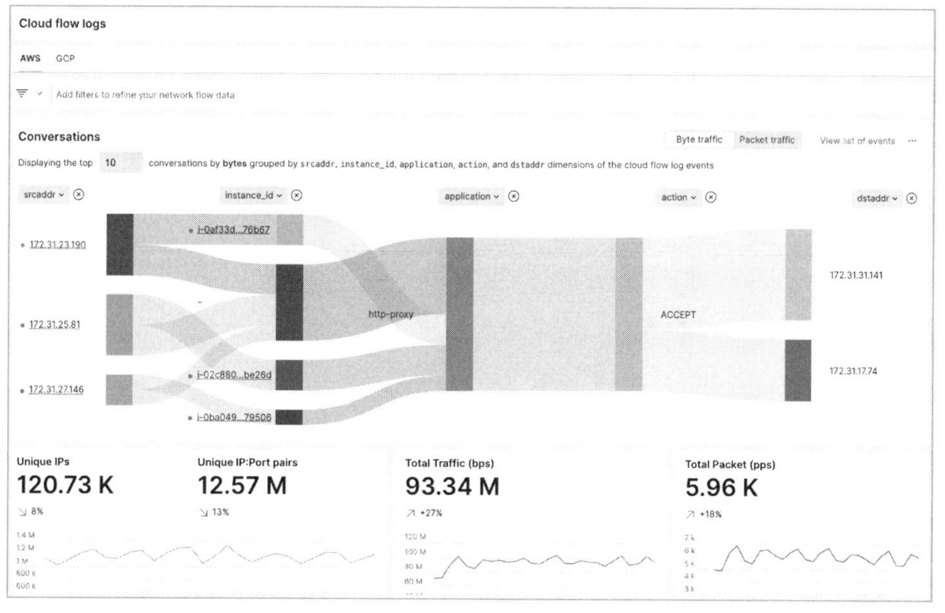

図2　IP単位での通信状況の把握

②移行前後でシステムの品質低下が発生していないことを確認

移行前の品質を維持することは、クラウド移行においては最低限実現しなければならない要件です。このとき、品質を定量的に評価できることが重要ですが、そのためには移行前後で以下のような品質に関する指標を取得している必要があります。

- アプリケーションの応答時間などパフォーマンスに関する指標
- エラー発生率などの可用性に関する指標
- サービスレベルに関する指標

New Relicでは、APM Agentを導入するだけでこれらの指標を簡単に取得できます。また、ダッシュボードを使って移行前後の環境を視覚的に比較することもできます（**図3**）。この機能によって、システム品質を維持しながらクラウド移行を進めることが容易になります。

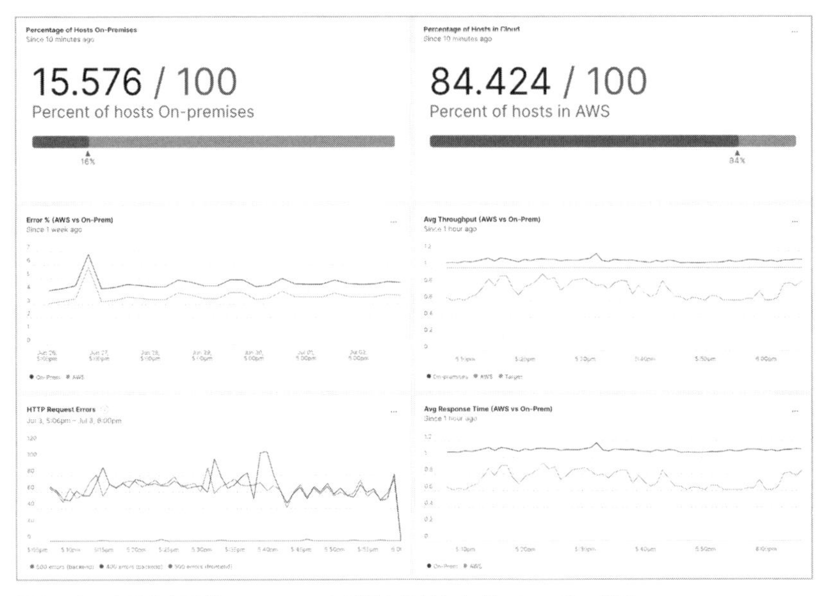

図3　クラウド移行前後でのシステム品質を比較したダッシュボード例

またレシピ06で紹介したService Level Managementを活用し、移行期間中のサービスレベルやエラーバジェットの変化を確認することも可能です（**図4**）。

図4　Service Levelを比較したダッシュボード例

③移行後のクラウドコストが最適化されていることの確認

クラウド移行後の品質を重視するあまり、リソースを必要以上に割り当ててしまい、クラウドコストも高くなってしまうことは、移行の際によくある問題です。しかしリソースのダウンサイジング（小型化）をしようと思っても、以下のような問題が発生します。

- ダウンサイジングできるリソースの候補を見つけ出すのが難しい
- 候補を見つけたとしても、本当にダウンサイジングしてパフォーマンスに影響を及ぼさないかの見極めが難しいため、ダウンサイジングに踏み切れない

New Relicでは、これらの悩みを解決するためのデータ分析機能を提供しています。まずはダウンサイジングできるリソースの候補を見つけましょう。New Relicがクラウドコスト最適化のために提供しているダッシュボードでは、クラウド上のインスタンスに過剰なリソースを割り当てられていないかを簡単に見つけ出すことができます。**図5**の例では、既存のコスト（利用金額0.4ドル）に対し、ワークロードの関連からその60%程度が最適値である（0.15ドルが削減できる）と見積もられています。この結果から、EC2インスタンスのスペックダウンもしくは台数を減らすことを検討することができます。

このように現在のリソース使用状況から、リソースに無駄のあるインスタンスの抽出と、それらのインスタンスの適切なサイジングの推奨値を見ることができます。

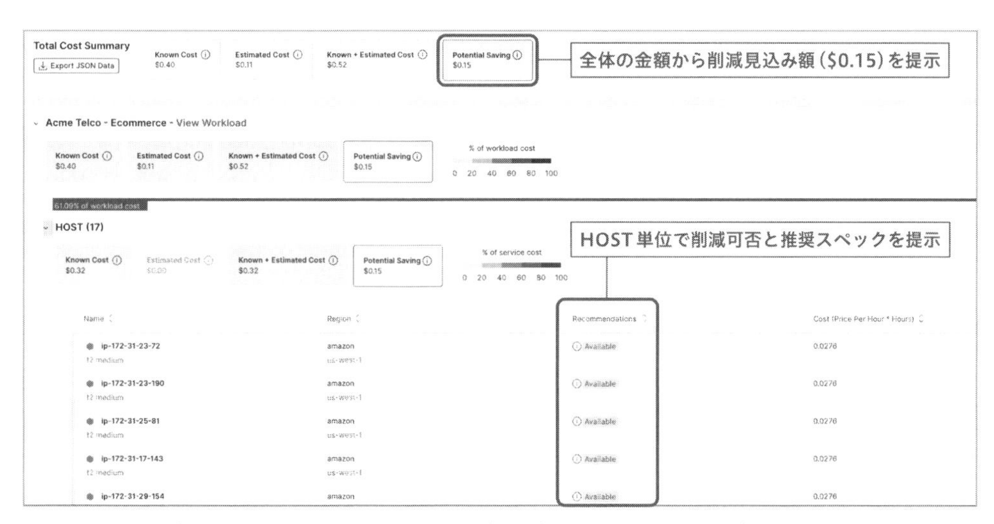

図5　リソースに無駄のあるクラウドインスタンスの抽出（Cloud Optimize App）

このダッシュボードでダウンサイジングの候補を見つけたら、次にダウンサイジングの試行と

パフォーマンスの評価を行います。New Relicでは、ダウンサイジングの結果、リソース使用率がどのように変化したかだけではなく、アプリケーションのサーバーサイドのパフォーマンスやフロントエンドから見た体感速度を計測し、評価できます（**図6**）。この機能を活用することで、ダウンサイジングが実際にパフォーマンスに影響を及ぼしているかどうかをリアルタイムに確認できるため、リスクを軽減しながらダウンサイジングを進めることができます。

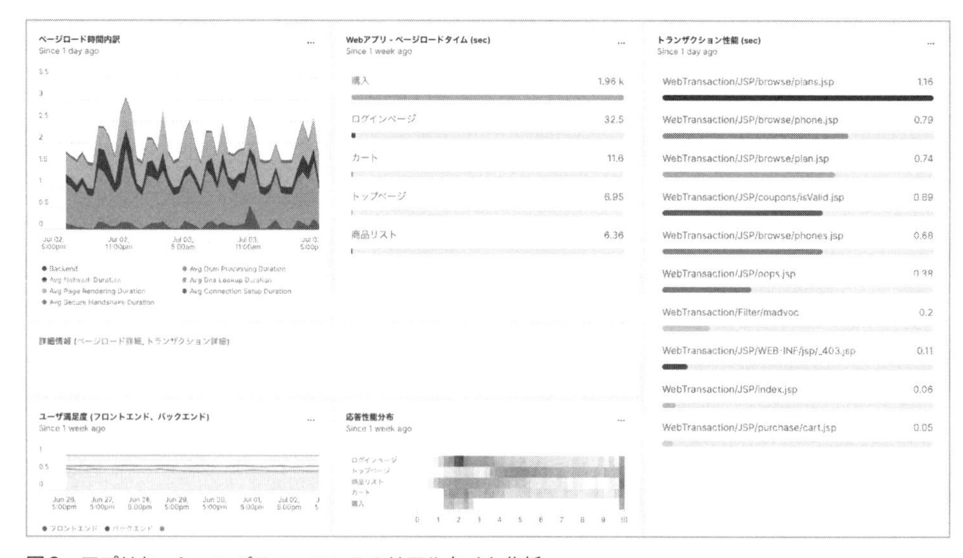

図6 アプリケーションパフォーマンスのリアルタイム分析

④アーキテクチャを最適化し、最新のクラウド環境を継続的に改善するために

クラウド環境での運用は、アプリケーションやサービスがどのように構築され、利用されているかを定期的かつ詳細に継続して確認していくことが重要です。これは、インスタンスのサイズを適正化したり、データベースを微調整したり、ストレージ使用量を変更したり、ロードバランサーをより適切に設定したり、さらにはアプリケーションを再構築したりするための時期を検討するための最良の方法です。

また、クラウドサービスは常に進化しており、新しいサービスがリリースされています。クラウドアーキテクチャの最適化は、クラウドサービスを有効活用することによるパフォーマンス、可用性、エンドユーザーエクスペリエンスの向上だけでなく、コスト最適化にも有効です。アーキテクチャ更新によるパフォーマンスとコストの相関を意識することで、ビジネス領域の判断も含めたクラウド運用の最適化が実現できます。

パフォーマンスとコストの相関は、ダッシュボードを利用することで可視化することが可能です。日々確認を行うことで両観点を意識した運用を行うことができるようになります（**図7**）。

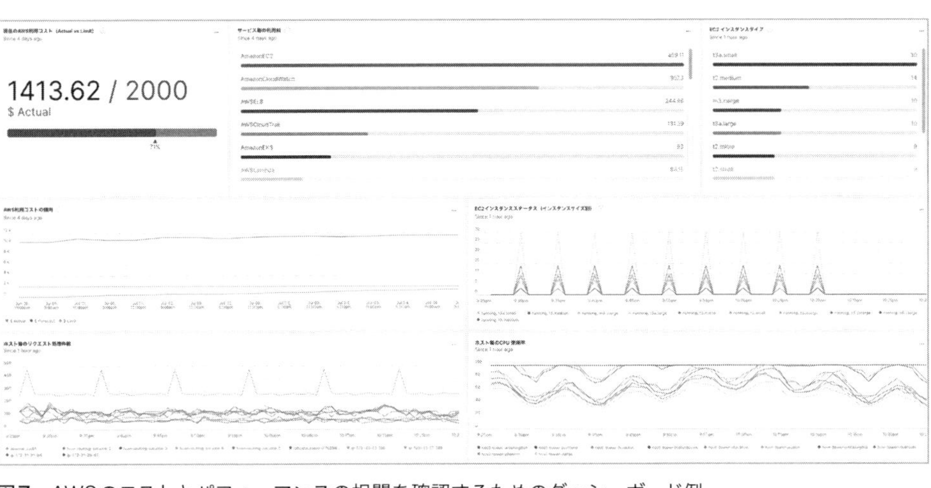

図7　AWSのコストとパフォーマンスの相関を確認するためのダッシュボード例

またNew Relicでは、クラウドインテグレーションという形で該当サービスがモニタリングできるよう、積極的に開発を行っています。新たにリリースされた連携サービスは、公式サイトの「What's New」で確認することが可能です。RSSフィードにも対応しているので最新情報をキャッチする際に活用してください。

適用イメージ

これまで説明したデータ分析機能やダッシュボードを活用した運用を行うには、以下のことを行います。

- クラウド移行前、移行後両方の環境に、各種New Relicエージェントを導入する（APMは必須、その他のエージェントはオプション）
- 利用しているクラウドサービスとのIntegrationを構成する
- クラウド移行に関するNew Relicアプリケーション（Nerdpack）を導入する

なお、本項の可視化パターンの説明の中では、New RelicアプリケーションのCloud Optimize App（**図4**で使用）を使用しました。詳細は次項で解説します。

Cloud Optimize

7.3節でクラウドの各リソースの利用状況を確認していくための方法を紹介してきましたが、ここからは、AWS環境において直近の利用状況からダウンサイジングが可能か、またダウンサイジングした場合にどれくらいのコストダウンが見込めるかを試算することができるNew Relicアプリケーション（Nerdpack）である「Cloud Optimize」を紹介します。

①Cloud Optimizeの有効化

［Add Data］→［Apps & visualizations］から［Cloud Optimize］を選択します（**図8**）。

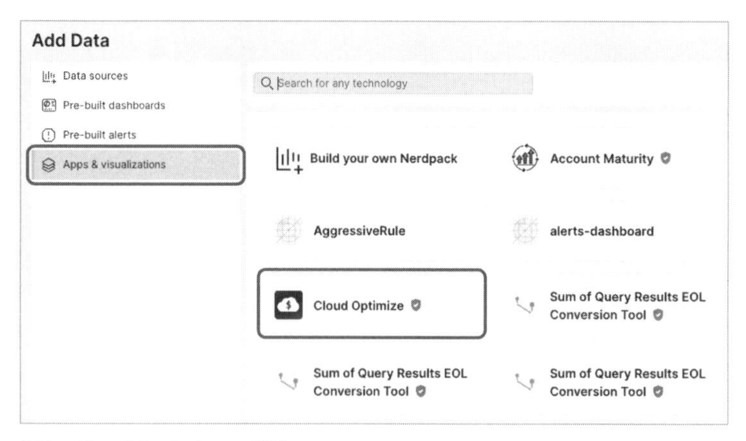

図8 Cloud Optimize の利用

②ワークロードを選択

Cloud Optimizeはワークロード単位で分析を行うことが可能です（Workloadsの詳細については13.5節を参照してください）。［Create Collection］をクリックし、分析を行いたいワークロードを選択します。なお、ワークロードは複数選択することが可能です（**図9**）。

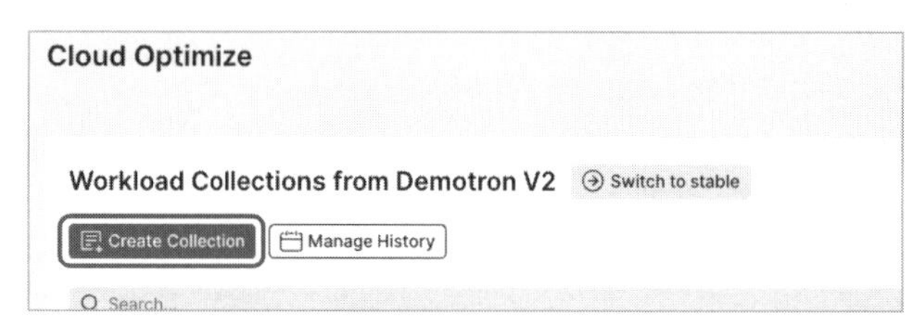

図9 コスト分析を行うワークロードを選択

③分析結果を確認

結果はワークロードごとにカードもしくはリストの形で表示されます。分析結果は［Show optimization results］から確認することが可能です（**図10**）。

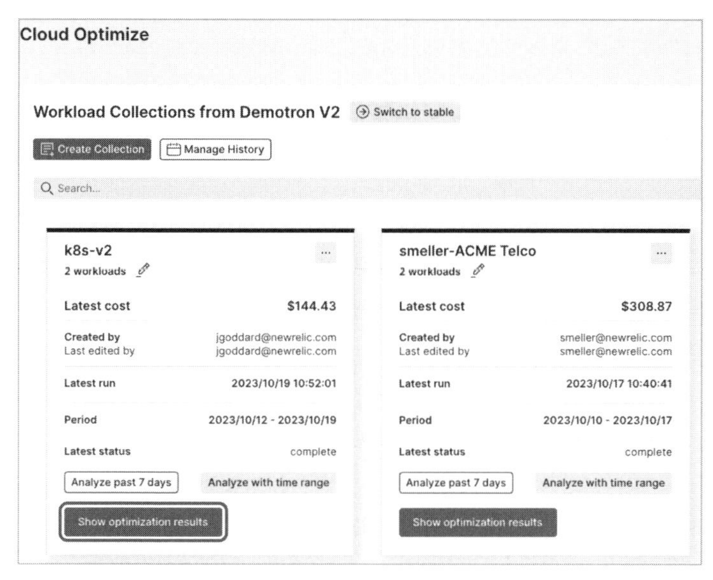

図10　Cloud Optimizeの分析結果を確認

例えば各ホストの1週間の稼働状況をもとに、現状のTypeと推奨タイプを提案し、それによるコスト削減効果を提示します（**図11**）。今まで各ホストの状況を確認していた時間を短縮することができるので、より迅速にコスト効率化を検討することが可能になります。サイジングの検討に活用してみましょう。

図11　分析結果の詳細から推奨内容を確認

レシピ 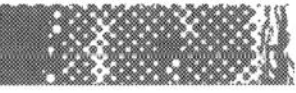

12 Infrastructure as Codeによる New Relicの管理

利用する機能　New Relic APM／New Relic Infrastructure／New Relic Alerts & AI／New Relic Synthetic Monitoring／New Relic Logs／Dashboard／Service Level Management

概要

ビジネスの成長やNew Relicに対する習熟が進み、多数の要素を組み合わせて高度なことが実現できるようになった際に課題となるのが、増加・複雑化したリソースの管理です。

リソースの運用管理を行ううえではいくつもの方法がありますが、その中でも最も導入が容易なのはWeb UIからの設定でしょう。しかし、Web UIからの設定には人の手による操作が必要になります。手順を正確に再現するためには手順書の作成を行ったり、手順書を確認しつつ実行したりと人の手が入るプロセスを経るため、作業ミスに伴う設定の不備などを完全になくすことは困難です。

一方、近年ではクラウド・コンテナ・仮想化など、インフラストラクチャの管理分野でInfrastructure as Code（IaC）という考え方が知られるようになり、構成や設定の管理をコード化して運用するケースも徐々に浸透してきています。

本節では、New Relicの管理を行う際、実際にコード化した運用方法や、そのユースケースを紹介します。

構成管理・運用のためのツールと役割

New Relicの運用でIaCを実現するためのツールは複数存在しますが、その利用範囲は大きく2つに分かれます（**図1**）。

1つはプラットフォームとなるNew Relicの管理、もう1つはNew Relicにデータを送信するエージェントの管理です。

New Relicの管理

- Terraform

エージェントの管理

- Ansible
- Chef
- Puppet

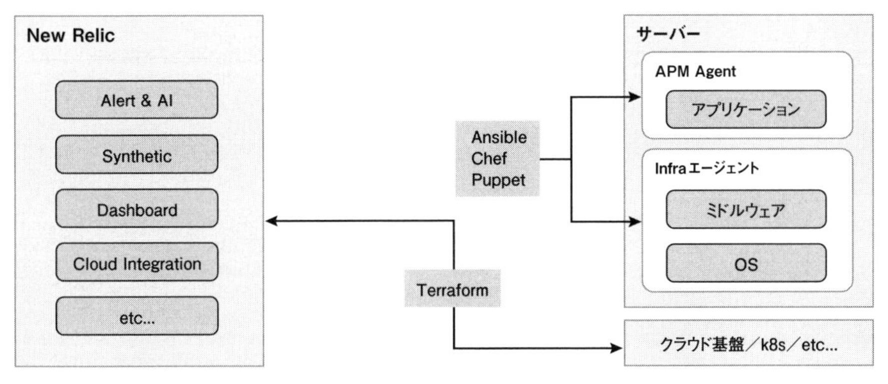

図1 ツールによる利用範囲

New Relicの管理

ここからは、ツールによるNew Relicの機能（Alerts & AI、Syntheticなど）の設定を紹介します。コード化によって冪等性を実現するだけでなく、アラートや外形監視の量産といった比較的手間のかかる設定や、よく使う設定をテンプレート化し、複数のプロジェクトに展開するといった使い方も可能です。

Terraform

Terraformは、クラウドやデータセンターリソースの構成管理やインフラストラクチャの自動化を行うIaCツールとしてHashiCorp社によって開発されました。

TerraformはTerraform CLIとProviderで構成されています（**図2**）。New Relicの構成を行うためのNew Relic Terraform ProviderはOpen Source Community Plusとしてオープンに開発され、New Relicのエンジニアリングチームがメンテナーを務めています。

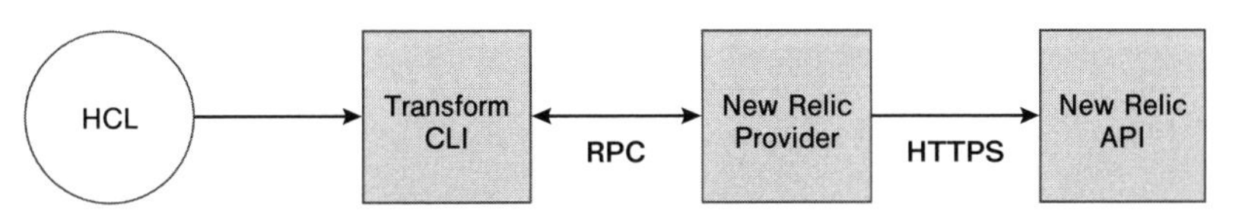

図2 Terraform CLIとProvider

Terraformでは、HCL（HashiCorp Configuration Language）によって記述された設定ファイル（拡張子：`.tf`）を解釈し、New Relic APIに命令を送る形で設定を実現しています。

Terraformの設定例として、Syntheticで複数のpingモニターの設定を行うコードを解説します。まずは利用プロバイダとアカウントの設定を記載します（アカウントIDとユーザーキー※1が必要になります）。

リスト1 Terraformの設定例①：利用プロバイダとアカウントの設定

```
# Configure terraform
terraform {
    required_providers {
        newrelic = {
          source = "newrelic/newrelic"
        }
    }
}
provider "newrelic" {
    account_id = <Your Account ID>
    api_key    = <Your User API Key>    # Usually prefixed with 'NRAK'
    region     = "US"                   # Valid regions are US and EU
}
```

続いて、Syntheticで使うドメインとディレクトリ、環境名をローカル変数として定義します（本コードはあくまでサンプルです。運用される環境に応じてドメインとディレクトリを定義してください）。

リスト2 Terraformの設定例②：ドメイン、ディレクトリ、環境名の設定

```
locals {
    tag_environment = "Development"

    domain = "https://example.com"

    directory = [
        "/",
        "/login",
        "/mypage",
        "/cart",
    ]
}
```

※1 Terraformではユーザーキーを構成のために使用します。ユーザーキーは特定のユーザーに関連付けられるため、ユーザーの移動や退職に伴いユーザーアカウントの削除が行われた際にはキーが無効になります。CI/CDでキーを組み込むような環境では前もって影響範囲を想定し、ユーザーが移動・退職した際のフローを確立しておくとよいでしょう。

最後に、Syntheticのpingモニターの設定を行います。

リスト3　Terraformの設定例③：pingモニターの設定

```
resource "newrelic_synthetics_monitor" "main" {
    for_each = toset(local.directory)

    status           = "ENABLED"
    name             = format("ping: %s%s", local.domain, each.key)
    period           = "EVERY_MINUTE"
    uri              = format("%s%s", local.domain, each.key)
    type             = "SIMPLE"
    locations_public = ["AP_NORTHEAST_1"]

    treat_redirect_as_failure = true
    bypass_head_request       = true
    verify_ssl                = true

    tag {
        key    = "Environment"
        values = [local.tag_environment]
    }
}
```

ポイントとしては、ドメインとディレクトリを別々に定義して組み合わせることで、メンテナンスを行いやすくしています。例えば、開発環境／本番環境でドメインだけを変えた外形監視を作成したい場合、pingモニターの設定をテンプレートとして流用し、ローカル変数の`domain`と`tag_environment`をそれぞれ書き換えるだけで簡単に別環境の設定を行うことができます。

コードの準備が完了したら、`.tf`ファイルのあるディレクトリでコマンドを実行していきます。

- 初期化

```
$ terraform init
```

- プレビューの実行

```
$ terraform plan
```

- `plan`で提案されたアクションの実行

```
$ terraform apply
```

以上で、設定に問題がなければURLごとに4つのSyntheticが作成されます。

本項では例としてSyntheticを挙げましたが、このほかにもTerraform Registry※2ではNew Relic Providerのさまざまな機能に関するリファレンスとサンプルコードが提供されています。他の機能も使い、より効率的にリソースの運用を行っていきましょう。

エージェントの管理

ここからは、Infraおよび一部APMエージェントのインストール、および設定管理を行うツールについて紹介します。

サーバーのミドルウェア管理と同列にInfrastructure Agentも管理し、エージェントの導入漏れや手動オペレーションによる設定変更時のミスあるいは不備などを防ぐことを目的とします。

なお、ここでは複数あるツールのうち、Ansibleを例に取り上げます。

Ansible

Ansibleは、プロビジョニングや構成管理をはじめとする多くのITプロセスを自動化するオープンソースツールです。元々はAnsible, Incによって開発されましたが、2015年10月にRedHat社により買収され、以後はRedHat社のもとで開発が進められています。

AnsibleではPlaybookをYAML形式で記述し、実行します（**図3**）。Playbookを実行するとTargetサーバーにNew Relic CLIがインストールされ、Ansible経由でNew Relic CLIよりエージェントのインストールとオンホストインテグレーション（OHI）のための設定が行われます。

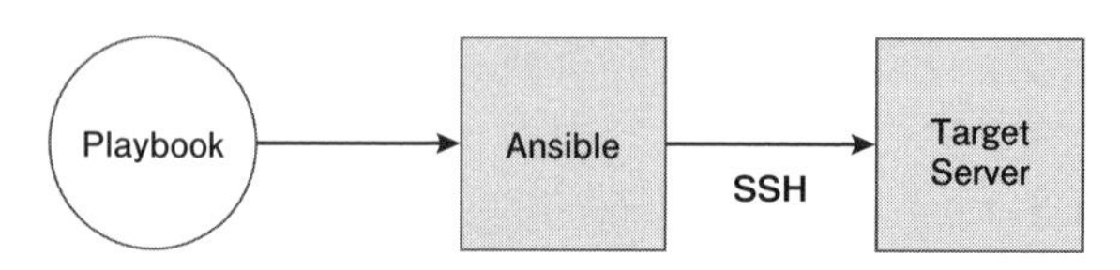

図3　AnsibleによるPlaybook実行例

例として、単一のサーバーで構成されたLAMP環境に対し、New RelicエージェントとOHIの設定を以下に示します。

まず初めに、Ansibleを実行する環境で、`ansible-galaxy`コマンドによって必要なNew Relicのロールをインストールします。

※2　Terraform：New Relic Provider
https://registry.terraform.io/providers/newrelic/newrelic/latest/docs

```
$ ansible-galaxy install newrelic.newrelic_install
```

また、必要に応じて追加のコレクションもインストールします。

```
$ ansible-galaxy collection install ansible.windows ansible.utils
```

次にインベントリ情報ファイル（hosts.yml）を作成します。

リスト4　インベントリ情報ファイル：hosts.yml

```
all:
  hosts:
    book:
      ansible_host: xxx.xxx.xxx.xxx
      ansible_user: ec2-user
      ansible_ssh_private_key_file: ~/.ssh/aws.pem
```

続いて、New Relicエージェントを構成するファイル（playbook.yml）を作成します。実行にはアカウントID、ユーザーキーがそれぞれ必要になります。

リスト5　エージェント構成ファイル：playbook.yml

```
- name: Install New Relic
  hosts: all
  roles:
    - role: newrelic.newrelic_install
      vars:
        targets:
          - infrastructure
          - logs
          - apache
          - mysql
          - apm-php
        tags:
          sample: book
  environment:
    NEW_RELIC_API_KEY: <API key>
    NEW_RELIC_ACCOUNT_ID: <Account ID>
    NEW_RELIC_REGION: <Region>
    NEW_RELIC_MYSQL_ROOT_PASSWORD: "<MySQL root password>"
    NEW_RELIC_APPLICATION_NAME: "Book sample"
```

最後に、コマンドラインより作成済みのインベントリ情報および構成ファイルを指定し、ansible-playbookコマンドを実行します。

```
$ ansible-playbook -i hosts.yml playbook.yml
```

上記のコマンドを実行した結果、問題がなければInfrastructure、Logs、Apache、MySQL、PHP（APM）の各設定がターゲットとなるサーバーに構成されます。

なお、New Relicロールを利用した場合は常に最新バージョンがインストールされ、古いバージョンのインストールはサポートされません。特定のバージョンをインストールしたい、より詳細な設定を行いたいといった場合は、yumモジュールやcopyモジュールなどを利用し、よりAnsibleの機能を使いこなした設定が必要になります。

ユースケース

近年ではCCoE※3が社内・グループ企業内のさまざまなプロジェクト・プロダクトに対しクラウドや管理運用のためのSaaSを展開していくケースも増えています。

一方、社内展開によりプロジェクトやプロダクト、観測対象の環境の増加によって管理すべきリソースが増えていき、運用負荷が増していくことも考えられます。CCoEが複数サービスに対しNew Relicを展開し、オブザーバビリティを実現する際に、設定内容のコード化・共通化を進めることによって運用負荷の軽減を目指すシナリオを想定しています。

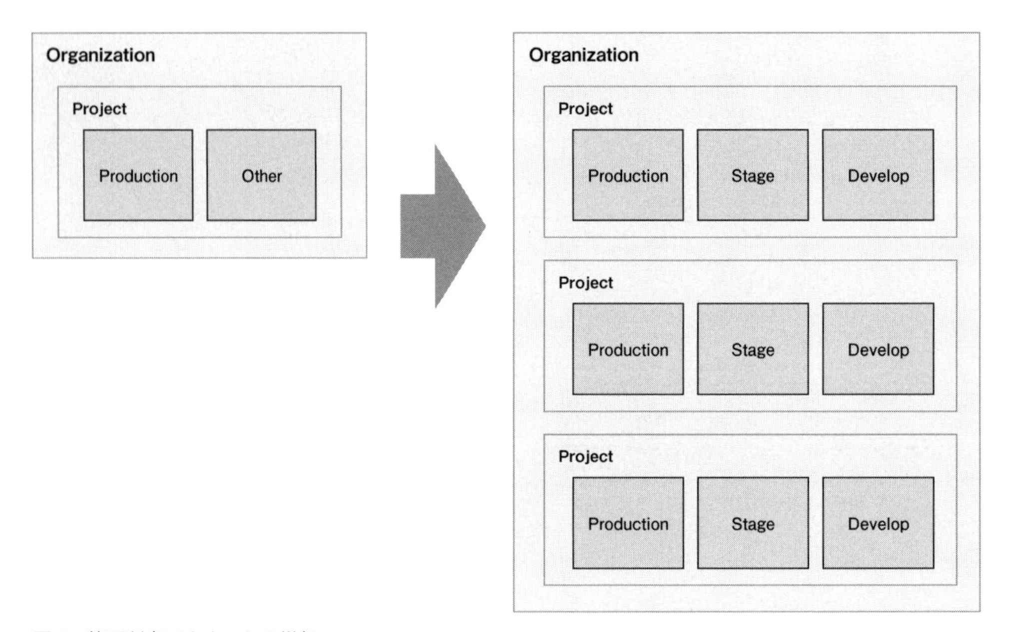

図4　管理対象アカウントの増加

※3　会社組織全体でクラウド活用を戦略的に推進し、企業価値を高めるための組織のこと。

1. 組織としての要件を定義する

まずはオブザーバビリティを推進するにあたり、自身の組織で必要とされる要件を定義します。定義するにあたり重要な点としては、要件はあくまでも必要最小限にとどめることです。

例えば旧来の重厚長大なアラートを要件として定義・運用しようとしても、すべてのプロジェクトに対し有効な要件を定義することは極めて困難ですし、要件によって敏捷性が失われ、サービスの成長が阻害されては本末転倒とも言えるためです。

2. 要件をテンプレート化する

要件が決まったら、コードで記述し、テンプレート化します。

例えば下記のような例ではNew Relic側はすべてTerraformとAnsibleによってコード化することができます。

テンプレート例

- パブリッククラウドとの連携
- アラート
- ダッシュボード
- サービスレベル
- 主要URLとSSL証明書期限の外形監視（Webサービスの場合）
- エージェントをインストールする対象

3. プロジェクトにテンプレートを展開する

プロジェクトがスタートするタイミングや、既存プロジェクトにNew Relicを導入するタイミングで、テンプレートを利用し、エージェント・設定を展開します。テンプレートを利用することでプロジェクト間での可観測性に対し一定の品質を担保するだけでなく、プロジェクト内における環境間での共通化も進められ、開発のより早いフェーズで問題を見つけて対処することにもつながります。

4. 要件・テンプレートを定期的に見直す

CCoEとしての組織の成熟が進むにつれ、より実情に即した運用が見えてくるケースもあります。一度決めた要件を絶対とせず、定期的に見直すことでよりよい運用を目指していきましょう。

レシピ

13 モバイルアプリの分析

利用する機能　Dashboard／New Relic Mobile

Mobile Crash分析パターン

概要

モバイルアプリを観測していくうえで、大切な観点の1つにクラッシュの管理があります。アプリのリリース前に試験を実施しすべてのクラッシュがまったく発生しない状況にすることは基本的に不可能です。エンドユーザーの手元でクラッシュが発生した場合、アプリに対してネガティブな印象を持ちます。もしクラッシュが頻繁に繰り返すようであれば、最悪の場合それ以降利用されなくなることもありえます。

一方、修正を行うためのエンジニアのリソースや予算にも限度があります。そのため、クラッシュの発生状況を把握し、適切に対応していくことが重要となります。本項ではNew Relic Mobile Agentを導入し、クラッシュを把握、分析するまでの一連の流れを確認します。

運用方法

開発者向けのシミュレーターや試験用のデバイスなどを用いてある程度のクラッシュの傾向の把握やリリース前の修正などを行うこともできますが、New Relic Mobile Agentを利用することで、実際にエンドユーザーがアプリをインストールしている環境での発生状況を俯瞰的に把握することができます。

New RelicではiOS、tvOS、Androidといった各プラットフォーム向け、そしてCordova、Capacitor、Flutter、React Nativeなどのクロスプラットフォーム向けのSDKが用意されています。クラッシュ情報とパフォーマンス情報は同時にこのフレームワークにより収集され、New Relicに送られます。

別のクラッシュツールを利用している場合

もしすでに別のクラッシュツールを利用している場合、クラッシュ情報はどちらか片方のみにしか送られないことがあります。

そのため、New Relicでクラッシュを含めて総合的に観測性を得たい場合、それらのツールを無効にする必要があります。

New Relic Mobile AgentはSDKとして提供されます。このAgentはAndroidやiOS、tvOS向けのアプリのプロジェクトに組み込む必要があります。

最初のステップは導入対象の検討です。多くのプロジェクトはAndroidとiOS向けにそれぞれアプリがあり、環境によっては開発やテスト用、プロダクション用のように複数の環境向けに分かれているかもしれません。パフォーマンスの計測という観点では、開発時に改善したパフォーマンスを観測するために、またテスト中に発生したクラッシュの把握と管理のために、開発環境のアプリにもNew Relic Mobile Agentを導入することをおすすめします。

New Relic Agent SDKの動作検証

プロダクションアプリに実装する前にNew Relic Agent SDKを組み込んだ状態で十分なテストを実施してください。SDKは多くの環境で適切に動作するよう設計・実装されていますが、パフォーマンスを取得してネットワークで送信する機能を追加することと同じ影響をアプリに与えます。既存のライブラリやフレームワークなどと同時にNew Relicを動作させ、問題なくデータを観測できることを確認してから本番のアプリをリリースしましょう。

Mobile Agentを組み込む場合、UI上でアプリケーションを作成する必要があります。New Relicにログインし、画面左上の［+Add Data］をクリックして、表示された画面の検索欄に「mobile」などと入力すると、モバイル向けのAgentが表示されます（**図1**）。

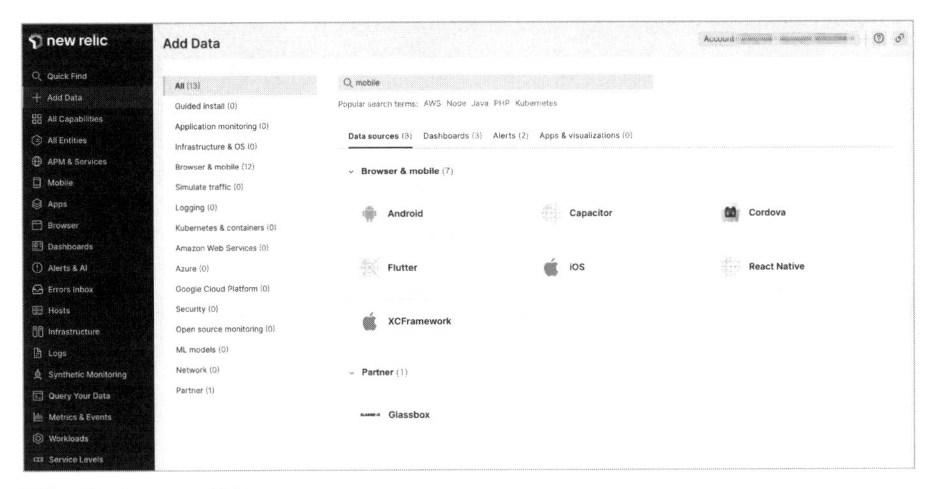

図1　データソースの追加

［iOS］や［Android］をクリックすると、導入手順が表示されます。その後、表示された手順に従って対応することで、Mobile Agentの導入が完了します。

環境ごとにデータを送り分ける

多くのアプリが、AndroidとiOSの両方に提供されています。また、それぞれのリリース前にはテスト環境用のアプリが作られることも多いはずです。［+Add Data］を押してアプリの名前を付ける際に、「Dev-APPNAME-Android」や「Prod-APPNAME-iOS」などと別の名前を付けて別のアプリトークンを発行することで、どの環境のどのアプリからのデータか判別が可能になります。

また、Dashboardなどですべての環境を横に並べ、パフォーマンスの傾向を把握することもできます。アプリ名の先頭を共有しておくことで、後々プラットフォームを通じて、またはプラットフォーム別にデータを集計したい際に、NRQLでのフィルタリングが容易になります。

もし手元のアプリの品質が非常によく、クラッシュがほぼ発生しない場合、開発環境用のアプリなどのコード内で以下のメソッドを呼ぶことで意図的にクラッシュを発生させることができます（**表1**）。画面遷移が複数あるアプリの場合、画面遷移した先の画面で呼び出すのがよいでしょう。

表1　crashNow呼び出し実装例

OS（言語）	実装例
iOS（Objective-C）	[NewRelic crashNow]; [NewRelic crashNow:@"This is a test crash"];
iOS（Swift）	NewRelic.crashNow() NewRelic.crashNow("This is a test crash")
Android（Java）	NewRelic.crashNow(); NewRelic.crashNow("This is a test crash");
Android（Kotlin）	NewRelic.crashNow() NewRelic.crashNow("This is a test crash")

crashNowは、クラッシュレポートをテストするためにNewRelicDemoExceptionという名前の実行例外をスローします。

発生したクラッシュを観測する

4.3.2項で説明したように、クラッシュの多くの情報はNew Relic Mobileの画面で確認できます。ここからはクラッシュの詳細な情報把握ではなく、より実践的な観測にチャレンジします。

アプリのクラッシュはいつどのバージョンで起こるかわかりません。そのためNew Relic Mobileでは、すべてのアプリバージョンごとの傾向を［Summary］画面で確認できます。通常はこの画面に表示される状況を観測すれば問題ありませんが、いくつかのタイミングで明示的に観測を実施したいことがあります。その場合、絞り込んだ条件をDashboard上に表示したり、Alertに仕込んだりすることで把握できます。

パターン1：最新のアプリバージョンを観測する

新しいバージョンをリリースしたあとというのは誰にとっても落ち着かない時間です。この時間、常にアプリのクラッシュ状況を観測することで、問題が起きたら即時に対応できるようになります。

例えば最新のバージョンが2.0.0、以前のバージョンが1.3.3の「Prod MYAPP iOS」という名前のアプリであれば、以下のようなクエリでクラッシュ率を数値化し表示できます。

最新バージョン（2.0.0）のクラッシュ率を確認するNRQLクエリは以下のとおりです。

```
SELECT percentage(uniqueCount(sessionId), WHERE sessionCrashed is true) FROM MobileSession ➡
 WHERE appVersion = '2.0.0' AND appName = 'Prod MYAPP iOS'
```

※➡は行の折り返しを表す

続いて、以前のバージョン（1.3.3）のクラッシュ率を確認するNRQLクエリを示します。

```
SELECT percentage(uniqueCount(sessionId), WHERE sessionCrashed is true) FROM MobileSession ➡
 WHERE appVersion = '1.3.3' AND appName = 'Prod MYAPP iOS'
```

※➡は行の折り返しを表す

これらの結果をBillboardなどの形式でDashboardに表示することもできますし、以前のバージョンの平均的なクラッシュ率をしきい値に設定し、Alertを発火させることも可能です(**図2**)。

図2　バージョン別クラッシュ率

パターン2：パッケージごとのクラッシュを観測する

アプリを開発するときにOSSのライブラリやサードパーティ製のライブラリを活用することも多いはずです。Android OSの場合、JavaやKotlinを利用しますが、それらにおいてそれぞれのライブラリが異なるパッケージ名を持つため、クラッシュデータに含まれるパッケージ名からどのライブラリで多くクラッシュが発生しているかを観測することもできます。

JavaやKotlinのパッケージ名は、「`.`」(ピリオド) で区切られており、「`com.newrelic`」のようにドメインを逆順で記載した形式となっているため、多くの場合は、2つあるいは、3つ目のピリオドが現れるまでの情報にて開発元の組織やチームを特定することができます。そのため、以下のようなクエリで数値化し、表示できます。

```
SELECT count(*) FROM MobileCrash SINCE 1 day ago FACET capture(crashLocationClass, r'(?P<d➡
omain>([a-zA-Z0-9]+\.){2,3}).*')
```

※➡は行の折り返しを表す

このようにクラッシュの多いパッケージ名を特定することで、パッケージごとの品質を可視化し、リファクタリングを行ったほうがよいパッケージの特定や、別のライブラリへの置き換え、バージョンの更新等の参考にすることが可能です（**図3**）。

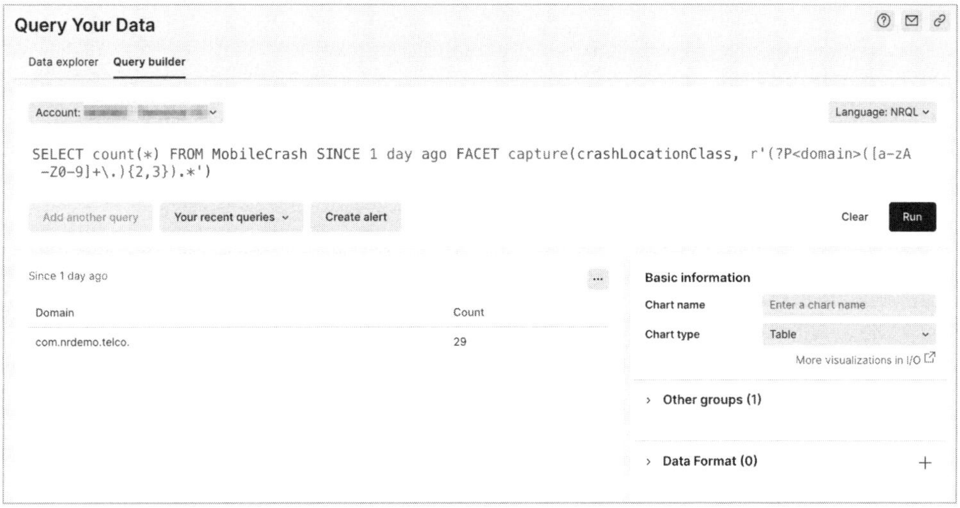

図3　ドメインごとのクラッシュ数

分析のための観測可能な観点

New Relic Mobileにおけるクラッシュでは、さまざまな観点で観測が可能です。クラッシュが発生するとNew Relic Mobile AgentはMobileCrashというイベントを作成してNRDBに記録します。このMobileCrashイベントにはさまざまな属性があり、それらの値や発生回数をカウントしたり、フィルタリングの条件に利用したりできます。

先ほど、「crashLocationClass」の属性を参照し、ドメインごとのクラッシュ数を可視化しましたが、例えば、ストレージが枯渇しているユーザーのみでクラッシュが発生している場合や特定の言語のみでクラッシュが発生している場合などがあるため、どういった属性があるかを知ることは、問題を分析するうえで非常に重要です。

表2に、MobileCrashイベントに記録されている属性の一部を抜粋します。

表2 MobileCrashイベントに記録されている属性

属性名	概要
crashException	クラッシュに関連する例外が存在する場合に記録される
crashLocationFile	発生したファイルを記録する
diskAvailable	発生時に利用可能な端末ディスク容量をバイト単位で記録する
interactionHistory	発生した際のインタラクションを記録する
networkStatus	発生時のネットワーク種別（wi-fi、LTEなど）を記録する

これら以外にもMobile関連のイベントがあり、Mobileアプリをいくつかの面から観測できるようになっています。https://docs.newrelic.com/ にアクセスし、「`Events reported by mobile monitoring`」と検索してみてください。

本項のまとめ

New Relic Mobileでは、単純なクラッシュレポートツール以上に、OSの垣根を越えて俯瞰的にクラッシュの状況を観測できます。一般的に、リリース前に試験などですべてのクラッシュの発生を防ぐというのは基本的には不可能です。しかし、ビジネス上の大事な箇所、ユーザー、環境に焦点を絞れば、それらの条件内でクラッシュの原因を解析し改善することで損失を最小化できます。

また、厄介な問題は未知のクラッシュです。アプリを変更していなくても、新しいOSバージョンや新しく発売された端末上で新たなクラッシュが発生することもあります。常に観測し、アラートを発行する準備をしておくことでビジネスの機会損失を最小化できるでしょう。 ここで観測したクラッシュをアラートに上げる方法は第10章を、ダッシュボードの詳細については13.2節を参照してください。

モバイルアプリのパフォーマンス観測

概要

前項ではクラッシュの観測性を得ましたが、パフォーマンスを観測することも同様に重要です。ユーザーのデジタル体験を左右するパフォーマンスにはさまざまなものがありますが、ここでは次の3つの観点でパフォーマンスを測定・分析する手法を取り上げます。

- HTTPパフォーマンスを観測する
- ユーザーの体感しているパフォーマンスを観測する
- ビジネスのパフォーマンスを観測する

HTTPパフォーマンスはエージェントが収集する標準のイベントデータをNRQLを利用して詳細に観測します。エージェントが収集したすべてのHTTPリクエストデータをさまざまな観点でグラフに表現することで、アプリの通信特性に合った観測性を得ることができます。

また、ユーザーの体感しているパフォーマンスの観測では、標準的な収集データから一歩踏み込み、用途を限定したより精細なデータを取得します。これにはエージェントで用意している多彩なメソッドを利用し、カスタムデータとしてNew Relicに収集、観測する方法を使います。

そして、ビジネスのパフォーマンスの観測では、上記の基本的なデータ表現、カスタムデータ登録を利用し、アプリの中でビジネスに直結するデータの収集を検討します。

適用パターン1：HTTPパフォーマンスを観測する

アプリの多くは通信処理を行います。その際、ユーザーの手元に情報が表示されるまでの時間のうち大きなウェイトを占めるのが通信時間です。多くの場合、これらの通信が終わるまでユーザーは目的の情報を手にすることができません。

これらのパフォーマンスを適切に観測し、改善していくことで、ユーザーの待ち時間を減らすことができます。ここではNew Relic Mobileを利用した具体的な観測例を紹介します。

例：平均的に遅いリクエストを観測する

最初に見るべきは［Mobile］画面の［HTTP requests］です。デフォルトではグルーピング（［Group by］）が［Request domain］に、ソート順（［Sort by］）が［Average response time］になっています。リクエストURLごとの速度を確認したい場合は、グルーピングを［Request url］に変更してください。リクエスト平均時間の大きい順に表示されるので、この中から改善対象となるリクエストを確認します。

場合によっては、遅いリクエストが、外部APIなど自身がコントロールできないリクエスト先であることがあります。その場合は代替手段を検討しましょう。自分たちが提供しているAPIである場合は、そのリクエストがアプリに与える影響を確認します。例えば、ECアプリでカートからチェックアウトするリクエストが遅い場合、発生回数が少なくても、ユーザーが離脱するリスクを考えると、改善する必要があるでしょう（**図4**）。

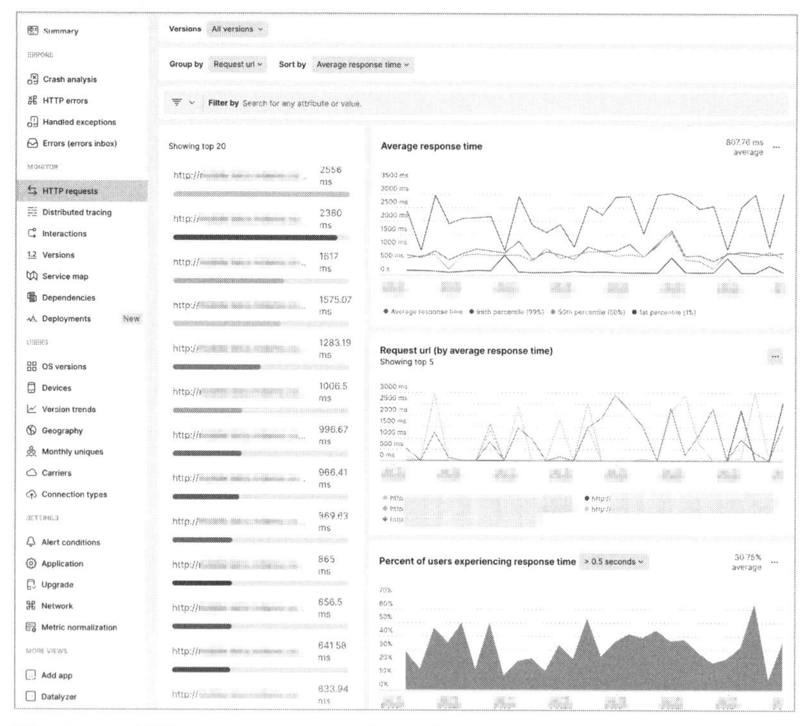

図4　Mobile画面のHTTP requests平均レスポンス時間表示

それでは、自社のAPIサーバーのドメインでリクエストを観測してみましょう。APIが`api1.mydomain.com`、`api2.mydomain.com`など、リクエストの用途別にURLで識別可能であれば、次のようなNRQLにより特定URLパターンでの平均レスポンス時間を観測し、グラフを作成します（**図5**）。

```
FROM MobileRequest SELECT average(responseTime) FACET requestUrl WHERE requestDomain LIKE ➡
'api%,mydomain.com' TIMESERIES AUTO
```

※➡は行の折り返しを表す

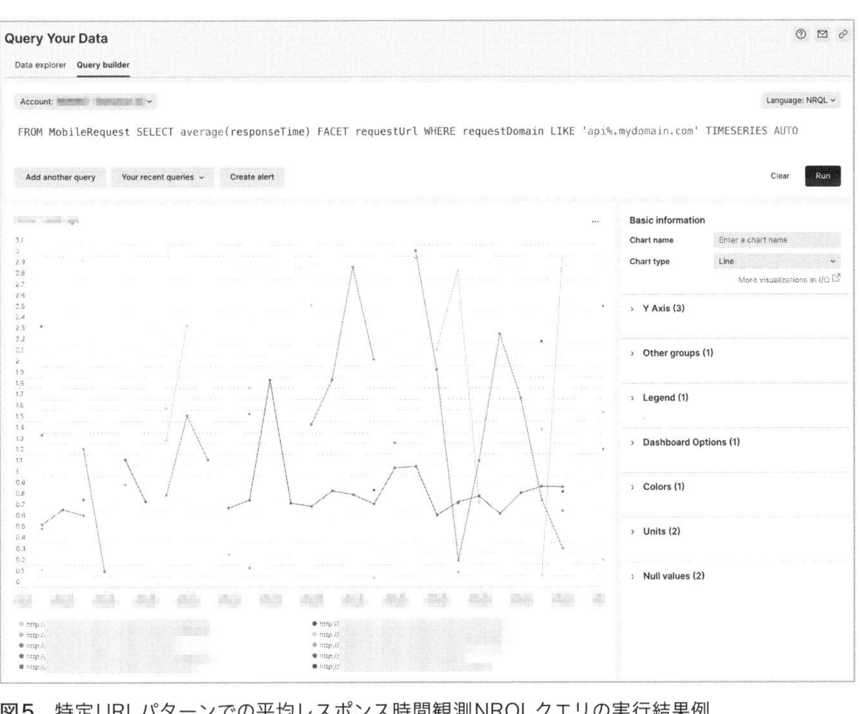

図5　特定URLパターンでの平均レスポンス時間観測NRQLクエリの実行結果例

パーセンタイルを活用する

モバイルアプリでは、データ通信量の超過で速度制限がかかっている場合など、一部のユーザーのみが極端に遅く、それによって平均値が大きく見えるというケースもあります。そういった場合は、NRQLのパーセンタイル関数を使った結果を観測すると、極端な値を除去することができます。

例えば、90パーセンタイルの値を取得する場合、「average(responseTime)」の代わりに、「percentile(responseTime, 90)」と記載してみてください。パーセンタイルは平均とは異なり、例えば「90パーセンタイル」の値は「全体のリクエストのうち、90%のリクエストのreponse Timeの値がこの時間内に収まっている」という時間を知ることができます。

例：最も影響の大きいリクエストを観測する

個別のリクエストが速い場合でも、何度も繰り返し呼び出されることで処理時間の合計が大きくなるリクエストもあります。例えば、ゲームデータのローディングやショッピングアプリの商品一覧など、繰り返し同一ドメインへリクエストするような場合、個別の処理を数ミリ秒改善するだけで多くのユーザー体験を向上させ、またサーバーの効率利用にも寄与します。

［Sort by］を［Total response time］に変更することで、リクエストの平均応答時間とリクエスト数の乗算により、対応すべき優先度の高いリクエストがリストに表示されます（**図6**）。

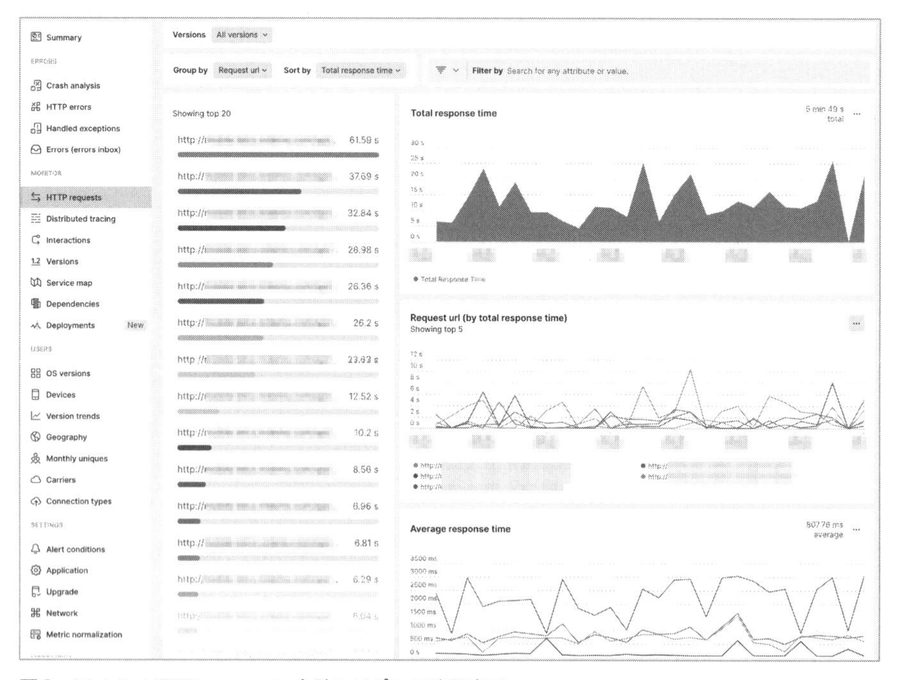

図6　Mobile HTTP requests合計レスポンス時間表示

特定URLパターンでの合計レスポンス時間の観測は、以下のようなNRQLクエリで行います（**図7**）。

```
FROM MobileRequest SELECT sum(responseTime) WHERE requestDomain LIKE 'api%.mydomain.com' ➡
FACET requestUrl TIMESERIES
```

※➡は行の折り返しを表す

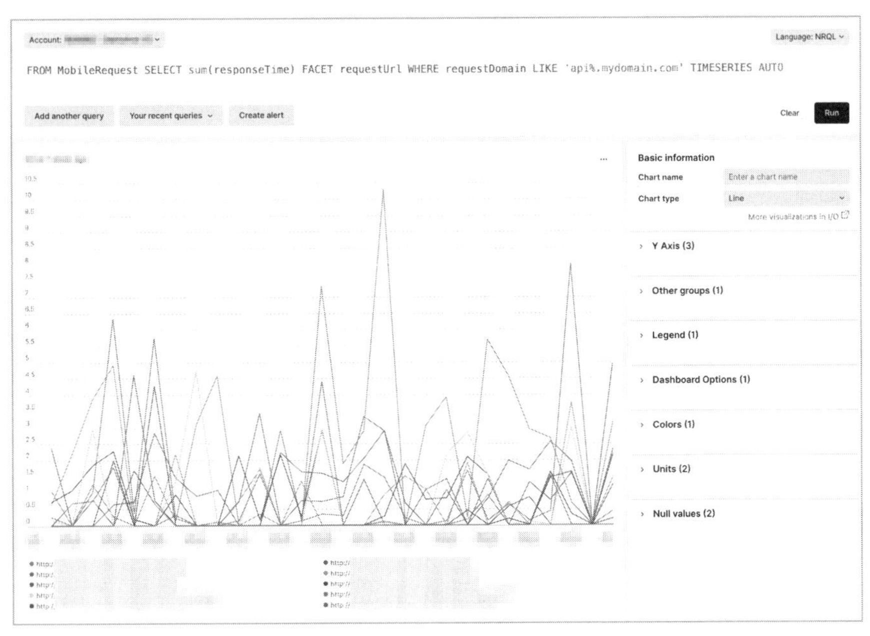

図7　特定URLパターンでの合計レスポンス時間観測NRQLクエリの実行結果例

現在のスマートフォン通信環境はとても恵まれており、数メガバイト程度のデータであれば非常に高速にダウンロードできます。しかし、通信速度に制限の多いキャリアや、アンテナ環境に恵まれず一時的に低速な通信を強いられるユーザーも一定数いるでしょう。その場合、平均には現れなくとも確実にレスポンスが遅い通信が生まれてしまい、一部のユーザーに不満を持たれることになります。また、OSから各アプリの通信量を確認できることもあり、ユーザーは無駄に多くのデータ通信をするアプリを避けることも考えられます。

そのような場合、［Sort by］を［Transfer size］に変えることで、平均通信量とリクエスト数の積によって最も通信量を消費しているリクエストを把握することができます（**図8**）。

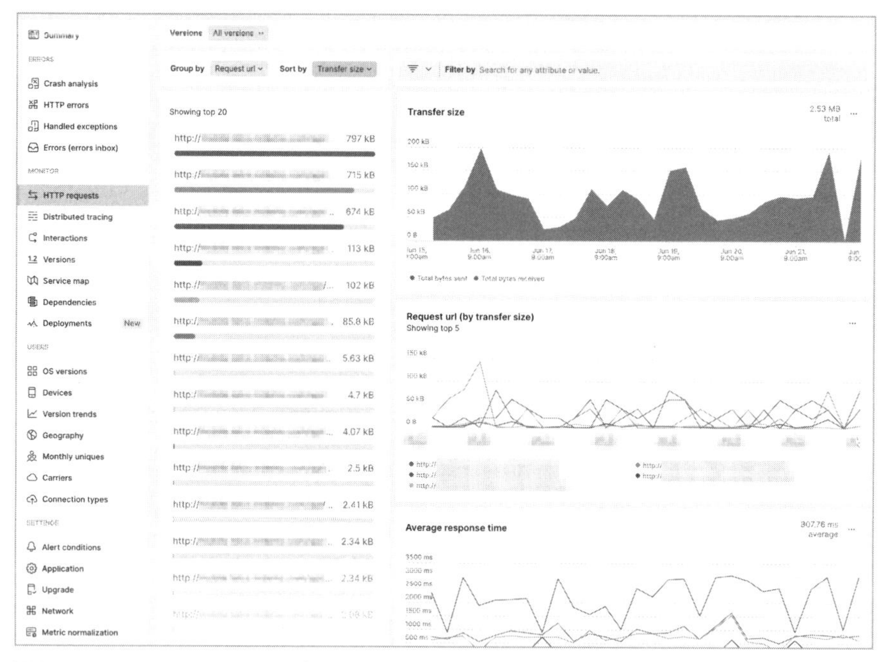

図8　Mobile HTTP requestsデータ通信量の表示

先ほどと同じURLルールの場合、次のようなNRQLで合計データ通信量を観測します（**図9**）。なお、この場合はデータの総量であり、時系列の観測ではなく期間での総量を棒グラフ表記にするため、TIMESERIES句は入れません。

```
FROM Mobile Request SELECT sum(bytesSent) + sum(bytesReceived) FROM MobileRequest WHERE re➡
questDomain LIKE 'api%.mydomain.com' FACET requestUrl
```

※➡は行の折り返しを表す

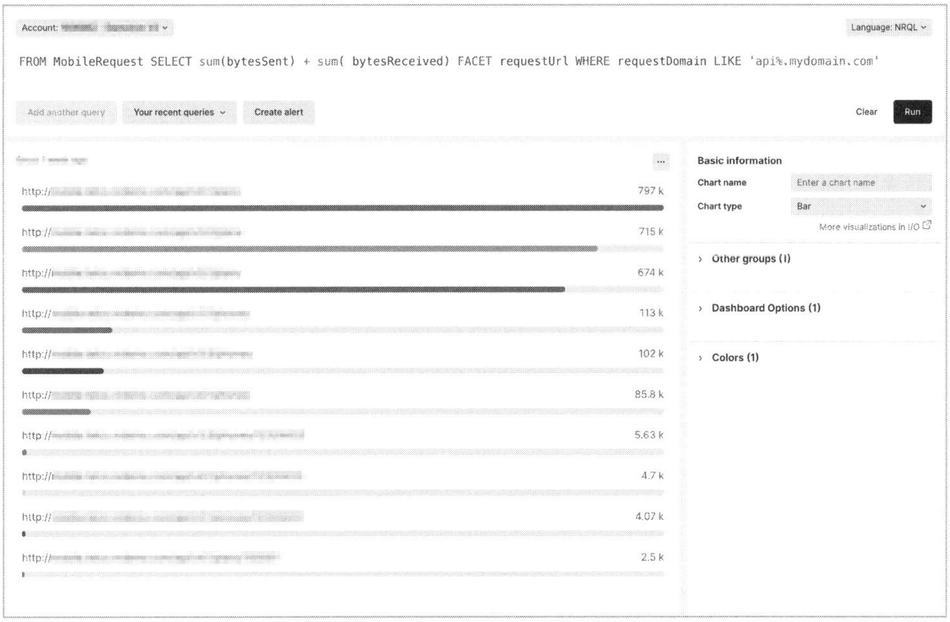

図9　特定URLパターンでの合計データ通信量観測NRQLクエリの実行結果例

適用パターン2：ユーザーの体感しているパフォーマンスを観測する

複数の通信や内部処理が連続して実施されている場合など、パフォーマンスを個々の通信や処理単位ではなく、1つの塊として測定したい場合があります。4.3.2項で解説したInteractionsで観測できるものは「画面単位」ですが、アプリによっては同一画面で完結する処理や、画面をまたがる非同期の処理を観測したいこともあるでしょう。

例えば、アプリの起動時間として「実際に最初の画面が読み込まれるまで」ではなく「起動されてから一連の初期化処理が終了し、ユーザーが実際に操作できるまで」の時間を測定したいときや、会員証アプリで「会員証表示ボタンを押してからさまざまな通信をしたあと、実際にバーコードが表示し終わるまで」を測定したいときなどです。ここでは、New Relic Mobile SDKが準備している機能を利用してこれらを測定する方法を紹介します。

例：タイマーによるアプリ起動時間の測定

一例として、Storyboardで構成されたiOS向けのアプリについて、タイマーを利用しアプリ起動時間を測定する場合を考えてみましょう。実装の流れは以下のようになります。

1. NRTimerオブジェクトを作成する

2. タイマーを開始する
3. タイマーを止め、カスタム属性として登録する
4. ダッシュボードで観測する

　まずタイマーを計測するために、SDKで用意しているNRTimerオブジェクトを作成します（**リスト1**）。これをAppDelegateなどに生成・保存することで、すぐに計測を開始しつつ、最初のViewController生成時に値を取得できるように準備します。

リスト1　AppDelegate.swift：NRTimerの定義

```
class AppDelegate: UIResponder, UIApplicationDelegate {
    var launchTimer = NRTimer()
```

　次に、アプリ起動時のメソッド内でタイマーを開始します（**リスト2**）。通常、すべてのアイテムの前にNew Relic Agentを読み込むべきですが、アプリ起動時間という事情のため、こちらを優先しています。

リスト2　AppDelegate.swift：NRTimer計測開始

```
    func application(_ application: UIApplication, didFinishLaunchingWithOptions launchOpt➡
ions: [UIApplication.LaunchOptionsKey: Any]?) -> Bool {
        launchTimer.startTimeInMillis()
        NewRelic.start(withApplicationToken:"YOUR_APP_TOKEN")
        return true
    }
```

※➡は行の折り返しを表す

　続いて、タイマーを止め、カスタム属性として登録します。計測を停止するポイントは、アプリ起動時最初に表示されるViewControllerのロードが完了したとき、つまりviewDidLoadが適当なので、そこからNRTimerであるLaunchTimerを制御します（**リスト3**）。この際、他の処理が完了してからタイマーを止めたいため、viewDidLoad関数の最後に止める処理を追記します。その後、New Relicに送信するカスタム属性としてアプリ起動時間を記録します。

リスト3　ViewController.swift：NRTimer計測停止とカスタム属性登録

```
    override func viewDidLoad() {
        super.viewDidLoad()

        (中略)

        let appDelegate = UIApplication.shared.delegate as! AppDelegate
        let appLaunchTimer = appDelegate.launchTimer
        appLaunchTimer.stop()
        NewRelic.setAttribute("AppLaunchTime", value: appLaunchTimer.timeElapsedInMilliSec➡
```

```
onds())
    }
```

※➡は行の折り返しを表す

最後に、ダッシュボードで観測します。正しくデータが送られていればNRDBのMobile Sessionイベントに定義した`AppLaunchTime`というカスタム属性が起動時間とともに追加されています。次に示すNRQLで確認してみましょう（**図10**）。

```
FROM MobileSession SELECT average(AppLaunchTime) as 'Launch Time (ms)'
```

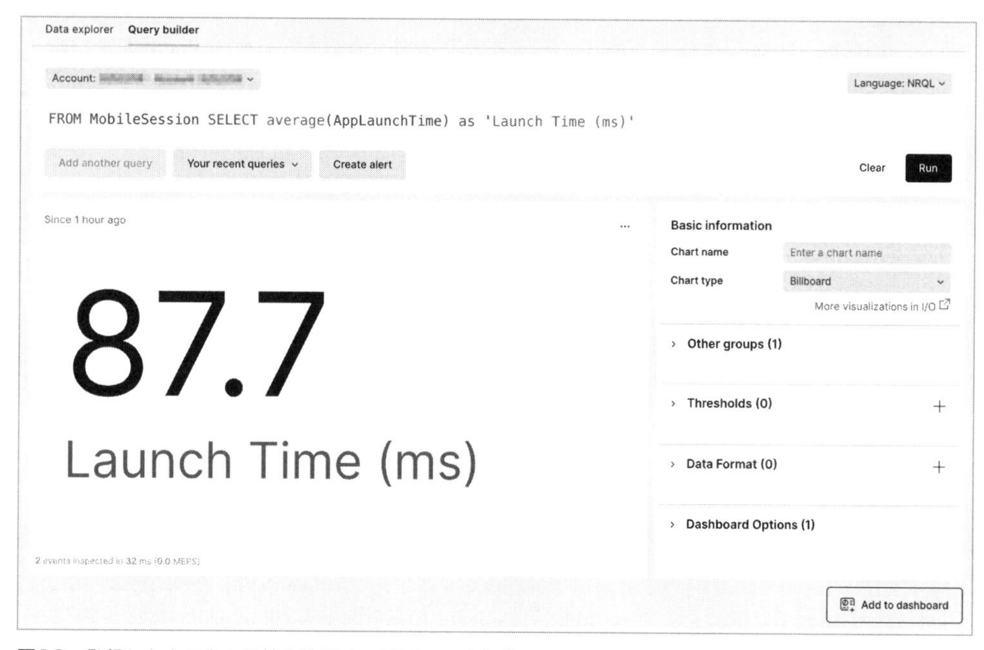

図10　登録したカスタム属性を確認するNRQLの実行結果

適用パターン3：ビジネスのパフォーマンスを観測する

標準的なHTTPパフォーマンスやユーザーが体感するパフォーマンスが観測できるようになったら、最後はビジネスのパフォーマンスを観測してみましょう。アプリのビジネスモデルにもよりますが、よりビジネスに貢献してくれるユーザーのパフォーマンスを重視したい、最適化したいということもあるでしょう。

レシピ15では具体的な可視化例を紹介していますが、ここでは多くのアプリにある有償ユーザー／無償ユーザーという観点で観測データを分ける方法を紹介します。

この方法には、先ほど利用したsetAttributeメソッドが利用できます（**リスト4**）。

リスト4　ユーザー区別のカスタム属性を登録

```
override func viewDidLoad() {
    super.viewDidLoad()

    (中略)

    NewRelic.setAttribute("isPaidUser", value: paidUserFlagInString)

}
```

setAttributeを実行する前に、ユーザーを区別するための識別子（「Paid／Free」「gold／silver／bronze」など）をpaidUserFlagInStringに格納しておき、その値をカスタム属性として登録しています。なお、setAttributeで設定可能なvalue値としてはstringのほか、floatも利用できます。

ここで登録した情報も、アプリ起動時間のようにMobileSessionイベントに記録されるので、ダッシュボードを作成する際に「有償ユーザーだけに絞り込む」などの利用が可能です。

本項のまとめ

New Relic Mobileでは、標準で用意しているUIを利用するだけでも十分にパフォーマンスを計測できます。HTTP requests以外にもInteractionで画面表示時のパフォーマンスを観測したり、計測したパフォーマンス情報を端末や回線などさまざまな観点・角度でフィルタリングしたりできます。

もしNew Relicでデジタルビジネスの全貌を観測することを目標とするのであれば、モバイルプラットフォームにおいてもアプリがどのようにビジネスに寄与するのか、どの指標を追えばより高くビジネスに貢献できるのかという視点でパフォーマンスを観測し、共有していくことが大切になります。New Relic Mobile SDKでは、これらを観測するのに必要なAPI群を提供しています。以下の公式ドキュメントで各APIが公開されているので、どのように活用できそうか検討してみてはいかがでしょうか。

- Mobile SDK guide
  https://docs.newrelic.com/docs/mobile-monitoring/new-relic-mobile/mobile-sdk/mobile-sdk-api-guide/

レシピ

14 動画サービスをモニタリングする

利用する機能　Dashboard／New Relic Browser／New Relic Mobile／New Relic Video Agent

動画プレイヤーのパフォーマンス計測パターン

概要

2023年現在、オンライン上の動画配信サービスは成長傾向にあります。このサービスの中には、キャッチアップ配信、ライブ配信、定額動画配信などの配信形態やオンラインプレミアム、オンラインセミナー配信、ビデオ会議ツールといったさまざまな用途が存在します。そして、これらに共通しているのは、「配信される動画自体がユーザーにとっての価値であるものである」ということです。

ユーザーが動画を視聴する際に感じる価値としては、例えば、「魅力的なコンテンツがあること」や「手持ちのデバイスで手軽に視聴できること」などの機能面も重要ですが、「コンテンツがスムーズに再生され、エラーがなく途切れない」といった品質面も同じくらい重要です。

一方で、動画配信サービスが品質を維持する際には大きく2つの課題が存在します。

1. **適切なスケーリング**：特定の要因により動画の視聴者が急増し、アクセスが集中する場合があるが、そのような状況でも、迅速にボトルネックを見つけ、適切にスケーリングする必要がある
2. **多様な視聴環境**：動画を視聴するユーザーの環境はPC、タブレット、スマートフォン、スマートテレビ、セットトップボックス（STB）など、さまざまなデバイスが使用されている。また、デバイスのOSはWindows、macOS、iOS（iPhone／iPad）、Androidなど多岐にわたり、ネットワーク環境もWi-Fiやキャリア回線など異なる場合がある。このように使用環境のバリエーションが非常に多様であるため、可能な限りリアルタイムですべての視聴状況を把握する必要がある

1.については、New Relicを活用してボトルネックを見つける方法を本書でも解説しています。例えば、サーバーサイドのパフォーマンス分析は6.3節で触れていますし、モバイルアプリの分析はレシピ13で詳細を確認することができます。

そこで本レシピでは、2.の「多様な視聴環境」という課題に対し、New Relicを使った動画プレイヤーのパフォーマンスを計測する方法について解説します。

◯ 適用イメージ

New Relicの動画プレイヤーの計測エージェントと、New Relicのダッシュボード機能を併用することで、さまざまな角度から分析が行えます。ここでは、その一例をダッシュボードのサンプルを交えながら紹介します。

例：動画ビデオプレイヤーのパフォーマンスとQoS

このダッシュボードでは、動画ビデオの再生状況の把握および品質に関する分析を行っています（**図1～図3**）。例えば、「タイトル別の再生状況」「視聴者数」「視聴状況」「広告再生回数の推移」などをリアルタイムで確認することができます。また、「利用者が動画を再生するまでに待った時間」「再生中のバッファリングやエラーの発生状況」「どの解像度とビットレートで再生されているか」などの情報もリアルタイムで表示することができます。

図1 動画プレイヤーのパフォーマンスとQoSのダッシュボード例①

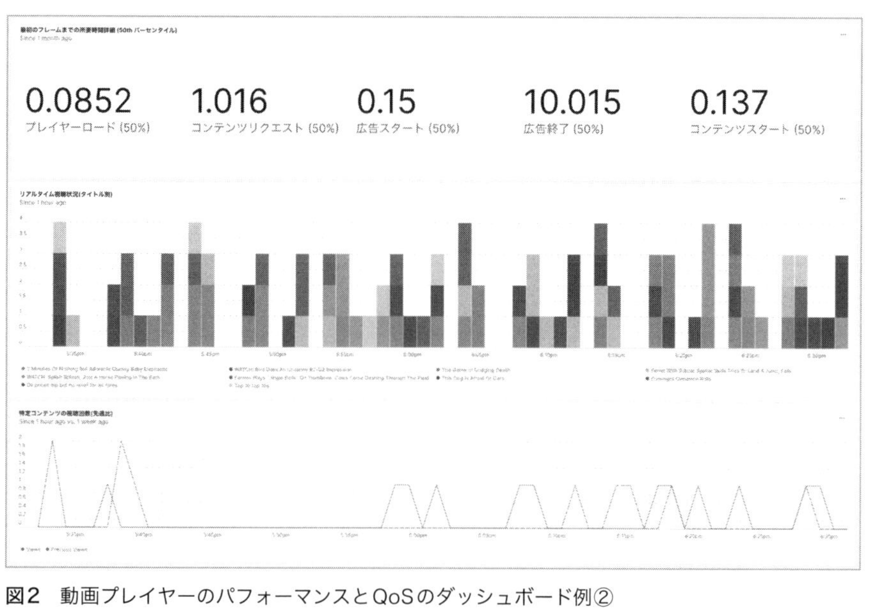

図2　動画プレイヤーのパフォーマンスとQoSのダッシュボード例②

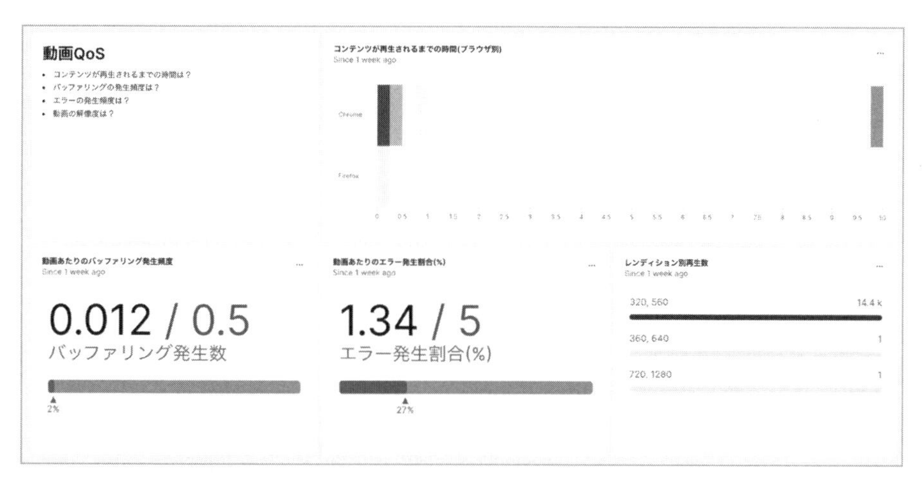

図3　動画プレイヤーのパフォーマンスとQoSのダッシュボード例③

例：動画内広告のモニタリング

広告の再生状況を把握することは、広告を収益源とする動画配信サービスにとって非常に重要です。このダッシュボードでは、広告がどれくらい表示されているかや、パフォーマンスの問題やエラーが発生していないかをモニタリングすることができます（**図4**）。

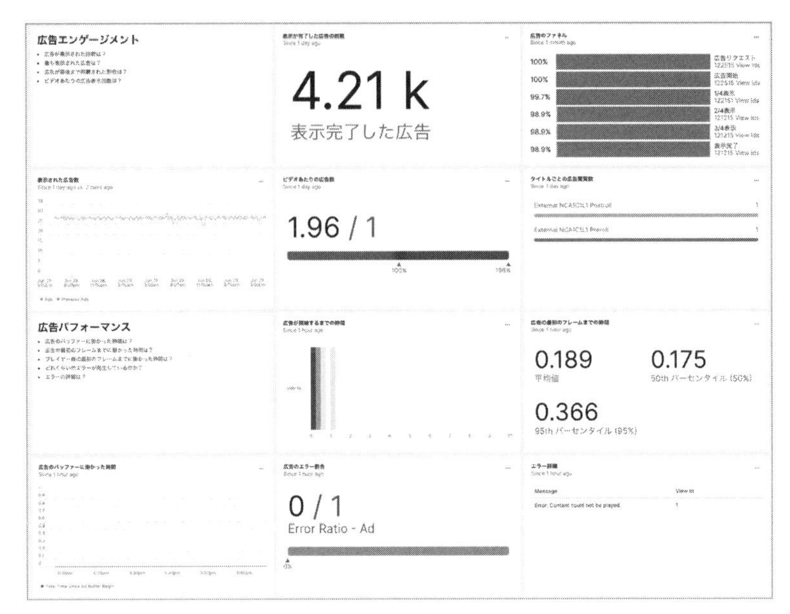

図4　動画内広告のモニタリングのダッシュボード例

例：動画タイトルごとの再生状況

タイトルごとに、視聴されているユーザー数をリアルタイムにトラッキングし、今後の需要予測に役立てることができます（**図5**）。これにより、人気コンテンツや需要の高いタイトルを把握し、戦略的なコンテンツ配信や広告展開に活用することができます。

図5　動画タイトルごとの再生状況のダッシュボード例

適用方法

動画プレイヤー用プラグインの導入

動画プレイヤーのモニタリングを実装するためには、まずフロントエンド監視用のエージェント（New Relic BrowserまたはNew Relic Mobile）を導入する必要があります。

その後、動画プレイヤー用のプラグインを導入することで、プレイヤー関連のイベントを計測することができます。一部のプラグインは現在OSS（オープンソースソフトウェア）としてGitHubにて公開されています。例えば、Browser Agentのプラグインのコアライブラリは、GitHub※1で公開されています。

リスト1は、Video.jsを使用している場合のモニタリング構成の例です。Video.jsは、HTML5ベースの動画プレイヤーをWebサイトに実装するためのJavaScriptライブラリですが、New Relicでは、GitHub※2でVideo.js専用のプラグインを提供しています。

リスト1　動画プレイヤーにVideo.jsを使用したHTMLの例

```
<html>
<head>
  <link href="https://vjs.zencdn.net/7.8.4/video-js.css" rel="stykesheet" />
  <!-- If you'd like to support IE8(for Video.js versions prior to v7) -->
  <script src="https://vjs.zencdn.net/ie8/1.1.2/videojs-ie8.min.js"></script>

  (New Relic Browser Agent を挿入)

  <!-- 動画プレイヤー用プラグインの定義 -->
  <script src="../dist/newrelic-video-videojs.min.js"></script>

  (動画ファイルを定義)

  </video>

  <script src="https://vjs.zencdn.net/7.8.4/video.js"></script>

  <!-- 動画プレイヤー用プラグインを初期化 -->
  <script>
    var player = videojs('my-video')
    nrvideo.Core.addTracker(new nrvideo.VideojsTracker(player))
  </script>

</body>
</html>
```

※1　https://github.com/newrelic/video-core-js
※2　https://github.com/newrelic/video-videojs-js

実際に記録される動画プレイヤー関連のイベント

リスト1のような、動画プレイヤーのプラグインが導入されたHTMLから動画が視聴されると、New Relic上ではPageActionというイベント名でプレイヤーに関するイベントが記録されます。例えば、以下のようなイベントがPageActionとして記録されます。

- 動画の再生開始／終了
- 動画の一時停止／再開
- バッファリングの開始／終了
- エラーの発生
- ビデオの解像度やビットレートの変更

これらのイベントデータを活用することで、エンドユーザーの動画プレイヤーで起きている動作を分析し、その結果を可視化して、先に紹介したようなダッシュボードを作成することができます。これにより、動画プレイヤーの状態やトラブルの把握、需要の予測などをリアルタイムで行うことができます。

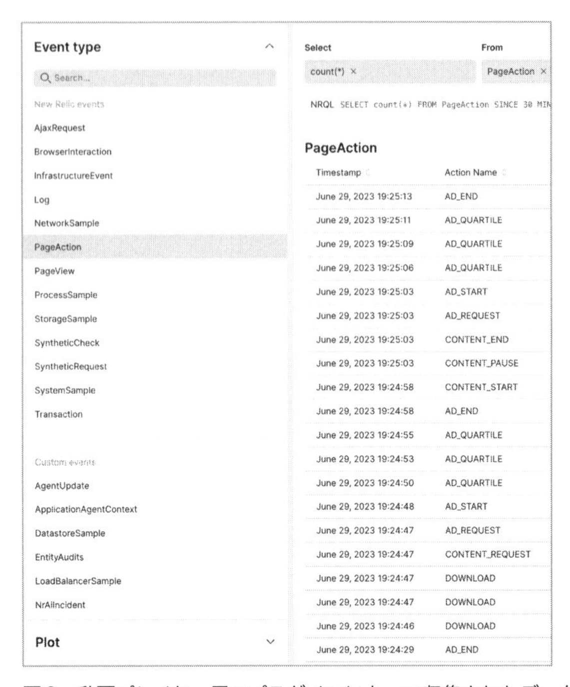

図6　動画プレイヤー用のプラグインによって収集されたデータ

例：動画プレイヤー関連イベントの分析と可視化

上記のPageActionイベントを使って、適用イメージで紹介したダッシュボードのうち、**図3**にある、コンテンツが再生されるまでの時間をブラウザ別にヒートマップで表示してみましょう。

以下のNRQLを実行することで実現できます。なお、NRQLの詳細については13.3節を参照してください。

```
SELECT histogram(timeSinceReuested/1000, width: 10) from PageAction where actionName = 'CO➡
NTENT_START' facet userAgentName since 1 week ago
```

`actionName`が`'CONTENT_START'`（動画再生開始時に記録されたことを意味する）のイベントから、動画のリクエスト以降の時間をミリ秒で記録している`timeSinceRequested`を抽出し、ヒストグラムで表示しています。また、ブラウザ種別（`userAgentName`）でグループ分けをしています。

図7　コンテンツが再生されるまでの時間をヒートマップ表示するためのNRQL

Video Agentによる広告再生、コンテンツ再生の把握

概要

動画ビジネスの中には、見逃し配信のように「無料で動画コンテンツの視聴を提供しつつ、広告再生で収益を目指す」ビジネスモデルとして**AVOD**（Advertize Video On Demand）があります。単話動画の課金やサブスクリプション課金といったビジネスモデルとは異なり、AVODは広告再生がビジネスKPIとして重要となります。New Relic Video Agentは、AVODのような広告再生についてもデータを収集し可視化できます。それにより、エンジニアは、サービス影響のみならずビジネス影響も鑑みた運用を実現できるようになります。

本項では、New Relic Video Agentを使用して動画ストリーミングサービスにおける広告再生とコンテンツ再生を把握する方法について紹介します。New Relic Video Agentは動画プレイヤーに統合され、広告再生率や再生完了率、表示回数などの広告関連の情報をリアルタイムで表示することができます。また、ビデオの表示遅延などの異常なパフォーマンスをリアルタイムで検知し、Alert機能を活用して即座にアラート通知を送信することで、問題の迅速な解決に役立ちます。

コンテンツ再生状況の把握

毎日のコンテンツ再生回数、再生エラー回数の集計をダッシュボードで表示できます。また、再生エラーの発生推移状況やタイトル別の再生回数の推移状況をリアルタイムで確認することができます。そのため、何らかの理由により短期間で人気が急上昇したコンテンツを把握することもできます。

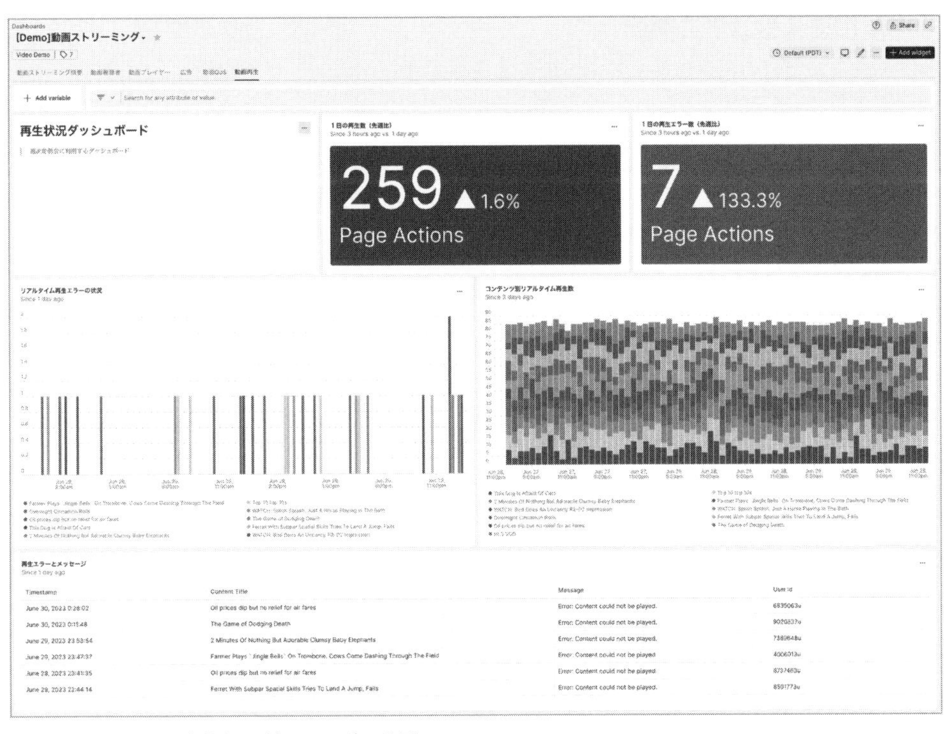

図8　コンテンツ再生状況のダッシュボード例

　また、曜日別での視聴者数、視聴者が使用しているデバイス種別、ブラウザ種別、地域別の視聴者数などをリアルタイムで表示することも可能です。動画ストリーミングサービスのエンドユーザー像を具体化することで、ユーザー体験の改善方向を明確にすることができ、ビジネス上の迅速な意思決定に役に立ちます。

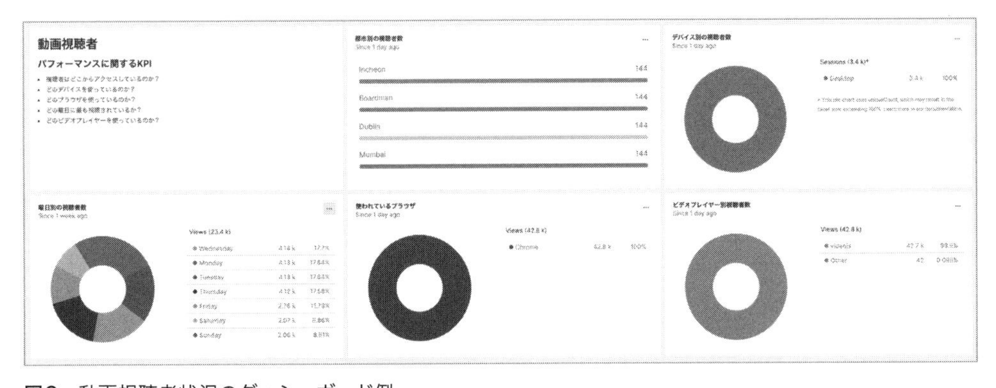

図9　動画視聴者状況のダッシュボード例

Part 3
レシピ14

広告再生状況の把握

広告が表示された回数、広告が最後まで視聴された割合、ビデオあたりの広告表示回数、最も表示された広告など情報をダッシュボードで表示させることができます。

また、広告の表示回数の推移状況を表示し、過去同期との比較を踏まえて、トレンドを把握することもできます。

図10　広告再生状況のダッシュボード例

レシピ

15 ビジネスKPIの計測

利用する機能 New Relic APM／New Relic Infrastructure／New Relic Browser／New Relic Mobile／Dashboard／New Relic Query Language（NRQL）

概要

New Relicは、インフラストラクチャ、アプリケーション、ブラウザ、モバイルの性能やエラー情報を収集し、問題解決や性能改善に役立てます。さらに、システムパフォーマンスをビジネス視点で理解し、**ビジネスKPI**（Key Performance Indicator：重要業績評価指標）への影響を把握することで、デジタルの顧客体験の改善とビジネス成長を実現します。

例えば、有料会員制のアプリケーションでは、有償と無償のユーザーの利用傾向や体験を計測します。BtoBサービスでは、特定顧客ごとの分析が必要となる場合があります。また、実店舗と連携したビジネスでは、地域別のWebサイトアクセス傾向と在庫情報を関連付けることで、効果的な分析が可能になります。

しかし、ビジネス目標を設定せずに改善活動を行うと、リソースの無駄使いと改善の遅れを招く可能性があります。それを避けるためには、システムパフォーマンスをビジネス視点で理解し、ビジネスKPIへの影響を把握することが重要です。これにより、ビジネス目標に基づいた問題解決や改善の優先順位付けが可能になります。

さらに、システムパフォーマンスがビジネスKPI達成に重要であることを理解し、ビジネス関係者を巻き込むことで、ビジネスとシステムが協力してビジネス成長を実現する体制を構築します。これにより、IT部門は運用中心からビジネスへの貢献を主軸に成長することが可能となります。

適用イメージ

ビジネスKPIを可視化するダッシュボードの例をいくつか挙げます。

図1は、EC（E-Commerce）サイトに関するものです。ECサイトビジネスの分析において重要な指標の1つは**コンバージョン率**です。コンバージョン率は、サイトの訪問者のうち購入に至った割合を表します。

一般的に、サイトのアクセス性能が悪いとコンバージョン率は低下すると言われているため、単にコンバージョン率を可視化するだけでなく、その低下の原因になっている各ページのアクセス性能との相関を把握する必要があります。同時に、アクセス性能の悪いページの表示性能を改善し、コンバージョン率を上げるように対策を取ります。また、サイトから離脱したタイミングでカートに入っている商品の価格・売上や平均的な客単価から離脱による機会損失を可視化し、性能改善の緊急度を客観的・定量的に判断するようにします。

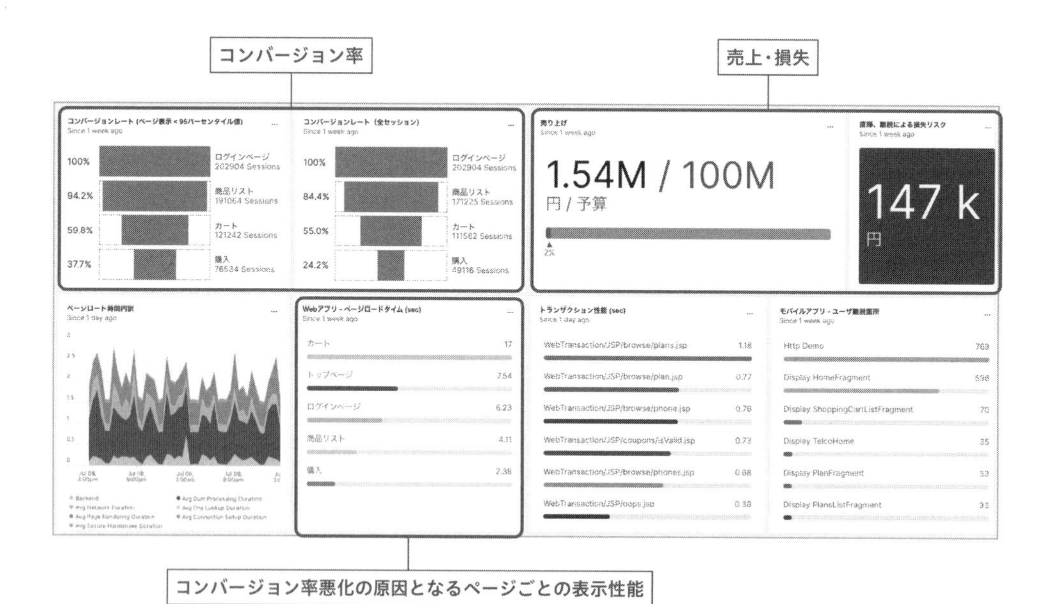

図1　ECサイトダッシュボード例

図2は、SaaS事業者向けのダッシュボードです。売上など業績に直結する指標はもちろんのこと、SaaSを利用する消費者や企業ごとにアクセス傾向や性能を可視化することにより特定利用者に対するサービスレベルが低下していないかを把握および改善することが可能になります。

図2　SaaSダッシュボード例

以上がビジネスKPIの可視化の例です。何を可視化するかはビジネスの数だけ存在するとも言えますが、共通して言えることは、ビジネスKPIとシステムのメトリクスを関連付けることにより、ビジネスに影響を与えるシステムの問題を早期に検知・解決したり、システム改善の必要性をビジネスへの影響度から測ることができたりする、ということです。

収集するビジネスデータを可視化する

New Relicは、各種エージェントが収集するデータをビジネス目標に合った形で可視化したり、ビジネスやアプリケーション固有のデータをカスタムで注入したりすることによって、それらのデータを用して分析できます。どの手段を用いるかは、対象とするシステムの用途やビジネス目標によりますが、おおむね以下のような分類ができます。

1. **ビジネス目標に合わせてNew Relicのデータを分析する**：例えば、サイトの離脱率減少がビジネス目標である場合に、Browser Agentが収集するデータから、ユーザーセッションごとの画面遷移率を可視化して離脱の多いページを特定し、ページの表示性能と離脱率の相関を分析します。
2. **New Relicのデータにビジネスやアプリケーション固有の属性を付与して分析する**：例えば、BtoBサービスにおいて顧客ごとに応答性能などのサービスレベルの把握が必要なケースで、顧客と一意に分類できる情報（テナント※1のIDなど）をデータに付与することで、当該テナ

※1　例えば、BtoBサービスの契約顧客などが挙げられます。

ントIDごとにサービスレベルを可視化・分析します。

3. **New Relicが収集するもの以外のデータを追加で登録して分析する**：例えば、決済時の売上額をデータとして登録して、売上目標への到達や推移を確認します。また、性能などのシステム改善による売上への影響との相関を把握し、改善効果を確認します

ここでは、上記3つのうち、特にカスタムでのデータ登録が必要となる**2.**と**3.**の方法について説明します。**1.**についてはクエリを活用したデータ可視化によって実現可能であるため、13.3節を参照してください。

カスタムデータの種類

New Relicでは、大きく分けて以下の2つの方法によりアプリケーション固有のカスタムデータを登録できます。

1. **New Relicのエージェントが登録するデータ（イベント）の属性の1つとしてカスタム属性を追加する**：エージェントが登録するトランザクションなどのイベントを分析する際に、アプリケーション固有の観点でフィルタリングやグルーピングしたい場合に有効
2. **New Relicのエージェントが登録するイベントとは独立に、カスタムイベントとして登録する**：エージェントが登録するトランザクションとは無関係にアプリケーションの固有の情報を蓄積し、他のデータとともに分析を行いたい場合に有効

なお、以降**1.**を「カスタム属性の登録」、**2.**を「カスタムイベントの登録」と呼ぶことにします。

New Relicの各エージェントは、上記の手段でカスタムデータを登録するためのSDKを提供しています。そのため、アプリケーションコード内で当該SDKを活用することで、カスタムデータをNew Relicに登録できます。登録したカスタムデータは、NRQLによりダッシュボードによる可視化やアラート設定で活用することが可能です。この一連の流れのイメージを**図3**に示します。

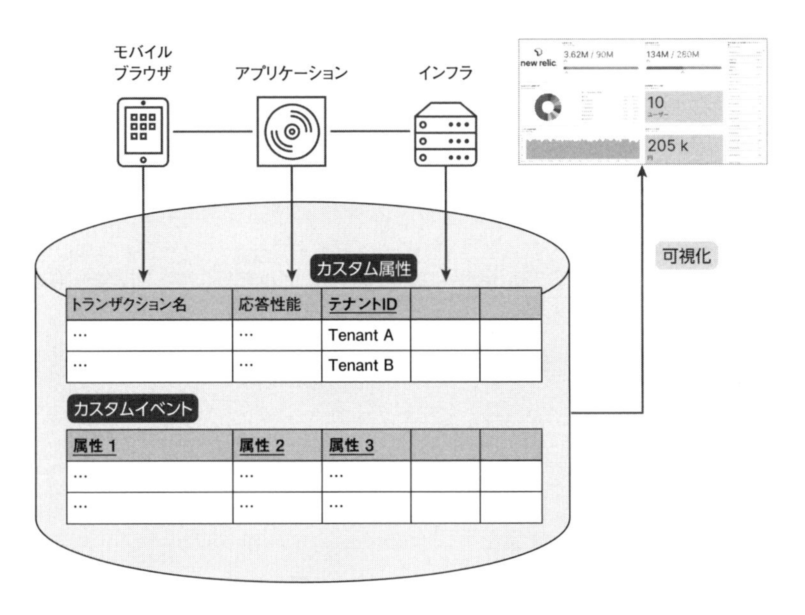

図3　カスタムデータ登録・利用の概念図

カスタム属性の追加

カスタム属性やカスタムイベントを登録するには、各種エージェントが提供するSDKやAPIを使います。ここでは、サーバーサイドのアプリケーション性能を計測するAPM AgentのSDKを利用してカスタム属性を追加する例を説明します。APM Agent以外を利用する方法はオンラインドキュメント※2を参照してください。

では、APM Agentが収集するWebトランザクションの情報にカスタム属性を追加し、それらを活用して性能分析する例を紹介します。利用する言語はJava、WebフレームワークとしてSpringを利用しています。

まず、カスタム属性登録のコード追加です。**リスト1**は、クライアントからリクエストを受け付けるサーバーサイドのコントローラのコードの一部です。APM AgentはサーバーサイドのWebトランザクションを自動的に認識しますが、そのトランザクションの処理の中でAPM AgentのSDKに含まれるaddCustomParameterメソッドを呼び出すだけでカスタム属性を当該トランザクションのイベントデータに付与できます。

ここではトランザクションの性能を利用者(テナント)別に分析するため、カスタム属性名として「tenantId」を、値としてテナントのIDを登録します。カスタム属性は、属性名と値のセットです。

※2　https://docs.newrelic.com/jp/

リスト1　カスタム属性の追加

```
import com.newrelic.api.agent.NewRelic;

(中略)

@Controller
public class APMCustomAttributeController {
    @RequestMapping("/apm_custom_attribute")
    public String apm_custom_attribute(...) {
        (コントローラのロジック)

        NewRelic.addCustomParameter("tenantId ", name);

        (中略)
    }
}
```

次に、リクエスト発行です。**リスト1**のコードを追加し、トランザクションを発生させたあとに、APMの画面でトランザクションの詳細情報を確認します。カスタム属性（Custom attributes）として、「tenantId」が追加されていることが確認できます（**図4**）。

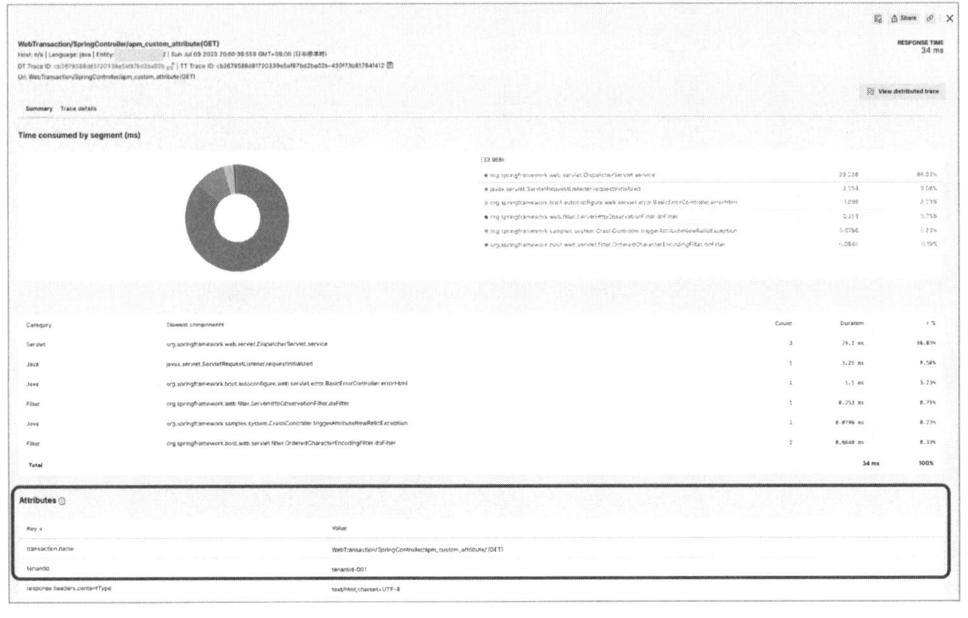

図4　カスタム属性の確認

続いて、データの確認です。NRQL（New Relic Query Language）を使って実際にトランザクションの情報を確認してみます。

トランザクションの情報はTransactionイベントとしてNew Relicに保存されます。**図5**のとおり、各トランザクションの情報としてカスタム属性が追加され、保存されていることが確認できました。なお、Transactionイベントのその他の情報については公式ドキュメント※3を参照してください。

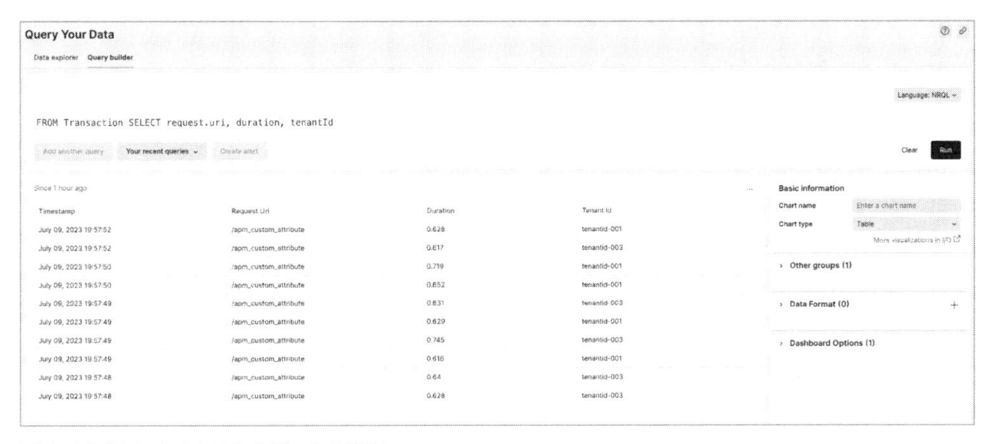

図5　NRQLによるカスタムデータの取得

最後に、今回追加したカスタム属性を活用してチャートを作ってみましょう。

まずはトランザクションの応答性能の平均です。APMがデフォルトで提供しているチャートでは、トランザクション横断での平均や各トランザクションの平均がわかりますが、ここではさらに、次のような「属性値（tenantId）ごとの応答性能平均を算出する」クエリにより、カスタム属性の値ごとにグルーピングしてトランザクションの平均を出していきます。

```
FROM Transaction SELECT average(duration) FACET tenantId
```

これにより、会員サイトの有料会員やBtoBサービスの重要顧客など、特に性能を保証しなければならないユーザーへの影響を正確に把握することが可能になります（**図6**）。

※3　https://docs.newrelic.com/jp/docs/data-apis/understand-data/new-relic-data-types/

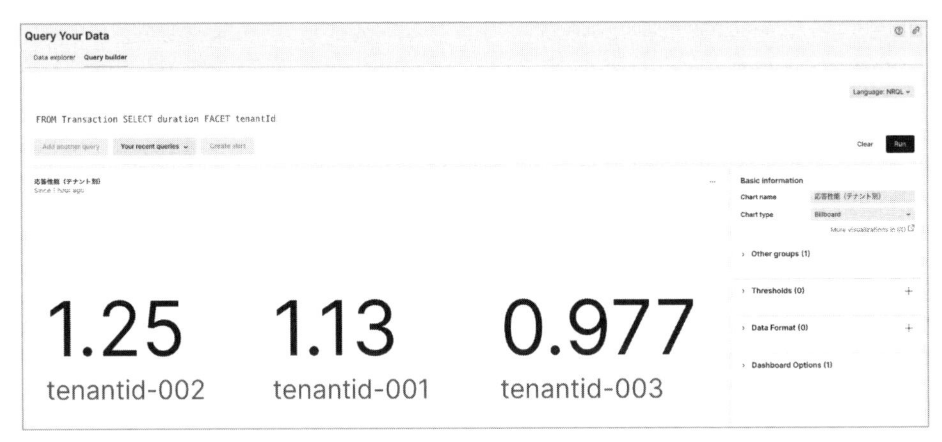

図6　カスタムデータを活用したチャートによる分析①

次に、テナント別のトランザクション数のチャートを描画してみましょう。こちらは以下のような「属性値（tenantId）ごとの応答性能平均を時系列で表示する」クエリにより、カスタム属性の値ごとにトランザクション数の合計を求めて表示しています。

```
FROM Transaction SELECT count(*) FACET tenantId TIMESERIES
```

これで、特定顧客からの急激なアクセス急増によってバックエンド性能に影響が出ているかなどを判断することが可能になります（**図7**）。

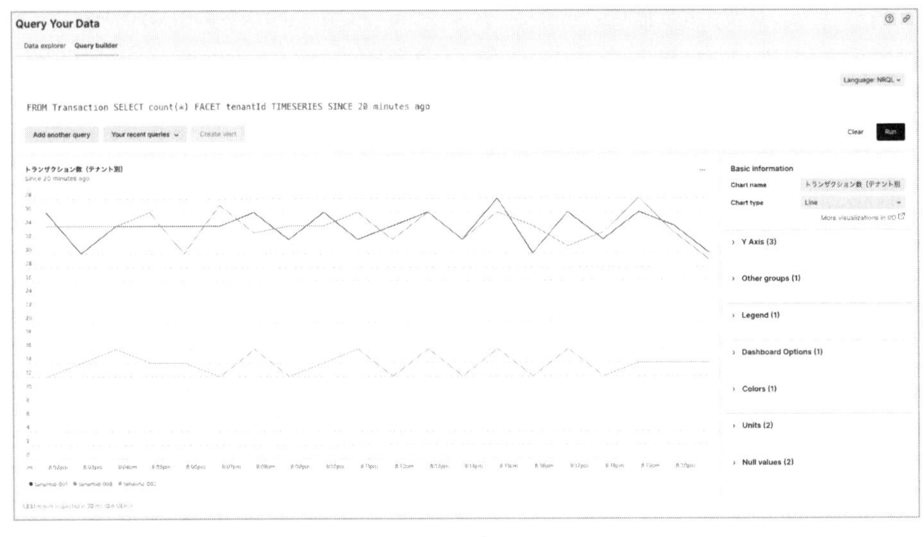

図7　カスタムデータを活用したチャートによる分析②

ここまで、主にカスタム属性を追加する例を説明しましたが、同様にSDKを使うことでカスタムイベントを登録することも可能です。JavaのAPM Agentの場合には、**リスト2**のように、`Map`に属性名と値をセットすることで、それらが独立したイベントのデータとして登録されます。NRQLのFROM句にカスタムイベント名（**リスト2**では`MyCustomEvent`）を指定することで、登録したデータの参照が可能です（**図8**）。

リスト2　カスタムイベントの登録

```
Map<String, Object> eventAttributes = new HashMap<String, Object>();

（Map に Key-Value を追加）

NewRelic.getAgent().getInsights().recordCustomEvent("MyCustomEvent", eventAttributes)
```

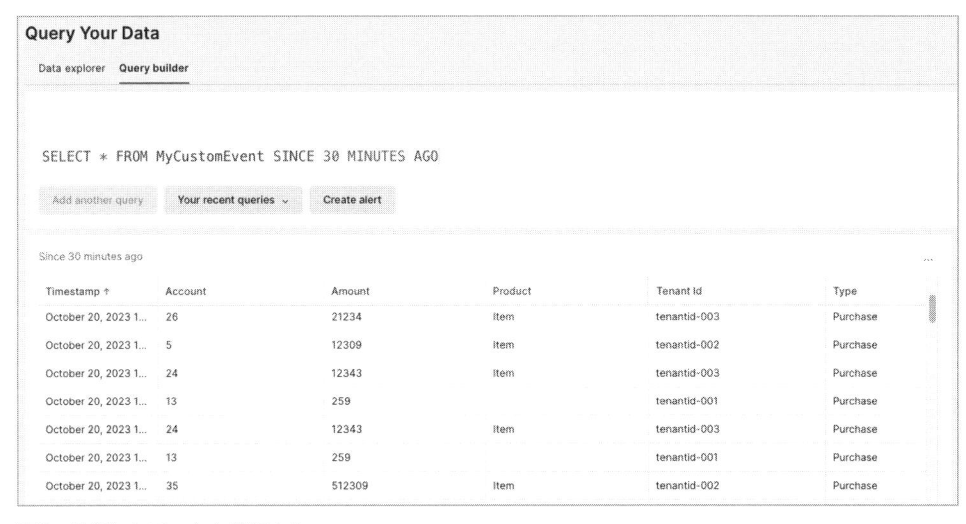

Timestamp ↑	Account	Amount	Product	Tenant Id	Type
October 20, 2023 1...	26	21234	Item	tenantid-003	Purchase
October 20, 2023 1...	5	12309	Item	tenantid-002	Purchase
October 20, 2023 1...	24	12343	Item	tenantid-003	Purchase
October 20, 2023 1...	13	259		tenantid-001	Purchase
October 20, 2023 1...	24	12343	Item	tenantid-003	Purchase
October 20, 2023 1...	13	259		tenantid-001	Purchase
October 20, 2023 1...	35	512309	Item	tenantid-002	Purchase

図8　登録したデータを参照する

レシピ
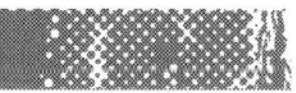

16 業務アプリケーションの監視

利用する機能 Dashboard／New Relic Synthetic Monitoring（Private Location含む）／New Relic Infrastructure（New Relic Flex）

概要

アプリケーションの管理・運用者の中には、自社で作っていないパッケージ化されたアプリケーションを対象とする方も少なくないはずです。特に情報システム部門の方々は、従業員向けの業務アプリケーションとして、オンプレミス上に導入したパッケージアプリケーションや、クラウド上で提供されるSaaS型のアプリケーションを数多く管理・運用しているのではないでしょうか。

本レシピでは、自社で作成されていない、業務アプリケーションに対して、SyntheticやNew Relic Flex（Flex）を活用することで、それらをどのように可視化でき、どのような効果を得ることができるのかを見ていきます。

また、本書では詳しく触れませんが、SAPについては統合するための機能が準備されています。詳しくは公式ドキュメント※1を参照してください。

活用例①：ステータスサマリダッシュボードによる業務アプリケーションの問題の検知と把握

情報システム部門は、自社製ではない業務アプリケーションを従業員に提供し、業務をサポートします。例えば、Microsoft Teamsのようなメッセージングアプリケーションを全社員が共通で利用できるように提供したり、あるいは、部門別や業務ごとに個別最適化したJIRAのようなアプリケーションを、企業によって数十から数百個という規模で提供したりすることもあります。

このような膨大な数のアプリケーションを情報システム部門が一挙に管理する場合、問題が発生しているアプリケーションを検知することは難しいでしょう。特に、従業員視点で監視を行えていない場合、従業員へ影響が出て、情報システム部門が問い合わせを受けて初めて問題に

※1 Integrate SAP observability with New Relic
https://docs.newrelic.com/docs/data-apis/custom-data/sap-integration/

気づく、というケースもあるのではないでしょうか。

　このようなケースに対して問題を適切に検知し把握するために、第3章で紹介したNew RelicのSyntheticを活用すれば、**図1**のようなステータスサマリダッシュボードを作成でき、従業員視点で業務アプリケーション全体の俯瞰とアラートを使った問題の検知が可能になります。

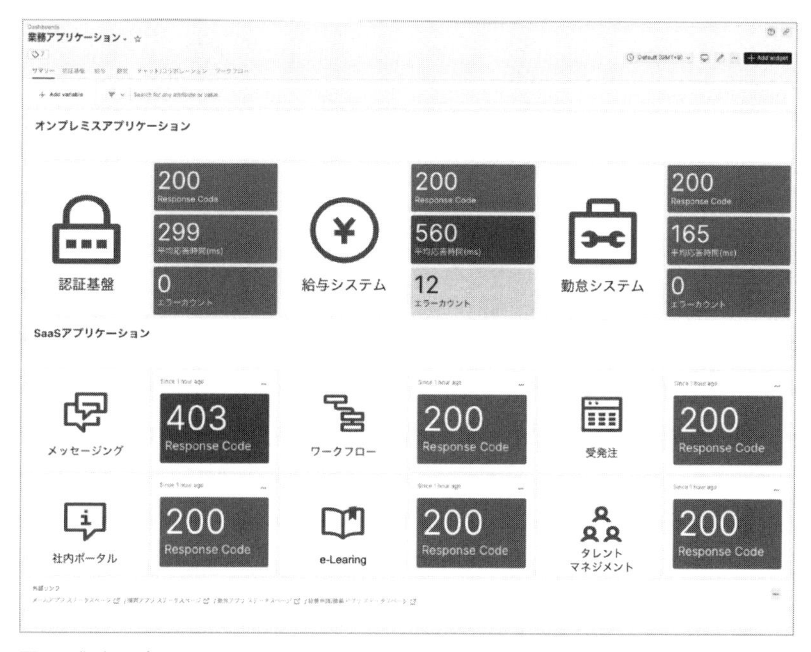

図1　業務アプリケーションのステータスサマリダッシュボード

　なお、このダッシュボードは、**図2**に示す構成で取得したデータをもとに作成されています。

　SaaS型の業務アプリケーションについては、パブリックアクセスが可能なため、標準のSyntheticのパブリックミニオンを利用します。一方、オンプレミスの業務アプリケーションについては、プライベートアクセスに限定されているケースが想定されるため、オンプレミスに設置可能なSyntheticのプライベートミニオンを利用して計測します。

　このように、Syntheticを活用することで、オンプレミスとSaaSのハイブリッド構成などの設置場所にかかわらず、業務アプリケーションの可用性および応答性能を計測することが可能となり、業務アプリケーションの監視が実現できます。

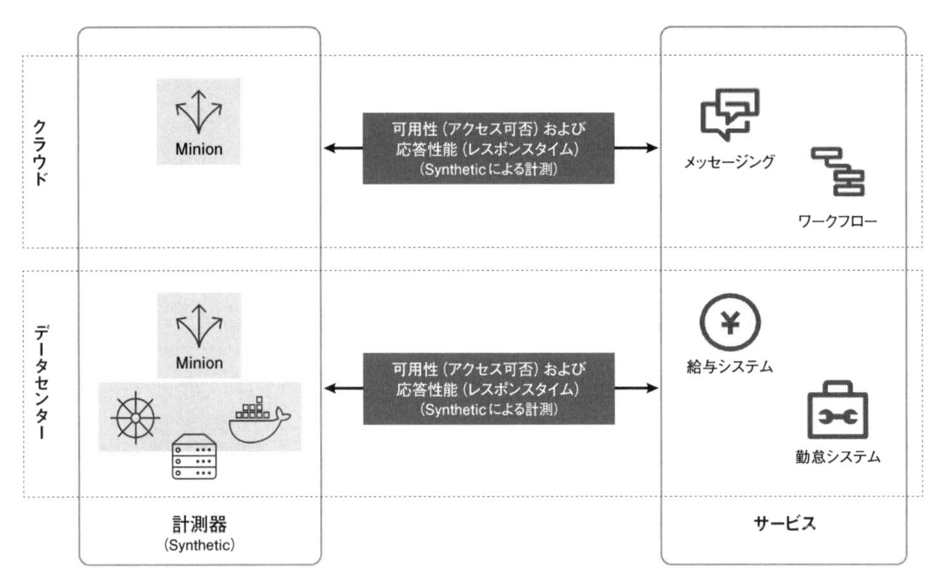

図2　Syntheticを活用した業務アプリケーション観測の例

活用例②：拠点のネットワーク状態の可視化

先ほど、業務アプリケーション側の問題を把握・検知するための仕組みについて触れました。しかし、アプリケーションの利用においては、従業員はそれぞれの端末から複数のネットワーク機器を通じて業務アプリケーションにアクセスするため、さまざまなコンポーネントを介することになります。そのため、「アプリケーションへの接続ができない」「アプリケーションが遅い」といった問題は、アプリケーション以外の要因により発生している場合もあります。

図3は、ユーザーが業務を行う2つのオフィス（拠点A／B）を想定し、各拠点から対象の業務アプリケーションに対する可用性および応答性能をNew Relic Flex（7.3.6項参照）を使って計測し、ダッシュボードに可視化したものです。

このように各拠点からの接続状態を観測することにより、アプリケーションに問題があるのか、拠点側に問題があるのかを即座に切り分けることが可能になります。

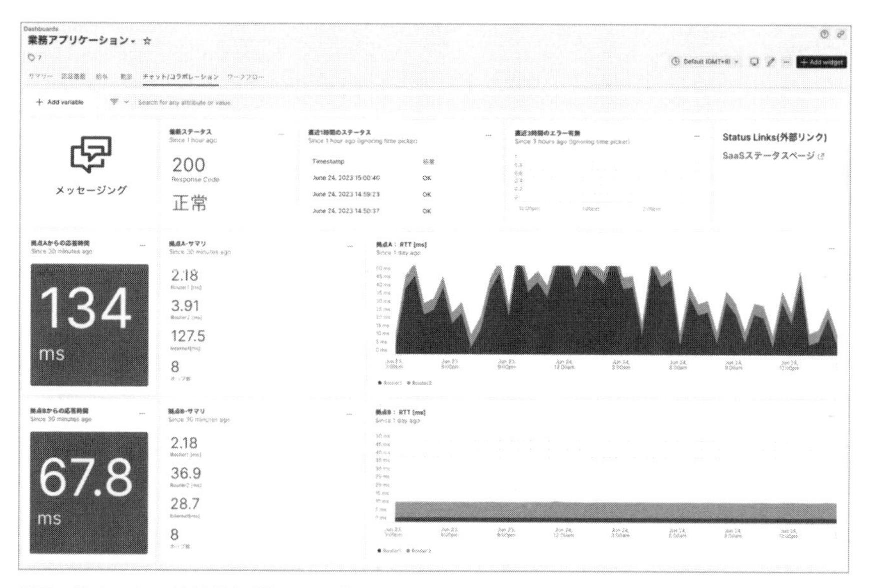

図3　拠点ごとの接続状況ダッシュボード

なお、このサンプルダッシュボードは、**図4**に示す構成で取得したデータをもとに作成されています。

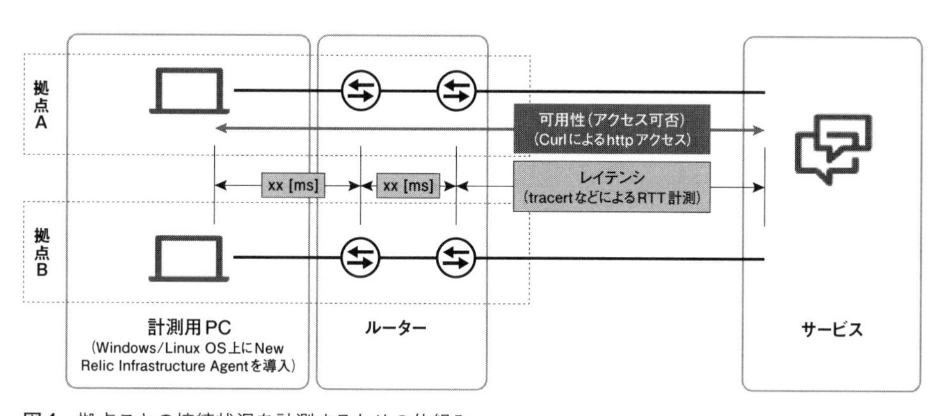

図4　拠点ごとの接続状況を計測するための仕組み

サンプルダッシュボードのようなデータを取得するためには、各拠点に計測器を配置し、`tracert`（または`traceroute`）コマンドや`curl`コマンドなどを使ってFlexを定義し、可用性と応答性能（レイテンシ）を計測します。計測に用いるFlexはNew Relic Infrastructure Agentに含まれるため、Infrastructure Agentの導入要件を満たす端末を準備する必要があります。

レシピ

17 New Relic AppsとProgrammability

利用する機能　New Relic Apps

New Relicには「プログラム可能である」という特徴（Programmability）があります。New Relic Appsとは、New Relicダッシュボードより柔軟にデータを視覚化できる、運用・観測のためのアプリケーション開発・提供プラットフォームです。

New Relicをシステムへ導入すると、計測されたデータをプラットフォーム上で可視化できます。通常であれば、WorkloadsやDashboardなどを活用して可視化しますが、既存の可視化機能では満たすことのできないビジネスニーズも起こり得るでしょう。具体的には、個々のビジネスやシステムの特性に合わせたデータを可視化する場合、New Relicのダッシュボード、あるいはGrafanaなどの汎用的なダッシュボード機能では作り込みが難しいケースが該当します。

New Relicでは可視化するビュー自体を自由にカスタマイズできる機能としてNew Relic Appsを提供しています。New Relic Appsでは、独自にカスタマイズされたビューを作成してユーザー自身が活用したり、あるいは公開したりもできます。ビュー自体をカスタマイズすることで、ビジネスニーズにマッチしたビューを作ることができます。

本レシピではNew Relic Appsについて紹介し、ビュー自体をカスタマイズするための開発環境の準備や動作確認を解説します。

アプリケーションの種類

New Relic Appsでは、すでに公開されているアプリケーション、または同一アカウント上で別ユーザーがアプリケーションを登録している場合、すぐに利用を開始できます。[All Capabilities] から [Apps] を開くことでアプリケーションを利用できます（**図1**）。

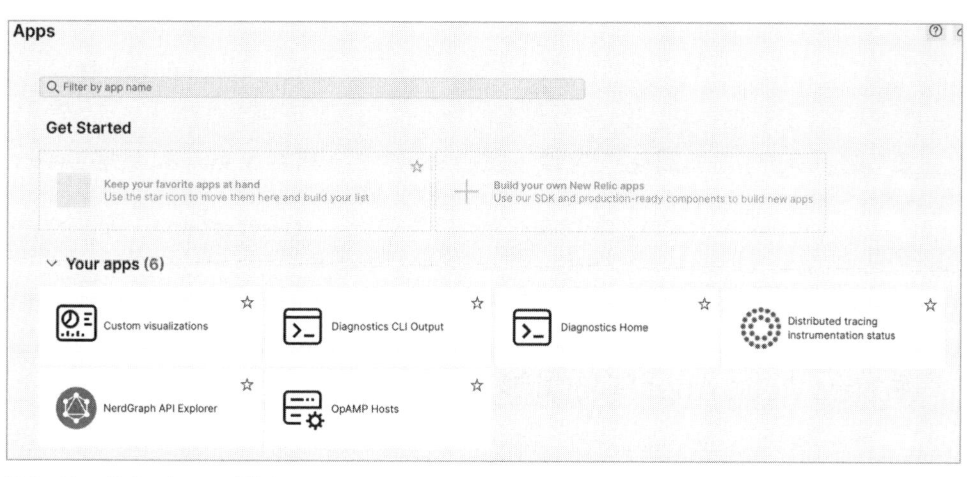

図1　New Relic Appsの画面

- Public：New Relicとして公式にサポートしているアプリケーション
- (無記載)：デフォルトで利用可能なアプリケーション
- Custom：同じアカウント内で自分または別ユーザーが登録したアプリケーション
- Local：現在自分が開発し、動作確認中のアプリケーション

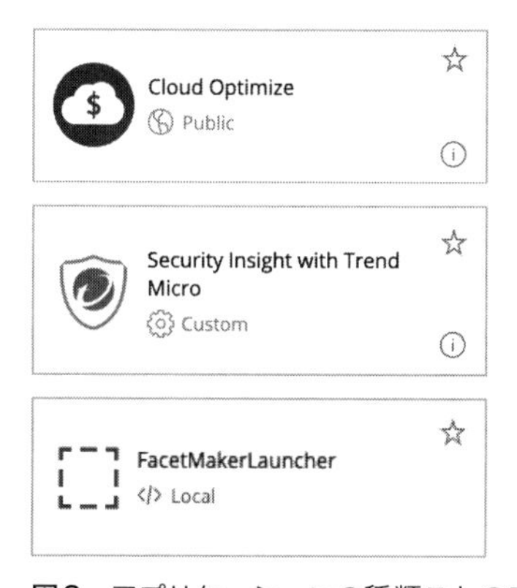

図2　アプリケーションの種類ごとの表示の違い

アプリケーションが登録されると、[Your apps] にアプリケーションが表示されます。またNew Relic Apps画面の下にある [Go to New Relic I/O] や左ペインの [Add data]→[Apps & visualization] を選択し、一覧から好きなアプリケーションを追加することも可能です。登録されたアプリケーションはいつでも利用を開始できるので、気軽に使ってみましょう。

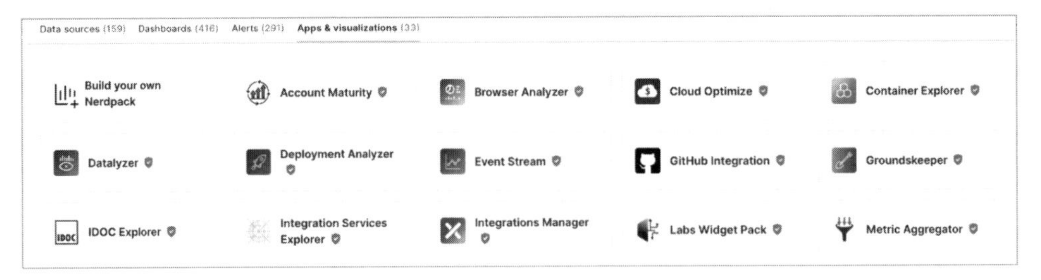

図3　追加可能な公式アプリケーション

New Relic Apps開発の流れ

ここからは、New Relic Appsの開発の流れを説明します。

New Relic Appsでできること

New Relic Appsでは多くのことができますが、ここでは特徴となる5つの機能について紹介します。

1つ目は、データの可視化です。ダッシュボードと同じくNRQLを使い、データを取得し可視化します。可視化する際、NRQLを指定するだけでグラフを表示できるコンポーネントが用意されているので、データ構造やコンポーネントを理解していなくても簡単に使い始めることができます。

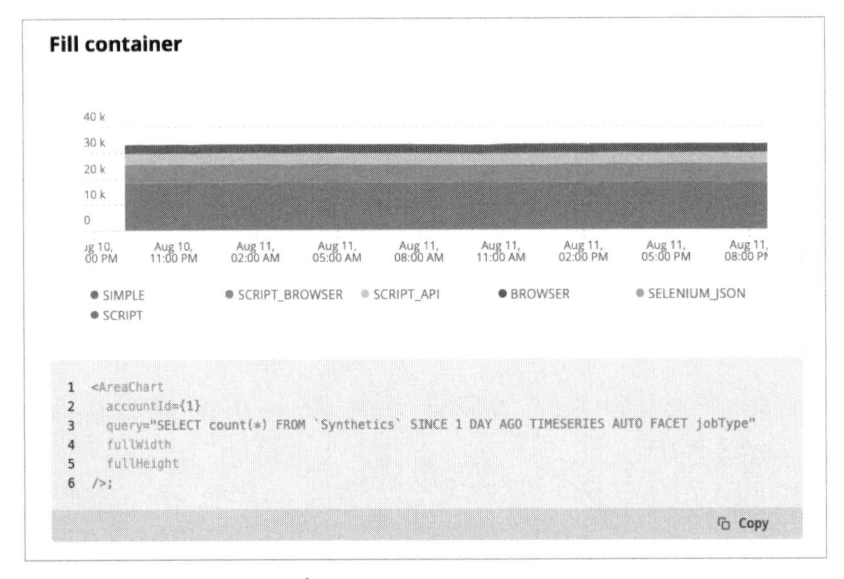

図4　利用しやすい開発用コンポーネント

2つ目は、高度なデータの取得と加工です。データのみを先に取得して加工することで、より価値の高い情報を表現できます。例えば、セキュリティログとAPMの情報をつなげて「アプリケーション単位」でセキュリティを把握することにより、個人情報流出リスクの有無などをリアルタイムで確認できます。また、GitHubからの情報とAPMを組み合わせることで、デプロイごとのチームのVelocityとシステムのエラーやパフォーマンスとの相関を確認できます。このように、これまで見ることのできなかった情報を組み合わせて見ていくことができます。

3つ目は、ReactのOSSコンポーネントの統合です。世の中には非常に多くの便利なコンポーネントがあります。マテリアルUIを手軽に取り入れられるライブラリやD3（Data-Driven Documents）チャート、そしてUI以外にも数値計算用のライブラリやその他多くのReact用のコンポーネントが利用できます。

4つ目は、データの保存です。アプリケーションの設定やユーザー操作の状態保存などに利用できます。データ保存としては、用途に応じて以下の3種類が用意されています。

- **アカウント**：New Relicアカウントごとのデータの保存
- **エンティティ**：APMやMobileなどエンティティごとのデータの保存
- **ユーザー**：利用しているユーザーごとのデータの保存

5つ目は、他のアプリケーションとの連携です。データをドリルダウンしていくときに、すでにNew Relicに用意されているFSOの画面や、作成したダッシュボードを開くことができます。例えばNew Relic Logsと連携するときには、フィルターを指定した状態で呼び出すことができるので、独自のLogs in Contextとしてよりスムーズに原因の追及を行うための機能を導入できるようになります。

開発環境の準備

New Relic Appsは、Node.jsベースでReactを使って開発します。

開発にあたり、まずは開発環境の準備が必要です。なお本書では、Node.js/NPMはすでにインストールされているものとして説明します。

New Relicの画面左にあるにある［Apps］をクリックします（見つからない場合は、［All Capabilities］内に［Apps］があります）。

続いて、［New Relic One catalog］セクションにある、［Build your own New Relic apps］をクリックします。

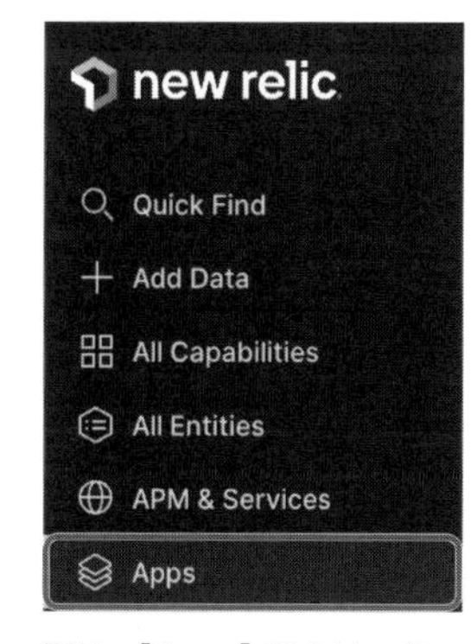

図5　［Apps］をクリック

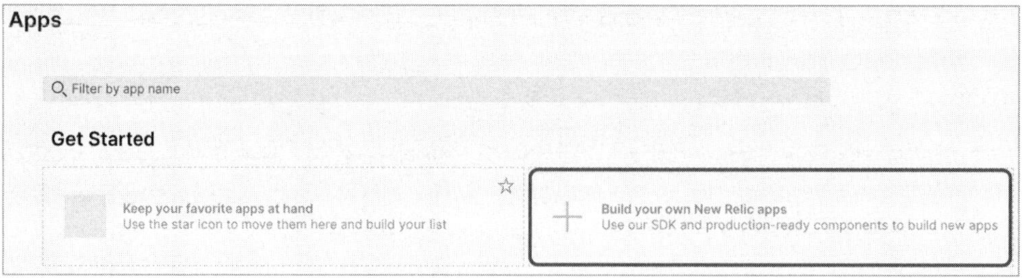

Apps

Filter by app name

Get Started

Keep your favorite apps at hand
Use the star icon to move them here and build your list

Build your own New Relic apps
Use our SDK and production-ready components to build new apps

図6 ［Build your own New Relic apps］をクリック

あとは［Quick start］の内容に従って、New RelicのCLIとnerdpackをセットアップしましょう。

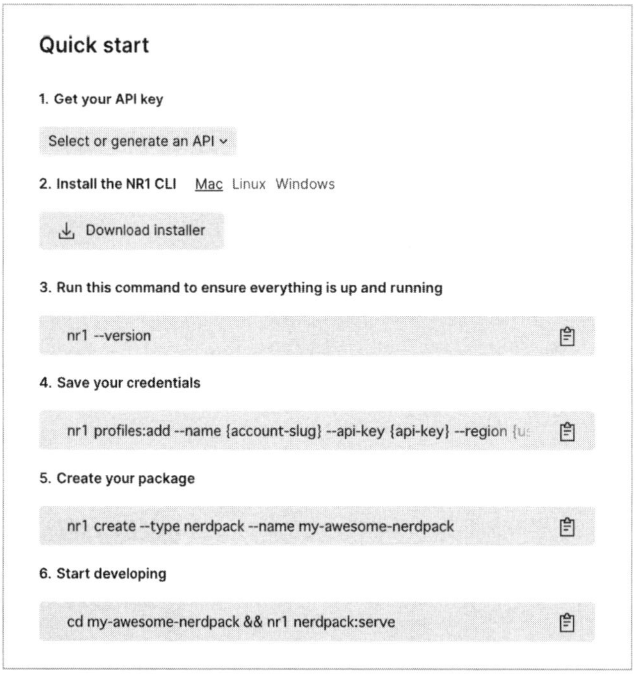

Quick start

1. Get your API key

Select or generate an API

2. Install the NR1 CLI Mac Linux Windows

Download installer

3. Run this command to ensure everything is up and running

```
nr1 --version
```

4. Save your credentials

```
nr1 profiles:add --name {account-slug} --api-key {api-key} --region {u
```

5. Create your package

```
nr1 create --type nerdpack --name my-awesome-nerdpack
```

6. Start developing

```
cd my-awesome-nerdpack && nr1 nerdpack:serve
```

図7 Quick start

APIキーの利用

セットアップ時に、[1. Get your API key] に従ってAPIキーを生成・選択すると、[4. Save your credentials] に表示されるコマンドに自動的にAPIキーが入ります。コマンド全体をコピー＆ペーストして利用しましょう。

開発・動作確認はじめの一歩

開発の準備ですべてのコマンドをコピー＆ペーストすると、「my-awesome-nerdpack」というプロジェクトが手元にできています。そのうちここでは、以下の2つのフォルダーについて覚えておいてください。

- `lanchers`：New RelicのAppsに出てくるホームページタイル
- `nerdlets`：アプリケーションのコード

試しに画面を少し修正してみましょう。例として、画面上に「初めてのNerdlet開発！」と表示されるようにしていきます。

リスト1　修正例：nerdlets/my-awesome-nerdpack-nerdlet/index.js

```
import React from 'react';

// https://docs.newrelic.com/docs/new-relic-programmable-platform-introduction

export default class MyAwesomeNerdpackNerdletNerdlet extends React.Component {
    render() {
        return <h1> 初めての Nerdlet 開発！ </h1>;
    }
}
```

上記のように、`render`関数の`return`に画面に表示したい文字列を書いていきます。ファイルの修正を行ったあとで、以下のURLにアクセスし、左ペインから［Apps］を選択しましょう。

- `https://one.newrelic.com/?nerdpacks=local`

デフォルトのアプリケーション名である［Launcher］をクリックすると（**図8**）、変更した修正点とともに画面が表示されます（**図9**）。

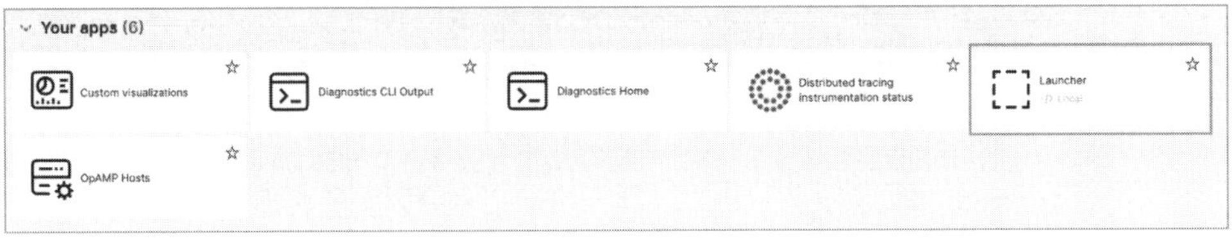

図8　[Launcher] をクリック

図9　画面表示例

アプリケーションの登録・公開

動作を確認したら、アプリケーションを登録しましょう。

まず、ビルドしたソースコードをNew Relicにアップロードします。「my-awesome-nerdpack」プロジェクトのルートフォルダーに移動し、以下のコマンドを実行しましょう。

```
$ nr1 nerdpack:publish
. . .
✓ Nerdpack published successfully!
✓ Tagged  ed284d9b-cb9a-4a87-94a0-f627cab7aa36 version 0.1.0 as STABLE.
```

これで「STABLE」チャンネルにPublishされました。その後、公開するために以下のコマンドを実行します。

```
$ nr1 nerdpack:subscribe
Subscribed account XXXXXXX to the nerdpack  ed284d9b-cb9a-4a87-94a0-f627cab7aa36 on the ➡
STABLE channel.
```

※➡は行の折り返しを表す

以上で、アプリケーションが登録されました。他のユーザーから見ると、**図10**のように [Your apps] の中に [Launcher] タイルが出てきます。

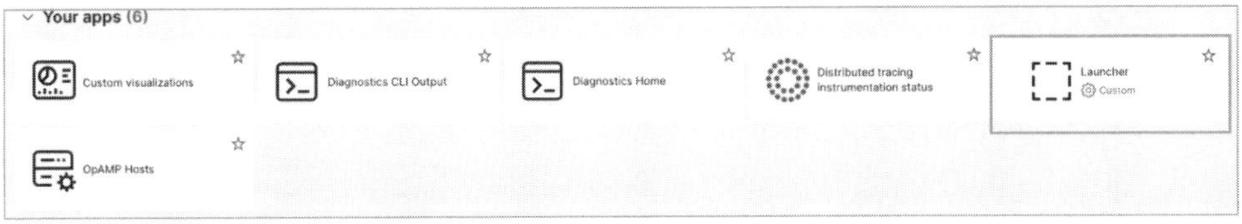

図10 ［Launcher］が表示された様子

Apps開発支援ドキュメント

開発を行うためのドキュメントやソースコードは、OSSとして公開されています。以下にいくつかのドキュメントを紹介するので、それらを参考にしつつ、より強力なアプリケーションの開発を進めていきましょう。

- New Relic Developers[※1]：New Relicに関わる開発者に向けた資料です。「Build Apps」「Explore docs」にはNew Relic Appsにおけるアプリケーション開発の説明やコンポーネント一覧があります。開発時に最も頻繁に利用することになるドキュメントです
- NR1 Workshop[※2]：New Relic Appsのアプリケーションをステップバイステップで勉強できるlabを多数用意しています。アプリケーション開発の前に何ができるか、手を動かして確認したい場合はこのWorkshopを先に試してみるのがおすすめです
- NR1 Community[※3]：New Relic Appsのアプリケーションを開発するためのライブラリやコンポーネントを提供しています。こちらにもすぐ使える強力なコンポーネントがあるので活用しましょう
- New Relic Open Source[※4]：オープンソースのプロジェクトです。［All categories］を［New Relic One Catalog］に絞ると、アプリケーションとそのソースコードへのリンクが得られます。作り方やコンポーネントの使い方など、さまざまな面で活用できるので、ぜひ参考にしてください

※1　https://developer.newrelic.com/build-apps
※2　https://github.com/newrelic/nr1-workshop
※3　https://github.com/newrelic/nr1-community
※4　https://opensource.newrelic.com/

おわりに

本書にご興味を持っていただき、また、最後までお付き合いいただきありがとうございました。本書は、旧版となる『New Relic実践入門 監視からオブザーバビリティへの変革』の改訂版となります。旧版から本書までの2年間、New Relicはお客さまと共に成長し、数々のアップデートを重ねてきました。また、その間にNew Relicをご活用いただいてるお客さまから改訂版を望むお声も頂きました。そこで、本書となる改訂版プロジェクトを立ち上げ、既存の内容を精査し、最新の機能やアップデートを皆さまにお届けするために改めて筆を執った次第であります。

年を追うごとにオブザーバビリティも普及しつつあります。当時と比べて2023年現在でもソフトウェア業界は、デジタルトランスフォーメーション（DX）、新規事業の立ち上げ、SaaSサービスのグロースなど、あらゆる領域でビジネスのソフトウェア化が活発になり、同時にオブザーバビリティが役立つ場面が確実に増えております。エンジニアリングに必要なデータを計測によって取得・学習し、改善のループを回すことでエンジニアがより活躍できる、その一役をNew Relicは担っております。

New Relicは従来のアプリケーションやインフラの運用監視のみならず、開発効率の向上、クラウドマイグレーション、顧客分析、ビジネス分析などさまざまな場面で応用できるプラットフォームです。New Relicは誰もがオブザーバビリティを活用できる未来を目指しています。そして今後も必要な機能を追加し、より使いやすいように改善を行います。そのためにオブザーバビリティの基本的な考え方から応用・活用方法を提供することで、日本のエンジニアの皆さまを今後とも支援してまいります。

最後に、New Relic をご活用いただいているお客さまやパートナーさま、New Relic User Groupの皆さまからのお声やフィードバックがあってこそ、改訂版である本書を世に出すことができました。そして、本書を執筆するにあたり、翔泳社の山本 智史さんをはじめスタッフの皆さん、執筆の後押しをしてくれたアドバイザーの松本 大樹さん、会澤 康二さん、執筆者として意欲的に参加してくださった、松川 晋士さん、梅津 寛子さん、章 俊さん、竹澤 拡子さん、三井翔太さん、大森 俊秀さん、大川 嘉一さん、中島 良樹さん、山口 公浩さん、小林 良太郎さん、髙木 憲弥さん、板谷 郷司さん、伊藤 基靖さん、そして執筆に加えてプロジェクトの進行に多大な貢献を頂いた、齊藤 雅幸さん、長島 謙吾さんにこの場を借りて感謝いたします。

New Relic株式会社 書籍改訂プロジェクトリーダー 古垣 智裕およびメンバー一同

索引

■O

■P

■Q

■S

■T

■W

■ア行

■カ行

■サ行

■ タ行

■ ナ行

■ ハ行

■ マ行

■ ヤ行

■ ラ行

■ ワ行

■著者紹介

松本 大樹（まつもと・ひろき）
Senior Director, Customer Solutions（CTO）
日本ヒューレット・パッカード合同会社にてJava／Web Logic や Oracle Database、SAP ERP ／ NetWeaver、HP-UXなどのエンタープライズ系の製品のエキスパートエンジニアとして活動。2012年にアマゾンウェブサービスジャパン株式会社にソリューションアーキテクトとして加入。パートナー技術チームの立ち上げと本部長を歴任し、2019年からNew Relic株式会社のCTO／技術統括として技術チームを立ち上げ、リードしている。

会澤 康二（あいざわ・こうじ）
Senior Solutions Consultant
SIerにてシステム開発プロジェクトのPMやインフラ設計・構築などを歴任。その後、クラウドインテグレーション組織の立ち上げを行い、多くのお客さまシステムのクラウド移行やクラウドネイティブ化を支援。現職ではエンタープライズ企業におけるオブザーバビリティ適用のための文化醸成や、組織的に推進するためのコンサルティングを行っている。

松川 晋士（まつかわ・しんじ）
Senior Technical Support Engineer
Sony Ericsson Mobile Communications／Sony Mobile Communications（現：ソニー）にて、フィーチャーフォン、スマートフォンのソフトウェア開発に従事。その後、ベンチャー企業にてモバイルアプリ開発者向けのサービスの立ち上げに従事し、AWS上でのサービス構築・開発・運用およびモバイル向けSDKの開発など、フルスタック×フルサイクルエンジニアとして活動。現在、テクニカルサポートエンジニアとして、お客さまのトラブルシューティング対応などを行っている。

古垣 智裕（ふるがき・ともひろ）
Solutions Consultant
物理からクラウドまでを扱うアーキテクトエンジニア。放送・メディアとソフトウェアの領域で商談から設計・開発・運用まで首尾一貫した経験を持つプレイングマネージャーを勤めた後、現職にてメディア業界を中心にオブザーバビリティを活用したソリューションを提供。2019 APN AWS Top Engineers受賞、AWS Well Architected Lead認定、日本初のAWS Digital Customer Experience Competency取得を達成。

梅津 寛子（うめつ・ひろこ）
Solutions Consultant
大手ゲーム会社でオンラインゲームのインフラエンジニアとしてオンプレからクラウドまで多くのゲームにおけるバックエンドシステム構築運用に従事。そのときの経験から日本マイクロソフト株式会社にてゲーム会社向けにAzureを使ったゲームのバックエンドや開発環境構築に関わる技術営業を担当。得意分野はAzureを中心にしたクラウド構成の設計。

章 俊（しょう・しゅん）
Senior Technical Account Manager
中国出身。スクラッチ開発、パッケージソフト（Oracle EBS）の導入コンサルタント、外資系半導体メーカーでSenior Business Analystというポジションで IT 運用に従事してから日本大手EC企業に入社。EC物流開発部Product Manager、物流エンジニアリング部Managerを歴任し、自動化物流倉庫の複数拠点立上PJに携わった後、現職。インフラ構築を含めてソフトウェア開発のフルライフサイクル経験を踏まえて、半導体／EC／物流などインダストリーのノウハウや中国語／日本語／英語を駆使してグローバルな視点で顧客をサポートできるのが強み。

竹澤 拡子（たけざわ・ひろこ）
Solutions Consultant
日本ヒューレット・パッカード合同会社にて運用管理ソフトウェアのITサービスマネジメント領域におけるプロダクトプリセールスとして活動。2018年にServiceNow Japan合同会社にソリューションコンサルタントとして入社し、企業における業務プロセスのデジタル化・DX推進に携わり、プリセールス活動に従事。得意分野はIT運用管理ソリューション領域。

三井 翔太（みつい・しょうた）
Senior Technical Support Engineer
商用HAクラスター製品のQA・テクニカルサポートからキャリアを開始。AWSパートナー企業にてインフラエンジニアとして、レガシーシステムのクラウドリフト支援から、ハイトラフィックなBtoCサービスのインフラ構築・運用まで幅広い経験を経て現職。Linux OS・ミドルウェア層のトラブルシューティング全般と、現場の目線に合わせたサポート提供を得意領域とする。

大森 俊秀（おおもり・としひで）
Solutions Consultant
富士ゼロックス株式会社にてソフトウェアエンジニアとしてキャリアをスタート。米ゼロックスでの業務を経てソフトウェアテクニカルプログラムマネージャーとして商品開発に従事。その後、外資系ソフトウェアベンダーに入社し、新製品の国内展開をエバンジェリストとしてリーディング。エンジニアを取り巻く環境をよりよくできると感じ現職へ。

大川 嘉一（おおかわ・よしかず）
Technical Account Manager
複数のゲーム会社でオンラインゲームのインフラエンジニアとしてサービスの設計・構築・運用に従事する。前職のMSPではGoogle Cloudパートナー企業として、主にB2C向けのサービスのインフラ業務に携わる。2021 Google Cloud Partner Top Engineerを受賞。得意領域はクラウドインフラやInfrastructure as a Code。

中島 良樹（なかじま・よしき）
Solutions Consultant
国内SIerにてシステム開発やプロジェクトマネージャーに従事し、Webシステムの品質向上を目的としてテスト自動化に取り組む。より多くのエンジニアにテスト自動化を推進すべく外資テストツールベンダーに転職しコンサルタントとして活動。その後、データマネジメントベンダーでデータ連携やデータ活用におけるプリセールスエンジニアを経て現職へ。

山口 公浩（やまぐち・きみひろ）
Solutions Consultant
国内系SIerのインフラ営業からキャリアを開始。その後製造系SIerで仮想化技術に惚れ込み、外資系仮想化ソフトウェアベンダーに入社。IT Consultantとして主にオンプレミス仮想基盤の設計導入や運用最適化支援に従事。その後コンサルティングファームを経て現職へ。得意分野はインフラ全般。

齊藤 雅幸（さいとう・まさゆき）
Solutions Consultant
国内のSIerにて、Webアプリケーションや組み込みシステムの開発に従事した経験を持つ。その後、専門商社の情報システム部門でITインフラやECサイトのシステムの企画および運用を担当。システムをクラウドに移行する際にNew Relicとの出会いがあり、その経験を活かして現職へ。

小林 良太郎（こばやし・りょうたろう）
Technical Account Manager
国内SIerにて基幹システムのアプリケーション開発、データベース設計構築、プライベートクラウド設計構築を経て、SREとしてパブリッククラウド上のWebマーケティング企業や求人検索サービスの運用、パフォーマンス改善を担当。ITインフラの設計から運用までの経験を活かし現職へ。

髙木 憲弥（たかぎ・けんや）
Solutions Consultant
国内SIerにて、金融業のシステム開発案件に参画。フルスタックエンジニアとして主にアプリケーション開発やクラウドリフトに加え、運用保守を担当。現場で障害対応の課題を痛感していた強みを活かし、現在はNew Relicのソリューションコンサルタントとして、同じ課題を抱えるエンジニアに向けてのコンサルティングに従事。得意領域はJavaのトラブルシューティング。

板谷 郷司（いたたに・さとし）
Solutions Consultant
長年インフラエンジニアとして従事。オンプレミスおよびクラウドでの大規模Webシステムインフラの設計、構築、運用を専門とする。ネットワークからアプリまで幅広い開発構築経験もあり、バックエンド全体の知識を有する現在は幅広いロールのエンジニアに対して、過去の経験を活かしたソリューションを提供している。

長島 謙吾（ながしま・けんご）
Senior Technical Support Engineer
理学博士。国内ITシステム運用ベンダーにて、インフラ構築、システム監視、トラブルシューティング、運用設計コンサル業務を担当。障害検出、通知、復旧から改修までを管理するアプリケーションの開発、運用の経験を経て現職。現在はNew Relicにてテクニカルサポートに従事。

伊藤 基靖（いとう・もとのぶ）
Solutions Consultant
Web会議サービスやWebセミナーなどのビジュアルコミュニケーションサービスを展開している事業会社で長きにわたりインフラエンジニアとして活動。得意領域はオンプレミス・クラウドを組み合わせた大規模なサービスインフラの設計・構築・運用。

装丁＆本文デザイン　轟木亜紀子（株式会社トップスタジオ）
DTP　川月現大（有限会社風工舎）

New Relic 実践入門 第2版
オブザーバビリティの基礎と実現

2023年12月11日　初版第1刷発行

著　者　松本 大樹（まつもと・ひろき）、会澤 康二（あいざわ・こうじ）、松川 晋士（まつかわ・しんじ）、古垣 智裕（ふるがき・ともひろ）、梅津 寛子（うめつ・ひろこ）、章 俊（しょう・しゅん）、竹澤 拡子（たけざわ・ひろこ）、三井 翔太（みつい・しょうた）、大森 俊秀（おおもり・としひで）、大川 嘉一（おおかわ・よしかず）、中島 良樹（なかじま・よしき）、山口 公浩（やまぐち・きみひろ）、齊藤 雅幸（さいとう・まさゆき）、小林 良太郎（こばやし・りょうたろう）、髙木 憲弥（たかぎ・けんや）、板谷 郷司（いたたに・さとし）、長島 謙吾（ながしま・けんご）、伊藤 基靖（いとう・もとのぶ）
発行人　佐々木 幹夫
発行所　株式会社 翔泳社（https://www.shoeisha.co.jp）
印刷・製本　日経印刷 株式会社

ISBN978-4-7981-8450-0　Printed in Japan

本書内容に関するお問い合わせについて

このたびは翔泳社の書籍をお買い上げいただき、誠にありがとうございます。弊社では、読者の皆様からのお問い合わせに適切に対応させていただくため、以下のガイドラインへのご協力をお願い致しております。下記項目をお読みいただき、手順に従ってお問い合わせください。

●ご質問される前に

弊社Webサイトの「正誤表」をご参照ください。これまでに判明した正誤や追加情報を掲載しています。

正誤表　https://www.shoeisha.co.jp/book/errata/

●ご質問方法

弊社Webサイトの「書籍に関するお問い合わせ」をご利用ください。

書籍に関するお問い合わせ
https://www.shoeisha.co.jp/book/qa/

インターネットをご利用でない場合は、FAXまたは郵便にて、下記“翔泳社 愛読者サービスセンター”までお問い合わせください。電話でのご質問は、お受けしておりません。

●回答について

回答は、ご質問いただいた手段によってご返事申し上げます。ご質問の内容によっては、回答に数日ないしはそれ以上の期間を要する場合があります。

●ご質問に際してのご注意

本書の対象を超えるもの、記述個所を特定されないもの、また読者固有の環境に起因するご質問等にはお答えできませんので、予めご了承ください。

●郵便物送付先およびFAX番号

送付先住所　〒160-0006 東京都新宿区舟町5
FAX番号　03-5362-3818
宛先　（株）翔泳社 愛読者サービスセンター

※本書に記載されたURL等は予告なく変更される場合があります。
※本書の出版にあたっては正確な記述につとめましたが、著者や出版社などのいずれも、本書の内容に対してなんらかの保証をするものではなく、内容やサンプルに基づくいかなる運用結果に関してもいっさいの責任を負いません。
※本書に記載されている会社名、製品名はそれぞれ各社の商標および登録商標です。